CRITÉRIOS E TÉCNICAS PARA O QUATERNÁRIO

Blucher

Maria Léa Salgado-Labouriau
Professora emérita
Universidade de Brasília

CRITÉRIOS E TÉCNICAS PARA O QUATERNÁRIO

Critérios e técnicas para o Quaternário

1ª edição - 2007
1ª reimpressão - 2017
Editora Edgard Blücher Ltda.

Capa: Sonia S. Labouriau

Blucher

Rua Pedroso Alvarenga, 1245, 4º andar
04531-934 - São Paulo - SP - Brasil
Tel.: 55 11 3078-5366
contato@blucher.com.br
www.blucher.com.br

FICHA CATALOGRÁFICA

Salgado-Labouriau, Maria Léa
Critérios e técnicas para o Quaternário / Maria Léa Salgado-Labouriau. - São Paulo: Blucher, 2007.

Bibliografia.
ISBN 978-85-212-0387-2

1. Paleoclimatologia - Quaternário 2. Paleoecologia - Quaternário 3. Palinologia - Quaternário I. Título.

07-0222 CDD-560.45

Índices para catálogo sistemático:
1. Paleoecologia : Período Quaternário: Paleontologia 560.45

Prólogo

O estudo do Quaternário das zonas tropicais ainda está no início e este livro é uma contribuição para estimular trabalhos sobre este assunto tão interessante. O livro apresenta o Quaternário sob o ponto de vista paleoecológico e descreve os métodos que são utilizados no estudo deste intervalo de tempo. Espero que ele seja útil aos estudantes de pós-graduação em biologia, geologia e geografia e aos jovens pesquisadores que desejam investigar a paleoecologia e a paleoclimatologia deste período.

Aqui estão reunidos os resultados da minha experiência de mais de trinta anos de pesquisas paleoecológicas sobre os trópicos sul-americanos durante o Quaternário tardio e que foram apresentados em palestras e aulas. O enfoque da pesquisa foi basicamente conseguir, para o material tropical, resultados semelhantes aos obtidos desde 1916 para a Europa temperada. Para isto foi necessário adaptar os métodos utilizados na palinologia européia.

Durante todos estes anos, contei com a colaboração de estudantes e técnicos que contribuíram para os avanços da pesquisa em nosso laboratório. Foram experimentadas várias técnicas e modificadas algumas. As que melhor se adaptaram às condições de laboratório e de recursos disponíveis para a pesquisa são relatadas aqui em detalhe. Procurei, sempre que possível, mostrar os limites de cada método e apontar as falhas para que se possa ir corrigindo a metodologia.

Os problemas em aberto são apontados no texto na esperança de que alguém se interesse por estudá-los e para levantar mais informações que preencham as lacunas de conhecimento nesse assunto.

A paleoecologia consiste na reconstrução das biotas e das comunidades que existiram no passado, a sua relação com o ambiente físico e o clima durante o tempo em que viveram. Portanto, ela abrange muitas especialidades. O livro procura cobrir de uma forma ampla as áreas envolvidas nas interpretações paleoecológicas, porém o assunto é muito vasto. Inevitavelmente, alguns aspectos estão tratados superficialmente. Entretanto, são dadas as referências para quem deseje se aprofundar no assunto.

Os conceitos e princípios da biologia e da geologia são recordados quando são necessários para a interpretação dos dados obtidos. Porém, parte-se do pressuposto de que o leitor já esteja familiarizado com eles. Uma introdução a esses conceitos é dada no livro "História Ecológica da Terra", de minha autoria.

Os microfósseis dos diferentes ambientes são enumerados com cuidado. As técnicas de coleta e estudo do material nos sedimentos de lagos, barrancos, turfas, pântanos e oceanos, assim como de coleta atmosférica, são descritas e discutidas. Alguns microfósseis, que não são utilizados na reconstrução dos ambientes, são tratados aqui, embora superficialmente, porque poderão talvez ser utilizados no futuro.

Este livro foi limitado ao estudo do Quaternário e muito excepcionalmente menciona os procedimentos para material mais antigo. Espero que a reunião das técnicas e das metodologias empregadas no Quaternário venham a ser úteis na reconstrução dos ambientes mais antigos. A adaptação das técnicas analíticas do Quaternário a períodos anteriores deverá trazer muito mais informação do que a que rotineiramente é obtida para o Paleozóico e o Mesozóico e, com mais razão, para o Cenozóico..

O costume muito difundido ultimamente de só citar livros e artigos publicados nos últimos dez anos, cria nos estudantes e jovens professores a idéia de que todo conhecimento é atual e nada de importante foi feito no passado. Para evitar esta noção errada, sempre que possível, é citado o autor que criou o método ou o conceito, ou que obteve os primeiros resultados. Esta citação sempre é seguida de trabalhos mais recentes que podem ser facilmente consultados. É necessário que fique bem claro aos jovens leitores que a ciência não se fez em um dia, e que os livros recentes contêm muita informação que já foi estabelecida há bastante tempo.

Somente uma seleção de trabalhos foi citada neste livro. Não houve preocupação em fazer uma revisão bibliográfica completa, contendo todas as publicações consultadas, mas a maioria dos estudos mais importantes é citada.

Muitos amigos e colegas leram partes deste livro e sugeriram artigos, técnicas ou exemplos que contribuíram no aperfeiçoamento dos capítulos. Em particular agradeço a Clausius Gonçalves de Lima, Cecilia Volkmer-Ribeiro, Dermeval Aparecido do Carmo, Francis Sontag, Isabel Salgado Labouriau, Margaret B.Davis, Marleni Marques-Toigo, Milagro Rinaldi, Mitsuri Arai, Roberto V. Santos. Quero mencionar também o auxílio que me deram, direta ou indiretamente, os meus filhos e os meus estudantes de pós-graduação do Instituto Venezolano de Investigaciones Científicas (IVIC), entre 1973 e 1986, e do Instituto de Geociências, Universidade de Brasília (UnB), de 1987 até hoje. Eles leram as diversas versões dos capítulos deste livro durante os cursos de Paleoecologia e outros cursos de pós-graduação. Muitos deles utilizaram técnicas descritas aqui nas suas teses de mestrado ou doutorado.

Agradeço à minha filha Sonia S. Labouriau pelo desenho da capa deste livro.

Brasília, novembro de 2005

Conteúdo

Capítulo 7 – Deposição e sedimentação de palinomorfos 179

Capítulo 8 – Preservação diferencial e fossilização de palinomorfos 199

Capítulo 9 - Coleta e amostragem do material palinológico de deposição atual 213

O ambiente físico no Quaternário

1

1. INTRODUÇÃO

O Quaternário é constituído por dois períodos de tamanho desigual. O mais antigo, denominado Pleistoceno, teve a duração de 1,6 a 2 milhões de anos e vem em seguida ao Plioceno. O Holoceno é o período mais recente e abrange os últimos 10 mil anos de história da Terra. Se bem que, do ponto de vista geológico, o Holoceno é muito pequeno, porém, é extremamente importante porque abrange as grandes civilizações, a história escrita e o intervalo de tempo em que o homem adquiriu a tecnologia para intervir no ambiente natural, para modificá-lo ou destruí-lo.

O limite Pleistoceno-Holoceno é controverso. Neste livro e nos meus trabalhos sobre o Quaternário Tardio, adoto a data de 10 mil anos antes do presente (10.000 ± 250 anos A.P., determinada pelo método de radiocarbono, Fairbridge, 1983) para o início do Holoceno, seguindo a recomendação da União Internacional para o Estudo do Quaternário (INQUA). Uma discussão sobre o limite Pleistoceno-Holoceno é dada em outra publicação (Salgado-Labouriau, 2001a).

Para reconstruir o ambiente físico é necessário utilizar as informações que vêm da geologia e da geografia física, e é necessário levar em conta a climatologia e a edafologia. Nestas ciências, freqüentemente não existe a preocupação de considerar o ambiente como um todo, isto é, o ecossistema e, em geral, elas se limitam à descrição e análise dos processos físicos. Porém, para uma melhor compreensão dos ambientes durante o Quaternário é importante considerar a inter-relação entre o ambiente físico e os organismos que nele habitam. Esta inter-relação será tratada mais adiante neste livro. Neste capítulo e no seguinte, só serão tratados os fundamentos e métodos do estudo do ambiente físico.

A maior parte das paisagens dos continentes atuais é de origem geológica relativamente recente e os processos que as modificaram continuam atuando. Estes processos estão relacionados principalmente com o clima que, durante o Quaternário, sofreu grandes mudanças. As sucessões de épocas muito frias (glaciações) intercaladas com épocas mais quentes, que caracterizam o final do Cenozóico, não somente modificaram ciclicamente a temperatura do ar, como também mudaram os padrões de vento e de precipitação e a umidade relativa da atmosfera nas diferentes regiões da Terra, determinando respostas diferenciais das rochas da superfície e modificando o relevo e a cobertura vegetal nos continentes.

A ação do clima sobre as rochas e os sedimentos da superfície da Terra resultam em modificações físicas e químicas das mesmas que deixam marcas claras na paisagem. Cada tipo de clima resulta em feições geomorfológicas e geológicas características.

Um dos grandes problemas da interpretação paleoclimática baseada em evidências geológicas e geomorfológicas é que a erosão e meteorização posteriores podem destruir parcial ou totalmente as evidências. Porém, para o passado recente essas marcas ainda não foram erodidas ou destruídas o que permite uma boa reconstrução do ambiente físico do Quaternário Tardio. Os estudos da última glaciação, que ocorreu entre cerca de 100 mil anos e cerca de 14 mil anos atrás, e do interglacial em que vivemos agora (Holoceno), permitem uma reconstrução boa do relevo e do ambiente físico, que serve de modelo para a interpretação dos ciclos glaciais mais antigos, dos quais pouco se conhece.

No final do século 19, graças aos estudos de L. Agassiz e seus discípulos, já se sabia da existência de pelo menos uma Grande Idade do Gelo que modificou o relevo das zonas temperadas da Eurásia e da América do Norte. Estudos geológicos e geomorfológicos na primeira parte do século 20 mostraram que, durante o Quaternário, houve pelo menos quatro ou cinco Idades de Gelo (glaciações) (Tab. 1.1). Novos métodos de pesquisa a partir da década de 1960 mostraram que houve um número maior de glaciações. Hoje, têm-se evidências de cerca de 16 glaciações com intensidades diferentes, intercaladas com períodos de temperatura mais amena, os interglaciais. Esses estudos mostraram que, além das faixas climáticas frias e temperadas da Terra, os ciclos glaciais também afetaram a zona intertropical e que as mudanças de temperatura foram de âmbito global (Andersen & Borns, 1994; Salgado-Labouriau, 2001a, entre outros).

Para poder entender o efeito das glaciações quaternárias e também das glaciações mais antigas do Pré-Cambriano e do Paleozóico, é necessário conhecer como os glaciares estão atuando agora sobre rochas, relevo e regiões adjacentes nos continentes e quais são as suas influências sobre as regiões que não são atingidas diretamente por eles.

A revisão exaustiva e quantitativa das feições geomorfológicas e geológicas, que constituem evidências de mudanças climáticas no passado, não é o objetivo deste capítulo. Aqui serão dados os resultados obtidos por estas especialidades e as bases em que se apóiam. Foram escolhidos alguns exemplos dos métodos físicos e químicos mais utilizados na detecção de mudanças ambientais e climáticas para a melhor compreensão dos processos glaciais do Quaternário. Outras evidências não biológicas são tratadas em detalhes em livros e artigos modernos de geofísica, geomorfologia e paleoclimatologia, como os de Bloom (1978), Bradley (1985), Reineck & Singh (1986), entre outros, muitos deles citados no transcurso deste capítulo e do seguinte.

2. GLACIARES E FEIÇÕES GLACIAIS

Cerca de 2% da água total da Terra está na forma sólida, como geleiras, lençóis de gelo e calotas polares (glaciares), segundo o Serviço Geológico dos Estados Unidos (em Tarbuck & Lutgens, 1988). Os glaciares cobrem cerca de 10% da superfície dos continentes. Entretanto, eles já foram muito mais extensos no passado e cobriram mais de 20% das terras (Bloom, 1978; Denton & Hughes, 1983; Imbrie et al., 1993; Andersen & Borns, 1994, entre outros). O gelo glacial tem sido um fator importante para dar a forma às superfícies atingidas por ele nas zonas climáticas fria e temperada, e nas altas montanhas tropicais. Camadas extensas de gelo glaciar cobriram partes enormes dos continentes, da mesma forma com que hoje cobrem quase todo o continente Antártico e a Groenlândia. Essas Idades de Gelo, como são denominados os períodos glaciais, ocorreram ao longo da história da Terra (Fig. 1.1).

Glaciares são grandes acumulações permanentes de gelo sobre os continentes que têm movimento e sofrem deformações internas. A neve que cai na superfície dos continentes é composta de delicados cristais de gelo, mas cerca de 90% do seu volume é constituído por espaços vazios. A compactação e recristalização da neve na zona de acumulação do glaciar faz com que a maior parte do ar seja expulsa e a neve se transforme em gelo glacial (popularmente chamado nevado ou neve perene, em português, "firn", em inglês, "névé", em francês) (Bloom, 1978; Reineck & Singh, 1986; Leinz & Amaral, 1998). A água, em

Tabela 1.1 Divisão tradicional dos períodos glaciais e interglaciais do Quaternário e sua correlação. Outros nomes são utilizados localmente para as glaciações em diferentes países.

Alpes		Norte Europa		Norte América	
Glaciação	**Interglacial**	**Glaciação**	**Interglacial**	**Glaciação**	**Interglacial**
Würm		**Weichsel**		**Wisconsin**	
	R-W		Eemian		Sangamon
Riss		**Saale**		**Illinoian**	
	M-R		Holsteinian		Yarmouth
Mindel		**Elster**		**Kansan**	
	G-M		Cromerian		Aftonian
Günz		**Menap**		**Nebraskan**	
Donau*					

* Esta glaciação só é assinalada para os Alpes.

estado sólido, apresenta propriedades físicas e térmicas diferentes da que está em estado líquido (veja Seção 2.2). Ao contrário de outras substâncias, a água se expande quando se solidifica; isto faz com que o gelo seja menos denso que a água e flutue nos lagos e mares onde se forma. Quando a acumulação de gelo atinge a espessura de cerca de 50-60m, o gelo glacial se comporta como um material plástico e começa a fluir continuamente; a velocidade é mais rápida na superfície e mais lenta na parte profunda (Bloom, 1978; Hamblin & Christiansen, 1998; Drewry, 1996).

Os glaciares se dividem em: 1. sistemas de vales glaciais que são as geleiras de vale, as quais fluem confinadas entre paredes rochosas das montanhas (Fig. 1.2); 2. sistemas glaciais continentais que são os lençóis e as calotas de gelo, os quais se expandem por áreas ilimitadas e grandes, e são muito espessos. O termo lençol de gelo ("ice sheet") é usado somente para glaciares muito espessos que cobrem uma área extensa e contínua (alguns autores limitam ao mínimo de 50.000 km^2 de área) e se expandem em todas as direções. Hoje, eles existem somente nas regiões polares mas, no máximo das glaciações quaternárias, ocuparam partes centrais dos continentes. No Continente Antártico e no norte do Canadá, os lençóis de gelo têm hoje uma paisagem monótona com alguns picos rochosos, denominados nunataks, que se elevam acima da superfície de gelo. As calotas de gelo ("ice caps") têm a forma de um domo e cobrem os cumes das montanhas e algumas ilhas no Ártico, como a grande parte da ilha da Groenlândia (Glossary of Geology, Gary et al. 1974; Bloom, 1978, Fig. p. 383).

Os glaciares se originam nas regiões com temperatura baixa, alta taxa de precipitação e taxa muito baixa de sublimação e evaporação. Nessas regiões, a acumulação de neve excede a perda de água por sublimação, derretimento ou ablação. A acumulação de gelo é feita por camadas sucessivas que, pela plasticidade da água sólida, toma a forma de um domo ou tem uma secção elíptica.

Era	**Pré-cambriano**	**Paleozóico**						**Mesozóico**			**Cenozóico**	
Período		Є	O	S	D	C	P	Tr	J	K	Terc.	Quat.
Duração (M. A.)	3.956	34	71	30	46	73	40	48	61	76	63	?
Início M. A. atrás	Quando a Terra se formou: 4.500	544	510	439	409	363	290	250	202	141	65	2

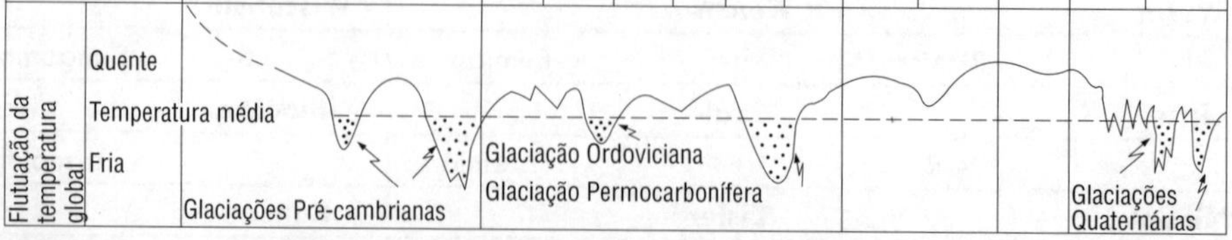

Flutuação da temperatura global
Quente
Temperatura média
Fria
Glaciações Pré-cambrianas
Glaciação Ordoviciana
Glaciação Permocarbonífera
Glaciações Quaternárias

Figura 1.1 As grandes glaciações que ocorreram ao longo da história da Terra. A temperatura média atual está representada por uma linha horizontal, tracejada para comparação com as oscilações no passado. Adaptado de Encyclopaedia Britanica & China Encyclopaedia (Salgado-Labouriau, 2001b). M.A. = milhões de anos.

O movimento contínuo das geleiras se faz provavelmente por fluxo laminar causado pela pressão do seu próprio peso e pela gravidade, mas o mecanismo do movimento ainda não está totalmente explicado. As geleiras que descem um vale têm maior velocidade na parte central do que nas margens. Isso foi mostrado com um experimento simples feito por Heim entre 1874 e 1882. Foram colocadas duas linhas de estacas transversalmente ao sentido do movimento da geleira do rio Ródano, Suíça, (Fig. 1.3) e observou-se a cada dois anos que as duas linhas foram se curvando para frente na parte central da geleira e a curvatura foi se pronunciando (Bloom, 1978; Tarbuck & Lutgens, 1988; Leinz & Amaral, 1998).

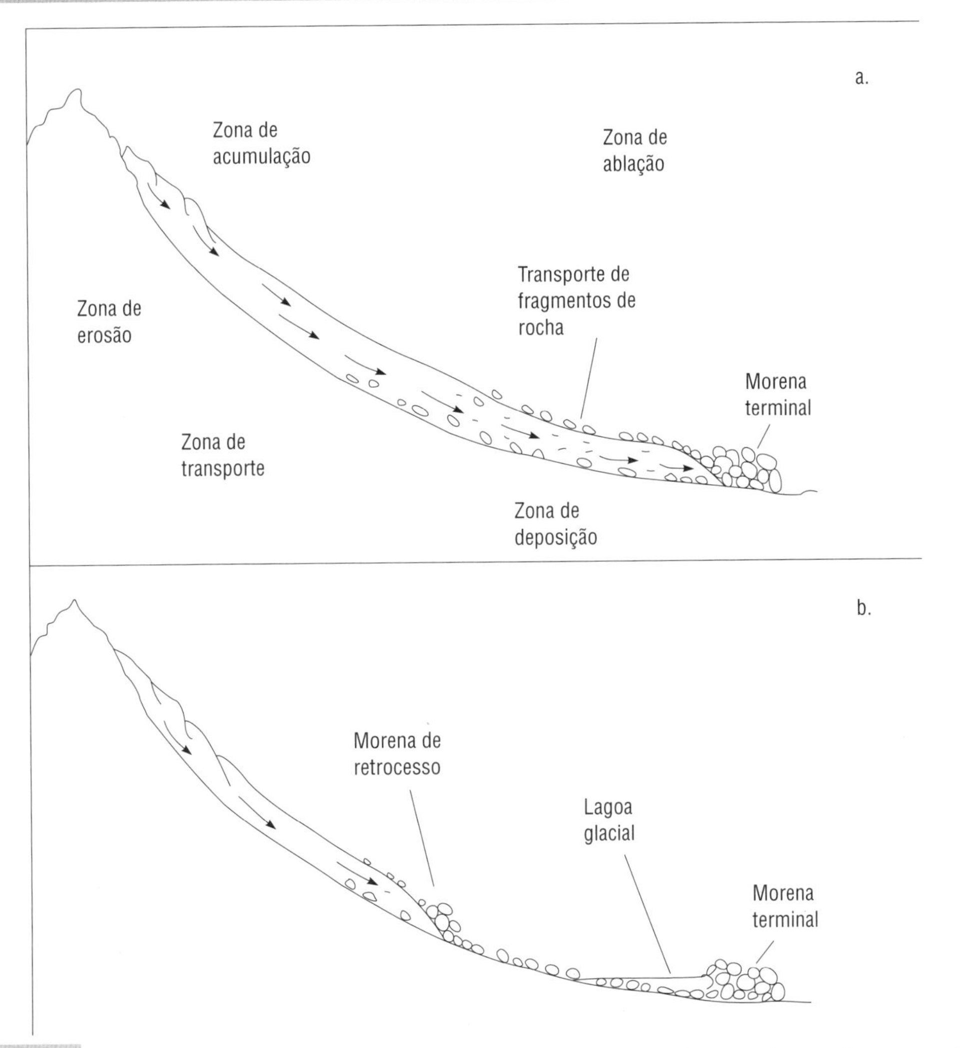

Figura 1.2 Esquema de um glaciar de montanha: **a** avanço da geleira onde se vê a zona de acumulação, a zona de ablação e a morena terminal; **b** recuo da geleira onde se vê a morena de retrocesso e a lagoa em frente da antiga morena terminal.

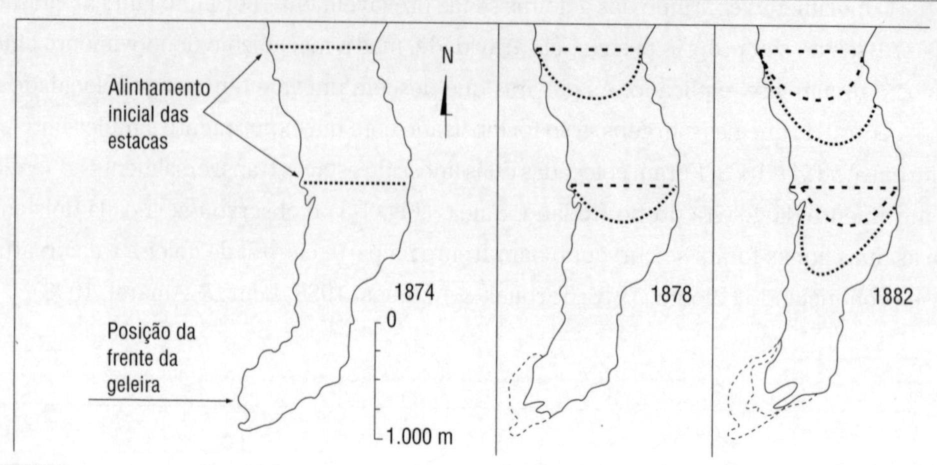

Figura 1.3 Movimento de um glaciar: experiência de Heim entre 1874 e 1882, nos Alpes, para verificar o movimento de uma geleira de montanha. Da esquerda para a direita: colocação de duas fileiras de estacas alinhadas transversalmente à geleira, em duas posições; em seguida, movimento das fileiras de estacas registrado durante oito anos de observação (1878 e 1882). Observe que a parte central da geleira se movimentou mais rápido que as margens; observe também o avanço da parte terminal da geleira durante esse tempo. Adaptado de Tarbuck & Lutgens, 1988 e Leinz & Amaral, 1998.

Um glaciar avança se a quantidade de neve que acumula é maior que a que perde por ablação, sublimação ou derretimento. Ele recua quando a quantidade de neve que acumula é menor e fica estacionário se a quantidade de neve acumulada e perdida é a mesma. Neste último caso, o glaciar atinge a configuração de equilíbrio (Drewry, 1996). Essas situações ocorrem a cada ano, dependendo das condições de temperatura e umidade do ar. O movimento de avanço é lento. Apesar de a velocidade média variar muito, em geral é de menos de um metro por dia, excepcionalmente chega até 20m/dia (Reineck & Singh, 1986). O avanço não é constante, há períodos em que o movimento é praticamente inexistente, mas pode ser seguido de um período rápido. Tarbuck & Lutgens (1988) relatam um caso excepcional em que o glaciar de Hassanabad na montanha de Karakoran (Kashmir, NW Índia) avançou 10 km em menos de 3 meses (quase 130m/dia). Não se conhecem ainda as causas destes movimentos rápidos. Há duas explicações possíveis, uma é que a base do glaciar se degelaria e a parte sólida de cima avançaria de uma só vez; a outra é que o gelo estagnado na frente do glaciar vai absorvendo a pressão do gelo acumulado atrás até que a energia acumulada seja liberada de uma só vez e empurre, de repente, a parte terminal para a frente.

Em 1969, W. S. Paterson calculou a velocidade de movimento de um lençol de gelo glacial na Antártida com as seguintes características: 2.000 km de largura, 4.700m de espessura no centro, perfil parabólico e acumulação de 15 cm por ano. Nestas condições, uma partícula que se movimenta, a partir de 50 km do centro, levaria 75.000 anos para chegar à borda da geleira. Mas a velocidade não é uniforme, 60% do tempo seria usado para percorrer os primeiros 250 km a partir do ponto inicial (Bloom, 1978). Este cálculo se ajusta razoavelmente às medidas obtidas experimentalmente em lençóis de gelo na Groenlândia e Antártida.

Quanto mais espessa é uma massa de gelo glacial, maiores são as modificações nas rochas sobre as quais o glaciar se movimenta. Calcula-se que a espessura média atual na Groenlândia é de 1.500m e na Antártica é de 2.500m (Bloom, 1978), mas pode chegar a mais de 3.000m na zona de acumulação. Com estes dados é possível calcular o volume e o peso destas massas de gelo. O volume de gelo na Groenlândia foi calculado em 2,95 x 10^6 km^3 para uma área de 1,71 x 10^6 km^2 e na Antártida em 29 x 10^6 km^3 para uma área de 12,1 x 10^6 km^2 (Warrick et al., 1995). Durante os máximos das glaciações, área e volume eram muitíssimo maiores (Fig. 1.8), como será tratado mais adiante. O peso dos glaciares nas bordas dos continentes faz com que eles afundem nestas partes. Quando terminou a última glaciação e o gelo glacial começou a retroceder, as bordas continentais da América do Norte e Europa voltaram a soerguer em relação ao nível do mar.

À medida que um glaciar avança, os detritos de rocha (argila, areia, cascalho) resultantes da erosão são transportados e depositados diretamente em baixo e na frente do glaciar, resultando em um conglomerado de rochas heterogêneas, com tamanhos variados denominado till. Os tills são uma mistura de argilas, areia, cascalho e blocos grandes de rochas, que variam em forma e tamanho, mas sempre facetados e com pontas afiadas (Glossary of Geology, Gary et al., 1974). O tilito ("tillite") é o till pré-pleistocênico, consolidado ou endurecido. Tilites formados durante a glaciação Permocarbonífera são encontrados nos

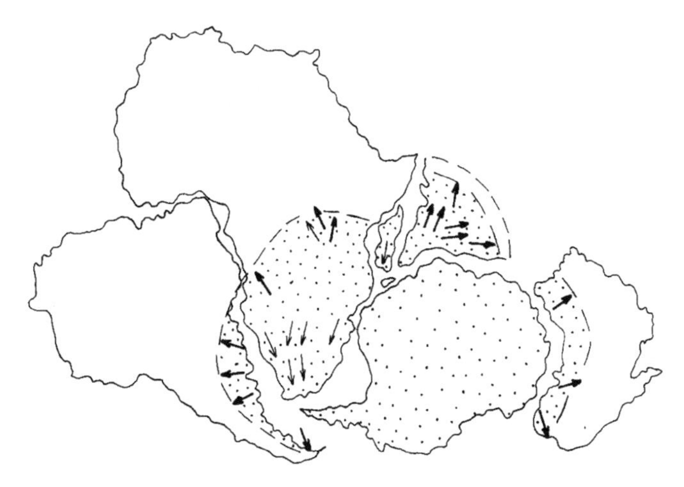

Figura 1.4 Glaciação Permocarbonífera em Gondwana. O movimento dos glaciares indicado pelas setas foi obtido pelo estudo de estrias marcadas nas rochas e tilitos como resultado do deslizamento dos glaciares sobre eles. Adaptado de A. Holmes (em Salgado-Labouriau, 2001a, Fig. 3.5).

continentes atuais que faziam parte do supercontinente de Gondwana e constituem uma das provas da existência deste grande continente e de sua posição junto ao pólo sul.

Por suas propriedades físicas, próprias da água em estado sólido, um glaciar praticamente não se desgasta, porém é um agente poderoso de erosão de rochas. Enquanto um glaciar avança, a superfície sobre a qual ele se move é destruída, lascada, erodida, riscada pelos detritos que ele arranca e arrasta e pela temperatura muito baixa do gelo glacial. Um glaciar pesado, como os lençóis de gelo, alisa a superfície sobre a qual está se movendo; os locais com rochas mais duras ficam em relevo, os com rochas mais macias são escavados, deixando depressões alongadas com a parte de trás mais larga que a da frente. Estas depressões indicam o sentido do movimento. Os riscos e estrias também dão a direção para a qual um glaciar antigo estava se movendo, mesmo os muito antigos, como os do Permo-carbonífero (Fig. 1.4) e mais ainda os do Quaternário.

Parte dos detritos arrastados se acumula nas bordas da geleira e parte é empurrada para frente do glaciar. Desta forma, originaram-se as morenas ("moraines") laterais e a morena frontal (Figs. 1.3 e 1.5). A frente de um glaciar é onde se dá a maior perda de gelo. Esta frente é denominada zona de ablação e é onde, na primavera, o gelo passa para o estado líquido. Quando uma geleira avança sobre o mar, o desequilíbrio das forças hidrostáticas da geleira e as correntes oceânicas podem criar estresses horizontais e verticais que fraturam

Figura 1.5 Morenas laterais e morena terminal de um vale glacial, a 3.250 m de altitude nos Andes Merideños. Ao fundo, lagoa e vale glacial da Laguna Victória.

a frente do glaciar e desprendem blocos de gelo que produzem os icebergs (Reineck & Singh, 1986; Drewry, 1996).

Quando a ablação, que ocorre na região frontal de uma geleira, é maior que a acumulação, a geleira retrocede. Ao retroceder, ela deixa as marcas de sua presença, como as morenas, os circos glaciais, os tills, as estrias de abrasão, as depressões alongadas e muitas outras feições glaciais. Estas marcas, que perduram por muito tempo, como foi dito anteriormente, permitem avaliar na última glaciação (Würm-Wisconsin), qual foi: 1. a área de acumulação; 2. o sentido do movimento; 3. a extensão máxima daquele glaciar. Pela determinação da área máxima ocupada por um glaciar, tem-se uma indicação do paleoclima, uma vez que os movimentos das geleiras são uma função principalmente da temperatura e da umidade relativa do ar (Bloom, 1978).

Enquanto uma geleira de vale ou um lençol de gelo retrocede, as morenas frontais são deixadas para trás e marcam a máxima extensão que o glaciar atingiu. A antiga morena frontal e as morenas de retrocesso formam diques que represam a água que está derretendo e criam lagos e lagoas glaciais onde sedimentos começam a ser depositados. Desta forma, surgiram os Grandes Lagos da América do Norte, os numerosos pequenos lagos de Minnesota (USA) e também as numerosas lagoas dos páramos andinos. O estudo do pólen e outros microfósseis nestes sedimentos permite a reconstrução de vegetação e do clima dos últimos 14 mil anos. Sedimentos deste tipo depositados em antigos interglaciais quaternários dão o mesmo tipo de informação, por exemplo, os muito conhecidos estudos do grupo da Universidade de Cambridge sobre os interglaciais da Grã-Bretanha (Godwin, 1975; West, 1980).

É muito difícil datar as feições glaciais do Pleistoceno, a não ser quando por acaso plantas e/ou cinzas vulcânicas ficam incorporadas aos detritos das morenas. Indiretamente, a frente de um glaciar antigo é datada pelos sedimentos da lagoa que se forma por detrás de cada morena frontal. Entretanto, esta datação indica a idade mínima e não a idade real. As correlações entre glaciações de regiões distantes têm de ser feitas considerando outras informações, além da geologia glacial.

O grande poder de erosão de um glaciar faz com que cada novo avanço destrua as evidências dos glaciares anteriores daquela área e, somente em casos especiais, as feições glaciais mais antigas ficam preservadas. Por este motivo, só foram encontradas entre quatro e cinco glaciações nos continentes. Também é por este motivo que as datações das glaciações pleistocênicas baseadas somente em evidências geomorfológicas devem ser confrontadas com outros métodos paleoecológicos.

2.1 Cálculo da paleotemperatura pela posição da linha-de-neve

A posição da frente de um glaciar, ou seja, a linha-de-neve, encontra-se atualmente na isoterma de verão de 0°C de temperatura do ar. As flutuações desta linha, no passado, mostram nos continentes a latitude onde passava esta isoterma, e nas altas montanhas indicam a altitude até onde baixou a isoterma de 0°C. Na última glaciação as morenas frontais do lençol de gelo que cobria o norte da América do Norte chegaram até o sul da atual cidade de Nova York (Borns, 1973), indicando a latitude da isoterma de verão de 0°C. Da mesma forma, em uma alta montanha, a linha de neve indica a altitude até onde chegaram as geleiras. Nos Andes da Venezuela, a linha-de-neve é hoje a 4.600m de altitude, mas morenas frontais da última glaciação pleistocênica (Würm-Wisconsin) foram encontradas até a 2.600-2.700m de elevação (Schubert, 1974), o que permite calcular o total de área ocupada pela glaciação.

A linha-de-neve abaixa em altitude à medida que a latitude aumenta. Nos Andes equatoriais ela hoje está restrita aos picos que se elevam acima de 4.500m, com variações locais dependendo da posição da encosta. Do lado mais úmido fica mais baixa e nas encostas mais secas fica mais alta. Estimativas feitas por M. Nogami (em Schubert & Clapperton, 1990) mostraram que a variação está entre 4.500 e 5.000m nos Andes setentrionais. As estimativas feitas por vários autores para a posição da linha-de-neve há 18.000 anos atrás, durante o máximo da última glaciação (LGM, "Last Glacial Maximum") estão reunidas e comentadas por Schubert & Clapperton (1990). No máximo da última glaciação a linha-de-neve no extremo sul dos Andes chilenos (arquipélago de Chiloé, 40° a 43° 30' S) baixou até às terras baixas, mas não chegou a atingir o litoral do mar (Mercer, 1984). As análises palinológicas neste arquipélago mostram que, nessa época, havia uma vegetação de tundra onde hoje cresce a floresta austral (Villagrán, 1990) o que indica que a zona periglacial estava junto ao mar.

Em uma montanha, a temperatura abaixa em média cerca de 0,6°C por cada 100m de aumento na altitude, o que permite inferir as paleotemperaturas das altitudes abaixo da linha-de-neve. O cálculo real tem que levar em conta a umidade relativa do ar, pois a taxa de variação da temperatura ("lapse rate") vai de 0,5°C/100m, nas encostas mais úmidas da montanha até 1,0°C/100m, nas mais secas (Griffiths, 1976). Nos Andes de Mérida, Venezuela, foi possível calcular com precisão o lapse-rate (Salgado-Labouriau, 1979) porque existe uma seqüência de estações meteorológicas desde a cidade de Mérida (1.497m altitude) até o Pico Espejo (4.765m altitude). O lapse-rate nestas encostas úmidas é, em média, de 0,59°C/100m (Tab. 1.2).

Os lençóis de gelo quando atingem o mar têm um papel direto sobre a temperatura dos oceanos. À medida que os lençóis de gelo fluem sobre a superfície do oceano, o gelo começa a flutuar, se espalha lateralmente e forma uma plataforma de gelo flutuante, denominada banquisa ("banquise"; "ice shelf"). As plataformas de gelo da Antártida chegam a cobrir uma área de meio milhão de quilômetros quadrados (Drewry, 1996). Na parte inferior da banquisa (base) se estabelece uma área de troca de massa e energia entre o gelo glacial e o oceano. Há degelo constante na base da plataforma e formação de gelo no mar, o que resulta em uma massa de água muito fria e salgada. Quando a água do mar se congela no inverno das zonas polares e debaixo das banquisas, ela elimina todo o sal para a água líquida à sua volta e o gelo resultante é sempre de água doce (Drewry, 1996; Perkowitz, 1999). A água líquida em volta fica muito fria, densa e salgada. Deve-se lembrar que a água a 4°C chega ao ponto de máxima contração e, portanto, está no máximo de sua densidade (veja a Parte 2.2, em seguida). Esta água líquida, muito fria e densa circula formando correntes marinhas de profundidade, que se originam nas regiões ártica e antártica e atingem todos os oceanos. Desta mesma forma, as águas muito frias, que se formam embaixo e na frente das banquisas, descem ao fundo dos oceanos. As correntes de fundo provenientes da Antártida podem alcançar até 40°-50° de latitude norte, atingindo até a Espanha (Drewry, 1996), mas geralmente atingem latitudes menores. Quando já estão menos frias podem subir à superfície nas zonas de ressurgimento, como nas costas do Peru e de Cabo Frio, no Brasil.

Modelos geodinâmicos em computador para estudos do volume do oceano chegaram à conclusão de que os dados obtidos até 1995 são insuficientes para estabelecer se os lençóis de gelo da Groenlândia e Antártida estão aumentando, diminuindo ou em equilíbrio nestes últimos 100 anos, em resposta direta ao aumento observado da temperatura global (Warrick et al., 1995). Com referência à contribuição ao aumento do nível do mar, veja a Parte 5 do Capítulo 2.

2.2 As propriedades especiais da água

A água é um composto especial por suas propriedades físicas, por sua abundância na Terra e quase total ausência no resto do sistema solar, e por ser essencial para todas as formas de vida. O seu papel central na vida reside principalmente no fato de que a água é um

Tabela 1.2 Relação entre a temperatura média anual e a altitude em um transect ao longo da Serra Nevada de Mérida, Andes Venezuelanos e cálculo do lapse rate (Salgado-Labouriau, 1979a).

Estação meteorológica	Altitude (metros acima do nível do mar)	Δh (m)	Temperatura média anual (°C)	ΔT (°C)	ΔT/ΔH x 100 (°C por 100 m)	Precipitação total (mm)	Umidade relativa média (%)
Mérida	1497		18,9			2044	81
		943		5,9	0,6		
La Montana	2440		13,0			2339	86
		1006		6,4	0,6		
La Aguada	3446		6,6			1811	85
		619		4,2	0,7		
Loma Redonda	4065		2,4			1498	84
		700		3,0	0,4		
Pico Espejo	4765		-0,6			1135	92

$\varepsilon\,\Delta h = 3\,268$ $\varepsilon\,\Delta T = 19{,}5$

$$\frac{\varepsilon\,\Delta T \times 100}{\varepsilon\,\Delta h} = \frac{19{,}5 \times 100}{3268} = 0{,}59 = 0{,}6 =$$ diferença na temperatura média para cada 100 m de altitude (lapse rate)

Fonte dos dados: Observatório Meteorológico y de Radioactividad "Alejandro Humboldt", Servicio de Meteorologia, Fuerza Aérea Venezolana.

ótimo solvente e um meio natural para as reações químicas. As suas moléculas, sempre em movimento, diminuem as forças eletromagnéticas que ligam os átomos dos solutos, libertando-os para combinarem com outros átomos (Perkowitz, 1999).

Como os outros líquidos, a água quando flui forma redemoinhos e outros tipos de turbulência, mas aí termina a sua comparação com outros líquidos. Seu calor específico e seu calor latente de fusão e evaporação são muito mais altos que os de outros compostos, exceto o NH_3, o que faz com que o seu ponto de solidificação (0°C) e de ebulição (100°C) sejam muito mais altos que os de outros compostos similares. Quando foi inventado o termômetro centígrado, em 1743, estes pontos, como sabemos, foram escolhidos para marcar os graus zero e cem na escala Celsius de temperatura. Da mesma forma, utilizando as propriedades da água, um grama de massa no sistema métrico (1 g) foi definido como sendo o peso correspondente a 1 cm^3 de água a 4°C, temperatura de maior densidade da água (Wright, Colling et al., 1995; Perkowitz, 1999).

Das propriedades físicas da água resulta, entre outras coisas, que seja necessária muito mais energia para aquecer a água do que qualquer outro líquido. Além disto, ela é compressível à medida que esquenta, ao contrário ao que ocorre com os outros compostos.

Os sólidos geralmente são mais densos que o seu líquido correspondente, e a densidade dos líquidos tipicamente decresce quando aquecidos a partir do ponto de fusão. Mas a água não se comporta assim. Quando ela passa do estado sólido para o líquido não se expande, ao contrário, começa a se contrair até que a 4°C atinge a sua densidade máxima. Por isto, o gelo é menos denso que a água líquida e flutua sobre a água dos oceanos e lagos. A água dos mares, por causa dos sais dissolvidos, tem o ponto de congelamento mais baixo e sua densidade máxima fica em torno de -1,0°C (Wright, Colling et al., 1995). As massas de água muito fria dos oceanos que se formam em contacto com geleiras e plataformas de gelo flutuante são mais densas que as outras massas de água e descem para o fundo dos mares formando uma corrente contínua (veja a parte sobre glaciares).

Quando a água aquece a partir de 4°C, começa a se expandir (expansão térmica). A expansão térmica é, portanto, uma função da temperatura e tem que ser levada em conta quando se estuda o volume dos oceanos e as mudanças no nível do mar no passado (veja Capítulo 2, Parte 5).

Se bem que o estudo das propriedades da água ainda é um campo aberto da física (Perkowitz, 1999), já se sabe que parte destas propriedades "anômalas" é devida à sua estrutura molecular. Uma molécula de água consiste em um átomo de oxigênio ligado assimetricamente a dois átomos de hidrogênio (H_2O). Perkowitz compara a molécula da água com um bumerangue em que o átomo de oxigênio fica no centro e os de hidrogênio definem cada braço do bumerangue; o ângulo entre os braços (ângulo entre as ligações interatômicas) é de 104,523° (Fig. 1.6). Isto faz com que o lado do átomo de oxigênio tenha uma pequena carga negativa, enquanto o lado dos hidrogênios tenha uma pequena carga positiva. Esta estrutura polar determina uma atração entre as moléculas de água, que se mantêm unidas por ligações-hidrogênio fracas que se conectam e desconectam constantemente formando agrupamentos ("clusters") de moléculas.

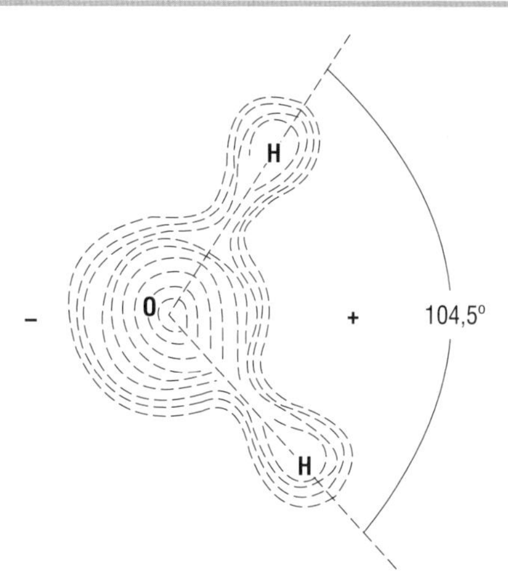

Figura 1.6 Representação esquemática da molécula da água, segundo Wright, Collings e outros (1995). Observe que o lado do oxigênio tem uma pequena carga negativa e o lado do hidrogênio, uma pequena carga positiva.

Na água líquida, a força de interação entre moléculas faz com que elas se agreguem tornando a água o líquido de maior tensão superficial, o que regula a capilaridade e a formação e comportamento de suas gotas.

Entre 0°C e 4°C predomina o efeito de ordenação das moléculas que as mantêm unidas e densas. O acréscimo de temperatura a partir daí aumenta a energia das moléculas e resulta na ampliação da distância entre elas que causa a expansão térmica da água. Quando a água se congela, a densidade cai; 1 cm^3 de gelo a 0°C pesa 0,9170 g e a -2°C pesa 0,9172 g; entretanto, a água líquida a 0°C pesa 0,9998 g (Wright, Colling et al., 1995).

A partir dos anos 60, foram retirados cilindros de sondagem ("ice cores") dos lençóis de gelo na Groenlândia, Antártida e em outros glaciares menores em ambos os hemisférios (Dansgaard et al., 1969; Bradley, 1985). Alguns deles tinham mais de 100m de comprimento. Estes cilindros de sondagem são as principais fontes do conhecimento do gelo sob alta pressão e baixa temperatura. Nestas condições, o gelo tem propriedades diferentes da água líquida e do gelo comum. O gelo glacial é formado por recristalização do gelo acumulado nos glaciares devido à compressão exercida pelas camadas superiores e à baixa temperatura. Nestas condições ele é duro e cristalino, mas comporta-se como um material plástico, deformando-se da mesma forma como uma barra de ferro levada ao rubro (Bloom, 1978) e flui pelas bordas, o que imprime às geleiras e lençóis de gelo o lento movimento característico deles, como foi tratado anteriormente.

A medida que aumenta a compressão, o ar vai sendo expulso do gelo glacial. Entretanto, minúsculas bolhas de ar se mantêm congeladas no glaciar até a profundidade de cerca de mais de mil metros. A análise destas bolhas de ar dá a composição da atmosfera do tempo em que a neve se acumulava naquela localidade (Capítulo 2, Parte 3). Para estudar, as partículas subatômicas denominadas neutrinos, o projeto AMANDA enterrou detectores fotomultiplicadores dentro do gelo do pólo sul, porém, foi necessário aprofundar os fotomultiplicadores entre 1.500 e 2.000m para eliminar as bolhas de ar que estavam interferindo na detecção destes neutrinos (Halzen, 1999).

3. ZONA PERIGLACIAL

A área adjacente aos glaciares é denominada periglacial. Há várias maneiras de definir as áreas periglaciais, o que faz com que haja desacordos sobre a extensão das mesmas. Originalmente se denominou "periglacial" às regiões da Europa que eram periféricas aos bordos dos glaciares pleistocênicos e para as quais se inferiu que a ação das geladas deveria ter sido muito forte no passado (Bloom, 1978, p. 347). Mais recentemente, o termo "periglacial" é utilizado para os processos, condições, áreas, climas e feições topográficas nas margens das geleiras e lençóis de gelo atuais ou antigos (Glossary of Geology, Gary et al., 1974). Segundo Reineck & Singh (1986), as regiões periglaciais são aquelas associadas com atividade glacial e que têm a média anual de temperatura sempre menor que -2°C. Neste livro o termo periglacial será utilizado para os ambientes imediatamente adjacentes aos glaciares e que, portanto, são influenciados pela temperatura fria do gelo. Esta proximidade resulta em processos, condições topográficas e clima bem característicos. Nestes ambientes os solos se congelam, há formação de cunhas e agulhas de gelo que fraturam as rochas e a superfície é sujeita a movimentos de solifluxão que formam estrias e arranjos poligonais sobre o solo (Fig. 1.7).

Figura 1.7 Solifluxão na superfície do solo no Páramo de Piedras Blancas, a 4.000 m altitude na região periglacial das montanhas de Mérida, Venezuela.

Nas áreas periglaciais das zonas polares o solo e o subsolo estão permanentemente congelados (**permafrost**), sendo que no verão pode ocorrer degelo somente até cerca de 20 cm de profundidade. A espessura do permafrost pode atingir entre um metro e mais de mil metros de profundidade, conforme a área (Gary et al., 1974), mas em Yakutia, no sul do Alasca, chega a 1.500m de espessura (Stokes, 1982). Estes dados indicam que a quantidade de água presa nos permafrosts é considerável e, no caso de aumento global de temperatura, esta água pode aumentar o volume dos oceanos.

Nas altas montanhas tropicais também há permafrost e as camadas profundas ficam congeladas. Porém, a superfície do solo pode degelar de dia e congelar à noite.

Nas regiões árticas a zona periglacial está ocupada pela tundra, que é uma vegetação herbácea. Nas altas montanhas com geleiras há denominações regionais para as comunidades vegetais das zonas periglaciais, tais como vegetação alpina, afroalpina, páramo andino, puna e outras. A vegetação é rala e baixa, com ervas, alguns arbustos e, às vezes, ocorrem árvores anãs. O extrato inferior da vegetação das zonas periglaciais das altas montanhas das Américas, África e Nova Guiné geralmente é dominado por gramíneas, mas nas tundras árticas elas são substituídas por ciperáceas.

O Ártico e os páramos andinos são regiões muito úmidas, onde são encontrados numerosos pântanos, turfeiras e pequenos lagos glaciais (veja Figs. 1.5; 9.7; 13.4). Análises de pólen de sedimentos lacustres e de turfeiras nestas regiões mostram as mudanças climáticas, assim como a chegada e o estabelecimento de vegetação após uma glaciação. Nos Andes venezuelanos a colonização por plantas começou há cerca de 12.000 anos A.P. nas altitudes de 3.500m, e há cerca de 9.000 anos A.P. a 4.000m de altitude (Salgado-Labouriau, 1991a). No Alasca estes estudos mostraram que, apesar do frio intenso no máximo do período glacial, não houve suficiente umidade para formação de gelo na maior parte do território e na ponte-de-terra que ligou Alaska à Sibéria durante esse tempo. Esta ponte-de-terra se formou por descenso do nível do mar (veja Capítulo 2). Estas regiões não foram cobertas por gelo glacial (Fig. 1.8), mas eram áreas de permafrosts (Colinvaux, 1965; Salgado-Labouriau, 2001a).

É lógico que as condições climáticas e edafológicas das áreas periglaciais junto aos pólos não são comparáveis às das montanhas tropicais. As zonas frias e polares, acima dos círculos polares ártico e antártico, têm seis meses de inverno por ano, ao passo que as áreas geladas das altas montanhas tropicais congelam o solo à noite e degelam durante o dia na maior parte do ano. Da mesma forma, uma área periglacial junto ao mar tem oscilações de temperatura muito mais suaves que no centro do continente, na mesma latitude. Estas são características climáticas relacionadas com o aumento de latitude, de altitude e de continentalidade (Griffiths, 1976; Salgado-Labouriau, 2001a, e outros). O termo periglacial é, portanto, muito geral e por isto não é possível a comparação direta entre as diferentes regiões periféricas das glaciações do Pleistoceno, com as tundras árticas de hoje.

Os processos periglaciais resultam em meteorização, fragmentação de rochas e na formação de solos e, por isto, são processos muito importantes em paleoecologia. Estes

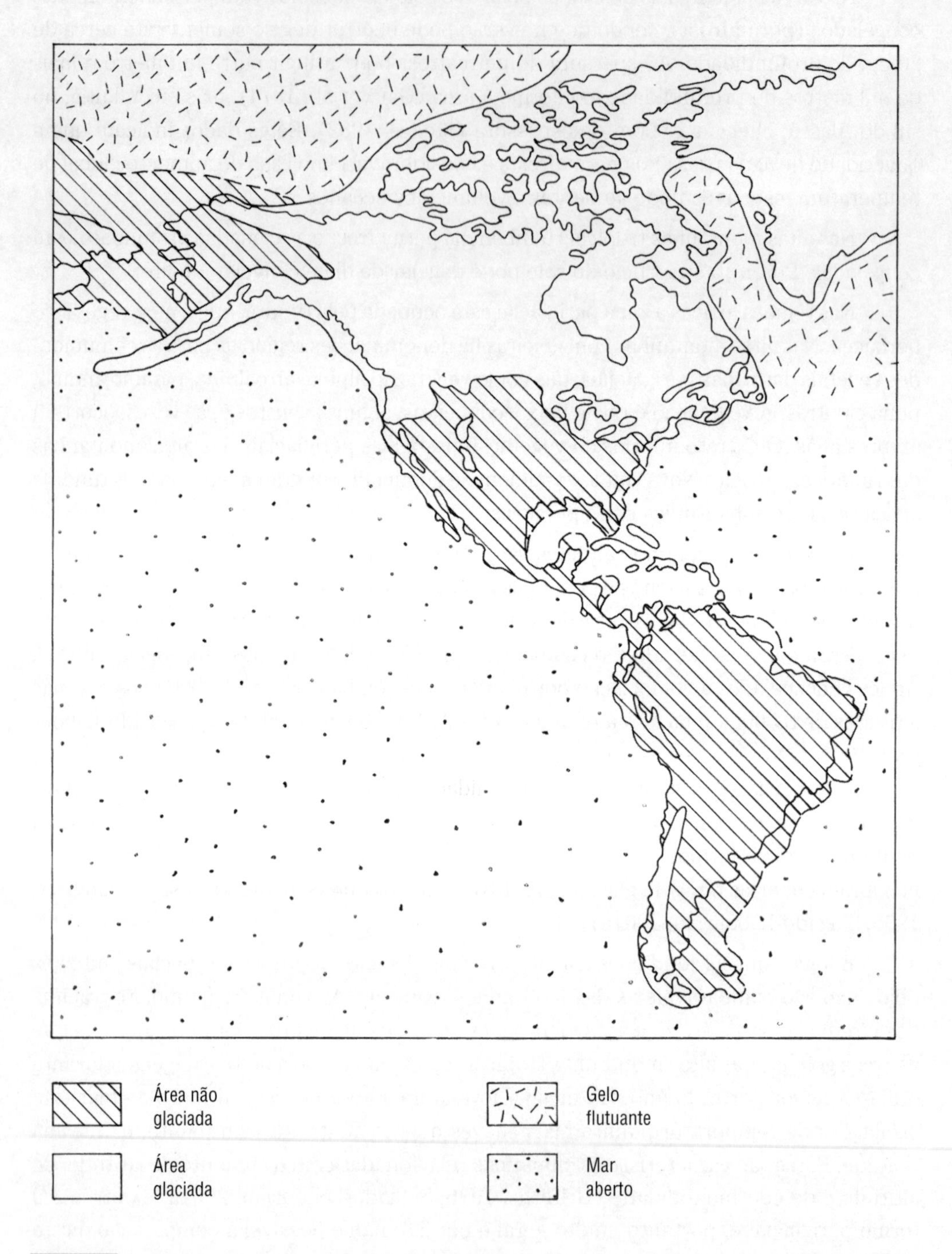

Figura 1.8 Mapa do máximo da última glaciação (Würm-Wisconsin) nas Américas. As áreas em branco são as que foram ocupadas pelo gelo glacial, inclusive nas plataformas continentais. Baseado em Meltzer, 1993 e Salgado-Labouriau, 2001a.

processos são controlados principalmente pela intensidade, duração e freqüência do congelamento e degelo do solo e do grau de congelamento do subsolo (Bloom,1978). Quando uma glaciação pleistocênica se expandiu, a área glaciada avançou e destruiu o solo por onde passou. Quando uma glaciação recuou, a zona periglacial retrocedeu junto e ocupou a área onde estava o glaciar. Então, os processos periglaciais iniciaram a formação de novo solo. O estudo da morfogênese periglacial é fundamental para a compreensão dos processos de formação de solos e colonização de plantas na superfície de regiões afetadas por glaciações.

Estudos de análise de pólen nos Andes tropicais mostraram que há 11.500 A.P., o gelo já se havia retirado do circo glacial do Páramo de Miranda, a 3.920m de altitude. Porém, somente no início do Holoceno, há cerca de 9 mil anos atrás, a região começou a ser coberta por uma vegetação de páramo de grandes altitudes, denominado superpáramo (Salgado-Labouriau, Rull, et al., 1988). Provavelmente foi necessário todo este tempo para que as plantas chegassem até esta elevação e houvesse formação de solos e de turfeiras na localidade.

Evidências de áreas periglaciais ou de permafrost no passado permitem estimar, em linhas gerais, o clima da região. Os permafrosts modernos ocorrem somente em áreas em que a média anual da temperatura do ar é menor que -2°C (Bloom, 1978; Bradley, 1985). A presença de permafrost no passado indica que a temperatura do ar na área era menor que esta, mas não é possível estimar quanto menor. Portanto, esta evidência indica somente a temperatura máxima possível para a região e não a mínima, que pode ter sido muitíssimo mais baixa.

No Brasil os estudos geomorfológicos na região do Itatiaia (Serra da Mantiqueira), em áreas acima de 2.000m de altitude mostram a presença de processos periglaciais antigos (Clapperton, 1993) que indicam temperaturas anuais mais baixas que as atuais. Na região de Campos de Jordão, que está abaixo de 2.000m, não foram encontradas feições periglaciais antigas (Modenesi, in Clapperton, 1993), o que sugere que nestas latitudes o limite altitudinal de permafrost durante a última glaciação foi cerca de 2.000m. Infelizmente, permafrosts e zonas periglaciais dificilmente podem ser datados diretamente e eles podem não deixar evidências de sua existência (Bradley, 1985, p. 224).

4. O CLIMA DO QUATERNÁRIO

Neste livro denomina-se **Paleoclima** o clima do período antes do desenvolvimento das medidas instrumentais. O registro instrumental dos parâmetros climáticos representa uma minúscula porção do tempo geológico da Terra. Dentro deste enorme intervalo de tempo que abrange o estudo paleoclimático, o Período Quaternário, que representa menos de 1% do tempo geológico, é fundamental para se ter uma perspectiva das variações climáticas no passado mais remoto e das mudanças e flutuações climáticas no futuro.

O período Pleistoceno, que se inicia entre 1,6 e 2 milhões de anos atrás, é caracterizado por cerca de 16 ciclos climáticos em que uma fase fria e longa, com cerca de 100 mil anos de duração, é sucedida por uma fase quente e mais curta, com cerca de 20 mil anos de duração. Desta forma, a maior parte do Quaternário teve um clima frio e esteve sujeita a glaciações extensas (Fig. 1.8) e somente durante cerca de 17% do tempo o clima foi semelhante ao que temos hoje. O Pleistoceno foi, portanto um período muito frio.

O Holoceno, que representa os últimos dez mil anos, pode ser um novo interglacial que será seguido por uma nova glaciação daqui a uns 8-10 mil anos ou talvez seja um novo período geológico de clima relativamente estável e quente como foi a Era Mesozóica. Os dados até agora são insuficientes para determinar qual a opção correta. Projeções estudadas em modelos geodinâmicos estão atualmente tentando verificar qual dos dois casos seria o mais provável.

A medida que mais informações se acumulam sobre as ações das glaciações e, principalmente, sobre a última glaciação, tornou-se evidente que uma idade de gelo não é a simples diminuição da temperatura, seguida de um intervalo de tempo curto, livre de gelo.

Durante uma glaciação as geleiras e lençóis de gelo crescem durante estágios mais frios (estadiais, "stadials") e recuam um pouco durante estágios menos frios (interestadiais, "interstadials"). Nos curtos episódios interglaciais também houve oscilações de temperatura, porém a faixa dentro da qual oscilam é sempre mais alta que nas glaciações. Estas flutuações ficaram bem caracterizadas pelos estudos de microfósseis, principalmente grãos de pólen, nos continentes, e foraminíferos, diatomáceas e outros microfósseis, nos oceanos.

As mais recentes oscilações de temperatura ocorreram no último milênio. Numerosos documentos escritos relatam que o final da Idade Média foi um tempo quente que se denominou **"Período Cálido Medieval"**. A partir do século 16 a temperatura começou a diminuir na Europa e os invernos passaram a ser muito mais frios, as geleiras avançaram sobre os vales e a primavera era muito chuvosa. Documentos históricos, tais como relatórios de vindimas em regiões vinícolas da França, documentos reais, análises de pinturas e muitos outros documentos, indicam um período relativamente frio que ficou conhecido como a **"Pequena Idade do Gelo"**(Lamb, 1965; Ladurie, 1971). Este período durou até o século 19 e foi detectado em outras regiões além da Europa, o que mostra que foi de caráter global. Este assunto será tratado em maior detalhe mais adiante, neste livro.

A temperatura da Terra começou a subir lentamente por volta de 1850 DC (depois de Cristo) e continua subindo até hoje. Registros de estações meteorológicas, documentos, fotografias de retrocesso de geleiras, etc., formam as evidências deste ascenso. Livros e artigos recentes têm tratado deste assunto e analisado as consequências do que está ocorrendo e do que acontecerá se continua a subida da temperatura. Veja, por exemplo os livros de Simon & DeFries (1992), Houghton e colaboradores (1995), Karl e colaboradores (1997). Alguns consideram este aumento de temperatura como mais uma oscilação natural do Holoceno, como a que ocorreu entre 3.000 e 2.000 anos atrás. Outros crêem que isto é devido a um efeito artificial provocado pelo aumento da população humana, seus rebanhos, seus desmatamentos e a grande poluição industrial a partir do meio do século 19 (Revolução Industrial). Outra hipótese seria que há cerca de 14 mil anos atrás terminou a Grande Idade do gelo do Quaternário e que agora começa um novo período geológico, quente, como foi o Mesozóico.

5. COMENTÁRIOS SOBRE AS IDADES ESTIMADAS NO QUATERNÁRIO

As evidências geológicas e geomorfológicas sem associação com as informações dadas pelos fósseis raramente têm datação absoluta direta de uma mudança climática. Dados obtidos pelos métodos descritos acima são difíceis e às vezes impossíveis de datar e só se consegue estabelecer uma cronologia relativa o que, em alguns casos, resultou em uma idade errada.

Um exemplo deste problema é a colocação de terraços aluviais ou fluvio-glaciais dentro da cronologia do Cenozóico. Quatro seqüências de terraços aluviais foram dissecadas pelo rio Motatán (Andes venezuelanos) no seu curso médio. No estudo destes terraços, Tricart & Millies-Lacroix (1962) postularam, por comparação com depósitos semelhantes a estes em outras localidades, que o mais antigo, T_{IV}, foi depositado durante o Plioceno-Villafranchiano. Descreveram outros três níveis de terraços aluviais (T_{III}, T_{II} e T_{I}) a que atribuíram idade quaternária e interpretaram que seriam resultantes de depósitos de correntes torrenciais durante as glaciações "clássicas" que foram estabelecidas, na época, para o Quaternário da Europa. O terraço 3 seria do meio do Pleistoceno. Estudos posteriores, em que se conseguiu fazer datações radiométricas de troncos de árvore e outros restos de plantas dentro dos sedimentos do terraço 3 (Schubert & Valastro, 1980), deram a idade de 50.640 ± 4.000 anos antes do presente (A.P.) para o nível que fica a 14m acima da base e de 30.710 ± 3.790 anos A.P. para o nível que fica a cerca de 30m acima da base. Estas datações indicam que este terraço foi depositado durante a última glaciação pleistocênica (Wisconsin). Estes resultados foram confirmados com datações por termoluminescência (Schubert & Vaz, 1987) que dataram o conglomerado da base do terraço 3 em 147.840 ± 22.000 A.P. Para o terraço 2, que não tinha sido datado antes por falta de material orgânico, foram obtidas, por termoluminescência, no conglomerado da base, as idades de 47.480 ± 7.000 e 45.860 ± 6.800 A.P., em duas localidades, respectivamente. O que significa que este terraço também é da última glaciação. Por falta de datação absoluta, estes terraços haviam sido julgados muito mais antigos do que realmente são. Casos de correções como esta são freqüentes agora que existem melhores métodos de datação (veja, por exemplo, Faure, 1986; Dickin, 1997).

Métodos físicos, químicos e geológico para o estudo do paleoclima

2

1. INTRODUÇÃO

No capítulo anterior vimos o aporte da geologia e geografia para a reconstrução do ambiente físico durante o Quaternário. Neste capítulo são descritos alguns métodos físicos e químicos mais utilizados para o estudo do clima no passado. Nem todos os métodos são tratados aqui, porque o assunto é muito vasto e o propósito não é ser exaustivo, mas dar os limites de utilização dos principais métodos, mostrar suas aplicações e citar algumas referências onde o assunto é analisado em detalhe.

A maioria dos métodos físicos e químicos para a reconstrução do clima no passado fornece dados sobre paleotemperatura e poucos dão os dados de pluviosidade e umidade. Outros parâmetros climáticos, tais como radiação, insolação, evaporação, evapotranspiração e ventos, não são obtidos por estes métodos. Mesmo assim, as informações levantadas pelos métodos físicos e químicos são extremamente importantes para a paleoecologia porque são independentes dos métodos biológicos e, desta forma, oferecem a possibilidade de cruzamento de informações e cotejo das interpretações.

2. MÉTODOS BASEADOS EM ISÓTOPOS ESTÁVEIS

O número de prótons do núcleo de um elemento químico é constante e característico deste elemento (número atômico), mas o número de nêutrons pode variar, resultando em isótopos com massa atômica distinta. O oxigênio, com 8 prótons, é o mais abundante elemento químico na crosta terrestre e tem de 8 a 10 nêutrons que dão origem aos isótopos ^{16}O, ^{17}O e ^{18}O. No presente estes isótopos ocorrem na natureza nas seguintes proporções: 99,63%

de ^{16}O; 0,0375% de ^{17}O e 0,1995% de ^{18}O (Faure, 1986). A relação isotópica de oxigênio utilizada para a reconstrução da temperatura é a de $^{18}O/^{16}O$ e é expressa por $\delta\ ^{18}O$.

O hidrogênio ocorre na Terra e no sistema solar na forma de H_2O, de OH^-, de H_2 e de CH_4 e tem dois isótopos estáveis ^1H e ^2H (Deutério, representado por D) e um isótopo radioativo ^3H (Trítio). As proporções hoje dos isótopos estáveis na natureza são de: 99,985% de ^1H e 0,015% de D (Bradley, 1985). Conseqüentemente a molécula de água pode existir em qualquer das nove possíveis combinações dos isótopos de oxigênio e hidrogênio e a massa da água varia entre 18 ($^1H_2{}^{16}O$) e 22 ($D_2{}^{18}O$). Porém, as mais importantes nas pesquisas paleoclimáticas são, $^1H^2H^{16}O$ (conhecida como HDO), $^1H_2{}^{16}O$ e $^1H_2{}^{18}O$.

Da mesma forma, o carbono tem dois isótopos estáveis ^{12}C e ^{13}C e um radioativo, ^{14}C. O carbono radioativo é o que se utiliza para datar material orgânico e dióxido de carbono (CO_2). A abundância relativa dos isótopos de carbono incorporados às plantas pela fotossíntese é diferente da que existe no dióxido de carbono da atmosfera e que é devida ao fracionamento resultante de reações físicas ou químicas que ocorrem na natureza. As plantas geralmente ficam enriquecidas em ^{12}C e têm menos ^{13}C e ^{14}C que o gás carbônico.

A composição isotópica do carbono é dada pela razão $^{13}C/^{12}C$ e é expressa pelo parâmetro $\delta\ ^{13}C$. Esta razão é utilizada da mesma maneira que a de oxigênio e de hidrogênio porque a proporção relativa de cada um dos isótopos na água, no gelo ou em carbonatos é uma função da temperatura do ambiente. O importante nestas relações isotópicas em material antigo ou fóssil é que o sistema se mantenha fechado durante o tempo em que ficarem depositados. De todos estes isótopos, os mais utilizados são os de oxigênio.

2.1 Análise de isótopos estáveis para estudos de paleotemperatura

O princípio em que se baseia a análise paleoclimática pelos isótopos estáveis foi bem estabelecido por Urey (1947; 1948) quando ele demonstrou que, durante a evaporação e condensação da água, os isótopos de oxigênio fracionam em diferentes temperaturas. Este princípio foi usado por seu antigo estudante, Emiliani (1955; 1966), que analisou as carapaças calcárias de foraminíferos em sedimentos marinhos de águas profundas para determinar a temperatura da superfície dos oceanos. Mais tarde esta técnica foi utilizado por Dansgaard e colaboradores (1969; Dansgaard, 1981) quando começaram a analisar os cilindros de gelo da Groenlândia. A técnica para análise de isótopos estáveis é hoje amplamente utilizada no gelo glacial da Groenlândia e Antártida, em carapaças carbonáticas de organismos marinhos, em estalagmites, em corais e outros materiais, como se verá mais adiante.

A pressão de vapor da molécula de água com diferentes isótopos é inversamente proporcional à sua massa. Portanto, a molécula de $^1H_2{}^{16}O$ tem uma pressão de vapor significativamente maior que a pressão de vapor de $D_2{}^{18}O$. A pressão de vapor de $^1H_2{}^{16}O$ é 10% mais alta que a de HDO, que é 1% mais alta que $^1H_2{}^{18}O$. Daí facilmente se conclui que a água evaporada por uma superfície líquida é mais "rica" em hidrogênio-1 e oxigênio-16 do que a água inicial (o mesmo se aplica à sublimação do gelo glacial) e que a água inicial fica "enriquecida" nos isótopos mais pesados, deutério e oxigênio-18 (Faure, 1986). Hoje, o vapor de água da atmosfera em equilíbrio contém -10‰ $\delta\,^{18}O$ (10 partes por mil menos de $^{18}O/^{16}O$) e -100‰ δ D (100 partes por mil menos de D/H) que a água média do oceano (Bradley, 1985).

O contrário ocorre na condensação do vapor de água da atmosfera, HDO e $H_2\,^{18}O$ e -100‰ passam ao estado líquido mais rapidamente porque têm menor pressão de vapor. Conseqüentemente, a água condensada fica enriquecida em isótopos pesados quando comparada com o vapor de água (Dansgaard, 1981). Porém, quando o esfriamento aumenta, o vapor de água empobrecido de isótopos pesados começa a condensar e a quantidade de HDO e de $H_2\,^{18}O$ da água que está condensando vai ser cada vez menor. O resultado é que quanto mais baixa é a temperatura de condensação, mais baixa será a concentração de isótopos pesados na neve que cai.

A evaporação e a condensação da água estão intrinsecamente conectadas com a temperatura (Fig. 2.1). Uma diminuição de temperatura global resulta em maior condensação porque a atmosfera em temperatura baixa não pode reter o vapor de água (Griffiths, 1976; Lockwood, 1976, entre outros), o que causa maior decréscimo de isótopos pesados no vapor de água da atmosfera, em relação à água inicial. Como a concentração isotópica

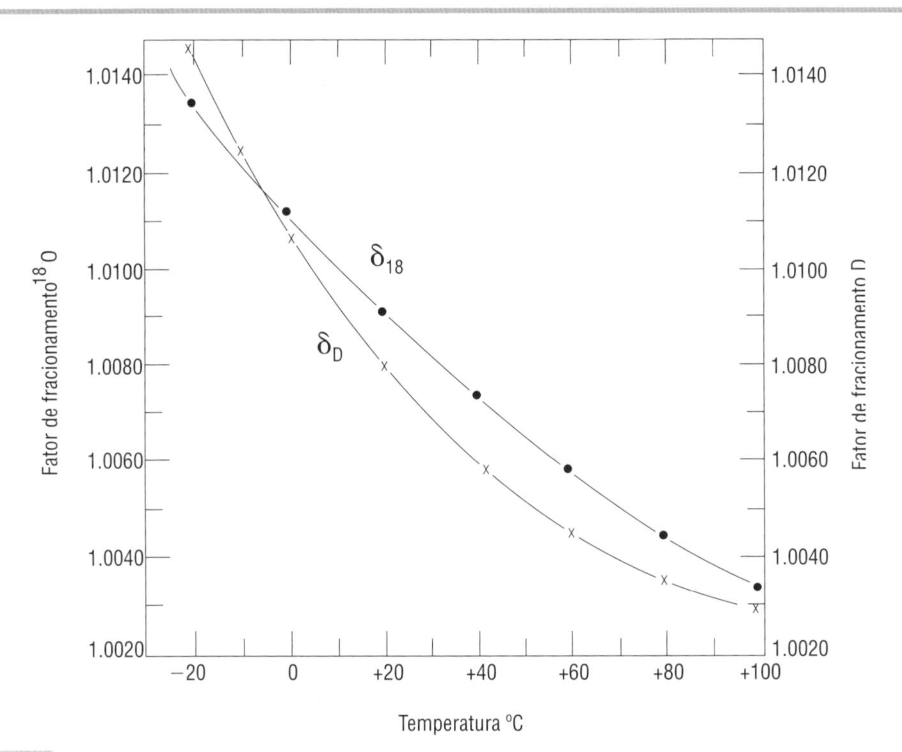

Figura 2.1 Fracionamento de isótopos de oxigênio e hidrogênio em função da temperatura durante a evaporação da água. O fator de fracionamento para $^{18}O/^{16}O$ é representado por δ_{18} e o de D/H por δ_D, segundo W. Dansgaard (em Faure, 1986).

da água é uma função da temperatura na qual ocorre o fenômeno, é possível determinar a temperatura ambiente na água fóssil, seja sobre a forma líquida ou nas camadas de gelo glacial. Um abaixamento da temperatura no passado resultou na diminuição na concentração de HDO e $H_2^{18}O$ no gelo glacial ou na água fóssil em relação à atual e desta forma é possível detectar fases frias no passado (Bradley, 1985).

As mudanças de temperatura são estudadas principalmente por dois isótopos de oxigênio, ^{18}O e ^{16}O, porque são mais abundantes que o ^{17}O e os isótopos de hidrogênio. O abaixamento de temperatura é, portanto, medido pela razão $^{18}O/^{16}O$ no gelo antigo ou no calcário, com um espectrômetro de massa de alta precisão e comparado com um standard arbitrário. A fórmula utilizada é:

$$\delta\,^{18}O = \frac{^{18}O/^{16}O \text{ da amostra} - ^{18}O/^{16}O \text{ standard}}{^{18}O/^{16}O \text{ standard}} \times 10^{3}‰$$

A notação δ define o desvio em partes por mil (‰) da razão $^{18}O/^{16}O$ da amostra em relação a um standard arbitrário. No gelo, o standard é a concentração isotópica média do mar atual, definida e aceita universalmente (Standard Mean Ocean Water ou SMOW). Nas carapaças de foraminíferos o standard geralmente é um belemnite (*Belemnitella americana*, Ordem extinta Belemnoidea, de Moluscos, veja Rupert & Barnes, 1996) denominado PDB, da Formação Peedee do Cretáceo da Carolina do Sul, USA (Kennett, 1982; Faure, 1986). Este material que serve de standard foi primeiramente utilizado na Universidade de Chicago por H.C. Urey e seus colaboradores para determinar a paleotemperatura pelo fracionamento dos isótopos do oxigênio (Fig. 2.1).

O $\delta\,^{18}O$ mais baixo que se conseguiu em água natural, no clima atual, é de -57 $\delta\,^{18}O$, registrado por V.I. Morgan em 1982, na Antártida (Bradley, 1985). Nas análises de cilindros de gelo a variação em geral é da ordem de 40%o a -25%o $\delta\,^{18}O$.

No caso da água também se mede a razão D/H e, neste caso, o standard é também o SMOW.

$$\delta D = \frac{\text{D/H da amostra} - \text{D/H standard}}{\text{D/H standard}} \times 10^{33}‰$$

Existe uma margem de erro não só nestas análises, como na datação de quando ocorreram as mudanças climáticas detectadas. Estas idades estão sendo reavaliadas, mas ainda não estão totalmente resolvidas. As aplicações deste princípio utilizando materiais diversos, como gelo glacial, conchas de carbonato de cálcio, estalagmites em cavernas e outros, são dadas a seguir.

3. ANÁLISE DE GELO GLACIAL

As análises físicas e químicas do gelo acumulado nos glaciares e calotas polares dão informações valiosas para a paleoecologia. Na década de 1960 foi iniciada uma série de perfurações em gelo na Groenlândia. Em áreas mais frias onde a sublimação de água e o degelo são nulos, e onde a deformação plástica das camadas e o escorrimento são mínimos, a neve vai acumulando em camadas sucessivas durante centenas de milhares de anos. Junto com esta neve ficam retidos todos os tipos de "fall-out" da atmosfera: poeira dos continentes e material de origem biológica, cinzas vulcânicas, sais dos oceanos, partículas cósmicas, isótopos produzidos por raios cósmicos, e outros detritos, que são depositados, ano após ano, na superfície junto com a neve (Dansgaard, 1981). O gelo glacial que resulta desta acumulação de neve (Capítulo 1) contém pequenas cavidades que conservam o ar atmosférico da época em que o gelo foi depositado e, nas áreas mais frias, este ar está congelado e conserva sua composição química inicial que pode ser analisada.

As análises dos cilindros de gelo ("ice cores") retirados de sondagens feitas nos lençóis de gelo incluem tanto matéria orgânica e inorgânica do gelo glacial como do ar contido nele. As primeiras análises foram feitas na Groenlândia. Mais tarde, também foram feitas perfurações no Continente Antártico e em ambas as regiões foram obtidos cilindros de gelo com mais de 100 m de comprimento (Dansgaard et al. 1969; Dansgaard, 1981; Bradley, 1985). Recentemente, estão sendo obtidos cilindros de gelo de geleiras nas altas montanhas, como as que estão sendo analisadas de três picos dos Andes tropicais (Thompson, 1998).

O estudo dos cilindros de gelo envolvem várias análises: **1.** isótopos estáveis da água, $^{18}O/^{16}O$ e D/H; **2.** matéria orgânica e cinzas vulcânicas contidas no gelo; **3.** estudo das características físicas e químicas dos vários tipos de gelo; **4.** estudo do ar atmosférico preso no gelo; **5.** datação.

A análise das bolhas de ar presas no gelo dá a composição atmosférica na época da deposição da neve. Os resultados até agora já indicam que a concentração de CO_2 não tem sido constante no passado. Durante a última glaciação o dióxido de carbono estava em concentração menor que atualmente, sendo que a mais baixa concentração foi no máximo da última glaciação (Pisias e Imbrie, 1987; Broecker e Denton, 1990; Colinvaux, 1997).

A poeira, as cinzas vulcânicas e os micrometeoritos presos no gelo glacial estão sendo analisados e estão dando informações muito interessantes. As cinzas vulcânicas conservam a identidade do vulcão que as originou e informam sobre erupções antigas. Micrometeoritos de cerca de 100 μm de diâmetro estão bombardeando a superfície da Terra há centenas de milhões de anos. Aqueles que caíram sobre o gelo antártico ficaram congelados e mantiveram suas características químicas e físicas. A análise de isótopos de hidrogênio destes micrometeoritos está sendo utilizada para verificar algumas teorias sobre a formação dos mares na Terra e sobre a constituição dos cometas (veja, por exemplo, Maurette, 2002).

Entretanto, as informações mais importantes no estudo dos cilindros de gelo são as derivadas das análises de isótopos estáveis da água (^{1}H, D, ^{16}O, ^{18}O) que dão uma estimativa da paleotemperatura porque a composição relativa destes isótopos na água, no gelo e no vapor de água varia em função da temperatura do ar, como foi comentado na Parte 1.2 (Fig. 2.2). Utilizando a razão D/H e, principalmente, a razão $^{18}O/^{16}O$ e comparando a encontrada no gelo atual nos oceanos (SMOW, Standard Mean Ocean Water), têm-se as diferenças $\delta^{18}O$ e a δD no gelo antigo que estão relacionadas com a temperatura.

A quantidade de matéria orgânica contida em gelo glacial é geralmente muito pequena para as datações radiocarbônicas tradicionais. É necessário cerca de 1 cm^3 de CO_2 para datar. Isto significa retirar uma amostra de cerca de 5 m de comprimento em um cilindro (core) de gelo glacial com 10 cm de diâmetro. Estas amostras representam um intervalo de tempo muito grande, da ordem de cerca de 50.000 anos e o erro das idades obtidas também é grande, da ordem de pelo menos 43.000 anos (Dansgaard, 1981). Porém, o método mais recente de detectar o ^{14}C por meio de espectrômetro de massa de alta precisão (AMS, accelerator mass spectrometer) permite o uso de amostras muito menores, com menos de 1 mg (Faure, 1986). Além disto, hoje há uma procura de outros métodos e outros isótopos, como $^{36}Cl/^{10}Be$, pois é importante obter datações mais precisas para cilindros de sondagem marinhos, terrestres e de gelo, a fim de poder comparar os registros de mudanças e oscilações climáticas obtidas de diferentes procedências.

Apesar de que a cronologia das mudanças de temperatura e dos ciclos climáticos não ser precisa, as curvas de temperatura com base na razão $^{18}O/^{16}O$ indicam que a temperatura não foi constante nas regiões afetadas por glaciares e mostram ciclos que refletem mudanças climáticas (Fig. 2.2). O problema está na tradução de quantos graus de temperatura representam. Aí há discordância entre os vários autores.

Ainda existem problemas grandes com as datações de intervalos de tempo maiores que 30.000 anos (veja Shackleton, 1967, 1987; Dansgaard, 1981; Bradley, 1985; Bard et al., 1993), porém na parte superior dos cilindros de gelo as datações são razoáveis até 10 mil

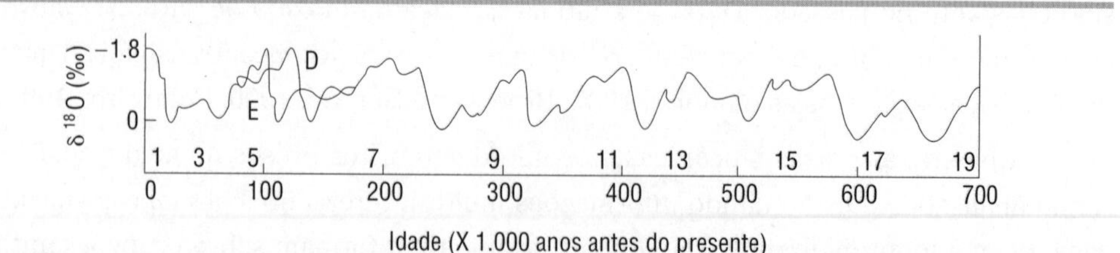

Figura 2.2 Curva geral do valor de $\delta^{18}O$ ao longo de um cilindro de gelo de 1.390 m de comprimento que corresponde a 700.000 anos, em base à análise de carapaças de foraminíferos de sedimentos do Oceano Pacífico e do Mar Caribe, segundo C. Emiliani e N.J. Shackleton (em Faure 1986). Os números colocados acima da abscissa se referem aos estágios das perfurações em águas profundas. E = curva segundo Emiliani; D = curva segundo Shackleton.

anos AP e vão ficando mais seguras do Holoceno médio para o presente. Estima-se que a temperatura no interior da Antártida durante o máximo da última glaciação (LGM, Last Glacial Maximum) estava 6°-8°C mais baixa que a do presente (Bradley, 1985).

Todos os registros de gelo mostram um aumento bem marcado dos valores de $\delta^{18}O$ no final da última glaciação, indicando um aumento gradual da temperatura entre 15 ka (15.000 anos Antes do Presente) e 10 ka. No início do Holoceno (10 ka) os valores flutuam indicando fases mais quentes ou mais frias que o presente. As mais quentes ocorreram há cerca de 7,5 ka, 5-4 ka, 2-1 ka (Bradley, 1985), mas a cronologia ainda não está boa para dar datas precisas.

Nos últimos mil anos, as datações são melhores porque podem ser calibradas por outros dados (por exemplo, erupções vulcânicas registradas em documentos históricos) e as variáveis que afetam os registros de $\delta^{18}O$ de longa data podem ser consideradas constantes nesta escala de tempo (Bradley, 1985). Em Crête, Groenlândia, há pelo menos 6 pequenos aumentos bem nítidos de temperatura acima da média atual para os anos de cerca de 650 DC (depois de Cristo), c. 800 DC, c. 900 DC, c. 1000 DC, c. 1200 DC e a partir do ano de 1900 DC. A fase quente dos séculos 15 e 16 (Período Cálido Medieval) seguida da Pequena Idade do Gelo (1550 a 1850 DC) estão bem marcadas nos cilindros de gelo retirados de Crête, Devon Island, Camp Century, todos na Groenlândia (Fig. 2.2). Os registros mais modernos mostram uma boa correlação com observações instrumentais na Inglaterra Central (de 1698 AD em diante) e Islândia (de 1850 em diante), mas não se ajustam bem com registros de estações meteorológicas de outras partes (Bradley, 1985).

A diminuição de temperatura no inverno dos pólos resulta na modificação significativa da concentração dos isótopos na neve de inverno e na de verão, principalmente de ^{18}O. Usando este fato, Dansgaard (1981) mostrou que é possível contar as camadas anuais de gelo em uma perfuração de Camp Century, na Groenlândia, e com isto datar estas camadas para os últimos milênios.

Um dos grandes problemas de comparação entre registros de regiões distantes e metodologias diferentes é que a datação por ^{14}C tem um desvio padrão mínimo de ±40 anos, o que tira a precisão das idades do último milênio. Segundo Bradley (1985), talvez seja ingênuo tentar correspondências para áreas grandes, como Groenlândia e Europa ocidental ou Escandinávia; é possível que os registros em gelo mostrem as paleotemperaturas verdadeiras das localidades, sejam elas correlacionadas ou não. É necessário lembrar que o $\delta^{18}O$ é baseado em precipitação de neve que é sazonal e pode mudar sua frequência, assim como também mudam os padrões da circulação atmosférica em cada região.

Quando são estudadas as variações deste último milênio, o sinal $\delta^{18}O$ pode ser afetado tanto por variáveis climáticas regionais quanto por mudanças globais. Em escalas maiores de tempo, como milhares ou milhões de anos, as flutuações de origem regional tendem a ser amortizadas. De qualquer maneira, é necessário poder distinguir entre variações globais e regionais nas futuras análises de gelo glacial do Quaternário Tardio. Uma discussão ampla sobre o problema de datação em cilindros de gelo é feita por Shackleton (1967), Bradley (1985).

A análise de isótopos do gelo glacial da Groenlândia e Antártida prossegue e agora está sendo estendida para glaciares nas altas montanhas tropicais principalmente em relação ao $\delta\,^{18}O$ (Thompson, 1998). Os resultados obtidos são discutidos em seguida. Os limites de sua aplicação estão bem discutidos por Dansgaard (1981), por Bradley (1985) e por Shackleton (1987).

4. ISÓTOPOS DE OXIGÊNIO EM CARAPAÇAS DE FORAMINÍFEROS

Urey (1947, 1948) observou que a microfauna marinha com envoltório calcário deposita carbonato de cálcio em equilíbrio com a água onde vive. Quando os animais morrem, as suas carapaças que caem no fundo dos oceanos retêm a concentração inicial de ^{18}O do carbonato. Sabe-se que a abundância relativa dos isótopos de oxigênio é função da temperatura, como já foi tratado anteriormente. Baseando-se nisto, Urey fez o cálculo termodinâmico da dependência de temperatura no fracionamento isotópico e estabeleceu teoricamente o princípio pelo qual é possível estimar a temperatura da superfície do mar pela análise de microconchas (carapaças) fósseis carbonáticas do fundo dos oceanos.

As primeiras análises de $^{18}O/^{16}O$ foram feitas em carapaças de foraminíferos (Emiliani, 1955), mas hoje se estenderam para outros microfósseis marinhos com envoltório externo carbonáceo, como os ostracodes e cocolitóforos e para corais (veja adiante). Estes estudos fazem parte do Projeto CLIMAP (Climate: Long-range Investigation), 1981.

O estudo da dependência de temperatura no fracionamento entre carbonato de cálcio e água baseado em análises de carapaças de foraminíferos tem a vantagem de que o material depositado no fundo do oceano não é destruído, mas vai se acumulando continuamente podendo atingir centenas de milhares de anos (Fig. 2.2). Desta forma os resultados apresentam uma cronologia contínua e longa. Isto não ocorre nos sedimentos continentais, onde cada glaciação destrói as evidências das anteriores e onde os processos de erosão e meteorização eliminam muitos depósitos. Devido a esta continuidade de registro foram detectados entre 14 e 16 ciclos glaciais nos sedimentos marinhos analisados para foraminíferos.

Existe uma discrepância entre os resultados apresentados em estudos de carapaças de foraminíferos depositadas no fundo do oceano para o cálculo da temperatura no mar durante a última glaciação e os resultados de geomorfologia e palinologia nos continentes. O cálculo estatístico das temperaturas médias da superfície do mar (SST, sea surface temperature) utilizando microfósseis planctônicos feitos pela equipe do projeto CLIMAP (1981) indica que a SST era 1,7°C mais fria em agosto e 1,4°C mais fria em fevereiro durante o último máximo glacial, em comparação com as médias atuais. Este é um abaixamento muito pequeno quando comparado com estudos de deslocamento da linha-de-neve e das faixas de vegetação nas altas montanhas tropicais e estudos de corais, análise de gases nobres, etc. Neles o cálculo do abaixamento no último máximo glacial (LGM) fica, no mínimo, entre 5° e 7 °C (Schubert & Clapperton, 1990, e muito outros autores citados neste capítulo). Algumas explicações foram propostas para se entender por que as análises de paleotemperatura em microfósseis marinhos dão consistentemente temperaturas mais altas que os outros estudos. Acredita-se que seja devido a que o material de foraminíferos é uma mistura de carapaças de organismos com distribuição sazonal e vertical diferentes nos mares, o que, portanto, resultaria em um conjunto misto no depósito no fundo do mar (Guilderson et al., 1994). Outra causa de discrepância seria devida à dissolução, recristalização e deposição de carbonatos durante o processo de descida do material planctônico para o fundo oceânico e nos depósitos resultantes. Estes processos ocorrem com freqüência em carapaças marinhas (Brasier, 1985) e poderiam agregar material mais recente aos sedimentos marinhos.

Sabe-se que as curvas de $\delta^{18}O$ variam de uma sondagem para a outra porque, se bem que sejam uma função da temperatura do mar onde cresciam estes organismos, outros fatores influenciam na composição isotópica das carapaças. Existem variações locais da relação isotópica da água e, além disto, o exato fracionamento varia de organismo para organismo. Hoje, para diminuir este efeito, utiliza-se sempre uma única espécie de foraminíferos e não a assemblagem de espécies que se encontra no sedimento, como se fazia anteriormente.

Um problema sério ainda não totalmente resolvido é a cronologia precisa das curvas, porque as datações ainda não estão boas. Porém, a seqüência dos ciclos glaciais-interglaciais, apesar disto, continua válida, independentemente da idade absoluta do material.

Outra causa de discrepância seria que o uso dos resultados das análises de $^{18}O/^{16}O$ no mar para calcular mudanças paleoclimáticas esbarra na dificuldade de que a composição isotópica do mar nunca foi uma função linear do volume de gelo sobre os continentes e nem uma função linear do nível do mar (Bradley, 1985; Shackleton, 1987) e, portanto, os resultados com isótopos em material marinho não correlacionam bem com os resultados de pesquisas nos continentes. Assim mesmo, a relação $^{18}O/^{16}O$ utilizando carapaças de foraminíferos e de outros microfósseis, com todas as dificuldades que acarreta, mostrou a existência de mudanças de temperatura dos oceanos e estabeleceu a técnica de estudos de isótopos em calcário para estimar a temperatura no passado.

5. ISÓTOPOS DE OXIGÊNIO EM ESPELEOTEMAS

Espeleotema é um depósito mineral formado em cavernas calcárias por ação da água (Gary et al., 1974). Os espeleotemas ocorrem principalmente sob a forma de concreções de **estalactites** de forma alongada que penduram do teto das cavernas, **estalagmites** que levantam como colunas do chão das cavernas, colunas de união entre os dois tipos de concreção, e "cortinas" que descem pelas paredes.

Os espeleotemas são muito comuns nas regiões cársticas. Eles são formados primariamente por carbonato de cálcio precipitado da água que percola através das rochas da parte superior da caverna e entra na caverna contendo carbonatos e CO_2 em solução. As gotas de água contendo carbonato de cálcio em solução vão caindo e depositando o carbonato, em um ponto determinado. A deposição e acumulação do carbonato se dão por evaporação da água e/ou por degaseamento do dióxido de carbono das gotas de água que caem. Ao ser degaseado o CO_2, a água fica saturada em calcita, aragonita ou outro carbonato que precipita e forma as concreções (Bradley, 1985).

O espeleotema se forma por gotejamento em um ponto determinado que vai acumulando carbonato de cálcio em lâmina muito fina. Esta, com o tempo, é superposta por outra lâmina. O crescimento de cada lâmina depende de fatores geológicos, hidrológicos, químicos e climáticos. Uma mudança em um destes fatores pode resultar na parada do crescimento. Porém, quando esta parada ocorre em uma área geográfica grande ela é devida principalmente ao fator climático. Isto significa que o estudo das lâminas de crescimento dos espeleotemas dá informações paleoclimáticas geralmente muito boas (Harmon et al., em Bradley, 1985).

O crescimento se dá por superposição de lâminas muito finas (Fig. 2.3) que podem apresentar mudanças de cor e podem ter elementos traços como urânio, tório e matéria orgânica que permitem a datação das camadas. Os estudos destas concreções laminadas são feitas principalmente em estalagmites, porque elas são sólidas e geralmente apresentam laminações bem nítidas. As lâminas podem ser anuais ou representarem ciclos maiores de menos ou mais precipitação atmosférica. A reconstrução paleoclimática é baseada nas variações de textura, mineralogia, química e de relação isotópica das lâminas. Porém, é preciso ter muito cuidado para evitar espeleotemas com material recristalizado, o qual deve ser descartado.

O estudo da relação $^{18}O/^{16}O$ em espeleotemas se baseia no fracionamento isotópico na calcita ou outro carbonato e utiliza as mesmas técnicas e princípios das análises feitas em gelo e em foraminíferos (Partes 3 e 4, neste capítulo). Estes estudos têm dado uma cronologia confiável para paleotemperatura (Fig. 2.4) e o conhecimento das oscilações e mudanças de temperatura e precipitação atmosférica no Quaternário.

Em geral, as estalagmites das cavernas atuais correspondem aos últimos milênios do Holoceno, porém podem ser mais antigas. No estudo de uma estalagmite ativa da região de Bonito, sudeste do Brasil (21° S, 57° W) a base a 443mm de profundidade foi datada com $^{230}Th/^{234}U$ em 3.795 anos, o que deu uma velocidade média de crescimento de 116 μm por ano (Santos et al., 2001; Bertaux et al. 2002). As lâminas marrons têm a espessura de ~20 μm e as lâminas claras de aragonita têm ~80 μm. Estes dados indicam que nesta estalagmite as lâminas são anuais, o que permite um registro de alta resolução; também indicam que do Holoceno médio até o presente houve uma tendência de aumento da precipitação de chuva com dois eventos por volta de 4.000 e 2.500 AP.

Alguns espeleotemas datados por $^{230}Th/^{234}U$ mostram idades de até 350.000 anos atrás. Estes foram encontrados debaixo dos atuais lençóis de gelo glacial na Columbia (Alberta, Canadá) e as datações parecem se agrupar em quatro grupos distintos que se supõe representem interglaciais porque eles são períodos mais favoráveis para o crescimento de espeleotemas. Estes períodos relativamente mais quentes ocorreram nestes espeleotemas de ~320 ka (cerca de 320.000 anos AP) a ~285 ka, de ~235 ka a ~185 ka, de ~150 ka a ~90 ka e de ~15 ka ao presente (Hamon et al., em Bradley, 1985). Datações feitas em espeleo-

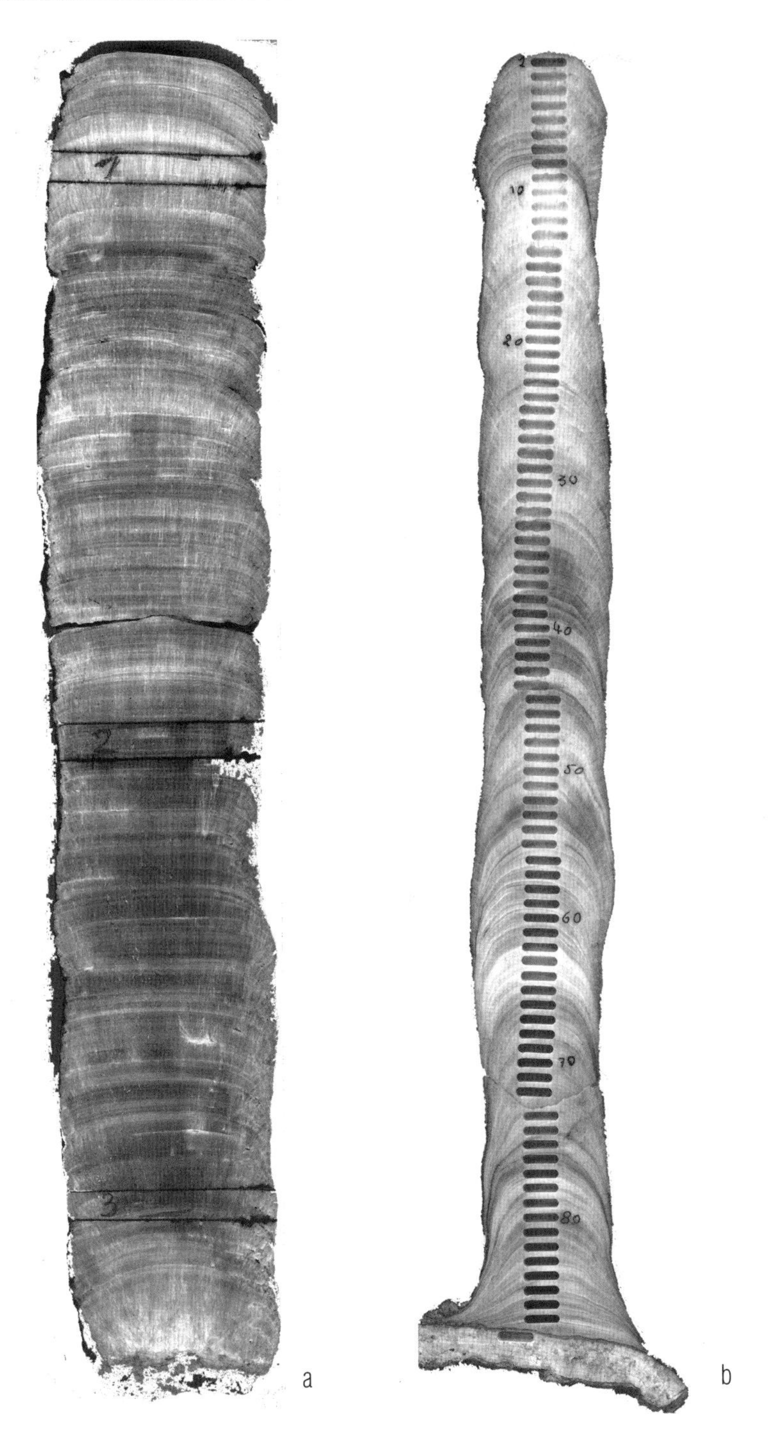

Figura 2.3 Estalagmite de uma caverna no Brasil central cortada longitudinalmente para o estudo das laminações (3a e 3b). Observe em 3b os locais em que foram retiradas as amostras para estudo. Cortesia de Francis Sontag, 2004.

temas de cavernas na Inglaterra coincidem em geral com estas datas, sendo que o último período de crescimento lá se iniciou a ~17 ka. Isto sugere que os períodos de crescimento foram contemporâneos nos dois continentes do hemisfério norte (Bradley, 1985). Estes períodos coincidem também com os que foram observados por métodos independentes em registros de isótopos de oxigênio em foraminíferos do fundo dos oceanos e em camadas de crescimento em corais. Todos estes registros seriam dos últimos períodos interglaciais do Quaternário, quando o nível do mar estava mais alto.

6. ANÁLISE DE CORAIS

Os corais são organismos marinhos do Filo Cnidária que vivem geralmente em colônias de pólipos com esqueleto calcário. Podem formar recifes ou bancos de corais. Os recifes coralíneos ocorrem até a profundidade de 60 m no mar e os corais construtores do recife contêm algas simbióticas que exigem luz para a fotossíntese. Conseqüentemente, a distribuição vertical dos corais vivos se limita à zona fótica dos oceanos (Ruppert & Barnes, 1996). Os pólipos enquanto vivem secretam carbonato de cálcio continuamente que vai se depositando em camadas finas na parte basal da colônia. A seqüência de camadas de crescimento apresenta ciclos diurnos, mensais e anuais e servem para estimar a idade dos corais. Em corais muito antigos, do Paleozóico, é possível calcular o número de dias contidos em um ano. Estes cálculos mostraram que no Ordoviciano, Siluriano e Carbonífero o

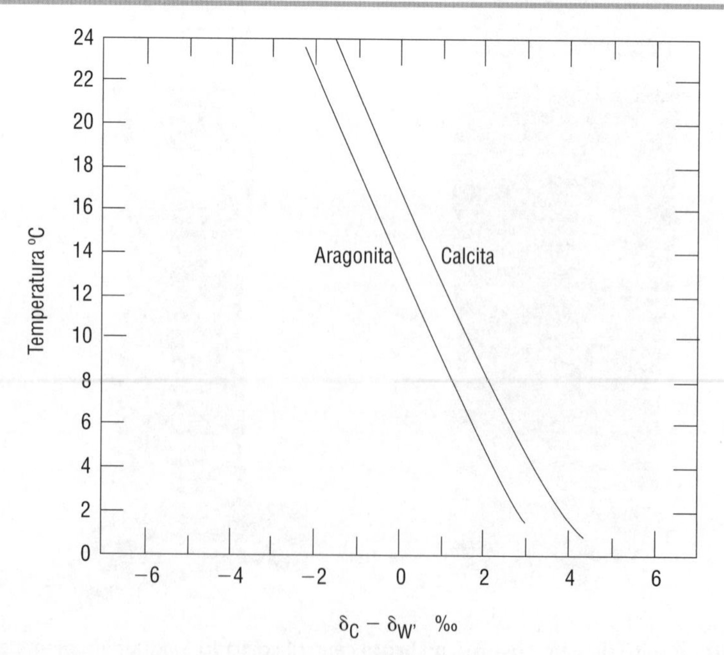

Figura 2.4 Escalas de paleotemperaturas baseadas na composição isotópica da calcita e da aragonita segundo Faure (1986, p. 444)

número de dias do ano era muito maior, o que indica que a Terra girava mais rapidamente que hoje (Kurkal, 1990, Salgado-Labouriau, 2001a, entre outros).

O fato de que os corais vivem muito e formam uma seqüência de camadas de deposição de calcário permite o estudo da paleotemperatura da superfície do mar pela relação $^{18}O/^{16}O$ e, mais recentemente, pela relação Sr/Ca, ao longo do tempo, porque estas relações isotópicas são uma função da temperatura ambiental. A técnica é semelhante à que é utilizada em gelo glacial (Parte 3) e em carapaças de foraminíferos (Parte 4). A utilização destas duas relações de isótopos no mesmo material oferece a vantagem de que elas não têm as mesmas fontes de erro, o que permite a confrontação entre as medidas obtidas pelas duas técnicas. As camadas de crescimento são datadas com $^{230}Th/^{234}U$ e com ^{14}C para estabelecer a cronologia dos corais (Guilderson, Fairbanks & Rubenstone, 1994).

Os estudos em vários tipos de coral no Mar Caribe e no Oceano Pacífico indicam que durante a última glaciação os mares tropicais, ao contrário do que se pensava antes, tiveram um abaixamento de temperatura na sua parte superior semelhante ao obtido nos continentes por métodos diferentes. Os mares tropicais eram cerca de 5°C mais frios que no presente.

Desde os anos de 1980 existia uma discrepância sobre quanto abaixou a temperatura no último máximo glacial (LGM, em inglês) nos continentes e nos mares. As pesquisas que se baseiam no deslocamento de linha-de-neve e das faixas de vegetação nas altas montanhas tropicais estimam um abaixamento de pelo menos 5° a 6°C no LGM (Schubert & Clapperton, 1990; Clapperton, 1993; Hooghiemstra, 1984; Colinvaux, 1989, Bush & Colinvaux, 1990; Salgado-Labouriau, 1997, entre outros). Pesquisas com gases nobres em aqüíferos do Nordeste do Brasil estimam um abaixamento de cerca de 5°C para as terras baixas tropicais (Stute et al., 1995, veja Parte 7, neste capítulo). Em contraste a estes resultados, as análises de $\delta^{18}O$ em carapaças de foraminíferos (Emiliani, 1966; CLIMAP, 1981) apontam um abaixamento muito pequeno (entre 1,4° e 1,7°C) no Mar Caribe durante o LGM (veja foraminíferos, Parte 4). Esta diferença dos resultados nos continentes versus nos oceanos tem causado um problema muito sério nos modelos de circulação global da atmosfera (GCMs, global circulation models). Porém, as últimas pesquisas com isótopos de oxigênio, utilizando corais, confirmam que houve um abaixamento nos mares tropicais semelhante ao dos continentes durante o último máximo glacial (Guilderson, Fairbanks & Rubenstone, 1994, e referências no artigo) e indicam que as paleotemperaturas baseadas em foraminíferos fósseis eram subestimadas.

As pesquisas de Guilderson e colaboradores em corais das ilhas de Barbados, nos Caribes, utilizando as relações de $^{18}O/^{16}O$ e de Sr/Ca mostraram que a temperatura média do mar era pelo menos 5°C mais fria há 18.000 – 19.000 AP e que daí por diante até 14.700 AP a temperatura foi subindo, mas teve um curto período mais frio entre 14.700 e 13.300 AP, para depois subir até a temperatura média atual (Guilderson et al., 1994). Este pequeno período temporariamente frio coincide com a entrada de água muito fria no Mar Caribe proveniente do degelo da última glaciação que começou nessa época na América do Norte e que foi levada pelo rio Mississipi até o mar. O esfriamento de cerca de 5°C em Barbados apóia as estimativas de abaixamento de temperatura nas terras altas tropicais e nas terras baixas tropicais.

Estudos de isótopos de oxigênio em corais com registros mensais dos últimos séculos estão sendo feitos nos Oceanos Pacífico (Cobb et al. 2001, entre outros) e Índico (Charles et al., 1997; Cole et al., 2000, entre outros) e no Mar Caribe (Guilderson et al., 1994). Estes estudos mostram que a técnica de detecção do fracionamento de isótopos em corais é muito sensível para analisar a variabilidade da temperatura na superfície do mar nos últimos séculos.

7. ANÁLISE DE ÁGUA FÓSSIL

A água é o composto mais abundante na superfície da Terra e o principal componente de todas as formas de vida. É o mais importante agente de meteorização, erosão e reciclagem de material. O ciclo da água (Fig. 2.5) é fundamental no balanço energético total da Terra e, conseqüentemente, tem um papel importante no clima (Lockwood, 1976; Salgado-Labouriau, 2001a).

Denomina-se **água fóssil** aquela que, em estado líquido ou sólido, ficou isolada da circulação global por um tempo longo (milhares ou milhões de anos). Há duas formas de estudar a água fóssil para a reconstrução do paleoclima, uma utilizando o gelo glacial que se encontra nos lençóis de gelo da Antártida e Groenlândia e nas geleiras de vale nas montanhas com neves eternas. Estas análises já foram discutidas na Parte 3, deste capítulo. A outra forma é o estudo dos aqüíferos nos continentes, como veremos a seguir.

Este método consiste em levantar informação sobre paleotemperatura pela análise dos gases nobres da água subterrânea contida em aqüíferos. A concentração de gases nobres neônio (Ne), argônio (Ar), criptônio (Kr) e xenônio (Xe) dissolvidos em água de aqüíferos antigos, datados por ^{14}C, é comparada com a concentração dos gases nobres na

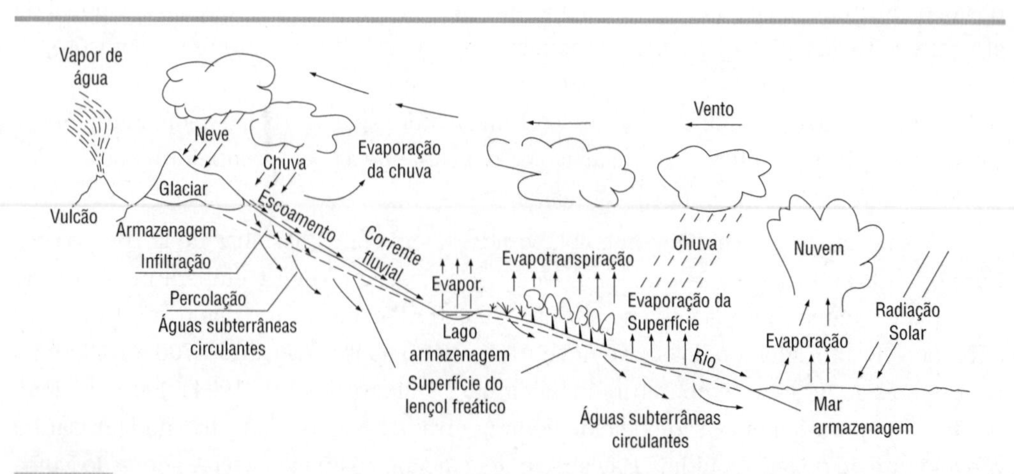

Figura 2.5 O ciclo da água, segundo J.G. Lockwood (em Salgado-Labouriau, 2001a).

atmosfera atual. A concentração destes gases é função da temperatura do ar que está em equilíbrio com a água (Clever, 1979; Stute et al., 1995 e referências no artigo). A água no aqüífero está isolada e não entra mais em equilíbrio com a atmosfera, ela portanto "guarda a memória" da atmosfera de quando penetrou na terra. Usando esta técnica em aqüíferos de várias partes da Europa e, recentemente, do Nordeste do Brasil, foi possível estudar as temperaturas durante o Holoceno e na última glaciação. Os resultados estão de acordo com os encontrados por análise de pólen em sedimentos no continente que mostram um decréscimo entre 5° e 6°C, dependendo da região, como foi comentado anteriormente. Na região semi-árida do Nordeste do Brasil, a 400 m de altitude e a cerca de 500 km da costa, Stute e colaboradores (1995) apontam um decréscimo de temperatura de 5,4°± 0,6°C durante o máximo da última glaciação, entre cerca de 35.000 e cerca. 10.000 anos A.P.

Estes resultados apresentam, por um método independente da análise de palinomorfos e da relação de isótopos de oxigênio, o fato de que a temperatura nas terras baixas da zona tropical desceu da mesma forma que nas terras altas e nas zonas temperadas e frias da Terra durante o máximo da glaciação Würm-Wisconsin.

8. FLUTUAÇÕES DO NÍVEL DO MAR

Há muito tempo que se sabe que o nível do mar flutuou no passado. As explicações para estes movimentos eustáticos têm mudado nestes dois últimos séculos, desde explicações que envolviam o dilúvio bíblico, ou grandes inundações até a movimentos de deslocamento vertical dos continentes. Foi somente a partir da década de 1960, com o acúmulo da informações paleoclimáticas e geofísicas, é que as transgressões e regressões do mar começaram a ser realmente entendidas. No Quaternário, estas flutuações estão associadas às glaciações pleistocênicas. Os ciclos de abaixamento e levantamento do nível do mar correspondem principalmente ao avanço e recuo dos glaciares (Bloom, 1978; Bradley, 1985; Hamblin & Christiansen, 1998).

As provas das flutuações do nível do mar no passado vêm principalmente do estudo de antigos cordões litorâneos nos continentes, de cordões hoje submersos nas plataformas continentais e a presença de antigos bancos de corais e de depósito de conchas acima do nível atual do mar. Estes depósitos marinhos nas bordas continentais são há muito tempo conhecidos. Mais recentemente, tem-se utilizado ecógrafos que são aparelhos que dão os perfis acústicos do fundo dos oceanos (Reineck & Singh, 1986) e imagens de satélite que detectam feições continentais submergidas pelo levantamento do nível do mar depois da última glaciação. Cordões litorâneos, sistemas de drenagem de rios e vales fluviais hoje submersos marcam até quanto o nível do mar desceu há alguns milhares de anos atrás, indicando o seu último recuo.

A posição atual dos corais vivos é estritamente controlada pelo nível do mar, porque eles se limitam às profundidades onde penetra a luz solar (zona fótica), que fica mais ou menos nos primeiros 60 m de profundidade (veja Parte 6, neste capítulo). Um aumento ou diminuição de alguns metros no nível da água resulta no deslocamento da zona de corais que deixa atrás os restos coralinos. As flutuações eustáticas do mar durante o Quaternário deixaram um complexo registro de bancos de coral, ilhas, atóis e terraços coralinos antigos que são encontrados acima do nível do mar nas zonas costeiras de numerosas regiões. Muitos dos corais atuais crescem sobre bases coralinas mais antigas. Isto torna muito complexa a interpretação destes dados, porque é necessário o uso de técnicas precisas de datação radiométrica, nem sempre possíveis, que permitam datar e avaliar a estratigrafia dos bancos de coral antigos e modernos (Bloom, 1978, p.456; Bradley, 1985).

Depósitos de conchas marinhas fósseis sobre os continentes têm sido usados desde o século 19 para mostrar avanços do mar. Hoje trabalha-se também com a análise de microfósseis em núcleos de perfuração nas plataformas continentais. Os principais microfósseis utilizados são foraminíferos, ostracodes, pólen, esporos e cocolitóforos que serão tratados nos Capítulos 4 e 5. Mas nestes casos, da mesma forma que os bancos de coral, as datações são fundamentais. Também tem sido estudada a relação de isótopos de oxigênio em conchas de foraminíferos, mas a composição isotópica nos oceanos não é uma função linear do nível de água nos oceanos, como se pensava antes. A revisão crítica do método está muito bem feita no artigo de Shackleton (1987).

Outro método para avaliar as mudanças do nível do mar e, principalmente, as mudanças atuais, é pelo estudo do comportamento dos glaciares (geleiras e lençóis de gelo) principalmente na Antártida e na Groenlândia (Warrick et al., 1995; Drewry, 1996).

A avaliação quantitativa das mudanças efetivas do volume total de água nos oceanos em um determinado ponto de sua história é difícil, devido aos movimentos tectônicos dos continentes e ilhas. Nas ilhas vulcânicas e nas regiões costeiras tectonicamente ativas, a crosta está se elevando, como por exemplo ao longo da costa ocidental das Américas. Em outras regiões, a borda do continente está afundando, como no Grande Rift do nordeste da África. Estes processos tectônicos dificultam a avaliação quantitativa de descenso ou ascenso do nível do mar por evidências ao longo dos litorais e cada caso tem que ser estudado cuidadosamente (Reineck & Singh, 1986).

Além disto, as áreas afetadas por glaciares sofrem movimentos isostáticos devidos ao grande peso da massa de gelo acumulada sobre elas, o que faz com que a crosta continental afunde na astenosfera, como já se tratou anteriormente. O grau de subsidência depende da quantidade de gelo glacial acumulado. Quando um glaciar deixa de existir, a crosta continental se levanta pela diminuição do peso e a linha da costa muda de posição, independentemente de flutuação no nível do mar. A avaliação global da flutuação do nível dos oceanos, tanto no presente como durante o Quaternário, só pode ser estimada.

Calcula-se que o nível do mar chegou a subir uns 50 m além da posição atual, na última interglaciação (Riss-Würm), entre 120.000 e 140.000 A.P. e que desceu entre 80 e 140 m abaixo do atual durante o máximo da última glaciação (entre 28.000 e 14.000 A.P.). Acredita-se que a subida dos últimos 15 mil anos foi rápida até cerca de uns 6 mil anos atrás e que estacionou ou subiu muito lentamente daí até o presente (Bloom, 1978, p. 406-7). A última transgressão importante foi por volta de 5.000 anos atrás, quando o mar subiu um pouco acima no nível atual. Ao longo das costas brasileiras, encontram-se cordões litorâneos entre 6 e 10 m acima do nível atual datados desta época (Bittencourt et al. 1979; L. Martin et al., 1980; Suguio, 2001). Depois disto o nível do mar se estabilizou na posição que ocupa hoje. Com uma faixa tão grande entre o máximo e o mínimo do nível do mar no Quaternário tardio, qualquer avaliação do volume total da água dos oceanos por este método tem uma margem de erro muito grande.

Por volta de 1980, um outro método começou a ser utilizado para o cálculo do volume total da água oceânica envolvido em uma glaciação. Avaliou-se a quantidade total de água presa nos glaciares modernos acrescida daquela que está congelada na superfície dos oceanos Ártico e Antártico (Shackleton, 1987; Hamblin & Christiansen, 1998). A seguir, estimou-se o volume de gelo glacial que deveria ter existido no máximo da última glaciação pleistocênica utilizando as evidências de geologia glacial. A área máxima de cobertura de gelo glacial já é conhecida com bom detalhamento e a espessura do gelo pode ser estimada pelos valores atuais na Groenlândia e Antártida (Hamblin & Christiansen, 1998). Daí se obteve a quantidade total de água que teria sido retirada de circulação na Terra (Fig. 2.5) e qual teria sido a diminuição do volume dos oceanos no máximo da glaciação. Os valores encontrados estão próximos das estimativas baseadas nos estudos das transgressões e regressões do mar e estima-se que tenham sido da ordem de 58 milhões de km^3 (Stokes, 1982, p.419).

Uma conseqüência desses estudos é que, se o gelo preso hoje nos glaciares do Continente Antártico derretesse todo, o nível do mar subiria cerca de 70 m (Hamblin e Christiansen, 1998) e todas as cidades litorâneas ficariam cobertas pelo mar. Se continuar o aquecimento progressivo que está ocorrendo, mais gelo se desprenderá da Antártida e do Pólo Ártico criando mais icebergs que flutuarão e por fim derreterão, causando um aumento do volume dos oceanos.

O fato de que houve flutuações grandes no nível dos oceanos é muito importante do ponto de vista biogeográfico, sejam quais sejam as suas causas. Um abaixamento da ordem de 80 a 140 m , como aconteceu no máximo da última glaciação, entre 28.000 e 14.000 A.P., significa que uma boa parte das plataformas continentais ficou acima do nível das águas. Para um descenso médio de 100 metros, estimou-se que a metade da área das plataformas continentais de hoje estaria seca. As conseqüências foram numerosas, tais como: 1. a migração forçada dos ecossistemas litorâneos como o manguezal, as restingas, as praias, para os recém-criados litorais; 2. a criação de novas áreas de terra firme para expansão da flora e fauna terrestre; 3. o confinamento da fauna e flora das plataformas continentais, principalmente da fauna bentônica, em áreas bem menores que as atuais; 4. a união de muitas ilhas costeiras com o continente, como ocorreu, por exemplo, entre as Ilhas Britânicas e a Europa continental. Neste último caso, a barreira oceânica foi eliminada e foi possível o intercâmbio gênico entre a biota da ilha e do continente.; 5. o aumento da área dos continentes que traz como consequência o aumento da continentalidade do clima; as regiões interiores passam a ter climas mais extremados que podem resultar em aridez; 6. a mudança do clima junto ao litoral, porque as regiões que estão hoje à beira-mar perdem os efeitos das correntes marinhas e das massas de ar que moderam o clima; 7. o alongamento e aprofundamento do leito dos rios que passam a desaguar mais adiante no mar. Estas mudanças são revistas e discutidas no Capítulo 9 do livro História Ecológica da Terra (Salgado-Labouriau, 2001b).

As conseqüências de um abaixamento no nível do mar, descritas acima para a última glaciação, ocorreram em todas as glaciações do Quaternário, que se estimam terem sido cerca de 16.

Ao contrário do que se pensava antes, o abaixamento do nível do mar por cerca de 100 m influi pouco sobre o clima das montanhas, porque o "lapse rate" não modificaria significativamente a temperatura que só abaixaria entre 0,5° e 1,0°C.

A situação contrária, com uma subida de pelo menos 50 m sobre o nível atual, resultaria na inundação de todas as zonas litorâneas, exceto onde estariam ocorrendo movimentos tectônicos que elevassem rapidamente a costa. As conseqüências sobre os continentes são o deslocamento forçado dos ecossistemas litorâneos para o interior dos continentes, a formação e/ou isolamento de ilhas e a mudança do clima. Quanto aos rios, haveria o afogamento de seus deltas e estuários, como sem dúvida aconteceu a partir de 14.000 A.P. quando terminou a última glaciação.

As mudanças descritas acima podem ocorrer em um futuro bem próximo, caso a temperatura global da Terra continue aumentando como está acontecendo nestas últimas décadas (Houghton, 1994, Houghton et al., 1995, entre outros). A maior parte dos pesquisadores concorda que o nível do mar está subindo (Stokes, 1982; Warrick et al., 1995; Schneider, 1997, entre outros), o que acabará por trazer uma calamidade nas costas de todos os continentes, que resultaria, entre outras coisas, na inundação de todas as cidades litorâneas. Para as plataformas continentais haveria um aumento significativo de sua área com expansão da fauna e flora marinha e, para os continentes, a mudança da linha de costa e a inundação das cidades litorâneas.

As mudanças do nível do mar nos últimos 100 anos têm sido objeto de estudos de uma Comissão Intergovernamental Britânica de Mudanças Climáticas (IPCC, "Intergovernmental Panel on Climate Change", Houghton et al., 1995). Os resultados a que chegaram são baseados em modelos geodinâmicos de computação que filtram os movimentos verticais dos continentes e usam as marés mais altas para estimar tendências das flutuações do nível do mar; além disto, fazem uma projeção para os próximos 100 anos (Warrick et al., 1995). As conclusões são: 1. houve uma elevação no nível médio do mar (n.m.m.) entre 10 e 25 cm nos últimos 100 anos; 2. o aumento médio do nível do mar nos últimos 100 anos é significativamente maior que a média dos últimos milhares de anos. O exato momento em que o presente aumento começou ainda é impreciso; 3. o aumento do nível médio do mar deve ser devido principalmente ao aumento da temperatura nos últimos 100 anos que resultou na expansão térmica do oceano e no derretimento de geleiras, calotas e lençóis de gelo; 4. os dados ainda não são suficientes para estabelecer se os lençóis de gelo da Groenlândia e Antártida estão aumentando, diminuindo ou em equilíbrio nestes últimos 100 anos; 5. não é claro o papel da água de superfície e de aqüíferos dos continentes sobre o aumento do nível médio do mar.

As previsões de mudanças do nível médio do mar para os próximos 100 anos (até o ano 2100) são:

- projeções para futuras mudanças de nível médio do mar devidas ao efeito estufa e outros parâmetros climáticos ainda apresentam imprecisões. De acordo com as diferentes projeções, o nível médio do mar pode subir entre 13 cm e 94 cm.
- uma das principais imprecisões é que falta o conhecimento do que pode ocorrer com os lençóis de gelo da Antártida. Entretanto, a possibilidade de um colapso total do lençol de gelo da parte oriental da Antártida, por volta do ano de 2100, está cortada.
- a resposta ao aumento da temperatura sobre o nível do mar não será uniforme em todo o globo devido às diferenças regionais de mudanças do aquecimento e circulação no oceano e aos processos geológicos e geofísicos de movimentos verticais das massas continentais. Alem disto, os máximos dos eventos normais de mudança do nível do mar (marés, ondas e tempestades) serão afetados por mudanças no clima regional que são difíceis de prever.

Para estas previsões para os próximos 100 anos, feitas por modelos geodinâmicos em computador, é preciso levar em conta que são estimativas para uma determinada mudança de temperatura global, como a que está sendo observada agora. Se o aquecimento global ocorrer mais rapidamente do que o esperado nas projeções, a velocidade de elevação do nível médio do mar, conseqüentemente, será maior.

9. FLUTUAÇÕES DO NÍVEL DE ÁGUA DOS LAGOS

Um lago deve ser considerado como uma feição temporal do sistema fluvial. Por ser um local de captação muito eficiente de sedimentos, o lago tende a encher de aluvião deltaico e desaparecer. Com o tempo, suas bordas vão se erodindo e o longo perfil do rio tende a ficar suavemente côncavo e a eliminar a bacia do lago (Bloom, 1978). Entretanto, na maioria dos casos, os sedimentos do antigo lago persistem e guardam a memória do clima e da vegetação da região.

Em regiões com boa precipitação, os lagos permanentes podem apresentar marcas de terraços, depósitos de conchas, estromatólitos e sedimentos lacustres acima do nível atual das águas, o que mostra que eles já estiveram mais cheios. São os casos como o dos lagos de Valência (Fig. 2.6), na Venezuela (Peeters, 1984; Bradbury et al., 1981), Victoria, na África (Livingstone, 1975), Titicaca, na Bolívia (Wirrmann & Almeida, 1987; Dejoux & Iltis, 1992) e muitos outros.

O estudo das flutuações do nível de água dos lagos é baseado em evidências geomorfológicas, como as alistadas acima, que indicam mudanças no clima. Estes trabalhos se referem ao ambiente físico e muito indiretamente à vegetação e à fauna que poderiam ocupar as regiões afetadas. Para estes tipos de evidência a datação absoluta é muito difícil, por falta de material orgânico que se possa datar por carbono-14, mas a dinâmica do lago e sua bacia pode ser bem estudada por este método. Quando é possível associar os dados geomorfológicos aos métodos biológicos, as informações paleoecológicas obtidas são muito mais completas.

Um dos métodos que procuram quantificar as evidências de mudanças no nível de água é fazer uma estimativa do aumento de precipitação real e do balanço hídrico da bacia, como foi descrito nos trabalhos sobre o lago Titicaca (Dejoux & Iltis, 1992). Entretanto, estes cálculos são feitos por equações empíricas baseadas em condições atuais, nem sempre aplicáveis ao passado e dão resultados controversos (Bradley, 1985). É muito difícil determinar se as condições de aumento do nível de água no passado foram o resultado real da precipitação, ou se a diminuição da temperatura conseqüentemente reduziu a evaporação, principalmente quando se trata da zona temperada ou da parte alta das montanhas.

Apesar de todos estes problemas, existem dados bons que mostram mudanças no nível de lagos. Por exemplo, estudos do Lago Titicaca mostraram que no Holoceno houve uma baixa significativa entre 7.700 e 3.650 anos A.P. (Wirrmann & Almeida, 1987). No lago Valência mostrou-se que o nível da água subiu depois de 6.000 AP e o lago, que era endorrêico, passou a desaguar ao noroeste, para a bacia do Rio Apure, na Venezuela (Fig. 2.6). Nos últimos séculos, ele começou a dessecar e voltou a ser uma bacia endorrêica, continuando assim até o presente (Bradbury et al., 1981).

As regiões áridas e semi-áridas dos continentes geralmente não têm rios e lagos permanentes. Porém, têm chuvas torrenciais ocasionais que alimentam rios e lagoas inter-

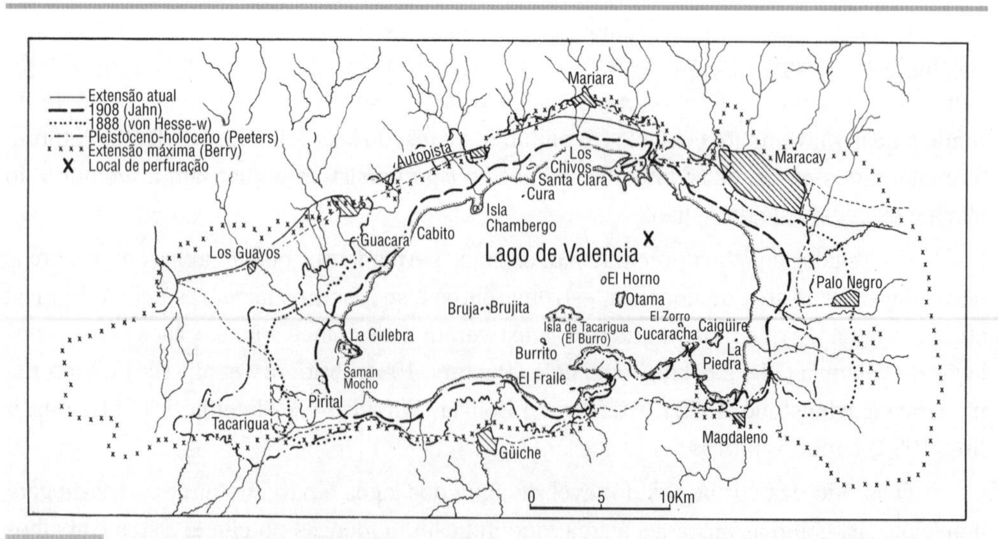

Figura 2.6 Mapa do lago de Valência mostrando a sua extensão atual, a superfície máxima que ocupou no passado e a retração que sofreu durante o final do Holoceno. Adaptado de Schubert (1978).

mitentes. Em muitos casos, a drenagem superficial levada por rios intermitentes termina em bacias endorrêicas ou penetram nas regiões áridas e se perdem em um dédalo de canais que acabam desaparecendo no deserto. Fotos aéreas ou de satélite dos desertos atuais, mesmo os mais secos, mostram marcas de leitos secos entrando em lagos secos ou extremamente salgados e formando bacias hidrográficas secas. Um exemplo é o rio intermitente Awash, no Afar (no nordeste da África) que desaparece no meio da areia. Estas redes hidrográficas secas, algumas vezes, são drenagens atuais de chuvas ocasionais que caem menos de uma vez em 12 meses. Porém, na sua maioria representam antigas bacias de épocas em que o clima era mais úmido (Bloom, 1978). As regiões de caatinga no Nordeste brasileiro e de "espinar" e "cardonal" no norte da Venezuela, que são regiões semi-áridas, têm leitos compridos de rios que ficam secos durante uma grande parte do ano (Fig. 2.7).

Quando há chuvas nas regiões semi-áridas, os leitos antes secos dos rios enchem e transbordam e podem formar lagos ou lagoas nas depressões. Se as precipitações de chuva foram maiores no passado, estes lagos e rios se expandiram e as suas margens ficaram marcadas na paisagem. O estudo destes antigos lagos e rios nas regiões áridas e semi-áridas atuais dá informações sobre ciclos de mudanças do clima no passado. Bacias hidrográficas antigas das regiões desérticas e semi-desérticas da Terra, como no Sahara e no Sarel, foram descritas em detalhe indicando épocas mais úmidas nestas regiões (Livingstone, 1975; Bradley, 1985).

Figura 2.7 Leito seco de um rio na região semi-árida de Barquisimeto, Venezuela, perto da cidade de Quibor.

Métodos biológicos para o estudo paleoecológico

3

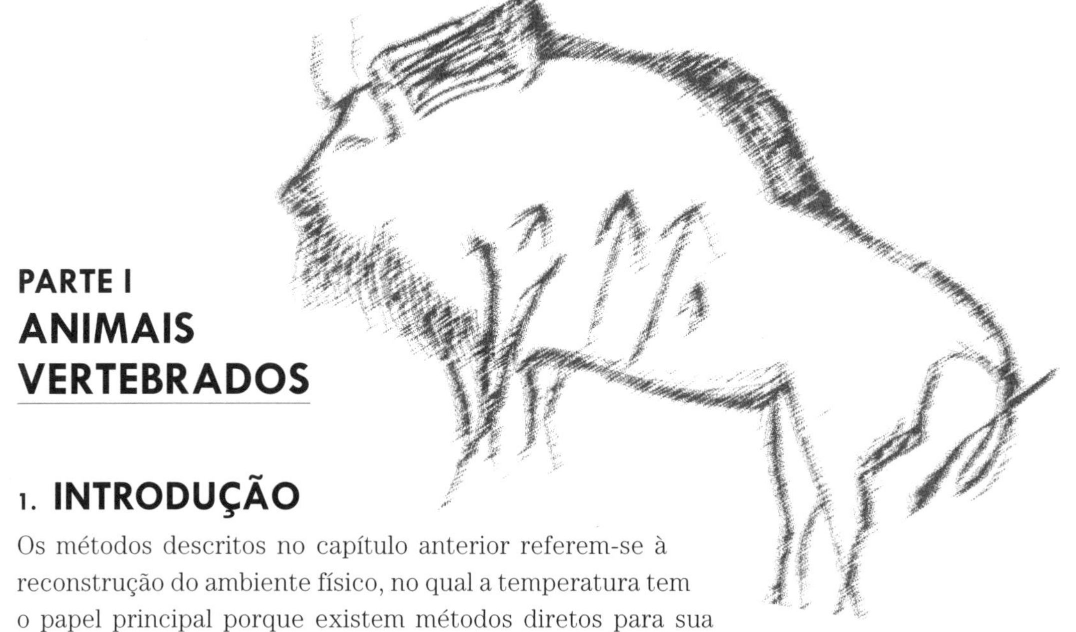

PARTE I
ANIMAIS VERTEBRADOS

1. INTRODUÇÃO

Os métodos descritos no capítulo anterior referem-se à reconstrução do ambiente físico, no qual a temperatura tem o papel principal porque existem métodos diretos para sua avaliação. Estas informações são importantes, porém a paleoe- cologia é muito mais que isto. Nela entra também o elemento biológico e sua interação com o meio físico. Neste capítulo são apresentados os métodos que utilizam as informações dadas pelos fósseis de animais vertebrados na reconstrução paleoambiental. Na Parte II são apresentados os métodos que utilizam fósseis de invertebrados e outros organismos não fotossintetizantes e na Parte III, os fósseis de plantas e outros organismos fotossintetizantes que são utilizados na reconstrução ecológica.

Os fósseis de vertebrados deram poucos dados à paleoecologia, mas isto tem sido devido principalmente a que as pesquisas paleontológicas geralmente não se preocupam com as informações que poderiam ser fornecidas pelo sedimento ou rocha sedimentar no qual foram encontrados os fósseis. Felizmente, isto está mudando agora e mais atenção está sendo dada durante as escavações de megafósseis para que outros dados sejam obtidos. Ao contrário dos outros vertebrados e dos moluscos e insetos que evoluíram pouco durante o Quaternário, os mamíferos tiveram mudanças evolutivas muito grandes durante esse tempo, talvez como uma respostas às mudanças climáticas do Pleistoceno e eles serão tratados aqui com maior detalhe.

2. OS GRANDES MAMÍFEROS DO PLEISTOCENO

Esqueletos inteiros de grandes mamíferos têm sido encontrados no Quaternário de todos os continentes, exceto na Antártida. Uma grande parte deles pertence a animais extintos hoje, como os mamutes (*Mammuthus*, Fig. 3.1), mastodontes(*Mammut*, segundo uns, *Mastodon*, segundo outros)), as preguiças gigantes terrícolas (*Megatherium*, *Glossotherium*, *Nothrotheriops*, Fig. 3.2), o tigre de dente-de-sabre (*Smilodon*, Fig. 3.3), o bisão das estepes (*Bison pricus*, Fig. 3.4), o rinoceronte lanoso (*Coelodonta antiquitatis*, Fig. 3.5), o tatu gigante (*Glyptodon*), o tapir gigante (*Toxodon*), para citar alguns dos mais conhecidos. O estudo destes esqueletos permitiu aos paleontologistas reconstruir estes animais com grande precisão e estudar a extinção dos grandes mamíferos durante o Quaternário (Parker et al., 1949; Benton, 1995; Benton & Harper, 1997). Animais jovens foram encontrados em algumas localidades, o que permitiu o estudo do desenvolvimento da forma jovem à adulta de algumas espécies.

Uma parte dos depósitos fossilíferos se acha em panelões escavados em antigos leitos de rios e riachos. Em outros casos, dezenas de esqueletos foram encontrados em grutas ou em poços e nascentes de água em regiões hoje semi-áridas, como nas cacimbas e poços do Nordeste brasileiro (Paula Couto, 1979), nas grutas calcárias da região de Lagoa Santa (Lund, 1950) e em lagos de asfaltos. No lago de asfalto do Rancho La Brea, na região metropolitana da cidade de Los Angeles, Califórnia, o número de esqueletos de animais hoje

Figura 3.1 Mamute lanoso (*Mammuthus primigenius*), restauração por Abel (em T. Nilsson, 1983), com permissão.

extintos é tão grande que se contam aos milhares. Os esqueletos acumulados em panelões e curvas de rios e em lagos de asfalto não estão dentro de um contexto estratigráfico e somente informam sobre a anatomia e taxonomia dos animais. Da mesma forma, os ossos encontrados em grutas, buracos e fendas de rocha podem ser animais cavernícolas ou terem caído ou sido arrastados para dentro de grutas (Gilbert & Martin, 1984).

Entre os grandes mamíferos do lago de alfalto do Rancho La Brea o domínio é dos grandes carnívoros, sendo que, em um estudo de mais de 3.400 indivíduos (Marcus & Berger, 1984), 48% eram lobos diros (*Canis dirus*) e 30% eram tigres dente-de-sabre (*Smilodon floridanus*) e o restante inclui coiotes (*Canis latrans*, 5%), bisões (*Bison antiquus*,

Figura 3.2 Preguiças gigantes. Em cima, *Glossotherium harlani* do Pleistoceno da Califórnia, segundo Stock (em T. Nilsson, 1983). Embaixo, restauração da preguiça gigante Shasta (*Nothrotheriops*) das cavernas da América do Norte (Elaine Anderson, 1984), com permissão.

5%), cavalos (*Equus occidentalis*, 4%), felinos (*Panthera atrox*, 2%), preguiças-gigantes (*Glossotherium harlani*, 2%; *Nothrotheriops shastensis*, 1%) e alguns indivíduos de camelídeos, ursos, mamutes, veados e antílopes. Deste sítio foi possível um estudo detalhado do desenvolvimento de jovem a adulto dos tigres dente-de-sabre, pois há numerosos esqueletos de indivíduos de todas as idades e foi possível também o estudo das doenças ósseas e dentárias destes animais. Neste lago de asfalto foram também encontrados 5.845 esqueletos completos de aves. A lista completa da fauna de Rancho La Brea e as referências sobre o estudo deste material se encontra no artigo de Marcus & Berger (1984).

No Brasil foram encontrados ossos e esqueletos fósseis de muitos vertebrados do Quaternário em cavernas, porém a maioria não foi ainda estudada. Os mais famosos são os

Figura 3.3 Leão das cavernas (*Panthera leo spelaea*), em cima; tigre dente-de-sabre (*Smilodon*) das Américas, embaixo à esquerda; gato dente-de-cimitarra (*Homotherium*) à direita, todos extintos. Segundo Anderson, 1984), com permissão.

da região de Lagoa Santa, Minas Gerais, descritos no século 19 por Peter W. Lund (1950, tradução das Memórias e Papéis escritos entre 1836 e 1844). Ele descreve 115 espécies de mamíferos, das quais 88 são encontrados hoje (p.557). A mutilação em que se encontram muitos dos ossos sugere que "as feras carregavam suas presas para o interior das mesmas (cavernas) para devorá-las". Entre os grandes mamíferos se encontram toxodontes (tapir e anta gigantes), megatérios (preguiças-gigantes terrícolas), gliptodontes (tatus gigantes) e cavalos, hoje extintos, juntos com morcegos, ratos, pacas, ouriços-cacheiros, macacos, quatis, porcos-do-mato, etc., que vivem até hoje. Também foram encontradas ossadas humanas (o famoso "Homem de Lagoa Santa", p. 457 a 498) em seis das mais de 200 cavernas visitadas por Lund. Em uma destas cavernas (da Lagoa do Sumidouro), ele encontrou os ossos humanos junto com os de grandes mamíferos terrestres. Entre eles o tigre dente-de-sabre (*Smilodon*, gênero criado por ele), a preguiça-gigante de Lagoa Santa (*Megaterium cuvieri* = *Catonyx cuvieri*), a onça-pintada (*Pantera onca*), capivaras gigantes, porcos-do-mato, macacos, lobo guará, etc. Este conjunto de animais junto com o homem sugere que o homem e os animais cavernícolas foram contemporâneos e que viveram no final do Pleistoceno de Lagoa Santa, MG. Alguns ossos de preguiça-gigante exibem cortes feitos com um objeto cortante que reforçam esta idéia e sugerem que o animal teria sido comido pelos homens (Lima, 1989).

Figura 3.4 Pintura em caverna de um bisão de estepe (*Bison pricus*) ferido por lanças, em Niaux, Dept. Ariège, França. Segundo Cornwall (em T. Nilsson, 1983), com permissão.

No Brasil ocorrem fósseis de 13 espécies de preguiças-gigantes, todas terrícolas, ao contrário das preguiças atuais que são arborícolas. Nove delas habitavam os cerrados e todas se extinguiram há cerca de 12 mil anos (Cartelle, 2000).

Foram descritos numerosos objetos líticos lascados nas cavernas da região de Lagoa Santa, com boas datações a partir de 11.000 AP, que os colocam como os objetos de pedra lascada e semipolida mais antigos do Brasil (Prous, 1991). O intervalo de tempo entre 11 ka e 9 ka (mil anos AP), denominado "Arcaico Antigo" para a região de Lagoa Santa, é

Figura 3.5 Em cima, Rinoceronte lanoso (*Coelodonta antiquitatis*) pintado em ocre vermelho na caverna de Font de Gaume, Dordogne, França. Segundo Breuil e Abel (em T. Nilsson, 1983). Embaixo, restauração do rinoceronte lanoso, segundo Kurten (em T. Nilsson, 1983), com permissão.

considerado como tempo de ocupação de várias grutas para cemitério e, ao que parece, para habitação humana.

O crânio humano mais antigo dessa região e, por enquanto, do Brasil foi encontrado recentemente por Walter Neves (USP) na Lapa Vermelha, no karst (formação calcária) da região de Lagoa Santa e apelidada "Luzia" (Neves & Blum, 2001). Não foi possível datar esses ossos porque não havia suficiente colágeno. Foi estimada, pela posição estratigráfica do crânio, uma idade entre 11.000 e 11.500 anos AP (Neves et al. 1999). Parece que Luzia pertence a um grupo étnico diferente dos nossos índios, sendo semelhante ao tipo negróide da África e do Pacífico Sul. Entretanto, os cerca de 30 crânios encontrados por Lund na região de Lagoa Santa são da "raça americana que se assemelha à raça mongólica" (Lund, 1950, p. 461) e têm os crânios deprimidos na testa como os de figuras nos monumentos mexicanos. Segundo Neves e colaboradores, os estudos de afinidades morfométricas de crânios feitas, independentemente na América do Sul e do Norte, indicam que as Américas foram habitadas primeiro por indivíduos do tipo não-mongolóide que teriam chegado às Américas pelo estreito de Behring. As primeiras populações humanas seriam diferentes das populações posteriores que originaram os ameríndios atuais, que são do tipo mongol.

Como já se tratou em outras partes deste livro, durante a última glaciação o nível do mar desceu entre 80 e 100 m abaixo do nível atual (Capítulo 1). O estreito de Behring que tem hoje uma profundidade máxima de 50 m, teria se transformado em uma ponte-de-terra entre a Ásia e a América do Norte (Salgado-Labouriau 2001, Capítulo 5) pela qual, acredita-se, os homens teriam passado. Esta hipótese sugere que o povoamento da América do Sul teria tido duas rotas diferentes, uma mais recente e vinda da Ásia, outra mais antiga, da África via Ásia que atravessaria a ponte-de-terra ou navegaria bordejando a costa. Este assunto ainda é muito controverso. Do ponto de vista climatológico, é muito difícil conceber que homens negróides, que sempre habitaram climas quentes, tenham migrado para o norte, pela costa oriental da Ásia, em direção a um clima muitíssimo mais frio, durante o máximo da Glaciação, quando as temperaturas estavam 7-9°C mais baixas que hoje, mesmo que isto levasse milênios.

A presença do homem na América do Sul é mais antiga que a Luzia. Em Taima-taima, na Venezuela, foi achada uma localidade de matança e esquartejamento de mastodonte com pontas de flecha, bem datada em 13 ka (Cruxent, 1967; Gruhn & Bryan, 1984) e em Monte Verde, no Chile, foram datados fogueira e restos de alimentos em 13,6 ka (T.D.Dillehay, em Meltzer, 1993). Mas nestes dois sítios não foram encontrados esqueletos humanos para se verificar o grupo étnico a que pertenciam estes homens. Todos os esqueletos encontrados até o presente pertencem ao grupo mongol. Como a idade do crânio da Luzia não foi datada diretamente, fica a suspeita de que ela poderia ter sido uma escrava jogada dentro de uma fenda da gruta, ou ser um indivíduo excepcional ("mongolóide") que teria caído onde já existiam ossadas de mamíferos pleistocênicos.

Existem alguns trabalhos descrevendo achados de objetos líticos de pedra-lascada muito mais antigos que 12 mil anos para o Brasil e Argentina, como é o caso do Sítio da Pedra Furada, no Piauí. Porém, estes achados são contestados por muitos pesquisadores da área. Uma boa revisão sobre estes supostos primeiros ameríndios está muito bem tratada no livro de Arqueologia Brasileira (Prous, 1991) e não serão discutidos aqui.

Grande quantidade de ossos de mamíferos extintos do Pleistoceno foram encontrados em cacimbas e panelões de rios no Nordeste e Leste brasileiro (Paula Couto, 1978, 1979; Moreira, 1971, e outros), em Goiás (Moreira et al., 1971) e outros tipos de depósitos no SW Amazônia (Rancy, 1991; Latrubesse, 1996).

Em geral, o que se preserva dos grandes mamíferos são os ossos e dentes. O sistema dentário dos mamíferos, ao contrário dos répteis, tem dentes diferenciados segundo a posição na boca (incisivos, caninos, pré-molares e molares), cuja distribuição, forma e estrutura estão relacionadas com a espécie e com o tipo de alimentação do animal (Parker et al., 1949, Romer, 1948, Paula Couto, 1979). Freqüentemente, os únicos elementos fossilizados encontrados são os dentes, pois são muito mais resistentes à destruição do que as peças do esqueleto. Os molares de paquidermes são utilizados desde o século passado para estratigrafia do Quaternário do norte da Europa; a seqüência de interglaciações é determinada pela presença de dentes de espécies de floresta (gênero *Elephas*) e de glaciações pela de espécies de tundra e estepe (*Mammuthus*) (T. Nilsson, 1983).

A paleontologia dos mamíferos reflete a importância da preservação dos dentes, pois estes animais são divididos em grandes grupos de Triconodonta, Docodonta, Edentata e outros, em que a característica principal da Ordem é a fórmula dentária (Parker et al. 1949; Fairbridge e Joblonski 1979). Os dentes são utilizados na estratigrafia do Pleistoceno da Europa e os de porcos selvagens na região semi-árida do Afar, na África (T. Nilsson, 1983).

Em circunstâncias especiais, as partes moles do corpo também se preservam. Este é o caso de mamutes e rinocerontes lanosos que se mantiveram congelados na Sibéria e Alasca e de rinocerontes lanosos encontrados em salinas na Polônia ((Stokes, 1982; Grayson, 1984, entre outros). Em 1974 foi encontrado um bebê de mamute congelado a 17.000 anos atrás, no nordeste da Sibéria (Stoke, 1982) e em 1999 foi encontrado na Sibéria o mais recente exemplar completo de mamute congelado, no qual está bem preservada a carne e os órgãos internos. Corpos humanos bem preservados em gelo ou em turfeiras são achados raros, mas presentes. O caso mais conhecido é o homem de Grauballe, do 1° século antes de Cristo, perfeitamente preservado em uma turfeira da Dinamarca. Devido à acidez da turfa, a pele, os cabelos, os órgãos internos e mesmo o conteúdo estomacal estão intactos (Damm, 1988).

Os métodos de escavação, preservação e estudo da megafauna fóssil pertencem à Paleontologia e não serão apresentados aqui. A ocorrência destes esqueletos isolados ou reunidos pela corrente de água em certas localidades traz pouca informação para a paleoecologia. Estes achados levantam perguntas como, por que tantos esqueletos juntos? por que uns animais se extinguiram e outros não? A dificuldade de responder a estas perguntas está em parte nos hábitos dos grande mamíferos de percorrer grandes distâncias e uma boa parte deles terem migrações estacionais. Outro problema está na falta de informação estratigráfica sobre eles. Às vezes, depois da morte, os ossos foram acumulados pelas enxurradas na curva de um rio, ou caíram ou foram carregados para dentro de grutas de panelões em rios. Porém, às vezes faltou um estudo multidisciplinar do sítio em que foram encontrados.

A maioria dos belíssimos espécimes dos museus foi retirada à mão e tamisados sem a preocupação de guardar amostras do sedimento para estudos geoquímicos e dos microfósseis associados aos depósitos fossilíferos. Existe uma idéia, repetida por muitos pesquisadores, de que não há outros fósseis associados aos esqueletos de megafósseis. Mas alguns estudos multidisciplinares feitos por pesquisadores de diferentes especialidades em uma mesma localidade mostram não ser esta a verdade. Por exemplo, no Afar, África, em sítios em que foram encontrados hominídeos, também foram feitas análises de pólen (Bonnefille, 1983; 1984) e bioestratigrafia baseada em dentes de porcos que deram uma datação relativa e muitas informações sobre o clima e a vegetação da região no tempo em que estes hominídeos viviam (entre 1,7 e 2,5 milhões de anos atrás). Na Europa, a análise de pólen em localidades onde foram encontrados mamíferos fósseis mostrou como era a vegetação e a temperatura nos períodos interglaciais, nos quais a região ficou livre do gelo glacial (Godwin, 1975). Cavernas na América do Norte onde viveram as preguiças-gigantes contêm macrorrestos de plantas e pólen que foram analisados e deram informações sobre a vegetação entre 10 mil e 12 mil anos atrás (veja Capítulo 3, Parte III).

Uma outra razão pela qual o estudo dos fósseis de mamíferos tem dado poucas informações para a paleoecologia é que este estudo, na maioria dos trabalhos, se limita à descrição pormenorizada das partes do esqueleto e à fórmula dentária sem a preocupação de interpretar o modo de vida, o regime alimentar e outras informações que o paleontologista poderia extrair facilmente dos dados morfológicos e fornecer para os não especialistas.

2.1 A extinção dos grandes mamíferos no Pleistoceno

Os primeiros achados de restos de grandes mamíferos causaram assombro e muita polêmica entre os cientistas do final do século 18 e início do 19. Espécies de elefantes, rinocerontes, hipopótamos, alces e outros, diferentes das espécies modernas, foram descritas para a Europa e América do Norte. Em 1812 Cuvier, o mais importante dos paleontologistas da época, concluiu que a extinção de tantos animais, cuidadosamente descritos por ele, seria o resultado de uma série de episódios de mudança geológica rápida no ambiente, isto é, grandes catástrofes que afetaram localmente o continente europeu depois das grandes glaciações que ocorreram nos últimos 2 milhões de anos. Estas catástrofes seriam causadas principalmente por grandes inundações em áreas limitadas e, no caso específico do mamute lanoso da Sibéria, seriam o resultado de rápido congelamento na última glaciação (Grayson, 1984).

Esta hipótese foi imediatamente conectada por muitos estudiosos e religiosos do século 19 com o dilúvio da Bíblia judaica e cristã, que seria o grande evento catastrófico universal. Porém, Cuvier jamais fez esta relação entre acontecimentos catastróficos e o dilúvio bíblico (Holmes, 1965; Stokes, 1982; Grayson, 1984; Salgado-Labouriau, 2001b). A tese teológica do século dezenove de que o dilúvio universal era a causa das extinções começou a ser contestada por Lyell de 1830 em diante com estudos detalhados da localização estratigráfica dos ossos e de conchas de moluscos, e pelos estudos de geleiras por Agassiz, na mesma época. Agassiz defendia a tese de que as extinções foram causadas por uma grande Idade de Gelo que cobriu a Europa e a América do Norte com lençóis de gelo glacial, matando os grandes mamíferos. Esta hipótese de catástrofe universal foi abandonada somente no final do século dezenove. As teorias sobre as causas das extinções pleistocênicas foram analisadas criticamente por muitos autores e estão muito bem apresentadas em um artigo de D.K. Grayson (1984).

Hoje sabemos que as extinções pleistocênicas não foram devidas a uma grande catástrofe, mas ocorreram ao longo de todo o período Pleistoceno, culminando no início do Holoceno.

Uma pergunta que estes fatos levantam é de como foi que muitos dos mamíferos puderam sobreviver a todas as glaciações e outras mudanças climáticas do Pleistoceno e chegar até o presente ou somente se extinguir nos últimos milênios do Quaternário. Datações radiométricas das extinções na América do Norte feitas por Mead & Meltzer (1984) mostram a data terminal de 23 gêneros de mamíferos. Estas datas se iniciam há 17.620 +1.490 –1820 anos radiocarbônicos AP, durante o último máximo glacial (LGM), e chegam até 8.250 ± 330 AP, sendo que a maioria se concentra entre 11.500 e 10.000 AP (Fig. 3.6).

As datas de extinção são diferentes em cada continente. Na Europa e Austrália, as principais extinções começaram mais cedo (veja Martin & Klein, 1984; Briggs & Crowther, 1997). É preciso ter em mente que estas datas podem ser, e provavelmente serão modificadas no futuro quando novos achados forem feitos. Contudo, estes resultados já nos indicam que o homem moderno conviveu com a maioria dos grandes mamíferos já extintos, não somente nos antigos continentes, como nas Américas.

A discussão sobre as causas da extinção dos grandes mamíferos pleistocênicos continua até hoje. Entretanto, o acúmulo de dados e de descrições de novas espécies, de lá para cá, possibilitou muitas informações importantes sobre estes grandes animais. J. Boucher de Perthe e J. Fleming, no meio do século dezenove, levantaram a hipótese de que os homens foram contemporâneos dos grandes mamíferos e causaram suas extinções pela caça excessiva. Esta tese foi retomada atualmente por Paul Martin (1966 e 1984) e é apoiada pela descoberta de muitos esqueletos destes animais associados com pontas de flechas e outros instrumentos de caça e de matança com datações de depois da última glaciação.

Segundo P. Martin, o homem caçador chegaria primeiro à América do Norte através do estreito de Bering, por volta de 15.000 anos AP (antes do presente) e desceria pelo continente chegando à América do Sul há cerca de 8.000 anos atrás. À medida que descia para o sul iria caçando e destruindo os grandes mamíferos. Se a matança fosse nessa direção, a extinção na América do Sul seria mais tarde que na América do Norte. Entretanto, as descobertas de Cruxent (1967; Gruhn & Bryan, 1984) de sítios de matança de mastodonte na região de Taima-Taima (norte da Venezuela) mostram idades radiocarbônicas de conteúdo estomacal dos animais ao redor de 13.000 anos AP, portanto mais antigas do que Martin previa para a América do Sul. As matanças de preguiça-gigante em grutas de Pikimachay

(Peru) tem data de 14.100 anos AP e as antigas fogueiras, plantas e ossos deixados pelos habitantes de Monte Verde, no sul do Chile, chegaram a 13.565 ± 250 anos radiocarbônicos AP (Meltzer, 1993). Em todos estes casos, as datações são mais antigas que as da América do Norte. Estes dados mostram que as tribos caçadoras habitaram a América do Sul antes do que se pensava. Porém, evidências negativas devem ser tomadas em conta com cautela. A qualquer

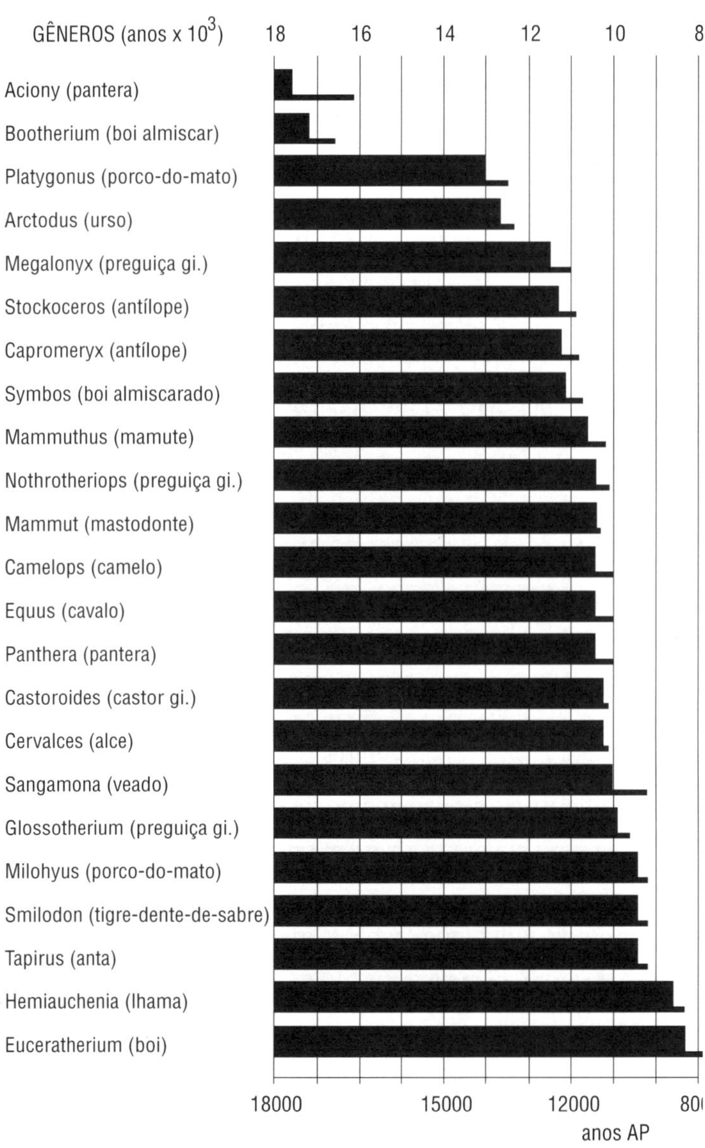

Figura 3.6 Data de extinção dos grandes mamíferos pleistocênicos na América do Norte, baseada nos dados de Mead & Meltzer (1984). A linha fina em continuação a cada barra, representa o desvio padrão da média de datação dos vários jazigos paleontológicos estudados.

momento pode ser descoberto um novo sítio, no norte ou no sul das Américas, que seja mais antigo que os encontrados até agora. O problema ainda não está resolvido, mas já ficou estabelecido que homens com armas e técnicas de caçada para grandes mamíferos surgiram na América do Sul antes do que se supunha.

Os homens tiveram e têm um papel importante na eliminação da fauna diretamente pela caçada e indiretamente pela destruição do ambiente natural. A queimada e devastação das savanas, campos e matas para uso em agricultura e criação de gado eliminaram e continuam eliminando os hábitats dos animais levando-os muitas vezes à extinção, como é de conhecimento corrente. Entretanto, o grau de importância do papel do homem nas extinções quaternárias é um ponto muito controvertido. Segundo E. Anderson (1984), a extinção no Pleistoceno foi um processo gradual que ocorreu durante todo este período e culminou em épocas diferentes nos diferentes continentes. Na África, muitos animais grandes se extinguiram no início do Pleistoceno, enquanto na Europa e nas Américas o processo culminou entre o Pleistoceno Tardio e o início do Holoceno. A extinção das faunas nas grandes ilhas ocorreu no início do Holoceno ou mais tarde. Um exemplo da diferença em extinção entre diferentes continentes é dado para os mamíferos de grande porte na Tab. 3.1.

A África, com uma população humana mais densa e mais antiga que as Américas, teve poucas extinções de megafauna no Pleistoceno Tardio e ainda tem grandes mamíferos como o leão, o rinoceronte, o hipopótamo, o "wildbeest", etc. Toda esta megafauna é muito conhecida e atualmente está em perigo de extinção, devido à invenção de armas de caça mais poderosas e mais sofisticadas, ao enorme aumento da população humana, à destruição dos hábitats e outros fatores, que criaram uma situação diferente e independente da que havia desde o Pleistoceno Tardio até os últimos cem anos. A ameaça atual de extinção dos grandes mamíferos modernos não serve de modelo para entender as extinções passadas.

A teoria de G.G. Simpson (1950) para explicar a extinção dos grandes mamíferos é que o levantamento do istmo do Panamá no final do Plioceno (há 3,5 milhões de anos

Tabela 3.1 Comparação entre o número de gêneros extintos e vivos da megafauna* terrestre no Pleistoceno Tardio. Adaptado de P.S. Martin (1984, p.358).

Continente	Extintos nos últimos 100 mil anos	Vivos	Total	Porcentagem de extinção
África	7	42	49	14,3
América do Norte	33	12	45	73,3
América do Sul	46	12	58	79,6
Austrália**	19	3	22	86,4

* por megafauna entendem-se os gêneros nos quais os animais adultos pesam mais que 44 kg.

** os dados da Austrália incluem répteis, aves e outros; para os outros continentes são incluídos somente os mamíferos.

atrás) ligando as Américas por uma ponte-de-terra permitiu a migração norte-sul e criou a competição entre os mamíferos dos dois continentes. Isto teria resultado na eliminação de muitas espécies, principalmente na América do Sul (Tab. 3.1), porque os carnívoros placentários da América do Norte seriam melhor adaptados e mais agressivos que os carnívoros marsupiais característicos do Terciário da América do Sul, o que causou uma eliminação em massa dos grandes marsupiais da América do Sul (veja discussão em Salgado-Labouriau, 2001a, Capítulo 6, Parte 4). Esta teoria é aceita por muitos pesquisadores atuais (Webb, 1984; Marshall, 1984) e rechaçada por outros, pois ela explicaria somente as extinções do final do Plioceno e início do Pleistoceno da América do Sul e não explicariam por que os grandes mamíferos africanos, por exemplo, continuam vivos.

Surgiram novas teorias que procuram outras causas das extinções, tais como mudanças de alimentação, mudanças da estacionalidade climática, desequilíbrio coevolucionário, confinamento em pequenas áreas de refúgio. P. Martin e R.G. Klein editaram um livro (1984) onde estão reunidas em capítulos as opiniões de muitos autores sobre possíveis causas das extinções no Quaternário.

Um único fator não deve ter sido o responsável pela extinção de cerca de 80% da megafauna na América do Sul e cerca de 73% na América do Norte (Tab. 3.1). Segundo E. Anderson (1984), Graham & Lundenius (1984), e outros pesquisadores, houve um conjunto de fatores, incluindo o homem (para as últimas extinções), que se combinaram para causar cada extinção. Segundo Webb (1984) a extinção foi um processo gradual ao longo dos últimos dez milhões de anos. Ainda falta muita informação, por exemplo, muito pouco se sabe sobre como as mudanças climáticas afetaram os grandes mamíferos e quais eram os sistemas de caçada dos primeiros homens. Se observarmos todo o Quaternário, os fatores que causaram a extinção de uma espécie podem ter sido diferentes em outras espécies e cada caso deve ser analisado separadamente. Desta maneira, surgirão fatores em comum para algumas espécies e para situações semelhantes. Deve-se lembrar que os grandes mamíferos da África sobreviveram e que certos animais como, por exemplo, o gênero ***Panthera*** (pantera, leopardo, tigre, leão, jaguar, e outros) seguem vivendo nas Américas e no Velho Mundo. O problema das extinções do Quaternário segue em aberto, mas o seu estudo, sem dúvida, nos ajudará a entender as extinções dos períodos anteriores e a conceber algumas estratégias para tentar parar as extinções que ocorrem hoje.

2.2 Migração e sucessão da megafauna

Na Europa existem seqüências estratigráficas de megafauna que mostram muito bem as sucessões de períodos glaciais e interglaciais do Quaternário. Nos depósitos dos períodos glaciais foram encontrados ossos de animais extintos, como mamutes (Fig. 3.1) e rinocerontes lanosos (Fig. 3.5) juntos com ossos de outros mamíferos que até hoje fazem parte da fauna que vive ao norte do Círculo Polar Ártico, como a rena, o alce, a raposa ártica e o "lemming". Nos depósitos interglaciais das mesmas regiões a fauna era outra e continha um conjunto de animais que vivem hoje em climas mais quentes, na África, tais como o hipopótamo, o rinoceronte, o leão e a hiena (Stokes, 1982; T. Nilsson, 1983; Grayson, 1984). Esta sucessão estratigráfica de megafauna se repetiu muitas vezes em toda a Europa durante o Quaternário mostrando que os mamíferos migraram no sentido norte-sul seguindo as expansões e retrações do gelo dos períodos glaciais e interglaciais pleistocênicos. Como resultado, os grupos de animais se misturavam ou se isolavam uns dos outros, o que provavelmente contribuiu para a criação de novas espécies e mesmo novos gêneros do Plioceno ao Pleistoceno.

3. RÉPTEIS

Os tetrápodos (vertebrados com 4 patas) se originaram no Devoniano com os anfíbios e depois com os répteis e se diversificaram no Carbonífero. Os répteis se estabeleceram no Mesozóico e aí se especiaram os seus principais grupos (cobras, lagartos, crocodilos, tartarugas) e se expandiram nesse tempo. Nessa Era deram origem aos dinossauros, pterosauros, aves e mamíferos.

Muitas Órdens se extinguiram no final do Mesozóico, mas muitos grandes grupos atravessaram o Terciário e chegaram ao Quaternário.

Os fósseis dos grandes répteis, da mesma forma que os dos grandes mamíferos, dão muito pouca informação paleoecológica. Seus achados são muito importantes no estudo taxonômico e evolutivo dos indivíduos e das classes e subclasses de répteis. Por outro lado, os fósseis de pequenos répteis contribuem para o estudo ambiental, principalmente as formas continentais, e são estes que serão tratados aqui.

Os répteis se dividem em crocodilianos, lagartos, camaleões, cobras, quelônios (tartarugas, jabotis e cágados) e anfisbênios (cobras de duas cabeças). Os lagartos são os mais abundantes no presente e estão restritos às regiões tropicais e temperadas quentes, com grande quantidade de gêneros (Romer, 1948; Parker, Haswell & Lowenstein, 1949; Benton, 1995). Os crocodilianos são habitantes de grandes rios e áreas litorâneas dos mares, os mais famosos e mais agressivos vivem na costa oeste da Austrália. Eles são abundantes nos rios das Américas (jacarés, caimans e alligators). Porém, seus fósseis dão poucas informações paleoecológicas.

4. OS PEQUENOS VERTEBRADOS

Os fósseis de pequenos vertebrados do Quaternário da América do Sul são pouco conhecidos e pouco estudados. Faltam fósseis-guias (Lima, 1989), o que contribui para o desinteresse geológico neles.

O estudo da distribuição geográfica da fauna moderna de pequenos répteis, aves, roedores e outros pequenos vertebrados serviu de base à **Teoria de Refúgios** nos trópicos. Durante períodos secos a floresta tropical se fragmentaria em pequenos territórios cercados de grandes áreas de campos ou savanas e os animais florestais ficariam limitados e refugiados nestas pequenas áreas de mata e se especiariam. Durante os períodos úmidos as áreas de floresta se expandiriam, coalescendo e dando origem às grandes florestas pluviais, como as da Amazônia e da costa ocidental da África, o que permitiria a hibridação das populações, antes isoladas.

Se bem que a alternância de longos anos de seca com outros de alta pluviosidade existiu nos trópicos e muitas vezes induziu animais e plantas a migrarem para outras áreas, a proposição de áreas antigas de refúgio florestal não pode ser baseada na distribuição moderna de animais, por razões já discutidas por vários autores (Pielou, 1979; Salgado-Labouriau, 2001b; Colinvaux, 1997; Colinvaux, De Oliveira & Bush, 2000, entre outros). O principal motivo contra é que a presença ou não de uma área de refúgio de floresta, savana ou campo, no passado, só pode ser determinada por análises de pólen e outros microfósseis de plantas. Até o momento, não há evidência destas áreas nas atuais florestas pluviais.

Outra razão é que a especiação de novos táxons se dá por vários mecanismos e não apenas por barreiras topográficas que impediriam os cruzamentos. Além disto, a hibridação entre espécies animais está sujeita a outros fatores, tais como isolamento reprodutivo e mudanças de comportamento que resultam na especiação, e que dependem muito pouco das condições climáticas. Para maiores detalhes sobre a Teoria de Refúgio no Quaternário, veja Salgado-Labouriau (2001b, Capítulo 9, Parte 7) e os autores citados acima.

Especiação, no sentido usado neste livro, é o conceito de E. Mayr e de B. Charlesworth (em Briggs & Crowther, 1997) e consiste simplesmente no processo de genética populacional que resulta na aquisição de isolamento reprodutivo entre duas populações que antes se intercruzavam formando híbridos férteis. Como não existe nenhuma evidência de fragmentação das florestas tropicais (e mais especialmente, da floresta amazônica) durante o Quaternário, este suposto mecanismo de especiação proposto na teoria de refúgios não existiu.

4.1 Pequenos mamíferos e répteis

Os pequenos mamíferos e répteis terrestres geralmente vivem em áreas pequenas, ao contrário dos grandes mamíferos que caminham muito e podem migrar por longas distâncias, ou os grandes répteis que podem se deslocar a grandes distâncias no mar ou nos rios. Muitos dos fósseis de pequenos vertebrados, principalmente os roedores e lagartos, podem indicar condições ambientais no passado. Nem todas as espécies podem ser utilizadas, porque algumas estão limitadas a microambientes dentro de um ecossistema e efetivamente sua distribuição é independente das condições climáticas médias da região. Estes são os animais que vivem em afloramentos rochosos, com gretas profundas e abrigos ou fossas, e em tocas subterrâneas onde se refugiam quando as condições climáticas da região lhes são desfavoráveis. Desta maneira, eles sobrevivem em um clima adverso, para o qual não estão adaptados fisiologicamente. Estes animais não servem como indicadores do macroclima.

Na utilização de pequenos animais é importante considerar que muitas espécies têm ampla distribuição geográfica e vivem indiferentemente em ecossistemas diversos. Portanto, a escolha de espécies indicadoras de mudanças ambientais no passado tem que ser feita com muito critério. Veja, por exemplo, na Tab. 3.2 a distribuição das cobras e lagartos que ocorrem nas caatingas do Brasil. Somente uma cobra e um lagarto são endêmicos desta formação vegetal (Vanzolini et al., 1980).

Um estudo da distribuição da fauna moderna no Nordeste do Brasil começou a ser feita a partir dos anos 70. Nesta grande área geográfica existem, em termos gerais, três tipos de vegetação, cada um com tipos de clima e de solos diferentes: o cerrado, a caatinga e as matas montanas (Mata Atlântica e outras matas nos topos dos morros).

O cerrado é um termo geral para vários tipos de savana com clima biestacional, onde a estação da seca é longa, entre 3 e 5 meses. A caatinga, que corresponde ao "espinar" na Venezuela, é caracterizada por um clima semi-árido com períodos de seca muito longos, que vão desde 7 a 9 meses até vários anos (Tab. 3.3). Entre os dois há uma área de transição em que a seca dura cerca de seis meses e na qual a vegetação é uma caatinga arbórea ou apresenta elementos de cerrado e caatinga juntos. A duração do período de seca na caatinga varia em espaço e tempo, podendo chover em uma área e ter seca na outra ou podendo passar anos sem que chova. A flora da caatinga é nitidamente diferente da dos cerrados, sendo que ambas as plantas estão bem adaptadas fisiológica e morfologicamente ao clima correspondente. O mesmo não acontece com a fauna.

O estudo da fauna de répteis (Vanzolini, 1970, 1976) e de roedores (Mares et al. 1985) da caatinga mostra que ela, ao contrário da fauna de cerrado, é muito pobre. Com exceção de uma lagartixa (*Platinotus semitaeniatus*, Iguanidae) e de um roedor (*Kerodon rupestris*), que vivem em afloramentos rochosos, todas as outras espécies ocorrem também em outros ecossistemas, principalmente nos cerrados.

Os estudos de distribuição da fauna fóssil de pequeno porte mostram que a evolução da fauna de vertebrados não é necessariamente paralela à da vegetação, nem às mudanças climáticas. Esta situação na qual uma espécie vive em ecossistemas diferentes, mas vizinhos, ocorre em outras regiões dos trópicos, e dá uma idéia dos riscos da reconstrução do paleoclima baseando-se na distribuição de vertebrados.

Tabela 3.2 Distribuição dos pequenos répteis no Nordeste do Brasil. Dados obtidos de Vanzolini et al., 1980.

	Cobras	Lagartos	Hábitos dos lagartos	
Espécies com ampla distribuição	13	9	Arbóreos	3
Espécies restritas à caatinga	1	1	Em rochedos e pedras soltas	3
Espécies distribuídas em todo o NE	2	6	Em habitações, construções e paredes	3
Espécies que compartem entre caatinga e cerrado	3	-	Terrícolas ou enterradas em tocas	6
Espécies de mata no NE	-	2	Em pau podre	1
Sem informação	6	-	Sem informação	2
Espécies estudadas	25	18	Espécies estudadas	18

4.2 Aves

As aves surgiram no Jurássico com o muito conhecido *Archaeopteryx*, com dentes no bico e cauda reta e com muitas vértebras, mas com as outras características de ave e que voava muito bem e se alimentava de insetos. As aves se expandiram ao longo do Cretáceo, ainda possuindo dentes, se bem que a cauda foi atrofiando até reduzir a um toco de poucas vértebras, como nas aves modernas. No final do Cretáceo e início do Terciário (Paleógeno), elas se diversificaram muito e desenvolveram os grupos modernos, incluindo os grandes ratites que não voam (emas, avestruzes, kiwis e outras), as aves de rapina, as aquáticas e os pingüins. As aves canoras, que hoje incluem cerca de 5.000 espécies, só se diversificaram a partir do Mioceno (Parker, Haswell & Lowenstein, 1949; Benton & Harper, 1997; Briggs & Crowther, 1997).

Os fósseis de aves são pouco abundantes se comparados com os de mamíferos e répteis. Provavelmente, isto é devido à fragilidade dos seus ossos que têm grande quantidade de lacunas de ar (cavidades pneumáticas) que lhes dá a leveza para o vôo (Romer, 1948). A maior parte dos fósseis de aves são de animais aquáticos ou que vivem junto aos mares e lagos, possivelmente porque os pequenos e frágeis ossos que caem no fundo das águas sejam logo cobertos por sedimentos e preservados.

De uma maneira geral, da mesma forma que os mamíferos, seus fósseis dão muito mais informações sobre as aves em si e sua especiação e evolução do que indicações sobre a paleoecologia. A maioria das aves voadoras migram de ambiente de acordo com o clima e a estação do ano, buscando temperaturas e umidades favoráveis à sua existência. Migram do verão de um hemisfério ao verão do outro, passam de regiões semi-áridas ou secas para regiões mais úmidas, durante os períodos secos. Desta forma, o achado de ossos dispersos ou esqueletos completos de aves não dão informações climáticas.

Em alguns poucos grupos, como os Ratites que habitam savanas e campos, ou certas aves canoras que se restringem a um tipo de mata, ou certos pássaros que habitam penhascos junto ao oceano, seus fósseis sugerem um tipo de ambiente no passado.

Tabela 3.3 Relação entre a duração da estação seca e o tipo de vegetação no Brasil. Dados retirados de Nimer, 1989.

Clima	Duração da estação seca (meses)	Vegetação dominante
Superúmido	Zero	Floresta pluvial
Úmido	1 ou 2	Floresta pluvial ou floresta semidecídua
Semi-úmido	4 ou 5	Savana e cerrado
Semi-árido I	6	Transição entre cerrado e caatinga ou caatinga arbórea e espinar
Semi-árido II	7	Caatinga arbustiva, espinar e cardonal
Semi-árido III	8	Caatinga herbácea
Árido	>9	Deserto

Há pouca informação quanto à extinção de aves no Pleistoceno. Sabe-se que alguns grupos de aves se extinguiram há algumas centenas de anos por ação dos homens. Entre elas se encontram algumas espécies de Ratites (Ratitae, grandes aves que não voam) como a famosa ave-elefante (*Aepyornis maximus*) da ilha de Madagascar, que atingiu cerca de 500 kg de peso e que foi extinta há aproximadamente 4 séculos. Seus enormes ovos eram utilizados pelos habitantes da ilha para transportar e armazenar água até alguns anos atrás e podem ser vistos no Museu de História Natural do Smithsonian Institute (EUA). Ela provavelmente é o famoso Pássaro Roca das aventuras de Simbad, o marinheiro. Outra grande ave dos Ratites, que se extinguiu há cerca de 300 anos, por ação dos homens, foi a moa da Nova Zelândia que atingia a mais de 3 m de altura e pesava cerca de 400 kg. Segundo G.G. Simpson (1985) o último exemplar da extinta alca gigante foi abatida em 1844 na ilha de Eldey, em frente às costas da Islândia, por pescadores que (ironicamente) procuravam exemplares de aves para um colecionador. Esta ave era aquática e se assemelhava a um pingüim e era encontrada desde a Terranova até Maine, na América do Norte.

Quanto às aves, a caatinga tem poucas espécies endêmicas e comparte com o cerrado e o Chaco (na Argentina) a maior parte de suas espécies.

5. PEGADAS, COPROLITOS E OUTROS INDÍCIOS

Em situações especiais, as pegadas e marcas de um corpo que se arrasta ficam preservadas. Estas pegadas e marcas são assinaladas para muitos períodos geológicos. Os rastos de vermes do Pré-cambriano e Cambriano, as pegadas das patas de dinossauros do Mesozóico e dos grandes mamíferos do Quaternário (Stokes, 1982; Benton & Harper, 1997; Salgado-Labouriau, 2001b), são os exemplos mais conhecidos. Em uma situação fortuita, Mary Leakey (1979) e colaboradores (1976) encontraram em Laetoli, Tanzânia, as pegadas de dois hominídeos marcadas sobre cinzas de um vulcão que acabara de entrar em erupção, há uns 3,7 milhões de anos atrás. Mais recentemente, outra série de pegadas de hominídeos foi encontrada na África do Sul, em Rick Gore (National Geographic, Fevereiro, 1997). O achado de pegadas sempre causa sensação, pois é impressionante ver estas marcas muito antigas perfeitamente preservadas. As pegadas dão dados importantes sobre a postura do animal ou hominídeo e o terreno onde se encontram pode dar algumas informações ambientais, como inundações, erupções vulcânicas em climas frios ou quentes, e outras.

Coprolitos são restos fecais de vertebrados preservados em cavernas ou fossilizados em massas arredondadas. Eles fornecem indicações sobre os hábitos alimentares e a fisiologia dos animais. No caso de animais herbívoros, onívoros e o homem, os coprolitos podem dar uma idéia da vegetação em torno de suas tocas ou abrigos, pela análise dos restos de plantas e pólen que foram ingeridos por eles (veja macrorrestos, Capítulo 3, parte III).

Pelotas fecais de invertebrados são muito abundantes em sedimentos de mar profundo, mares rasos ou nas planícies de intermaré e em água doce (Reineck & Singh, 1986). Estudos da matéria fecal em sedimentos marinhos do Quaternário têm procurado associá-los com os organismos que os produziram. Por exemplo, gastrópodos eliminam filamentos fecais enquanto se movem, ao passo que os vermes (como os poliquetas) produzem excrementos na forma de pelotas agregadas na superfície do sedimento marinho ou lacustre. Como todo material orgânico depositado no sedimento superficial de um corpo de água, estes excrementos geralmente são dispersados por bioturbação e levados para longe do local onde foi originalmente depositado, o que dificulta a sua interpretação(Reineck & Singh, 1986).

Na década de 1960, P.V. Wells (em Phillips, 1984) mostrou que detritos de plantas acumulados em cavernas por um pequeno rato do deserto norte-americano, *Neotoma spp.*, são fonte importante de informação sobre a vegetação antiga do deserto do Arizona. Estes pequenos mamíferos conhecidos popularmente como "packrats" (rato empacotador) colecionam e guardam sementes, folhas, raminhos, espinhos e outras partes de plantas que crescem na vegetação em volta das cavernas onde habitam. Eles juntam e cimentam estes fragmentos com urina formando pacotes compactos de provisões (denominados "middens", que aqui chamaremos de "midens") que ficam em estoque para futuro uso. O pacote conserva muito bem estes fragmentos vegetais e pode ser facilmente dissolvido em água, para separar os fragmentos, o que permite a identificação botânica, muitas vezes ao nível de espécie. A preservação dos midens só é possível em lugares abrigados e secos dos desertos e eles representam a melhor fonte de informação sobre a vegetação de regiões áridas e semi-áridas.

Como não há estratificação e sim pacotes de fragmentos vegetais que se amontoam mais ou menos irregularmente no chão das cavernas, a quantidade de material acumulado em um miden durante um intervalo de tempo depende da atividade e da seleção de material feitas por um indivíduo, que são variáveis e difíceis de se estimar. Entretanto, a grande variedade de material botânico recolhido pelos *Neotomas* dá uma boa informação sobre os componentes da vegetação. A abundância de matéria orgânica permite a datação radiométrica precisa. Datas de carbono-14 (van Devender, 1973 e 1977; Phillips, 1984) mostram que as cavernas ao longo do rio Colorado, no Arizona, eram habitadas por *Neotomas* desde cerca de 30.000 até 8.500 anos A.P. Durante esse tempo houve intervalos, nos quais as preguiças-gigantes Shasta (*Nothrotheriops shastensis*) coabitavam estas cavernas. Para maiores informações sobre a metodologia e aplicações do estudo destes fragmentos veja o Capítulo 3, parte III, no item que se refere a macrorrestos.

PARTE II
INVERTEBRADOS E OUTROS ORGANISMOS NÃO FOTOSSINTETIZANTES

1. INTRODUÇÃO

Os fósseis de invertebrados são muito importantes no estudo dos ambientes aquáticos e têm sido utilizados extensivamente em paleolimnologia, mas, em sua maioria, não dão informação sobre o ambiente de terra firme. Somente alguns moluscos e coleópteros encontrados em sedimentos não estão ligados exclusivamente a ambientes aquáticos e podem dar informações sobre outros ambientes.

Os organismos unicelulares, Protistas, que deixaram fósseis em sedimentos e que tradicionalmente são tratados como animais por não fazerem fotossíntese, são também discutidos neste capítulo. Eles são todos aquáticos e fazem parte do zooplâncton de lagos e mares. Muitos deles são utilizados para levantar informação sobre paleotemperatura e paleossalinidade.

Entre os organismos invertebrados e protistas aquáticos, uns habitam os oceanos e outros as águas continentais. O primeiro grupo é muitíssimo maior que o outro. O segundo grupo é estudado em **Limnologia,** que é uma ciência sintética envolvendo a biologia, a física e a química das águas continentais, tanto de lagos como de águas correntes. Em geral, a paleolimnologia estuda as bacias hidrográficas que ainda contêm água, geralmente dentro de uma escala de tempo da ordem dos últimos 20 mil anos (Gray, 1988a). O levantamento destas informações dá principalmente a história de lagos modernos. Porém, estes estudos podem se estender por uma escala de tempo muito maior, abrangendo todo o Quaternário. Artigos de revisão sobre paleolimnologia podem ser encontrados no número especial editado por Gray (1988a).

Os microfósseis aquáticos de sedimentos continentais estão sendo utilizados há relativamente pouco tempo para levantar informação paleoecológica. Antes as análises de sedimentos lacustres se limitavam à identificação de grãos de pólen e não levavam em consideração outros microfósseis que ocorressem nos sedimentos. Os microfósseis de ambientes marinhos têm sido utilizados há muito tempo em bioestratigrafia, e só ultimamente começaram a serem estudados para levantar dados de paleotemperatura, paleossalinidade, e outros parâmetros ambientais. Os métodos para bioestratigrafia e para paleolimnologia são diferentes dos métodos biológicos para o estudo paleoecológico. Neste livro a ênfase é dada aos estudos paleoecológicos. Para as outras aplicações deve-se consultar os livros e artigos sobre microfósseis, alguns dos quais estão citados aqui.

O registro fóssil dos ecossistemas de água doce é muito pobre quando comparado com o registro fóssil marinho, cujos Filos, Classes e Ordens estão pouco representados em ambientes não marinhos. A grande exceção são os grãos de pólen. Entre os microfósseis aquáticos aqui serão tratados somente os que têm sido utilizados ou os que têm potencial para serem utilizados em paleoecologia. Os microfósseis de organismos fotossintetizantes serão discutidos na Parte III, deste capítulo.

Na Parte II, deste capítulo também estão incluídos os fungos, que pertencem a um Reino à parte, mas que ocorrem com freqüência em sedimentos de lago e em solo úmido.

No final desta Parte II (item 5) é dada a descrição sumária, ecologia e aplicações dos microfósseis tratados a seguir, e de outros, menos importantes, todos utilizados na reconstrução dos paleoambientes.

2. ORGANISMOS PROTISTAS

Entre os organismos protistas que não fazem fotossíntese, poucos têm sido utilizados para estudos paleoecológicos, enquanto os fotossintetizantes (algas microscópicas) já são utilizados há muito tempo.

Dados sobre o paleoambiente utilizando microfósseis protistas, na maioria dos casos, são o subproduto de estudos bioestratigráficos e taxonômicos destes organismos ou pesquisas sobre qualidade de água em represas. Entretanto, a quantidade de microfósseis de protistas, principalmente em sedimentos marinhos, é muitas vezes tão grande que um esforço deve ser feito para sua utilização na reconstrução detalhada do paleoambiente, empregando os métodos adequados de análise. Para isto é necessário calcular a concentração por miligrama ou por cm^3 de sedimento de cada tipo e apresentar as curvas de concentração em função da profundidade e/ou da cronologia da seção (veja Capítulo 14).

Entre os Protistas destacam-se os foraminíferos que são tratados em seguida. Alguns outros organismos não fotossintetizantes que parecem promissores para levantar dados paleoecológicos (Radiolários, Tecamebas e Tintinídeos) são mencionados na Parte 5, deste capítulo.

2.1 Foraminíferos

Os foraminíferos são organismos microscópicos que abundam no fundo dos mares ou no plâncton marinho. São Protistas do Filo Sarcodina, junto com os Heliozoários e Radiolários. A sua única célula é envolvida por uma carapaça (**testa**) feita de uma substância orgânica, denominada **tectina**, que pode ser calcificada (por calcita ou aragonita), silicificada ou, em alguns casos, ter partículas de substância orgânica aglutinadas na tectina. A testa pode ser constituída por uma única câmara, mas geralmente tem várias câmaras unidas em espiral ou linearmente, que são interconectadas por pequenas aberturas (Fig. 3.7). A estrutura, a ornamentação e a composição da testa são importantes na classificação dos foraminíferos modernos e fósseis, assim como a arquitetura e forma das câmaras e os tipos de aberturas e **foramens**. Através dos foramens da testa, que dão o nome ao organismo, emergem as extensões denominadas **pseudópodos**, que podem se estender até mais de um centímetro para fora da testa.

Como todos os microfósseis calcários, as testas estão sujeitas à dissolução que resulta em um depósito de vasa muito fina. Hoje em dia estas vasas se depositam principalmente entre 50° N e 50° S, a uma profundidade que varia entre 200 m e 500 m.

Os foraminíferos atuais são exclusivamente marinhos e vivem no fundo do oceano (bentônicos) ou no plâncton. Dependendo da espécie, vivem em mar aberto ou em ambientes transicionais como lagunas, deltas ou manguezais, que variam quanto à granulometria do substrato, à luz e à temperatura. Os foraminíferos plactônicos se alimentam principalmente de fitoplâncton e, portanto, são abundantes na zona fótica dos mares e oceanos e nas áreas de ressurgência de água, onde há maior densidade de alimento algal (Brasier, 1985).As espécies mais importantes para os estudos paleoambientais são as bentônicas. Para maiores detalhes veja os artigos sobre foraminíferos no livro de Haslett (2002) e nos trabalhos citados aqui.

As espécies vivas são adaptadas a uma faixa geralmente estreita de temperatura, densidade e salinidade de água. Os estudos preliminares que tentaram correlacionar a morfologia da testa de foraminíferos com o hábitat e o ambiente marinho iniciaram-se na década de 50. Estudos posteriores sobre sedimentos marinhos intensificaram o uso de foraminíferos para reconstrução da temperatura da massa de água superficial dos oceanos.

Nas espécies em que as carapaças (testas) são formadas por minúsculas câmaras dispostas em espiral, as câmaras são bem visíveis de um lado da testa. Isto permite que se possa determinar o sentido do giro da espiral. Em algumas espécies o giro é sinistrógiro (Fig. 3.7D) e em outras é dextrógiro (Fig. 3.7C); mas em algumas espécies encontram-se os dois tipos de giro em uma mesma espécie. Em 1954 Ericson e colaboradores (em Bradley, 1985) mostraram que *Globoratalia truncatulinoides*, que é abundante nos oceanos atuais,

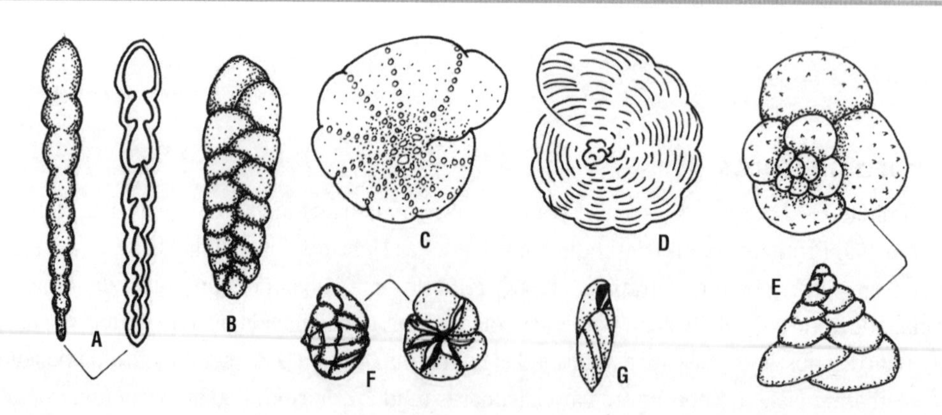

Figura 3.7 Foraminíferos – **A:** concha unisserial à esquerda e seu corte transversal, à direita; **B:** concha bisserial; **C:** espiralada, destrógira; **D:** espiralada, sinistrógira; **E:** em cima, vista da espiral de concha trocoespiralada; embaixo, vista lateral da mesma; **F:** trocoespiralada em vista lateral e frontal da espiral; **G:** concha com câmaras alongadas em trocoespiral compacta (segundo Brasier, 1985).

é predominantemente dextro-espiralada nas águas cálidas tropicais e subtropicais e é sinistro-espiralada nas águas frias e subárticas. Mais tarde mostraram que outra espécie, *Neogloboquadrina (Globigerina) pachyderma*, ocorre predominantemente na forma dextro-espiralada nos oceanos temperados e subtropicais e na forma sinistro-espiralada nos oceanos polares e subpolares.

Segundo Bradley (1985), a correlação entre temperatura e o sentido de giro da espiral é boa para o oceano Atlântico Sul. Com base nos dois tipos de carapaça foi possível estabelecer, de uma forma geral, as mudanças de temperatura durante o Pleistoceno nesta área. Estudos de seções estratigráficas em sedimentos do fundo do oceano Atlântico Sul abrangendo os últimos 1,5 milhão de anos permitiram estimar curvas contínuas de paleotemperatura durante o Pleistoceno). Estudos posteriores mostraram que a correlação não é clara para o Atlântico Norte (Bradley, 1985, p.205). Este método ainda está sendo calibrado, porém outro método, utilizando foraminíferos, e com melhores resultados, está sendo muito empregado. Consiste em avaliar a paleotemperatura dos ciclos glaciais do Quaternário pelo cálculo da razão dos isótopos de oxigênio, $^{18}O/^{16}O$, contidos no carbonato de carapaças de algumas espécies de foraminíferos calcários que têm grande sensibilidade à temperatura da superfície da água (veja Capítulo 2, Parte 4 e Fig. 2.2).

Estudos de foraminíferos planctônicos do Quaternário (últimos 145-150 mil anos) no talude de Bacia de Campos, no Brasil, mostram variações nas porcentagens de três espécies de *Globorotalia* e desaparecimento/aparecimento do complexo *Pulleniatina* que sugerem mudanças de temperatura no mar durante a última glaciação e o Holoceno (Vicalvi, 1997). Este e outros trabalhos feitos em companhias de petróleo não utilizam os métodos quantitativos desenvolvidos para microfósseis do Quaternário, o que significa que não podem ser comparados com os resultados e conclusões da maioria dos pesquisadores deste período.

Os foraminíferos bentônicos fósseis são muito utilizados em bioestratigrafia de rochas sedimentares marinhas do Paleozóico superior, Mesozóico e, principalmente para o Cretáceo e Terciário onde a diversificação de formas é maior. Uma grande parte das formas fósseis se restringe a áreas geográficas pequenas do oceano, porque as espécies vivem em regiões limitadas que caracterizam biofácies. Neste contexto, **biofácies** exprime a variação biológica referente a uma assemblagem fóssil ou a uma biota moderna, a qual se distingue de outras adjacentes em base a certos parâmetros ambientais como substrato, solo, sedimento oceânico, etc. (Glossário de Geologia, Gary et al., 1974; Sugecio, 1998).

Existem espécies bentônicas que vivem em profundidades bem delimitadas, o que faz com que os microfósseis destas espécies possam ser utilizados em paleobatimetria (Brasier, 1985). De uma maneira geral, as correlações e informações obtidas com foraminíferos devem ser complementadas por outros fósseis na secção estratigráfica. A bioestratigrafia baseada em foraminíferos é muito utilizada em prospecção de petróleo, porém, a maior parte destas informações se encontra em relatórios de companhias de petróleo, inacessíveis aos paleoecólogos.

O estudo dos foraminíferos fósseis constitui uma especialidade com uma literatura muito rica, mas que se refere principalmente à taxonomia do grupo para seu uso em bioestratigrafia. O estudo da paleoecologia ainda está muito no início. Os resultados de estudo dos conjuntos (assemblagens) de foraminíferos e de sua diversidade ao longo do tempo são expressos em gráficos de porcentagem, o que apresenta muitos problemas. Para contornar as distorções intrínsecas ao cálculo de porcentagem na representação em gráfico, Murray (2002) sugere o uso de uma fórmula complicada baseada na abundância relativa das espécies. Seria muito mais simples que usasse a concentração de cada espécie (microfóssil por cm^3), como se faz para espículas de esponjas (veja a Parte II, 3.1, em seguida) e para grãos de pólen (Capítulo 14). Para maiores informações sobre taxonomia, morfologia e aplicações consulte, por exemplo, Brasier (1985), Boersma (1984), Vilela (2000), Haslett (2002). Para a biologia e ecologia de foraminíferos consulte, por exemplo, Ruppert & Barnes (1996). Quanto aos microfósseis veja o item 5, no final desta Parte II.

Foraminíferos vivos podem ser coletados da superfície de algas macroscópicas, do fundo de poças rochosas na zona de marés ou de estuários, ou na areia da zona de quebra de ondas do mar, e são observados diretamente em pequeno aumento em microscópio binocular. Foraminíferos fósseis podem ser obtidos de praticamente qualquer sedimento marinho que não foi lixiviado ou não seja ácido (Brasier,1985). Para extrair esses microfósséis utiliza-se a mesma técnica descrita para ostracodes em rochas sedimentares (Parte II, 3.3.2., deste capítulo) com desagregação mecânica, tratamento com peróxido de hidrogênio (H_2O_2) a 10%, tamisação e lavagem. Para outros métodos na preparação de fósseis, veja Brasier (1985), Leipnitz & Aguiar (2000) e Dutra (2000).

3. INVERTEBRADOS

Há mais de um milhão de espécies descritas de animais. Destas, cerca de 5% são vertebrados e todos os outros são invertebrados (Ruppert & Barnes, 1996). Os invertebrados constituem uma divisão totalmente artificial que inclui animais com grande diversidade de forma, estrutura, modos de vida e locomoção. A única característica que têm em comum, com exceção das características gerais de todos os animais, é o fato de não possuírem uma espinha dorsal, como os vertebrados.

Nesta parte não serão revistos os grandes grupos de invertebrados, mas somente se fará referência àqueles com esqueleto rígido, cujas partes ou o todo se preservam e cujos fósseis contribuem com informações relevantes que permitem a reconstrução ambiental no Quaternário.

Dentro do universo de animais invertebrados, com milhares de espécies, os que têm potencialidade para dar informações paleoecológicas precisam ter certas características que limitam muito o número de grupos taxonômicos passíveis de serem utilizados. Os táxons devem se preservar bem em sedimentos, serem abundantes, terem muitos tipos morfológicos com requerimentos ecológicos bem delimitados e diferentes uns dos outros.

Da mesma forma que na análise de pólen, não é uma espécie-guia ou uma forma-guia que vai dar as informações ecológicas ou climáticas e sim uma comunidade de espécies que originam um conjunto coerente de formas fósseis ou antigas e determinam o que se denominou uma **assemblagem** (do inglês e do francês, "assemblage"). É a assemblagem que permite a reconstrução ambiental por comparação com as comunidades modernas e que aponta as mudanças ecológicas e/ou climáticas ao longo do tempo.

Os invertebrados mais utilizados em análises paleoambientais são discutidos a seguir.

3.1 Esponjas

As esponjas constituem o Filo Porifera. Seu esqueleto é constituído de fibras de espongina, como no caso das esponjas comerciais (gênero *Spongia*), ou por espículas de calcário ou sílica. A maioria habita os mares, mas algumas são de água doce. As esponjas marinhas e de água doce raramente se fossilizam inteiras, pois seus tecidos se deterioram rapidamente. Entretanto, há evidência de ocorrência de espículas de esponjas desde o Período Cambriano, e de que elas são abundantes a partir do Cretáceo (Ruppert & Barnes, 1996).

Do ponto de vista de microfósseis e de paleoecologia, somente as esponjas de água doce têm dado contribuições importantes, principalmente para a paleolimnologia. O corpo das esponjas de água doce é constituído por espículas de sílica (Fig. 3.8) que se preservam muito bem. Alguns grupos formam estruturas reprodutivas, denominadas gêmulas, que também se fossilizam e têm significado taxonômico que permite a identificação dos fósseis a nível de espécie. Da mesma forma que outros microfósseis, as espículas silicosas de períodos geológicos muito antigos não têm similares modernos e, portanto, não fornecem informações paleoambientais detalhadas. Porém, as espículas de depósitos do Quaternário, durante o qual não houve extinção de esponjas (Harrison, 1988), podem ser utilizadas para reconstruções e diagnósticos limnológicos por comparação com os requerimentos ecológicos de suas espécies em lagos modernos.

As esponjas de água doce pertencem a duas famílias da Classe Demospongiae, junto com mais de 90% das espécies de esponjas marinhas. A família Spongillidae é a mais abundante e tem distribuição muito ampla em água doce, o que resulta em um número maior de estudos sobre ela.

As **espongilides** (Spongillidae) parecem preferir ambientes com água corrente rápida, mas podem crescer em água corrente suave. Geralmente, as espécies refletem suas preferências ambientais crescendo em determinadas intensidades de luz, pH alcalino ou ácido, nível alto ou baixo de cálcio, de bicarbonato, etc., conforme a espécie (Harrison, 1988). A partir dos anos de 1970, graças aos estudos taxonômicos que também estão voltados para os requerimentos ecológicos das espécies, vários pesquisadores têm apresentado informações relevantes sobre a história dos lagos e lagoas, principalmente com relação aos últimos milênios (veja as revisões de Harrison, 1988 e de Volkmer-Ribeiro & Motta, 1995). Estes estudos corroboram para o conhecimento da limnologia de lagos, lagoas e outros corpos de água e como apoio à reconstrução do clima e da vegetação da região em torno deles.

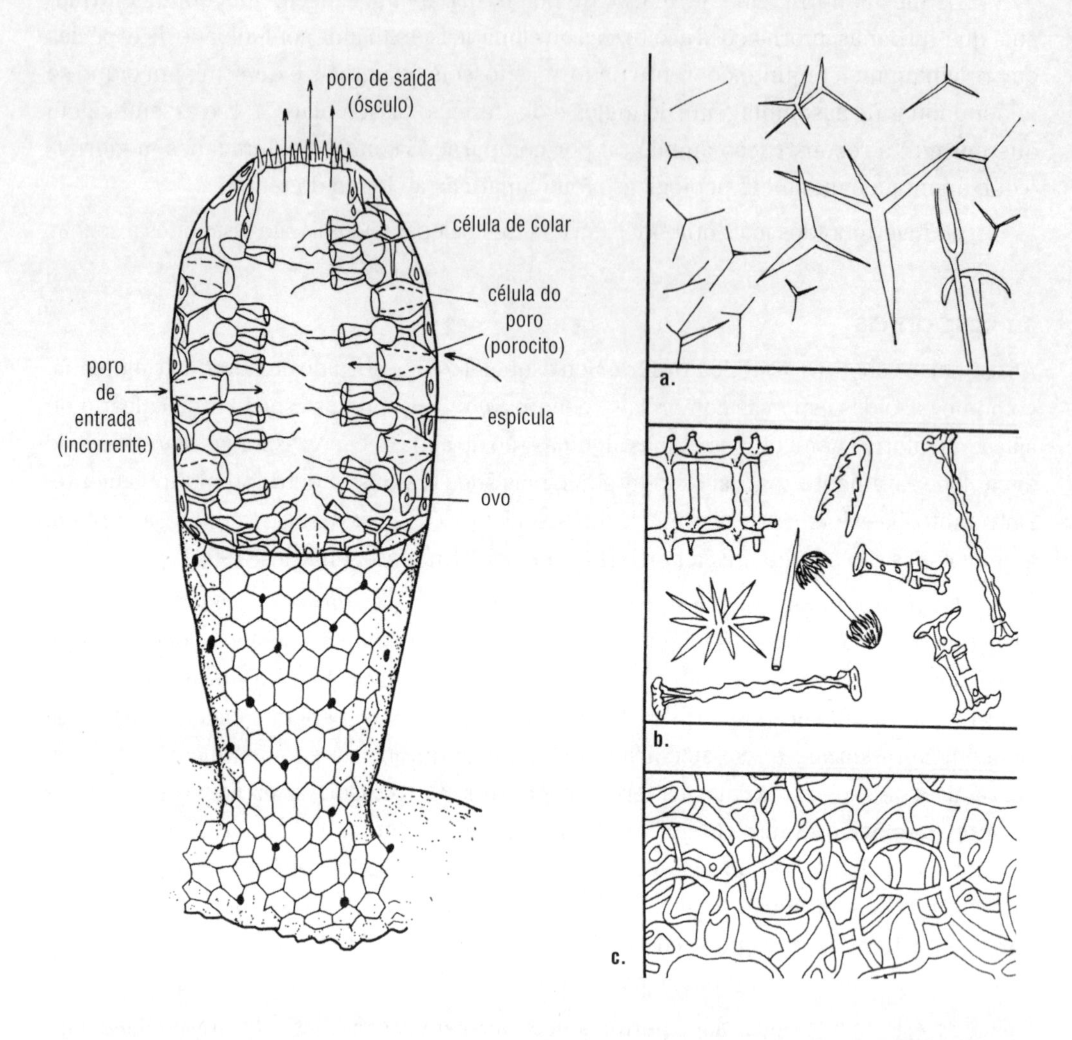

Figura 3.8 Esponjas – À esquerda, corte longitudinal mostrando a estrutura interna de uma esponja. À direita, vários tipos de espícula e fibra. **a:** espículas calcárias; **b:** espículas silicosas; **c:** fibras de esponjas. Adaptado de Buchsbaum, 1950.

As espículas fósseis ou antigas de espongilides são encontradas em sedimentos lacustres ou em depósitos lacustres de espículas silicosas, não-consolidados, que são denominados **espongilitos** e podem ter uma pequena porcentagem de diatomáceas, grãos de areia, argila ou matéria orgânica, associada às espículas. Os espongilitos são muito comuns no centro-sul do Brasil, em lagoas conhecidas popularmente como "lagoa-de-coceira", "lagoa de pó-de-mico", porque a água se torna muito irritante à pele pela presença abundante de espículas de esponjas. O espongilito é explorado industrialmente para fabricação de cerâmicas rudimentares e para reforço de peças de plástico. Para uma revisão dos estudos de esponjas de água doce no Brasil, veja Volkmer-Ribeiro & Motta (1995).

Quando as espículas estão dispersas no sedimento com outros microfósseis silicosos, pode-se utilizar a mesma metodologia de preparação empregada para as frústulas de diatomáceas (Parte III, item 3.3). Para fazer a análise quantitativa de espículas a técnica empregada é a mesma da palinologia. Harrison (1988) descreve cuidadosamente esta técnica que é utilizada por ele e colaboradores desde os anos 1960-70 em lagos dos Estados Unidos. A concentração de espículas por cm^3 também foi utilizada nos sedimentos do Lago de Valência, Venezuela (Binford, 1982). A técnica é a seguinte:

a) retirar amostras de 4 cm^3 de sedimento contendo espículas, usando uma seringa. Colocar cada amostra em béquer de 50 ml e ferver em uma mistura de ácido nítrico concentrado e ácido sulfúrico (na proporção de 1:1) até que reste uma poeira branca no fundo do béquer.

b) O material é transferido para tubos de centrífuga e lavado três vezes com água destilada, por meio de centrifugação (veja observações de 1 a 4, Capítulo 11).

c) Juntar um tablete de pólen exótico a cada amostra, como marcador interno. Harrison e colaboradores utilizam tabletes de *Eucalyptus*. Em seguida, a preparação é lavada com HCl-10% para dissolver os tabletes, seguida de uma lavagem em água. Em vez de tabletes de *Eucalyptus*, ou de outro gênero, o pólen exótico usado como marcador interno pode ser introduzido nas amostras pelo método gravimétrico (Salgado-Labouriau & Rull, 1986) utilizando pólen de *Kochia scoparia*. Neste caso, não é necessária a lavagem em HCl-10% e passa-se diretamente à etapa seguinte. Para maiores detalhes, veja Capítulo 14, Parte 3.

d) O material é pipetado para uma lâmina de microscopia e montado em DPX, entellan, gelatina glicerinada, ou outro meio de montagem para exame em microscópio.

e) As espículas são identificadas e contadas junto com o pólen exótico em microscópio óptico. A contagem é tabulada de acordo com os tipos de espículas, por espécie. A concentração de cada tipo, por volume de sedimento, é calculada pela fórmula:

$$\text{número de espículas/cm}^3 = \frac{\text{número de pólen exótico introduzido}}{\text{número de pólen exótico contado}} \times \frac{\text{número espículas contadas}}{\text{volume da amostra}}$$

O diagrama de concentração é montado da mesma forma que para pólen. Para maiores detalhes veja Harrison (1988) e as técnicas de análise de pólen que são discutidas no Capítulo 14, Partes de 2 a 4.

Atenção – Além do que foi descrito acima para a análise quantitativa de espículas de esponjas, Harrison recomenda que se deve lavar 20 cm^3 de sedimento ou depósito de espículas em tamis com malha de 250 µm e examinar o resíduo no tamis para gêmulas macroscópicas. Estas gêmulas costumam ter mais de 2,5 mm de diâmetro e devem ser observadas em microscópio estereoscópico de dissecção. Elas ajudam na identificação das espécies de esponjas para a interpretação paleolimnológica.

3.2 Moluscos

O Filo (Phylum) Mollusca é muito diversificado e constituído de animais com celoma e um canal alimentar de duas aberturas; geralmente têm uma concha calcária, com uma ou duas valvas (Parker, Haswell & Lowenstein, 1949; Ruppert & Barnes, 1996). Eles constituem hoje o segundo maior Filo de animais, depois dos Artrópodos. São bastante conhecidos por serem comestíveis e economicamente muito importantes. Entre as classes de moluscos destacam-se a dos Gastropoda (lesmas, caramujos, caracóis, etc.), dos Pelecypoda, também chamada Biválvia (ostras, mexilhões, berbigões, etc.), e dos Cephalopoda (polvos, lulas e calamares), além de outras classes menores.

Os moluscos habitam os mares, lagos, rios e também áreas secas e terrenos rochosos. O estudos de seus fósseis mostra que eles têm uma evolução muito antiga, com um grande desenvolvimento de formas. Conchas de moluscos ocorrem desde o Cambriano, até o presente (Benton & Harper, 1997).

Os moluscos de água salgada representam a maior parte deste filo, sendo que as Classes Cephalopoda, Monoplacophora, Amphineura e Scaphopoda são totalmente marinhas. A Classe dos Pelecypoda, com a maioria das espécies nos oceanos, têm alguns táxons em água doce, sendo que algumas espécies de ostras são muito abundantes em rios. Os Gastropoda constituem a maior classe de moluscos, com espécies marinhas e terrestres com vários grupos pulmonados (lesmas, caramujos e outros), que respiram o ar da atmosfera (Subclasse Pulmonata) (Buchsbaum, 1950; Ruppert & Barnes, 1996). Eles atingiram ao máximo de sua evolução no Cenozóico (Benton & Harper, 1997) e são importantes nos estudos de ambientes úmidos.

O achado de conchas marinhas nos continentes, acima do nível do mar, provocou muita discussão no século 19 sobre o que teria causado estes depósitos. A explicação mais comum entre 1578 e aquela época era influenciada pela Bíblia Cristã e descrevia um grande dilúvio que submergiu parte dos continentes (Davies, 1969). Uma outra explicação considerava que os continentes tinham movimentos verticais, o que é verdade, mas não é suficiente para explicar a maioria destas camadas de conchas, acima do atual nível das águas. Sabemos hoje que o nível do mar não foi constante ao longo da história da Terra e que os depósitos marinhos quaternários acima do nível do mar correspondem, na maioria das vezes, a períodos interglaciais, nos quais o mar esteve mais alto que hoje. Em depósitos lacustres estas conchas mostram flutuações do nível das águas em períodos de maior ou menor pluviosidade. A avaliação das mudanças no nível das águas e as causas destas flutuações são discutidas em outra parte deste livro (Capítulo 2, Partes 5 e 6).

Quase todas as espécies atuais de moluscos estão representadas desde o início do Quaternário, de forma que é possível identificá-las por suas conchas ao nível de espécie. A maior parte das conchas são grandes e podem ser coletadas à mão; para conchas muito pequenas usam-se tamises. Da mesma forma que outros animais com conchas ou exoesqueleto calcário, os moluscos marinhos têm conchas geralmente muito mais calcificadas que os de água doce.

Os moluscos terrestres vivem em muitos tipos de hábitat, aquáticos e em solos úmidos ou secos. Os caracóis, caramujos e lesmas, da Classe dos Gastrópodos, durante sua evolução eliminaram as brânquias e converteram o manto em pulmão (Ruppert & Barnes, 1996). É comum encontrar caracóis grandes e vazios, em abundância, em depressões de terrenos de regiões semi-áridas, como nas caatingas do Nordeste do Brasil, ou em solo pedregoso em regiões de karst, como junto dos rios Peruaçu e Jequitinhonha, no norte de Minas Gerais. Também são encontradas conchas nas regiões de savana inundáveis, como nos llanos (savanas) inundáveis da Venezuela ou em planícies de inundação dos rios em cerrados e campos.

Os moluscos de água doce, da mesma forma que os marinhos, podem ser bivalvos (lamelibrânquios ou pelecípodos) ou univalvos (gastrópodos). Encontram-se geralmente em águas alcalinas que contêm carbonato de cálcio para a construção de suas carapaças. Os moluscos terrestres e de água doce são bons indicadores de condições locais, mas não representam as condições regionais, nem o macroclima. Eles podem viver confinados em um microclima favorável que se encontra dentro de uma região de clima desfavorável ao seu desenvolvimento.

Em 1961 Sparks (em Birks & Birks, 1980) mostrou que é possível dividir os moluscos de uma região em grupos ecológicos e utilizar as mudanças de espécies ou diferenças de suas proporções nas assemblagens antigas para inferir as mudanças hídricas e de vegetação de um local durante o Quaternário. Com base nestes critérios, os moluscos de depósitos quaternários das Ilhas Britânicas estão sendo estudados, principalmente os do último interglacial (Ipswichian) e do pós-glacial (Flandrian) (Fig. 3.9).

Um problema sério dos depósitos de qualquer tipo de concha, inclusive as de moluscos, é a redeposição. Como as conchas são leves, elas flutuam facilmente em água. É freqüente que os rios erosionem depósitos fluviais antigos, transportem estas conchas e as depositem mais adiante, misturadas com as modernas. Os rios também transportam conchas de diferentes hábitats, levando-as aos lagos e mares onde as ondas as empurram e acumulam em um ponto determinado que forma uma mistura de conchas modernas e antigas de diferentes idades e hábitats (R.G. West , em Birks & Birks, 1980).

Depósitos de conchas de água doce em terraços acima do nível atual das águas de lagos na África e América tropical têm mostrado as flutuações do nível de água no passado e sugerido períodos de maior pluviosidade nos trópicos (veja flutuações do nível de água em lagos, Capítulo 2). Análises de composição isotópica de carbono e oxigênio de conchas de moluscos marinhos, lacustres e fluviais têm sido utilizadas para levantar informações paleoambientais. Estudos de conchas modernas e fósseis de pelecípodos do litoral brasileiro mostraram, por exemplo, que é possível distinguir entre as conchas de ambiente de água doce e de ambientes marinhos pela composição isotópica do carbonato de cálcio (Da Silva et al., 1979). Estes resultados foram confirmados em outros litorais.

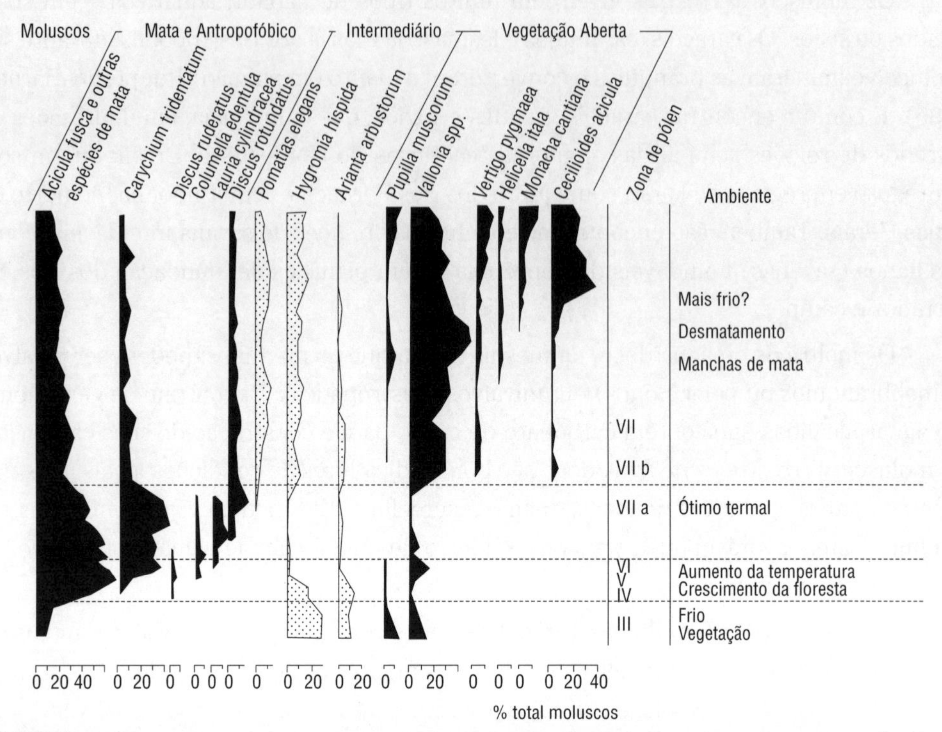

Figura 3.9 Curva das mudanças de temperatura baseada em moluscos, segundo Kerney (em Birks & Birks, 1980). As zonas de pólen são das Ilhas Britânicas e representam o pós-glacial Flandrian (Holoceno).

3.3 Crustáceos

Os crustáceos pertencem a uma das Classes de Arthropoda, a qual inclui camarões, lagostas, caranguejos, siris, cladóceros, ostracodes e outros. É um grupo muito antigo, predominantemente marinho, que se inicia no Pré-cambriano superior. Com exceção de alguns grupos, os crustáceos têm sido muito pouco utilizados em paleoecologia. Os mais comuns em sedimentos de lago são os Cladóceros e os Ostracodes.

3.3.1 *Cladócera*

São pequenos crustáceos, com poucos milímetros de comprimento, alguns com apenas 0,25 mm, que habitam lagos e lagoas, exclusivamente de água doce. São conhecidos pelo nome popular de "pulgas d'água".

Pesquisas sobre a Subordem **Cladócera** (Classe Branchiopoda) mostram que a abundância destes pequenos animais está conectada com mudanças do regime hídrico (Fig. 3.11) e, principalmente, com ocupação humana. O gênero mais comum e melhor conhecido dos cladóceros é ***Daphnia*** (Fig. 3.10), com carapaças bivalvas (Buchsbaum, 1950). Interpretações paleoecológicas são muito limitadas, porque a fauna destes crustáceos é muito afetada

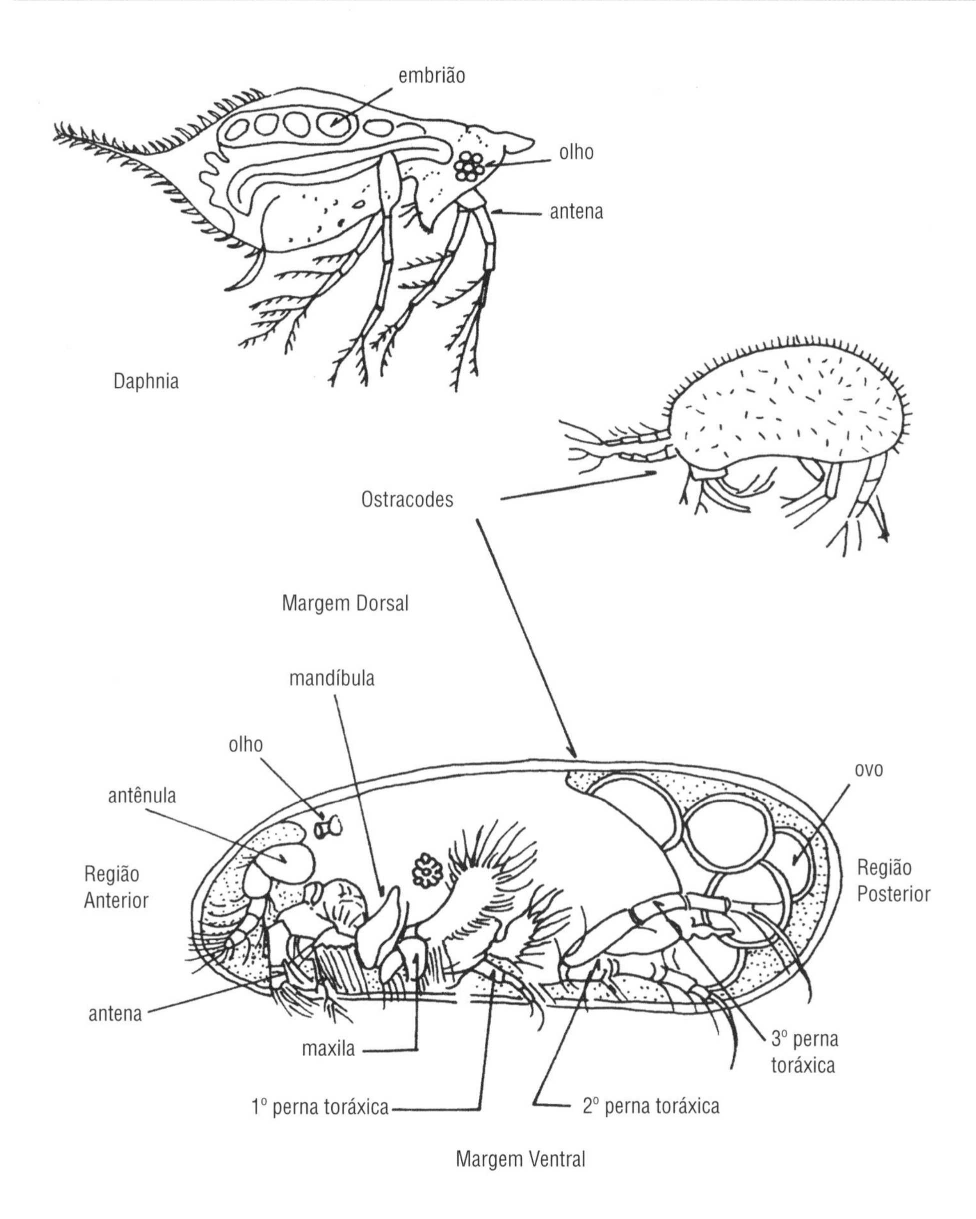

Figura 3.10 Microfósseis dos Crustáceos mais abundantes em sedimentos antigos – À esquerda, em cima, Cladócera do gênero *Daphnia*, muito freqüente em lagos do Quaternário. À direita, em cima, aspecto de um animal vivo de Ostracode. (Ambos adaptados de Buchsbaum, 1950). Em baixo, Ostracode do gênero *Darwinula*, comum em águas doces desde o Carbonífero até o Presente; a valva esquerda foi removida para mostrar as partes internas (em Benson et al., 1961).

por predadores, competição e requerimentos fisiológicos que modificam a distribuição e estrutura das comunidades (Whiteside & Swindoll, 1988). Desmatamento, agricultura e criação de gado nas regiões em volta, e deságue de cloacas e detritos nos lagos, influem diretamente na abundância de Cladóceros. Deste modo, sua concentração em sedimentos lacustres não é um bom indicador paleoambiental, porém, é um bom sinalizador de assentamentos humanos antigos e do grau de poluição das águas de uma represa (Frey, 1969 e 1986).

3.3.2 *Ostracodes*

A Subclasse **Ostracoda** é constituída por minúsculos crustáceos, com 0,3 a 3,0 mm de comprimento (geralmente com c.1 mm) com a carapaça (exoesqueleto) constituída por duas valvas calcificadas que se unem na parte dorsal do animal e são livres no ventre, onde estão os 7 pares de apêndices (Fig. 3.10), também cobertos por exoesqueleto (Brasier, 1985). Após a morte, estas carapaças podem se preservar nos sedimentos aquáticos, onde viveu o animal.

Todos os fósseis de ostracodes do Quaternário têm representantes vivos, portanto a reconstituição ambiental é bastante confiável (De Deckker, 1988). Entretanto, existem variações na morfologia das conchas em tamanho, forma e ornamentação, que são devidas às diferenças químicas e físicas da água, e que refletem somente as condições locais. Esta variabilidade dentro da espécie tem que ser cuidadosamente avaliada em uma interpretação paleoambiental das assemblagens de ostracodes (Carbonel et al., 1988).

Os ostracodes têm uma história geológica muito antiga e são encontrados desde o Período Ordoviciano (Boomer, 2002). São muito úteis para o estudo paleoambiental de lagos e de margens continentais e para determinação de biofácies lacustres e marinhas, principalmente do Jurássico até o presente. Para o Quaternário eles indicam parâmetros ecológicos precisos (quando a ecologia das espécies vivas é conhecida) como indicadores de salinidade, temperatura, granulometria do substrato oceânico e profundidade do mar. Parece não ter havido extinção de ostracodes durante este período (Haslett, 2002), o que permite o uso das chaves taxonômicas de identificação das espécies modernas e também a utilização das características ecológicas dos ostracodes modernos para interpretar mudanças ambientais no passado, quando as tolerâncias ecológicas das espécies são conhecidas. Por exemplo, a distribuição das espécies ao longo dos ambientes costeiros modernos mostram assemblagens de ostracodes dominadas por duas ou três espécies que caracterizam diferentes ambientes e graus de salinidade, água doce, salobra ou salina (Boomer, 2002).

Os ostracodes modernos são em sua maioria bentônicos e vivem em lagos e mares e são muito abundantes e diversificados em águas rasas dos oceanos, até 200 m de profundidade. Muitas espécies ocorrem nos mares até 625 m, e algumas vivem em regiões abissais entre 1.000-1.500 m (Brasier, 1985).

As diferentes espécies e gêneros geralmente vivem em uma faixa bem restrita de salinidade, o que permite o uso de seus fósseis como indicadores de paleossalinidade. O grupo de espécies que vive em água doce (salinidade menor que 0,5%o) tem carapaça relativamente fina, pouco calcificada e com morfologia simples; são geralmente cosmopolitas e habitam o fundo dos lagos, lagoas e poças de água efêmeras, em todos os continentes. Eles provavelmente são transportados de um ambiente para o outro na plumagem ou no lodo aderido às patas de aves aquáticas.

Os ostracodes de água salobre (salinidade entre 0,5%o e 30%o) vivem em lagunas, deltas e estuários de rios, junto ao mar; são pouco diversificados, com carapaça grossa e pouca ornamentação. Os que vivem nas águas hipersalinas (mais de 40%o de salinidade) de lagos e pântanos salgados têm carapaça semelhante aos de água salobre e, em ambos os casos, são microfósseis associados ao tipo de sedimento, que podem dar a indicação de qual dos dois ambientes se trata. Eles têm sido utilizados em estudos de lagos salgados, entre eles os da Austrália (De Deckker, 1988). Nos estudos de sedimentos do Lago de Valência, Venezuela (Binford, 1982; Bradbury et al. 1981), os ostracodes junto com diatomáceas de água salobra mostraram uma fase salina no início da formação do lago, entre 10.500 e 8.700 anos atrás, que sugerem um clima quente com evaporação maior que a precipitação durante esta fase (Fig. 3.11) Em seguida, o conjunto de ostracodes mudou, contendo somente animais de água doce que indicam, apoiados pelos dados de outros microfósseis, o aumento de pluviosidade e a expansão do lago de água doce que se estendeu até o presente (Bradbury et al., 1981). No Lago Titicaca, entre Bolívia e Peru, os ostracodes foram utilizados como indicadores de três fases com nível muito baixo de água durante o Holoceno (Mourguiart et al., 1992).

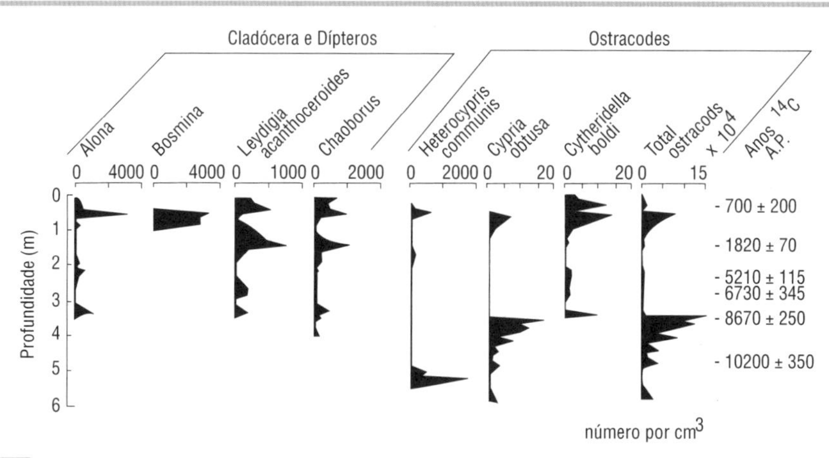

Figura 3.11 Diagrama de concentração de microfósseis de origem animal: Cladócera e Dípteros (à esquerda) e Ostracodes (à direita) nos sedimentos do Lago de Valência, durante o Holoceno. Adaptado de M.W. Binford (em Bradbury et al., 1981).

Os ostracodes bentônicos marinhos vivem principalmente na plataforma continental, com salinidade entre 30 e 40%o, têm carapaça espessa, muito calcificada e de grande diversidade morfológica (Fig. 3.12). Há uma relação entre o tipo de carapaça, o modo de vida, a granulometria do substrato, a temperatura e a profundidade do oceano. As diferenças morfológicas dos exoesqueletos dos gêneros, e mesmo espécies, com história evolutiva longa, permitem a reconstrução do ambiente aquático no passado. As formas extintas sugerem o tipo de ambiente físico por comparação com as características morfológicas do exoesqueleto das formas atuais. Segundo Brasier (1985), os que se enterram no substrato têm exoesqueleto robusto, liso e alongado; os que se arrastam nos fundos de vasa macia, com granulação muito fina, tendem a ter a parte ventral achatada e com expansões laterais como alas, espinhos, etc.; os que vivem em substrato com granulometria grossa têm orna-

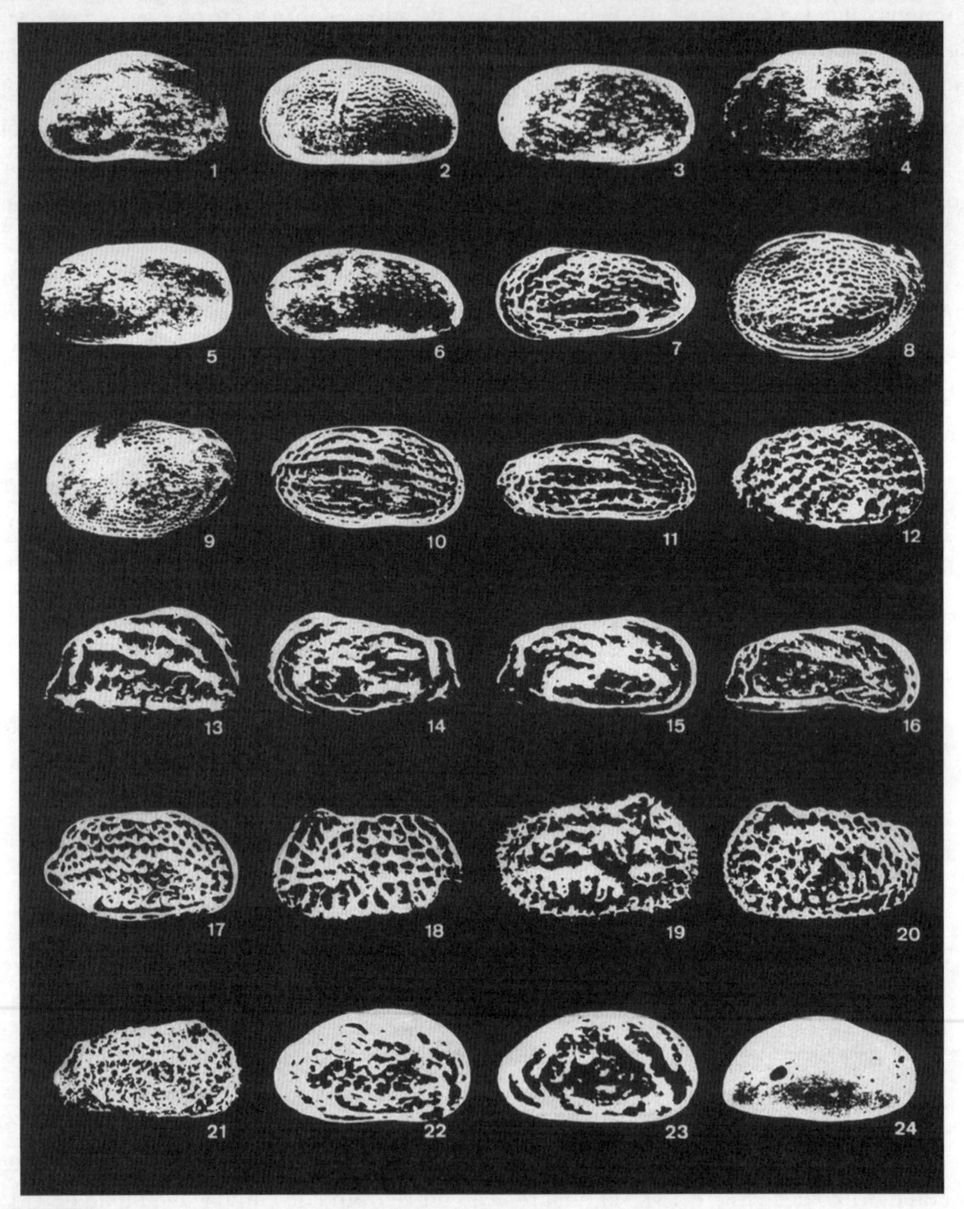

Figura 3.12 Diferentes tipos morfológicos de carapaça de Ostracodes – cortesia de Dermeval A. do Carmo, 2003

mentação forte, com reticulações ou espinhos robustos. Os ostracodes que são planctônicos, nadam todo o tempo nas correntes ascendentes ricas em nitratos e fosfatos, podem crescer muito e alguns gêneros chegam a mais de 3 mm de comprimento; suas carapaças são lisas e finas, de forma arredondada. As formas abissais são atualmente cosmopolitas, vivendo no fundo dos mares e oceanos desde os Pólos até o Equador.

No ambiente marinho, a distribuição de ostracodes é controlada por vários fatores oceanográficos, dos quais a temperatura é um dos mais importantes. Embora haja espécies com uma faixa ampla de tolerância térmica (espécies euritérmicas), existem algumas espécies com distribuição restrita à determinada temperatura da água. Este é o caso das espécies *Krithe gnoma, K. coimbrai* e *Callistocythere litoralensis* que têm sua distribuição atual na plataforma continental brasileira restrita às áreas de influência da fria Corrente de Falkland (das Malvinas) e/ou de ressurgência (Coimbra, et al., 1995; Do Carmo e Sanguinetti, 1995). Os estudos destas espécies em sedimentos antigos sugerem que a Corrente de Falkland já operava na plataforma desde o Mioceno.

Geralmente, após a morte do organismo, as valvas são separadas e misturadas dentro do substrato. Em alguns casos, a carapaça se conserva inteira e com seus apêndices. A ocorrência de exoesqueletos completos provavelmente é devida a uma alta velocidade de sedimentação que enterra rapidamente as carapaças e evita a ação de animais escavadores e saprófitas, e à turbulência da água, que desarticulam as valvas e apêndices (Brasier, 1985).

Da mesma forma que os outros crustáceos fósseis aquáticos e as conchas de moluscos, as carapaças de ostracodes mortos são leves e podem ser facilmente transportadas e redepositadas. Isto pode ser visto claramente em sedimentos de deltas e estuários onde a assemblagem de ostracodes contém uma mistura de espécies de água doce (trazidas pelo rio), de água salobra (animais locais) e marinhos (trazidos pelas marés) (Brasier, 1985).

O estudo de paleolimnologia de ostracodes de lagos nas zonas temperada e tropical constitui uma especialidade muito desenvolvida e com literatura extensa (veja , por exemplo, Livingstone, 1968; Frey, 1969; Binford, 1982; Carbonel et al., 1988) que utiliza a mesma metodologia da análise palinológica (veja diagrama na Fig. 3.11). Os fósseis marinhos são utilizados principalmente para estudos de taxonomia e de paleoceanografia (veja, por exemplo, Haq & Boersma, 1984; Brasier, 1985). Para a biologia e ecologia de ostracodes consulte, por exemplo, Ruppert & Barnes (1996).

Para estudos taxonômicos, os ostracodes de sedimentos Quaternários são extraídos por tamisação direta em água corrente utilizando peneiras ou tamises de malhas de 630, 250, 160 e 80 μm. Em seguida, seca-se o material tamisado em estufa a 60°C e guarda-se cada amostra em frasco rotulado para a triagem dos ostracodes em microscópio estereoscópico.

Para trabalhos quantitativos, em análise de sedimentos, a técnica utilizada por Binford (1982) e diferentes autores para ostracodes e outros restos animais consiste em:

a. 1 cm^3 de sedimento é desagregado em KOH-10%, a quente.

b. o material é lavado em água corrente através de um tamis de 37 μm de malha.

c. o material retido no tamis é suspenso em 15 ml álcool butílico terciário.

d. depois de bem homogeneizado por agitação, é pipetado em alíquotas de 0,05 ml e montado, cada alíquota, sobre uma gota de óleo de silicone em uma lâmina de microscopia.

e. dez alíquotas são contadas para cada nível (M.B. Davis, 1966). Como o material de ostracodes pode estar fragmentado, é importante ter normas estabelecidas para contagem dos fragmentos. Cada paleolimnólogo tem seu critério. O importante é que as normas utilizadas sejam explícitas na descrição da metodologia no trabalho.

Observação – Segundo van Morkhoven (1962, p.166) deve-se tomar muito cuidado na tamisação para que a água não derrame pelas bordas da peneira ou tamis, porque as carapaças de muitos ostracodes freqüentemente estão hermeticamente fechadas e retêm o ar dentro, fazendo com que as carapaças flutuem na superfície da peneira e possam ser jogadas fora.

Os ostracodes de material mais antigo são extraídos de rochas sedimentares por fragmentação mecânica em pedaços de 5 a 10 mm de diâmetro, em almofariz. Em seguida, amostras de 60 g são colocadas em copos de vidro ou em béquer, e cobertas com peróxido de hidrogênio (H_2O_2) comercial. Quando terminar a reação, as amostras são lavadas em tamis com água corrente e secadas em estufa a 60°C da mesma forma que o material recente utilizado em trabalhos taxonômicos (Do Carmo, comunicação pessoal, 2003). Guarda-se cada amostra em frasco rotulado para a triagem dos ostracodes em microscópio estereoscópico.

Outro método para material antigo consiste em tratar o material fragmentado com thinner ou outro solvente de tinta ou, o que é mais prático, ferver em béquer com Na_2CO_3 (soda cáustica). Em seguida a amostra é lavada em água corrente passando por peneiras com malhas de 325, 230 e 200, de forma a concentrar o material (Brasier, 1985).

3.4 Insetos

Os insetos são o grupo mais abundante de animais no ambiente continental e representam 3/4 de todas as espécies de animais, ou seja, mais de 750 mil espécies no presente (Ruppert & Barnes, 1996). Eles surgiram no Devoniano e daí em diante tiveram grande sucesso evolutivo. Apesar da grande abundância de espécies e de indivíduos nos diferentes ambientes, de sua importância ecológica como agente polinizador de 67% das espécies com flores (Angiospermas) e de sua importância como vetor de doenças e pestes de plantas, animais e humanos, os insetos raramente se preservam em sedimentos. Seu corpo é revestido por um exoesqueleto rígido de quitina que é friável e se quebra em numerosos fragmentos sob a ação de pequenas pressões e os fragmentos se espalham pelo sedimento do depósito. Isto torna difícil a preservação do corpo inteiro ou de fragmentos grandes. As asas dos insetos alados também são quitinosas e muito frágeis. Entretanto, os exoesqueletos de insetos podem ser abundantes em alguns sedimentos quaternários que contêm restos de plantas e bastante matéria orgânica (veja, por exemplo, Fig. 3.11).

A **quitina** $(C_8H_{13}NO_5)_n$ é um biopolímero constituído predominantemente de cadeias ramificadas de resíduos de N-acetil-D-glucosamine (Merk Index, 1989). É encontrada em fungos, leveduras e, principalmente, em invertebrados e artrópodos como principal componente dos exoesqueletos. Porém, na tradução para o português do livro, em inglês, de Ruppert & Barnes, colocou-se a palavra "cutícula" em vez de quitina, para os insetos. **Cutícula** é uma película externa constituída de ácidos graxos (cera) que envolve as partes aéreas das plantas (Font Quer, 1970; Usher, 1979) e não tem nada a ver com insetos.

Os **coleópteros** (besouros e outros), entretanto, podem se preservar inteiros. Como a taxonomia moderna de coleópteros está muito bem documentada e é baseada no exoesqueleto, sua aplicação é direta para os fósseis do Quaternário. G.R. Coope (1967) mostrou que mesmo quando só existem fragmentos é possível identificá-los nas amostras. Mostrou também que durante o Quaternário o número de espécies extintas é pequeno, o que permite que a identificação do fóssil chegue geralmente ao nível de espécie.

Conhecendo-se as exigências ecológicas das espécies modernas de besouros, é possível reconstruir os ambientes antigos por comparação. A resposta destes insetos às mudanças climáticas é imediata porque eles têm uma capacidade de migração muito alta e seguem a vegetação de uma região para outra. Para os coleópteros aquáticos é necessário conhecer as condições ambientais da água em que vivem as espécies atuais. Muitos destes insetos estão conectados a plantas específicas, de onde tiram o seu alimento e migram junto com elas quando o clima da região muda. Outros são saprófitos e vivem de organismos em decomposição (madeira morta, restos de vegetação em decomposição e esterco de herbívoros). Alguns são indiferentes ao tipo de clima. Portanto, é necessário selecionar cuidadosamente entre os coleópteros quais os que podem ser utilizados para a interpretação paleoclimática. Como no caso de pólen e esporos, o que se analisa é o conjunto (assemblagem) de espécies de besouros. Da mesma forma que os macrofósseis de plantas, as assemblagens de coleópteros dão informações locais e não regionais. Geralmente informam sobre a paleotemperatura do verão de uma localidade (Coope, 1967; Birks & Birks, 1980).

Os exoesqueletos ou seus fragmentos podem ser separados facilmente por lavagem dos sedimentos em um tamis utilizando água corrente e, em casos especiais, por flotação (Ashworth em Birks & Birks, 1980). Desde 1960, estão sendo feitas análises de besouros em sedimentos para conhecer as mudanças de temperatura ao longo do tempo. Os trabalhos se referem principalmente ao último interglacial (Riss-Würm), à glaciação Würm-Wisconsin e ao pós-glacial atual da Europa. A análise de besouros fósseis utilizando a mesma metodologia da análise palinológica tornou possível estimar as curvas de paleotemperatura (Fig. 3.13) desde a última glaciação até o presente para as Ilhas Britânicas (Birks & Birks, 1980), Chile (Ashworth & Hogason, 1984; Ashworth et al., 1991) e outras regiões.

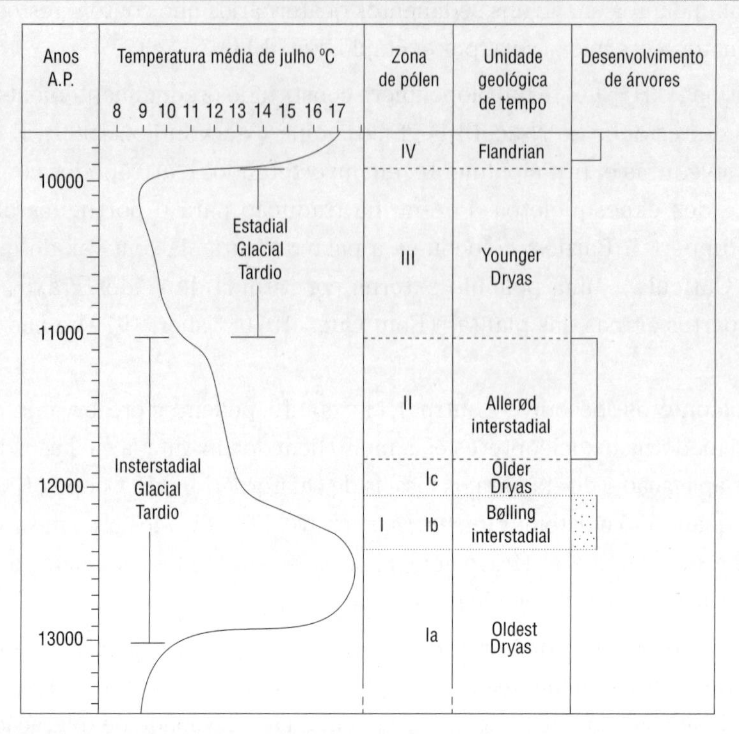

Figura 3.13 Paleotemperatura média para o mês de julho, estimada por coleópteros, para o Quaternário Tardio de Grã-Bretanha. Segundo Coope (em Birks & Birks, 1980).

No estudo paleoambiental de uma região de canais junto à costa do extremo sul do Chile, Ashworth, Markgraf & Villagran (1991) separaram as espécies de besouros de mata, de campo aberto, de pântano e aquáticos ao longo de um perfil estratigráfico, entre >13.000 AP (> 13 ka) e o presente. As curvas resultantes foram comparadas com os registros da análise de pólen e esporos nos ecossistemas da região. As curvas de ambas as técnicas correlacionam muito bem (Fig. 3.14) e mostram que ocorreram cinco zonas paleoambientais entre < 13 ka AP, quando se iniciou a deglaciação, e o presente. Mostraram também que as comunidades de plantas e de besouros anteriores a 13 ka não têm similares no presente. O importante a destacar aqui é que a associação da análise palinológica (que fornece dados regionais) com os resultados sobre coleópteros (que fornecem dados locais) deu, por dados independentes, mais informações paleoambientais sobre a região de coleta.

4. FUNGOS

Os fungos não são animais nem protistas e antes estavam incluídos dentro do Reino Vegetal. Hoje, estes organismos constituem um reino à parte: **Fungi**, o que é mais coerente, pois suas características os separam de todos os outros organismos (Alexopoulos, 1962; Hawksworth et al., 1983).

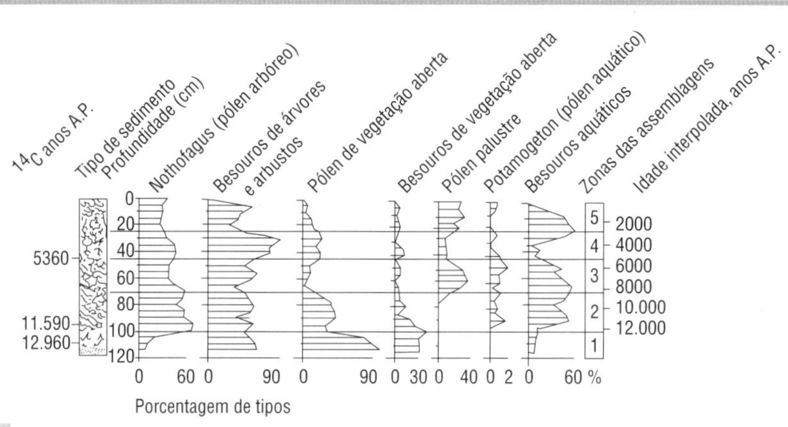

Figura 3.14 Diagrama de comparação da frenqüência de pólen e de coleópteros no sul do Chile nos últimos 13 mil anos (Ashwood, Markgraf & Villagran, 1991).

Nos mares, em lagos e correntes de água doce eles ocorrem como parasitos de outros organismos ou vivem como saprófitas da matéria orgânica dos ecossistemas aquáticos e de floresta (Sherwood-Pike, 1988). O parasitismo de fungos em plantas terrestres é muito antigo e já está registrado nas primeiras plantas que conquistaram os continentes. Fósseis da Flora de Rhynie, com mais de 400 milhões de anos, mostram hifas de fungos dentro do tecido do caule das plantas vasculares (Thomas & Spicer, 1987). O pólen flutuante em lagos é uma das fontes de alimento dos fungos da classe dos Chytridiomycetes (Sherwood-Pike, 1988), de forma que, quando os grãos de pólen afundam, levam consigo os esporos de fungo. O mesmo ocorre com folhas que caem sobre a superfície de lagos. Os mofos parasitam plantas superiores e algas microscópicas ou macroscópicas flutuantes ou fixas no fundo das águas. Os esporos e conídios (Fig. 3.15) destes fungos caem no fundo das coleções de água e pântanos e podem ser incorporados ao sedimento. Partes mortas de plantas e animais parasitados por fungos caem na água ou podem ser arrastados por correntes de água para dentro de bacias de sedimentação e serem incorporados ao sedimento, liberando esporos principalmente de Phycomycetos.

Segundo Sherwood-Pike (1988), a interpretação paleolimnológica do registro fóssil é dificultada pela falta de estudos das populações de fungo nos lagos modernos. Mas não é só isto. O problema maior dos fósseis de fungos é que a grande maioria é constituída por esporos e conídios (Fig. 3.15). As hifas são muito frágeis e somente em casos especiais se preservam.

Estes esporos e conídios encontrados em sedimentos têm uma morfologia muito simples que é comum a grandes grupos. Geralmente, não se consegue nem saber a que classe pertencem. Não se tendo a identificação, não é possível retirar informação ecológica. Na análise do conteúdo atmosférico para prevenção de doenças respiratórias, os fungos são coletados em placa de petri contendo um meio nutritivo. As placas são abertas durante um período curto, de poucas horas. Em seguida, o material é deixado tampado até que as hifas e corpos reprodutivos se desenvolvam e então os fungos possam ser identificados (Wilken-

Jensen & Gravesen, 1984 e Capítulo 9, deste livro). É claro que esta técnica só pode ser utilizada para aerobiologia e solo superficial e não para sedimentos antigos.

Apesar destes problemas, esforços estão sendo feitos para identificar diretamente conídios e esporos a nível de gênero (Allit, 1979; S. Nilsson, 1983; Wilken-Jensen & Gravesen, 1984).

É interessante observar que no Quaternário Tardio dos Andes Venezuelanos verificamos que há sempre um aumento de fungos no início de uma fase fria, mas não sabemos que fungos são estes. A hipótese que levantei é que eles são fungos liquênicos. Como se sabe, os liquens são associações simbióticas de fungos com algas. Nos lugares muito frios e pedregosos, como nas grandes altitudes dos Andes, existe uma grande quantidade de liquens.

Para informações sobre fungos suspensos na atmosfera, veja o Capítulo 9. Para informações sobre fungos em geral, veja Alexopoulos (1962) e o Dicionário de Fungos (Hawksworth e colaboradores, 1983).

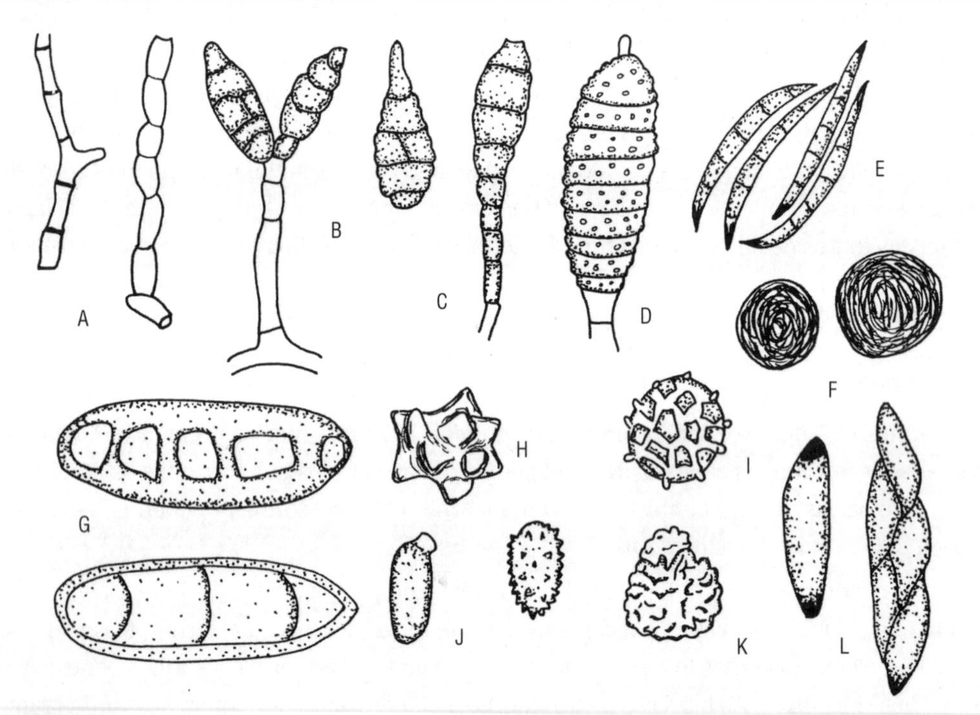

Figura 3.15 Fungos antigos e atuais – Coletados na atmosfera: A = hifas; K = esporo do tipo "smut" germinando. Material coletado em sedimentos lacustres: C = conídio; F = dois nigrósporos (Salgado-Labouriau, 1979b). Conídios e esporos alergênicos ou de fungos patogênicos: B = dois conídios de *Alternaria*: D = *Phragmidium*, teliósporo com apêndice hilar; E = conidióforos de *Fusarium*; G = dois fragmoconídeos de *Drechslera*; H = Inocybe, basidiósporo; I = *Ustilago*, esporo reticulado; J = *Suillus*, basidiósporo com apêndice hilar; L = *Rhizia*, ascósporo (baseados em: S. Nilsson, 1983; Wilken-Jensen & Gravesen, 1984).

5. RELAÇÃO DOS PRINCIPAIS MICROFÓSSEIS DE ORGANISMOS AQUÁTICOS NÃO FOTOSSINTETIZANTES

O mar cobre cerca de 70% da superfície da Terra. No fundo dos mares e oceanos se acumulam anualmente entre 6 e 11 x 10^9 de toneladas métricas de sedimentos. Estes sedimentos são constituídos do material erodido da crosta continental e dos restos da fauna e flora marinha morta. O estudo dos fósseis marinhos, macroscópicos e microscópicos tem proporcionado valiosas informações sobre todos os períodos geológicos e sobre a evolução dos organismos ao longo da História da Terra. Além disto, a bioestratigrafia que é baseada em organismos marinhos, desde o século passado, tem sido fundamental para a datação relativa de sedimentos e rochas sedimentares.

Os problemas de interpretação paleoecológicas dos microfósseis em sedimentos marinhos ou lacustres são os mesmos da análise de palinomorfos em lagos: preservação diferencial, dissolução seletiva dos fósseis, transporte diferencial, redeposição e outros. A discussão destes fatores é feita mais adiante para os grãos de pólen que, entre os microfósseis, são os mais bem estudados em paleoecologia. Eles servem de modelo para o que pode ocorrer com os restos microscópicos de outros organismos em uma bacia de sedimentação (veja Capítulo 6 em diante). Se bem que a informação dada pelos foraminíferos e outros microfósseis não fotossintetizantes é de caráter local ou regional, ela ganharia muito se empregasse os métodos estatísticos utilizados para os grãos de pólen em sedimentos.

A seguir, é dada uma lista dos microfósseis de origem animal e de protistas não fotossintetizantes mais utilizados na reconstrução dos ambientes aquáticos.

Cladóceros – os microfósseis são as carapaças bivalvas de microcrustáceos, Classe Brachiopoda, Subordem Cladocera, do plâncton de água doce. Apesar de muito abundante em lagos e represas e, às vezes, serem dominantes no plâncton lacustre, são sub-representadas no registro fóssil. O gênero mais conhecido é ***Daphnia*** (Fig. 3.10). São muito bons indicadores de assentamentos humanos dos últimos milênios.

Espículas de esponjas – espículas calcárias, silicosas ou de fibras de esponjina (esponja comercial), ou uma mistura das duas últimas, ocorrem freqüentemente nas águas e em sedimentos de lagos de água doce e nos mares (Fig. 3.8). Elas são elementos do esqueleto de diferentes subclasses e ordens do Filo Porifera. As espículas silicosas têm uma variedade de forma muito maior que as calcárias e um único tipo de esponja pode ter formas muito diferentes de espículas, cada uma correspondente a um lugar especial no esqueleto do animal (Parker et al., 1949; Ruppert & Barnes, 1996). Em algumas lagoas, a quantidade de espículas silicosas é tão grande que a água é irritante em contato com a nossa pele. Sedimentos de lagoas podem ter camadas espessas constituídas de puras espículas que hoje estão sendo exploradas para fins industriais.

Foraminíferos – os microfósseis são o exoesqueleto de organismos Protistas, Filo Sarcodina, Classe Rhizopoda. São todos marinhos, planctônicos ou bentônicos, na plataforma dos continentes. As testas (exoesqueleto) consistem em uma única câmara ou em várias câmaras interligadas em forma de espiral ou linear (Fig. 3.7). Dependendo do grupo, as testas são constituídas de substâncias diferentes, secretadas de carbonato de cálcio (calcita ou aragonita) ou de uma matéria orgânica especial, a tectina; em alguns grupos as testas são constituídas de partículas agregadas. Os microfósseis são muito abundantes em depósitos aquáticos de vasas finas ("oozes"), de margas ("marls") calcárias ou de rochas sedimentares marinhas e calcárias. Podem constituir 80% ou mais dos depósitos carbonáceos de mares e oceanos. W.H. Berger (em Brasier, 1985) estimou que 6 a 10% da população de foraminíferos no plâncton libera testas vazias todos os dias, principalmente como resultado da reprodução. Os foraminíferos bentônicos são muito abundantes nos mares e muitos grupos tiveram uma evolução muito rápida, o que faz deles importantes marcadores bioestratigráficos (fósseis índices) do final do Paleozóico até o Presente, mas são mais freqüentes a partir do Cretáceo superior. Alguns grupos planctônicos têm grande sensibilidade à temperatura da superfície das águas e seus fósseis são utilizados para estudos de paleotemperatura dos oceanos, seja pela forma de sua carapaça, seja pela relação $^{18}O/^{16}O$ do carbonato (Haslett, 2002). A maioria dos foraminíferos ocorre em águas com a salinidade mais freqüente nos oceanos (35‰) e é nestas águas que ocorrem as assemblagens mais ricas em espécies; em águas salobras a diversidade de espécies cai drasticamente. Os foraminíferos são os microfósseis marinhos mais bem estudados do ponto de vista bioestratigráfico (Boersma, 1984; Brasier, 1985). São também utilizados em estudos de paleossalinidade, paleobatimetria e de paleotemperatura, baseada em isótopos estáveis (Urey, 1947; Emiliani,1966 e Capítulo 2, Parte 2).

Heliozoários – os microfósseis são o endoesqueleto de organismos protistas, de águas doces, do Filo Sarcodina, Classe Actinopoda (Fig. 3.16). Representantes fósseis ocorrem

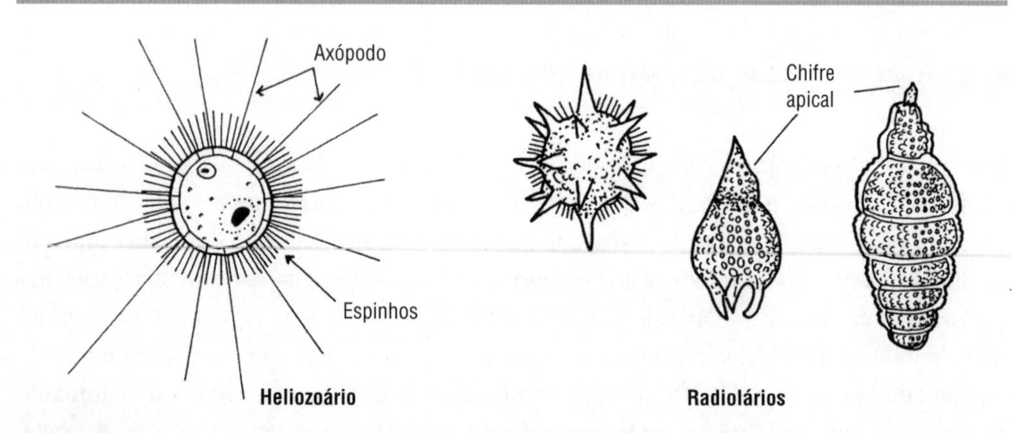

Figura 3.16 Microfósseis do Filo Sarcodina: à esquerda, Heliozoário; à direita, três Radiolários. Baseados em Brasier (1985) e Ruppert & Barnes (1996).

principalmente em sedimentos lacustres do Pleistoceno e Holoceno (Moore, 1954; Ruppert & Barnes, 1996). Alguns são flutuantes, mas a maioria vive em detritos no fundo dos lagos. O endoesqueleto pode ser uma rede de substância quitinóide impregnada com um pouco de sílica, ou ser constituído por um corpo mais ou menos esférico com pseudópodos rígidos em forma de espinhos ou agulhas finas, silicificados e isolados (axópodos), que se projetam para fora do corpo do organismo. O organismo vivo pode encolher ou dissolver os axópodos, segundo sua conveniência. A estrutura é muito delicada e pode se desagregar após a morte do organismo (Parker et al., 1949; Brasier, 1985).

Neorhabdocoela – os microfósseis são os oócitos produzidos por vermes chatos, aquáticos, da Ordem Neorhabdocoela, dos Platelmintos (Filo Platyhelminthes). O verme é bentônico, de vida livre e vive em corpos de água doce, tais como lagos, lagoas, poços, canais, fontes, pântanos e em água corrente (Haas, 1996, Ruppert & Barnes, 1996). As espécies se restringem à temperatura e nichos ecológicos restritos. Os ovos com paredes finas são produzidos no verão e os de paredes grossas (oócitos), no inverno e são formas de resistência que repousam durante muitas semanas. São esféricos a elipsoidais com opérculo e, em algumas espécies, têm um apêndice basal para prender ao substrato. O tamanho varia entre 60 e 200 μm (podendo chegar a 600 μm) e a parede dos oócitos é muito resistente, com até 2,5 μm de espessura, constituída de polifenóis (De Beauchamp, em Haas, 1996) que resistem ao ácido clorídrico e à acetólise. Por isto, são freqüentemente encontrados em preparações palinológicas. Os oócitos de Neorhabdocoela estão sendo utilizados para reconstruir a qualidade da água e a produtividade de lagos nas fases de mudanças hidrológicas e de temperatura durante o Quaternário.

Ostracodes – os microfósseis são as carapaças de várias Ordens de microcrustáceos (Filo Crustacea, Subclasse Ostracoda) (Figs. 3.10 a 3.12). A carapaça é constituída de duas valvas lateralmente comprimidas, de substância quitinosa e calcária, que se articulam na região dorsal do corpo. É comum a desarticulação das valvas após a morte do animal. Às vezes, elas se desarticulam depois de depositadas devido à turbulência ou à ação de escavadores. Carapaças inteiras são mais freqüentes que as desarticuladas nos locais onde a taxa de sedimentação é alta. Em casos especiais, as patas e outros apêndices (total de 7 pares) se preservam. Existem bons trabalhos sobre a ecologia e distribuição de ostracodes atuais, o que torna possível a sua utilização em paleoecologia do Quaternário. Os Ostracodes vivem em faixas restritas de salinidade: em água doce, salobra e salgada e seus fósseis são bons indicadores destas condições. Da mesma forma, há espécies que vivem em águas rasas, em lagos e até poças de água, outras vivem nos oceanos, em regiões bentônicas e pelágicas até 200 m e outras chegam às profundidades abissais, entre 1.000 e 1.500 m. As formas de águas rasa têm espécies endêmicas de acordo com a temperatura, desde 0°C até 51°C. Como todos os outros grupos, a diversidade de espécies é maior na zona equatorial. As formas vivas, bentônicas ou pelágicas, são geralmente saprófitas e escavadoras, têm a carapaça mais espessa que as de água doce e tendem a se arrastar e cavar buracos em areias barrentas, em silte, ou sobre algas multicelulares. Os Ostracodes de água doce pertencem principalmente à superfamília Cypridacea e têm carapaças mais finas. Os Ostracodes iniciam-se no Cambriano, junto com os trilobitas, mas são mais abundantes a partir do Mesozóico e atingem o Quaternário. Raramente constituem a maioria das formas encontradas nos sedimentos marinhos, mas podem ser a quase totalidade de depósitos lacustres (Brasier, 1985).

Radiolários – os microfósseis são o endoesqueleto com elementos radiais como espinhos e agulhas, de Protistas do Filo Sarcodina, Ordem Radiolária, Classe Actinopoda. O endoesqueleto é constituído de sulfato de estrôncio ($SrSO_4$), ou de sílica opalina, ou de matéria orgânica com até 20% de sílica opalina, dependendo do grupo. São organismos marinhos, planctônicos, unicelulares, corpo mais ou menos esférico com os pseudópodos em forma de espinhos ou agulhas projetando para fora (Fig. 3.16); medem entre 100 e 2.000 μm de diâmetro, vivem isolados ou em colônias. São muito abundantes e diversificados em águas tropicais, onde podem chegar a 82.000 em $1m^3$ de água (Brasier, 1985). Há algumas espécies de água muito frias (polares ou subpolares). As assemblagens mudam com a profundidade, a qual pode chegar a 5.000 m (Ruppert & Barnes, 1996). Os fósseis são encontrados principalmente no Mesozóico e Cenozóico. A maior parte das ocorrências de radiolários assinaladas para o Paleozóico inferior e Pré-cambriano parecem ser acritarcas (Brasier, 1985). Têm valor para caracterização de zonas bioestratigráficas em sedimentos marinhos, porém a falta de informação sobre os radiolários modernos e sua ecologia tem limitado muito a utilização destes fósseis em paleoecologia. Porém, já começam a serem utilizados como indicadores de profundidade das massas de água oceânica e de processos físicos em ressurgência (Haslett, 2002). O estudo de antigos conjuntos de radiolários do Mar Caribe deram suporte para a datação do levantamento do istmo do Panamá, por volta de 3,5 milhões de anos atrás.

Tecamebas – Denominação informal de um grupo polifilético de protistas do Filo Sarcodina, classes Rhizopodea e Reticularea, que ocorrem principalmente em água doce. O microfóssil é constituído pela testa que tem a forma geral de um saco ou gorro, geralmente com uma única abertura por onde saem os pseudópodos (Medioli & Scott, 1988), sendo que as calcárias podem ter a forma quadrangular. A testa pode ser protéica, silicosa, calcária ou uma película orgânica reforçada por aglutinação de materiais diversos (areia, diatomáceas, etc.). São encontradas em todos os tipos de corpos de água doce (lagos, rios, estuários, fontes e poças temporárias), em ambientes úmidos como musgos, pântanos, turfeiras, solo úmido, cascas de árvore e, algumas espécies, em água salobra. As encontradas em sedimentos marinhos provavelmente são trazidas por rios e redepositadas. Vivem desde os trópicos até as regiões subpolares, mas a ecologia das diferentes espécies é muito pouco conhecida. Podem se encistar quando o ambiente é adverso e se manter dormente por muito tempo. Os cistos podem ser transportados por vento (quando o solo se seca) ou por aves aquáticas, nas penas ou barro agarrado às patas. Ocorrem principalmente em sedimentos lacustres do Holoceno, podem ocorrer em pequena quantidade no final do Terciário e no Pleistoceno; ocorrências mais antigas são controvertidas (Medioli e colaboradores, 1988, 1990).

Tintinídeos – os microfósseis são a carapaça externa (lórica) de Protistas do Filo Ciliophora. São formas cônicas, cilíndricas ou em forma de sino; a parte anterior tem uma coroa de tentáculos e a parte posterior tem um pedúnculo para fixar no substrato. A lórica varia entre 60 e 280 μm de comprimento e é constituída de quitina ou xantoproteína que podem ser reforçadas por material aglutinado de cocolitos ou frústulas de diatomáceas (tintinideos), ou é calcária (calpionelídeos). As lóricas geralmente são muito frágeis e não se fossilizam bem. Os Cilióforos têm o corpo de cílios e são muito comuns no plâncton marinho de todos os mares, mas raramente são encontrados em sedimentos (lagos, estuários, turfeiras e mares), exceto no Oceano Antártico, onde os tintinídeos são quase tão abundantes quanto as diatomáceas (Brasier, 1985; Benton & Harper, 1997).

PARTE III
PLANTAS

1. INTRODUÇÃO

No capítulo anterior foram apresentados os fósseis de animais mais comumente encontrados e foi visto que, do ponto de vista de reconstrução do ambiente e para o estudo do paleoclima, estes fósseis apresentam limitações grandes.

As plantas não têm a versatilidade de migração dos animais e sua distribuição está intrinsecamente ligada ao tipo de solo, ao clima e à forma de dispersão que possuem. A dispersão das plantas é feita por sementes ou esporos, o que significa que, quando o ambiente se torna desfavorável, a migração se faz na geração seguinte e a planta-mãe definha e morre. Desta forma, a presença de fósseis vegetais em um determinado nível estratigráfico indica o solo e o clima daquela época.

Se bem que um ecossistema terrestre compreende plantas, animais, protozoários e bactérias interagindo entre si e com o solo e o clima, sua caracterização é feita geralmente pela vegetação conectada com o clima. Por exemplo, fala-se de ecossistema de savana tropical, de tundra ártica, de floresta mista temperada, de selva nublada de altitude, e outros. Da mesma forma, os fósseis de plantas dão muito mais informações ecológicas do que os outros fósseis e do que os métodos físicos e geológicos descritos nos primeiros capítulos deste livro.

O levantamento da informação paleoecológica pode ser superficial ou mais profundo, dependendo do grau de conhecimento ecológico da vegetação que contribui com fósseis, e do grau de conhecimento fisiológico das espécies melhor representadas. Como existe muito mais informação sobre a vegetação da Europa do que de outras partes, a reconstrução paleoecológica do Quaternário daí é muito mais detalhada do que, por exemplo, os trópicos americanos. Por outro lado, o conhecimento dos ecossistemas do passado, as migrações que sofreram, as sucessões de comunidades de plantas e hábitats, as respostas da vegetação às mudanças climáticas, ajudam a predizer o que poderá acontecer se houver uma mudança climática ou uma perturbação forte do ambiente provocada pelo homem. Isto não está longe de acontecer, se continuarem as destruições sistemáticas da vegetação, as explosões de bombas atômicas experimentais e, o que seria mais trágico, uma guerra nuclear.

2. MEGAFÓSSEIS E MACROFÓSSEIS DE PLANTAS

Da mesma forma que é difícil encontrar esqueletos completos de animais, também não é comum encontrar plantas inteiras fossilizadas. O que se encontra na maioria dos casos são partes de plantas como pedaços de troncos, raízes, rizomas, sementes, frutos e cones, ou impressões de folhas (Arnold, 1947; Thomas & Spicer 1987). As flores são muito frágeis e só se preservam em condições muito especiais. De todos, os mais abundantemente encontrados são as impressões de folhas, os frutos e as sementes. Estas partes preservadas são denominadas **megafósseis**, porque podem ser detectadas a olho nu, sem auxílio de instrumentos de aumento, o que os diferencia dos microfósseis que necessitam do uso de microscópio para detecção.

O estudo dos megafósseis tem sido, desde o século 19, a fonte de informações sobre as plantas que existiram no passado, sua morfologia, evolução e ocorrência ao longo do tempo geológico. Entretanto, como estes fósseis só se preservaram em condições muito especiais, como antigos deltas e pântanos, eles representam somente alguns poucos tipos de vegetação que existiram nos continentes. O estudo rotineiro da paleoecologia, do paleoclima e da bioestratigrafia nos continentes, lagos e oceanos é feito principalmente em base aos microfósseis de plantas que são descritos mais adiante.

Os estudos morfológicos e evolutivos dos megafósseis são encontrados em periódicos especializados e em livros de Paleobotânica, como os de Arnold (1947), Thomas & Spicer (1987), Stewart & Rothwell (1993) e em enciclopédias como a editada por Taylor e Smoot (1984).

Muitas plantas deixaram fósseis que são encontrados em abundância em antigas turfeiras, pântanos e lagos. Recentemente, criou-se o termo **macrofóssil** para as partes muito pequenas de plantas que podem ser detectadas com uma lente de bolso ou um microscópio estereoscópico (lupa). São sementes muito pequenas, como as de gramíneas, e fragmentos de caule, folhas e epiderme. Fragmentos provenientes de carvão de queimadas também são encontrados. Quando o material tem somente alguns milhares de anos, geralmente ainda não está fossilizado, e é preferível referir-se a ele como **macrorresto**.

Os macrofósseis e macrorrestos dão informações importantes principalmente no Quaternário porque geralmente um macrofóssil pode ser identificado ao nível de espécie, o que não acontece, em geral, com o pólen e os esporos, que se limitam a gêneros ou famílias.

Como são relativamente grandes, os macrofósseis não são transportados a grandes distâncias do seu ponto de origem. Normalmente, a planta de onde provieram crescia nas imediações do local onde foram encontrados. Em alguns casos, como em sedimentos fluviais, as correntes podem levá-los a uma curta distância. Mas em geral, o macrofóssil representa a comunidade do local, onde ele foi encontrado e é muito importante na reconstrução da flora de ambientes úmidos, como pântanos e turfeira.

Nos estudos ecológicos, os macrofósseis vegetais dão informações complementares à análise de microfósseis. Como se verá em seguida com mais detalhe, há plantas que produzem muito pouco pólen, o qual tem pouca dispersão (como *Dryas octopetala*, da tundra ártica; e *Manihot esculenta*, mandioca, da vegetação tropical); ou cujo pólen é muito frágil, como em algumas plantas aquáticas das ***Najas, Juncus, Luzula*** (Erdtman, 1952) ou da selva pluvial, como as famílias das Lauraceae e Marantaceae. Estas plantas não são representadas na análise de pólen. E, finalmente, há plantas que não produzem microfósseis identificáveis, como os musgos (exceto ***Sphagnum***, cujos esporos se preservam bem) e muitas algas. Em todos esses casos o exame de macrofósseis, quando eles existem, permite uma reconstrução mais completa da vegetação e o conhecimento individual da evolução das espécies.

Os macrofósseis não são utilizados com a freqüência dos microfósseis por diversas razões. Em geral existe pouca quantidade de macrofósseis e são necessários pelo menos 100

cm^3 de sedimento para conseguir material suficiente de sementes e restos de plantas, em contraste com o pólen, do qual bastam 1 ou 2 cm^3 para ter suficiente material. Esta grande quantidade de sedimentos às vezes não é possível de ser obtida em cilindros de sondagem (testemunhos). As perfuradoras e sondas com diâmetros maiores que 2,5 cm muitas vezes não podem ser utilizadas em lagos, ou a perfuração fica muito cara, o que inviabiliza a retirada de amostras grandes.

Atualmente, começam a surgir trabalhos em que o estudo de macrofósseis vegetais é associado à análise de pólen, o que dá um ótimo resultado. No estudo dos sedimentos dos Andes Setentrionais da Colômbia, Kuhry (1988) associou a análise macrobotânica à análise palinológica de vários sítios e mostrou em detalhe mudanças vegetacionais e climáticas nos últimos 22.000 anos.

Como foi dito anteriormente, a dispersão dos macrofósseis é limitada. Normalmente eles ficam junto ou dentro da áreas de origem. Isto faz com que, mesmo que sejam produzidos em quantidade, como muitos frutos e sementes, eles não se espalhem uniformemente pela área. Uma amostra de macrofósseis retirada de um ponto em lago, turfeira, etc., provavelmente será diferente de amostras em outros pontos deste

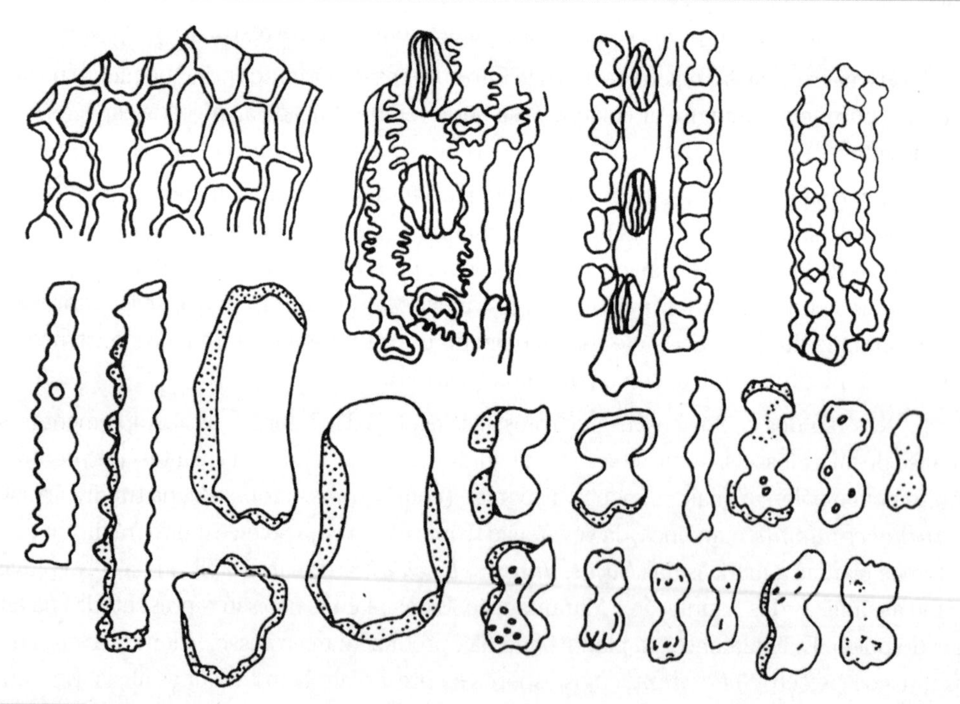

Figura 3.17 Corpos silicosos de Gramíneas modernas de Cerrados – Em cima, fragmentos de epiderme cutinizada: simples, com estômatos e com fitolitos, baseado em várias fontes. Embaixo, fitolitos (corpos silicosos) soltos, baseado em Silva & Labouriau, 1970; Sondahl & Labouriau, 1970.

lago. Por isto, o macrofóssil não pode ser usado nem para reconstruir a vegetação regional, nem para correlação estratigráfica, na forma em que os grãos de pólen e os esporos podem. Como a dispersão do macrofóssil é irregular, o número por unidade de volume ou peso de sedimento pode flutuar fortemente, porque o ponto de amostragem estava junto ou não da planta original, ou porque uma corrente de água transportou e juntou vários exemplares ali.

Pelos motivos expostos acima, um diagrama de macrofósseis tem que ser interpretado com muito cuidado. Além do tamanho, produção, dispersão e conservação, que são problemas que ocorrem com todos os fósseis, há outros a considerar no caso de sementes e frutos. Se existem boas condições ambientais, as sementes germinam e não se preservam. Alem disto, muitas sementes e frutos são comidos pelos herbívoros. Assim, uma espécie muito abundante pode estar sub-representada.

A preparação do material de macrofósseis e macrorrestos vegetais é muito simples, veja o item 2.5, nesta parte.

2.1 Cutículas, fitolitos e sementes

É comum encontrar-se fitolítos e fragmentos de epiderme de plantas em material de cilindros de sondagem de turfeira e pântano. A análise desse material traz informações complementares à análise de pólen.

Os **fitolitos** ou **corpos silicosos**, são constituídos de sílica amorfa e se formam dentro do tecido das folhas ou na epiderme em algumas famílias de plantas, como nas gramíneas, ciperáceas e as palmeiras (Fig. 3.17). Em cada família, as formas dos fitolítos são características e podem ser identificadas a nível de família. Eles podem apresentar-se isolados ou dentro de um fragmento de epiderme.

Devido à importância das gramíneas para a interpretação paleoecológica (campo/floresta) e arqueológica (cereais, forrageiras e outras) e por ser o pólen nesta família muito homogêneo (Capítulo 4), existe uma procura constante de outras maneiras de identificar quais eram os gêneros e espécies de gramíneas que faziam parte dos ecossistemas no passado e quais eram os que foram cultivados pelo homem. Os fitolitos são uma das maneiras pela qual se está tentando resolver este problema. Entretanto, ainda que existam formas bem diversificadas e variadas de fitolitos em gramíneas (Fig. 3.17), uma mesma forma pode ocorrer em muitos gêneros. Geralmente, existem diferenças principalmente na proporção em que as formas ocorrem em cada espécie. Ultimamente, está se tentando vários métodos estatísticos para distinguir os conjuntos (assemblagens) de fitolítos que caracterizariam cada tipo de vegetação, mas o problema ainda não está totalmente resolvido. Talvez isto seja devido ao fato de que o número de espécies de gramíneas em cada tipo de vegetação aberta é muito grande e elas compartem muitas formas de fitolítos.

Os fitolitos da vegetação do Brasil Central foram estudados para a família das Gramíneas (Sendulsky & Labouriau, 1966; Campos & Labouriau, 1969; Silva & Labouriau, 1970; Söndahl & Labouriau, 1970; Labouriau, 1983). A deposição foliar de sílica foi estudada para *Casearia grandiflora*, Flacourteaceae (Labouriau et al. 1973). Veja, em seguida, as técnicas de preparação de fitolitos.

A cutícula é uma camada de material semelhante à cera (cutina) que cobre a superfície externa da epiderme da maioria das plantas. Ela protege a superfície mecanicamente, é extremamente resistente a microorganismos e reduz a perda de água (Esau, 1953; Cutter, 1978) . A cutícula é particularmente mais espessa em certas folhas e sementes, onde pode formar várias camadas. Como a cutina é um material resistente à decomposição, as cutículas

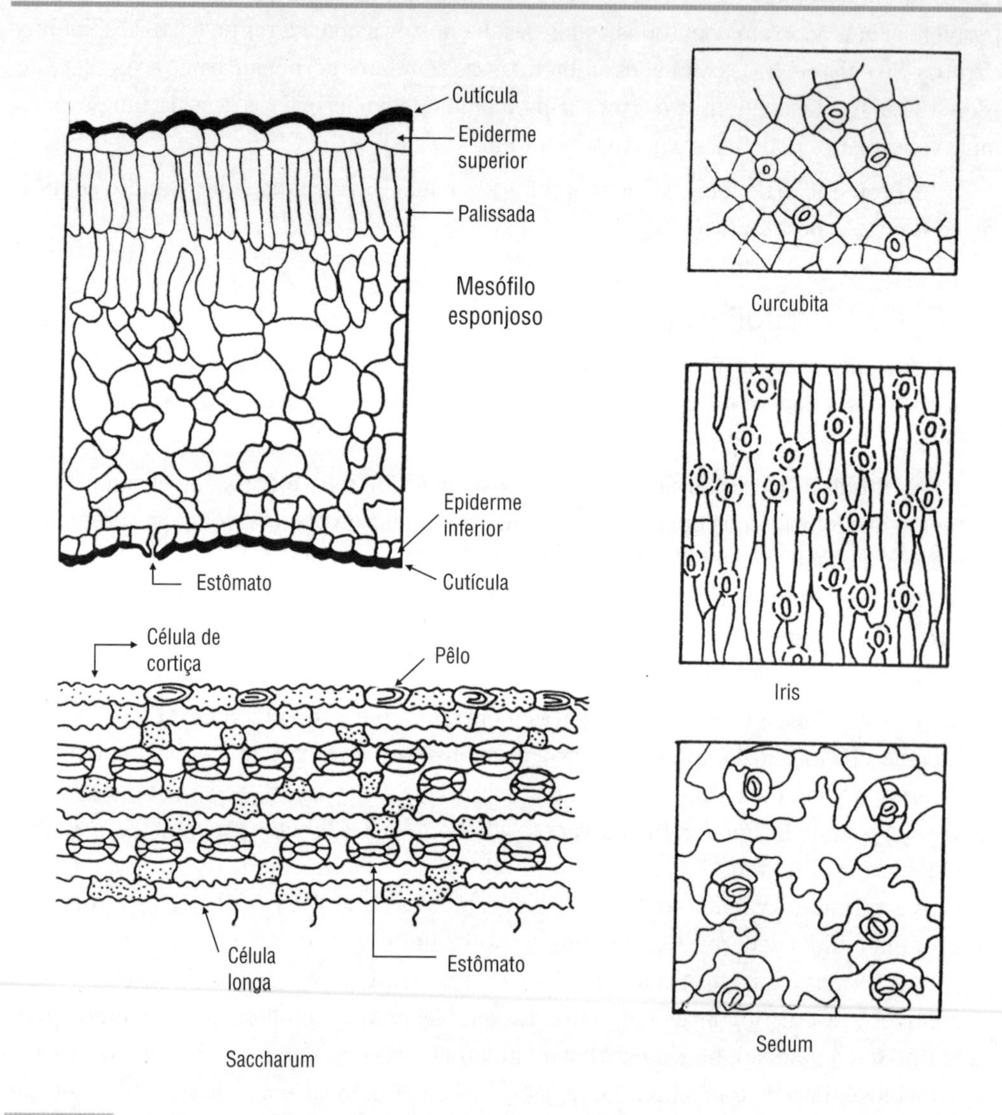

Figura 3.18 Epidermes e cutículas - À esquerda, em cima: corte transversal de uma folha mostrando a cutícula, as duas epidermes e os tecidos internos, adaptado de Eames & MacDonald (1953). À esquerda, embaixo: vista frontal da epiderme da cana-de-açucar (Esau, 1953). À direita: três tipos de epiderme (adaptado de Esau, 1953 e Cutter, 1978).

espessas podem preservar-se em sedimentos do Quaternário. Elas se apresentam como fragmentos de vários tamanhos, geralmente mostrando os relevos e pêlos (tricomas) da superfície e os estômatos de forma bem nítida e com os limites de cada célula epidérmica bem demarcados (Fig. 3.18). Os diferentes tipos de cutícula podem ser identificados a nível da família e, às vezes, de gênero.

Entretanto, tem-s e usado muito pouco esta informação. Salgado-Labouriau (1973) identificou fitolítos de gramíneas e ciperáceas em um estudo aerobiológico do Brasil Central. Esses fragmentos de epiderme e esses fitolítos foram suspensos na atmosfera pelas correntes de ar após a queimada da vegetação, que se pratica todos os anos nos cerrados e campos (Fig. 3.19, esquema circular). A mesma autora utilizou esta informação para complementar a análise de pólen de uma turfeira nos Andes Venezuelanos, que mostrou um adensamento da vegetação numa certa fase do Holoceno. P.G. Palmer (1976) começou a estudar cutículas e fitolítos de gramíneas da África, utilizando microscópio óptico e de varredura, e conseguiu discriminar ao nível de subfamília, tribo e, em alguns casos, gêneros. Mas a dificuldade de identificação de fósseis de gramíneas ao nível de gênero só foi resolvida

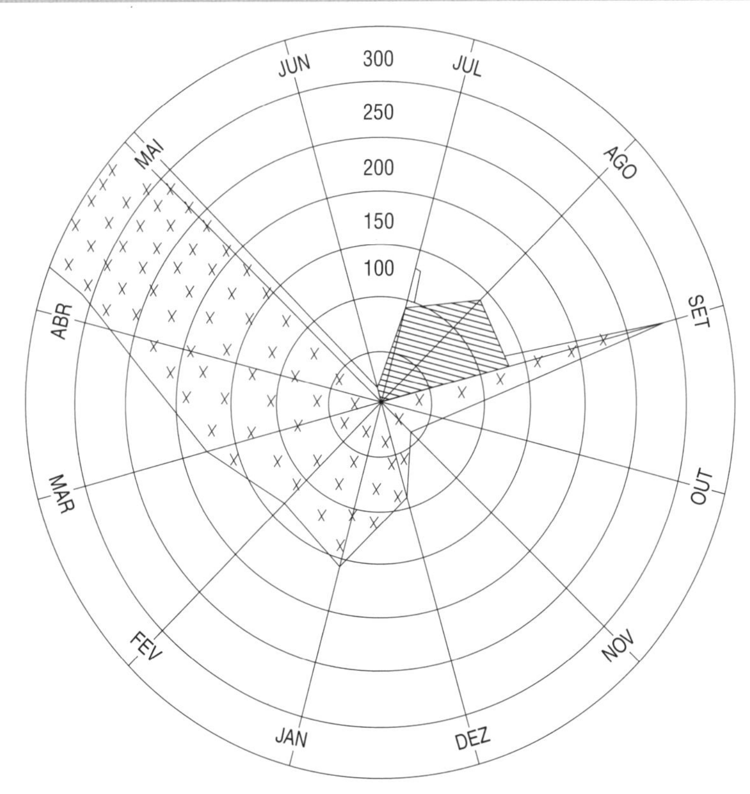

Figura 3.19 Aerobiologia de Aparecida, Goiás, durante um ano - Diagrama circular representando um ano no qual se mostra a ocorrência mensal da quantidade de grãos de pólen (área com cruzes) e de fitolitos (área listrada) na atmosfera do Cerrado (Salgado-Labouriau, 1973, Fig. 518).

para alguns casos especiais e ao nível de espécie continua sem solução (exceto o milho, como se verá no capítulo seguinte). Como os frutos e as suas inflorescências raramente se preservam nos sedimentos mais antigos, o problema continua. A técnica desenvolvida por Palmer para cutícula e fitolitos (veja em seguida) tem possibilidades para ajudar na solução deste problema para o Quaternário Tardio.

2.2 Técnicas de preparação de cutículas e fitolitos

As técnicas utilizadas para material moderno e para fragmentos de epiderme encontrados em sedimento são diferentes. Para obtenção de cutículas e fitolitos contidos em sedimentos o material deve ser preparado como qualquer macrorresto, utilizando a técnica de fervura em KOH-10%; em seguida, o material é lavado e tamisado e o que ficou retido no tamis ou rede é montado com glicerina ou gelatina glicerinada, em lâminas de microscopia. Esta técnica é a primeira etapa na preparação de sedimentos para análise palinológica. Para maiores detalhes, veja a técnica da potassa, Capítulo 12, Parte 2, Itens de 46 a 53.

Para preparação de material moderno de referência de epiderme e/ou cutícula, deve-se seguir a seguinte técnica (Palmer, 1976):

a) retirar folhas de material de herbário de diferentes partes da mesma planta e de diferentes plantas da mesma espécie que crescem em hábitats diferentes ou outras áreas geográficas. Para preparação de material de referência é importante que o material de herbário seja devidamente identificado e que as informações da etiqueta de herbário sejam anotadas no material retirado.

b) de cada folha retirar fragmentos de epiderme por raspagem (método de Metcalfe, em Palmer , 1976) do lado adaxial (superior ou de frente para o caule) e do lado abaxial (inferior ou do lado oposto ao caule) da folha.

c) os fragmentos são montados em glicerina (ou gelatina glicerinada) , em lâminas de microscopia, e observados no microscópio óptico. Para destacar melhor os detalhes da epiderme corar os fragmentos com safranina em solução aquosa, que é o corante específico para cutina (Johansen, 1940).

Para observação em microscópio eletrônico de varredura (SEM): retirar segmentos de folha de material de herbário e montar em "stubs", alguns com a parte adaxial, outros com a parte abaxial voltada para cima; cobrir com ouro-platina e observar em microscópio SEM (veja Capítulo 11, Parte 5, Itens de 37 a 40).

Para a preparação de fitolitos, pode-se utilizar a mesma técnica descrita acima ou preparar estes corpos silicosos libertando-os da epiderme por destruição dos tecidos em volta deles. A destruição dos tecidos pode ser feita em fragmentos de folhas por dois meios, via úmida ou incineração. Por via úmida os tecidos são atacados com uma mistura sulfo-crômica (veja no final desta parte) ou por maceração com mistura de Schultze (mistura de ácido nítrico e clorato de potássio, veja Capítulo 12, Parte 7.2). A técnica de incineração do material vegetal é mais rápida e dá sempre bons resultados.

Preparação de lâminas permanentes de fitolitos por incineração (Sendulsky & Labouriau, 1966; Campos & Labouriau, 1969):

a) fragmentos de folhas retirados de material de herbário devidamente identificado, são picados dentro de um cadinho de barro cozido, que é marcado e fechado com uma tampa apropriada, também de barro. O cadinho de barro é previamente lavado e secado em estufa para eliminar qualquer poeira.

b) os cadinhos são postos em uma mufla elétrica, fechados e aquecidos até 200°C por 2 horas. Eles devem ser mantidos fechados nesta fase, a fim de evitar misturas por correntes de convecção que se formam durante a carbonização dos tecidos. O material vegetal fica, então, carbonizado, formando massa estável no fundo do cadinho.

c) deixa-se arrefecer, retiram-se as tampas com uma pinça apropriada e eleva-se de novo a temperatura a 800° C durante 15 minutos.

d) deixa-se novamente arrefecer. As cinzas que se depositam no fundo, em geral com aparência de cinzenta a branca, são transferidas para frascos rotulados da coleção.

e) cada cadinho, após o uso, é quebrado e jogado fora, a fim de evitar contaminações. Os cadinhos de barro cozido são muito baratos, de modo que essa precaução pode ser tomada sem constituir ônus excessivo.

f) alíquotas são retiradas de cada frasco e postas sobre gotas de bálsamo do Canadá (ou resinas como "entellan", da Merck) em lâminas de microscopia, logo cobertas com lamínula. Deixa-se secar. Tem-se assim preparações permanentes.

Solução sulfocrômica – Em um béquer pirex de 2 litros, juntar 400 g de bicromato de potássio e 500 ml de água destilada. Agitar bem. Colocar o béquer com a solução em um recipiente com gelo. Acrescentar, muito lentamente, 350 ml de ácido sulfúrico PA. Reação muito exotérmica. Juntar o resto da água até completar 2 litros. Sempre fica um pouco de bicromato de K no fundo do frasco, que pouco a pouco vai formando mais ácido crômico, à medida que se usa a solução. Atenção: usar luvas de borracha quando estiver utilizando a solução; ela é muito irritante à pele.

Solução alternativa: 20 g de bicromato de K; 100 ml de água e 100 ml de ácido sulfúrico. Mesmo procedimento de preparação da anterior, porém esta tem mais ácido e é muito mais concentrada, por isto, obtém-se melhor resultado para a preparação de fitolitos. A solução mais diluída é utilizada principalmente para lavagem de vidraria.

2.3 Macrofósseis em coprolitos

Macrorrestos e pólen em fezes, principalmente de vertebrados herbívoros, têm sido utilizados recentemente para conhecer os hábitos alimentares dos animais atuais, domésticos ou selvagens, como ovelhas (Moore et al., 1990). Da mesma forma, as fezes preservadas de animais do Quaternário, extintos ou não, dão informações sobre seus hábitos alimentares, sejam eles roedores, preguiças-gigantes e outros herbívoros, bem como homens antigos. O material fecal antigo de vertebrados é uma massa arredondada denominada **coprolito** que é encontrado em locais secos de cavernas onde estes animais, ou o homem, habitaram. As análises dos coprolitos de animais herbívoros e do homem podem dar uma idéia da vegetação em torno de suas tocas e abrigos.

Pelotas fecais de invertebrados podem ser muito abundantes em sedimentos de água doce, de mar profundo, mares rasos e planícies de intermaré. Estudos do material fecal em sedimentos marinhos do Quaternário têm buscado associá-los com os organismos que os teriam produzido. Por exemplo, gastrópodos produzem filamentos fecais enquanto se movem, ao passo que os vermes (como os poliquetas) produzem excrementos na forma de pelotas empilhadas na superfície do sedimento marinho ou lacustre (Reineck & Singh, 1986). Como todo o material orgânico depositado no sedimento superficial de um corpo de água, estes excrementos geralmente são dispersados por bioturbação para longe do local onde foi depositado.

2.4 Análises de macrorrestos em midens

Como foi tratado na seção 2.3 desta Parte III, certos roedores do gênero *Neotoma* que habitam os desertos norte-americanos guardam em cavernas uns pacotes de restos vegetais, denominados midens (em inglês, "middens") para sua alimentação. Os midens podem ser facilmente dissolvidos em água e os fragmentos de plantas e as sementes contidas nos pacotes são liberados para estudo.

A análise dos restos vegetais contidos nos midens mostrou que durante o Pleniglacial da última glaciação (24.000-14.000 anos A.P.) a vegetação do deserto do Arizona era mais densa e mais diversificada que a de hoje. Até c. 8.000 A.P., além das espécies que crescem hoje no deserto do sudoeste do Arizona (EUA), havia espécies de mata rala (woodland) como o junípero. A partir daí, a mata se retirou para as montanhas e nas partes baixas só restaram espécies do deserto quente que continuam crescendo ali até o presente, como *Yucca, Ephedra, Sphaeralcea*, acácias, cactos e outros (Phillips, 1984). Portanto, a comunidade vegetal destes desertos durante o período glacial era diferente, mais diversificada e menos rala e incluía elementos de mata que coabitaram com os elementos de deserto.

A grande maioria das informações paleoclimáticas e de paleovegetação nos continentes durante os ciclos glaciais é dada pelo estudo dos grãos de pólen. Porém, estes microfósseis não se preservam em sedimentos secos. Por isto a análise de macrofósseis em coprolitos e midens pode preencher estas lacunas de conhecimento em regiões áridas e semi-áridas. Alem disto, um macrofóssil pode ser datado facilmente por ^{14}C em acelerador de partículas (AMS), como se verá a seguir.

Sementes muito pequenas, como as de gramíneas, pedaços de folhas e ramos, cutículas de plantas e outros fragmentos vegetais podem dar informações paleoecológicas. Estes fragmentos são encontrados em depósitos ricos em matéria orgânica, como as turfas e, às vezes ocorrem em sedimentos aquáticos. Antes da preparação do material para análise palinológica o material deve ser passado em tamis para separar os restos macroscópicos. Os macrorrestos retidos no tamis podem ser identificados a nível de gênero e, em muitos casos, a nível de espécie e serem datados individualmente com espectrometria de massa (AMS, "accelerator mass spectrometry").

O aumento gradual da temperatura após a última glaciação foi interrompido na Europa por uma oscilação fria entre 11.000 e 12.000 anos AP, que está muito bem documentada. Esta reversão foi mostrada principalmente pela presença das sementes muito pequenas de ***Dryas spp.*** (Rosaceae) que vivem nas tundras geladas do Ártico. Elas foram encontradas em camadas intercalando depósitos de floresta boreal (Godwin, 1975) na Grã-Bretanha e Escandinávia, o que fez com que esta reversão muito curta no clima fosse denominada estadial "Younger Dryas". Estudos posteriores de análise de pólen em mais de 15 localidades no nordeste dos Estados Unidos e Canadá, e estudos da estratigrafia do gelo glacial na Groenlândia mostraram que o mesmo evento ocorreu na América do Norte entre 12.000 e 10.000 anos AP, por datação radiocarbônica convencional. A possibilidade de datar individualmente, por espectrometria de massa (AMS), os macrorrestos encontrados nestes sedimentos, isto é, sementes de bétula (***Betula papyrifera***), agulhas de pinheiro (***Picea sp.***) e partículas de carvão, permitiu a obtenção de datas mais precisas (Peteet et al., 1990) para este evento. Mostrou-se que o período pós-glacial começou a 12.290 ± 440 anos AP no Hemisfério Norte (Europa, Groenlândia e nordeste da América do Norte) com um aquecimento que afetou significativamente a vegetação, dando lugar a uma floresta boreal e depois uma floresta mista. O curto evento frio que reverteu o clima (estadial Younger Dryas) baixando a temperatura de 3-4°C ocorreu desde cerca de 10.800 até 10.000 anos AP, por datação AMS (Peteet et al. 1990, 1993). Desta forma, as datações imprecisas destas oscilações climáticas do final do Pleistoceno foram postas em uma cronologia mais exata.

2.5 Método de preparação e análise de macrofósseis do Quaternário

Este método é adaptado de Birks e Birks (1980) e de Kuhry (1988):

1. Coloque um volume de água conhecido num cilindro graduado e junte o sedimento até que a água deslocada dê o volume de sedimento requerido (em geral 100 ml).

2. Junte ácido nítrico a 10% (ou KOH 10% ou NaOH 10%) e deixe de molho por algumas horas; isto ajuda a dissociação do sedimento (defloculação) e clarifica um pouco o material. Se o sedimento contém calcário, é necessário ter cuidado com a efervescência produzida pelo ácido.

3. Quando todos os grumos tiverem sido dissolvidos, lave o material através de um tamis de 175 µm de malha ou por tela de náilon com cerca de 40 malhas por cm^2. Se o material não se dissociou repita o procedimento 2.

4. Lave o material que ficou retido no tamis usando água corrente, diretamente sobre o tamis
5. O material retido deve ser guardado em água. Para examinar, espalhe uma pequena quantidade de material em um vidro de relógio e examine na lupa (microscópio estereoscópio). Separe os macrofósseis sobre a lupa usando um pincel ou pinça de ponta fina. A observação deve ser feita com campo escuro e com campo claro para que não passem despercebidos os objetos muito brancos ou negros.

Sementes, frutos e partes de plantas que se deseje guardar como referência podem ser montados em lâminas permanentes usando gelatina glicerinada; mas antes, é necessário deixar os objetos durante umas duas horas em uma solução de água mais glicerina (em partes iguais) para depois incluí-los em gelatina glicerinada. O material também pode ser montado em bálsamo ou entellan (Merck). Para maiores detalhes, veja esta parte na montagem de pólen, Capítulo 11.

Uma vez examinado o material, ele pode ser guardado em água com um pouco de fenol para exames futuros. Para estudos com microscópio eletrônico de varredura (SEM) o material deve ser desidratado numa série de álcool e guardado em etanol puro.

Observação – Procure retirar o material de preferência nos mesmos níveis que as amostras para palinologia. Alguns pesquisadores passam o material para palinologia em tamis de 175 µm após o tratamento por KOH-10% e guardam o material retido no tamis para exame de macrofósseis. Neste caso, o material retido pode não ser suficiente para o estudo completo de macrofósseis.

Às vezes, é difícil contar restos de plantas porque os fragmentos são de tamanhos diferentes e as sementes estão partidas em muitos pedaços. Nesses casos, usa-se um critério qualitativo como: abundante, freqüente, ocasional, raro e presente; ou presente e ausente. No caso em que é possível contar as unidades (sementes, frutos), usa-se o mesmo tipo de tabulação da análise de pólen. Porém, a dispersão dos macrofósseis não é uniforme e, portanto, é necessário usar bom senso e cuidado na interpretação dessas tabelas ou diagramas.

Como geralmente os macrofósseis não estão distribuídos uniformemente, é necessário tomar várias amostras da área estudada.

Os macrofósseis de plantas têm sido utilizados em análises de sedimentos, mas ainda não atingiram a precisão dos métodos palinológicos, que são baseados em um número muito grande de trabalhos. Entretanto, macrorrestos de plantas preservados em material fecal têm apresentado ótimos resultados em reconstrução de vegetação, como se verá mais adiante.

3. MICROFÓSSEIS DE PLANTAS

Devido ao seu pequeno tamanho (até cerca de 250 µm), os microfósseis são facilmente dispersados e tendem a se distribuir uniformemente por toda a área onde viveram. A palavra microfóssil é devido ao fato de que para estudar estes fósseis necessita-se usar um

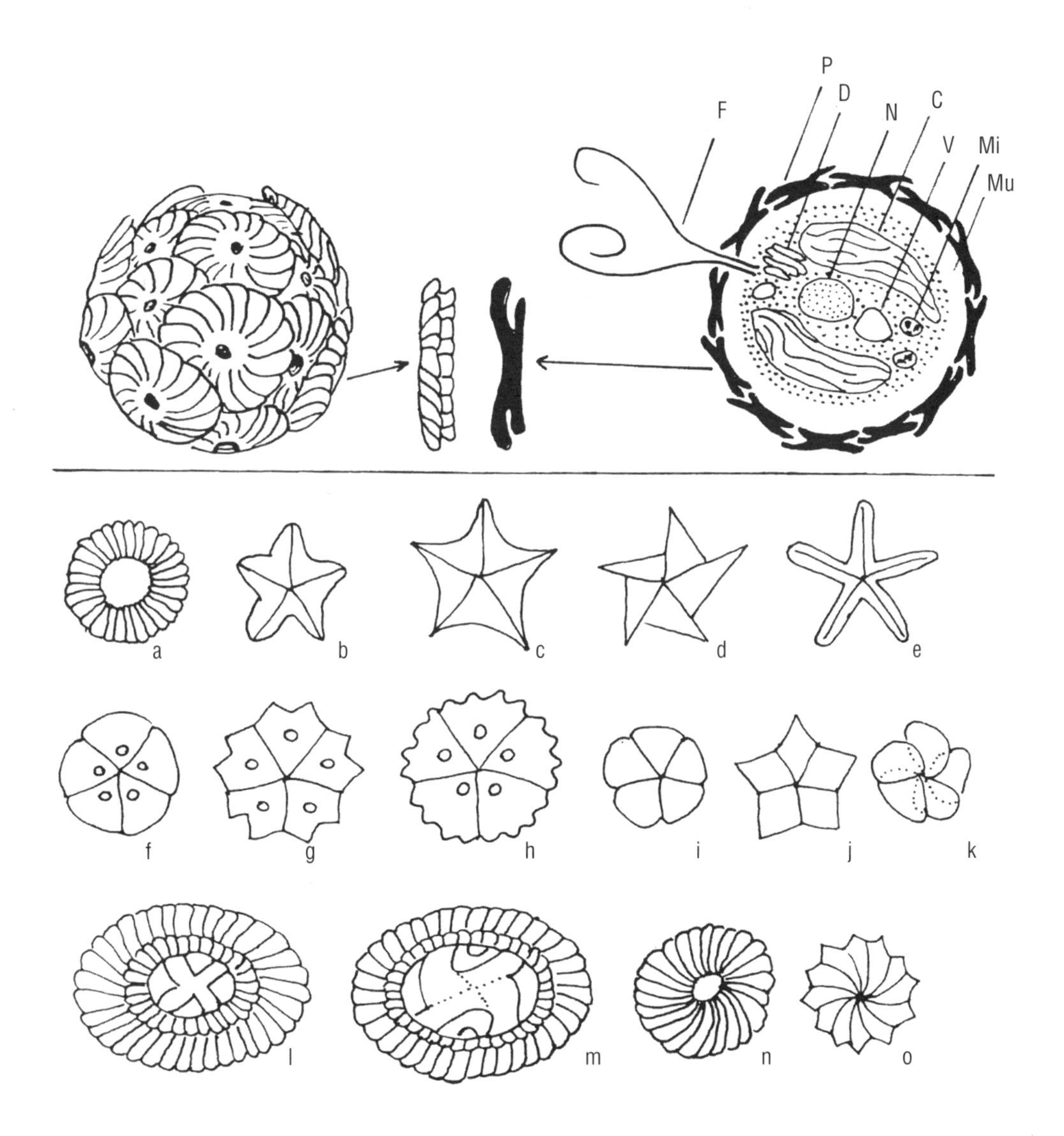

Figura 3.20 Algas Chlorophyta, família Coccolithophyceae – Em cima, à esquerda, aspecto de um cocolitóforo moderno envolvido pelos "escudos". Em cima, à direita , corte transversal do organismo vivo: **C** = cloroplasto; **D** = dictiosoma; **F** = flagelo; **Mi** = mitocôndrio; **Mu** = camada de muco; **N** = núcleo; **P** = placa ou escudo; **V** = vacúolo (Salgado-Labouriau, 2001a). Embaixo, algumas formas de escudos calcários dos cocolitóforos e dos nanofósseis utilizados em bioestratigrafia pela Petrobrás (em Salgado-Labouriau, 2001a, Fig. 5.2).

microscópio óptico. Eles são divididos de acordo com a natureza química das partes que se preservam: 1. calcários; 2. silicosos e 3. orgânicos (esporopolenina). Esta classificação não tem nada a ver com a taxonomia ou o ambiente em que os organismos viveram. É simplesmente uma divisão de ordem prática porque a substância de que é constituído o microfóssil determina a técnica, pela qual ele é extraído do sedimento.

Os microfósseis calcários de origem vegetal são algas microscópicas marinhas, principalmente do grupo das Chrysophytas, conhecidas como **cocolitos** (Fig. 3.20). Os microfósseis silicosos também são algas Chrysophytas marinhas e de água doce , conhecidas como **diatomáceas** (Fig. 3.22) e silicoflagelados. Os microfósseis de parede orgânica

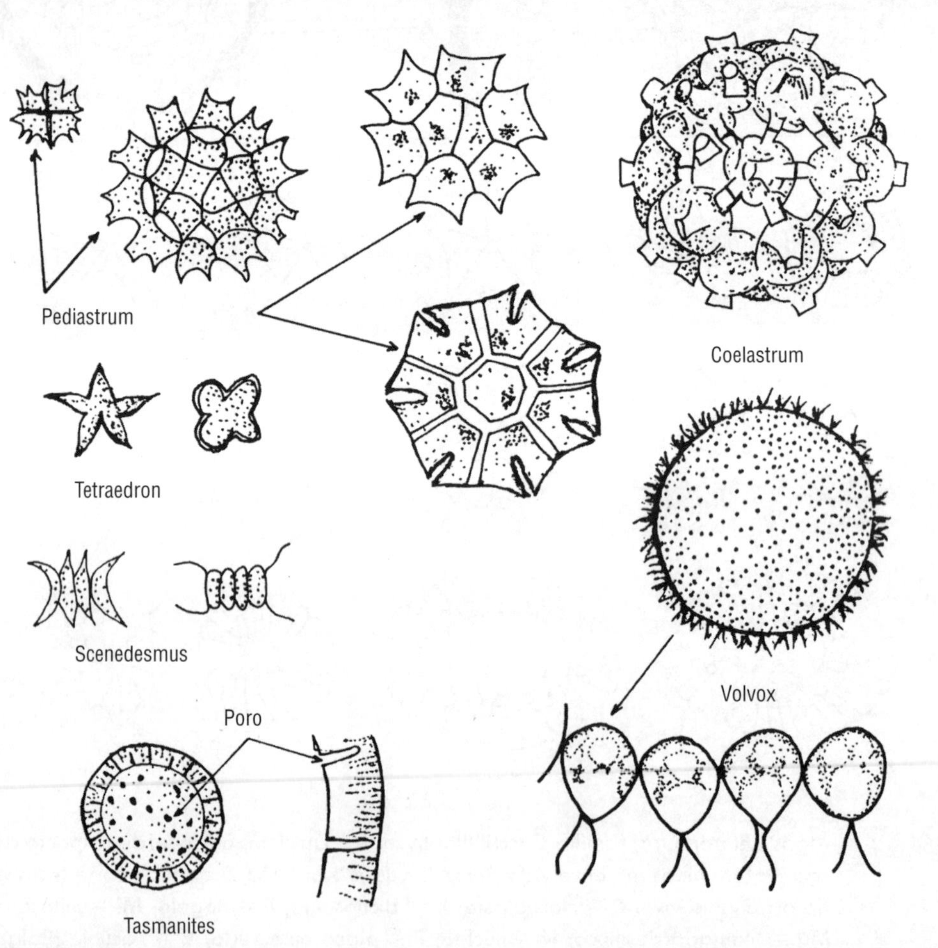

Figura 3.21 Algas Chlorophytae, Ordem Chlorococcales mais freqüentes em lagos e terrenos alagados: *Pediastrum*, *Coelastrum*, *Tetraëdron*. Outras algas verdes: *Scenedesmus*, *Volvox* e *Tasmanites*. Baseados em Joly (1963), Salgado-Labouriau (1979b) e Brasier (1985).

são constituídos de esporopolenina (veja Capítulo 4, Parte 3) e ocorrem em esporos de pteridófitas, grãos de pólen de Gimnospermas e Angiospermas, cistos das algas dinoflageladas, alguns cistos de algas clorofíceas pelágicas (denominadas **tasmanites**, Fig. 3.21) e **acritarcos** (Fig. 3.25). Este grupo de fósseis de filos (Divisões) tão diferentes recebeu a denominação geral de **palinomorfo**, termo criado por R.H. Tschudy, para todas as formas microscópicas que resistem ao tratamento drástico de preparação de pólen e, portanto, são encontradas em lâminas de preparação de sedimentos por palinólogos (Kremp, 1965, Tschudy e Scott, 1969, Punt et al., 1994). Os palinomorfos mais utilizados em análise do Quaternário são os esporos de pteridófitas e os grãos de pólen.

3.1 Microfósseis dos ecossistemas lacustres e marinhos

Entre os organismos que constituem o plâncton dos lagos e oceanos, muitos produzem microfósseis identificáveis. Os principais são: as algas microscópicas, os protozoários e, o que foi tratado na Parte III, os foraminíferos, esponjas e microcrustáceos. Da mesma forma que o plâncton marinho é diferente do lacustre, os microfósseis resultantes também o são. O estudo dos microfósseis torna possível reconhecer se um sedimento antigo era do fundo do oceano ou se pertencia a um lago, um pântano ou borda de continente.

No Ambiente Marinho são muitas as algas que dão origem a microfósseis. Entre elas estão as Chrysophyta, as Pyrrhophyta e algumas Chlorophyta (Fig. 3.21). Entre os microfósseis

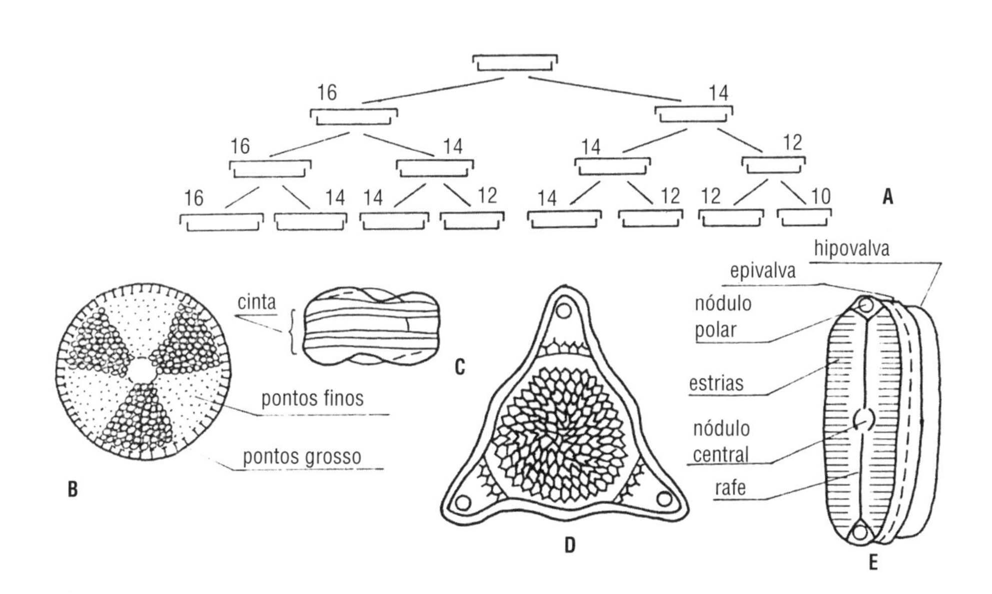

Figura 3.22 Frústulas de diatomáceas – **A** = reprodução assexuada de diatomáceas; observe a diminuição de tamanho, à medida que vão se reproduzindo; **B**, **C** e **D** = diatomáceas do grupo Centrales; **E** = diatomácea do grupo Pennales.

marinhos de origem vegetal são importantes os **cistos de dinoflagelados** e os **acritarcos** (Fig. 3.25), cuja membrana externa é constituída de esporopolenina (Evitt, 1985), substância de que é feita a exina do pólen, e que, portanto, tem as mesmas propriedades físicas e químicas que permitem uma boa preservação. Sua preparação, a partir de sedimentos não consolidados e rochas sedimentares, é feita com as mesmas técnicas utilizadas para pólen (veja Capítulos 11 e 12). As diatomáceas do grupo **Centrales** (Fig. 3.22B,C,D) são as algas mais freqüentes no plâncton marinho (Benton & Harper, 1997) e suas frústulas constituem microfósseis muito abundantes.

Outros microfósseis muito importantes do plâncton marinho são os **cocolitos** e os **nanofósseis calcários**. Os primeiros são pequenas placas de carbonato de cálcio que envolvem as algas unicelulares denominadas Coccolithophoros (Fig. 3.20, em cima). Cocolitos e nanofósseis se preservam bem em sedimentos e têm uma morfologia diversificada (Fig. 3.20, em baixo). Eles estão sendo muito usados em bioestratigrafia (Haq e Boersma, 1984; Brasier, 1985) e, junto com os foraminíferos, dão informações sobre a temperatura do mar no tempo em que viviam. As descrições dos principais microfósseis marinhos se encontram na seção 4, no final deste capítulo.

Os microfósseis marinhos, que representam o ambiente aquático, são muito importantes para definir as fases de regressão e transgressão do mar nos litorais dos continentes, e muitos deles indicam a temperatura e ou a salinidade da água da superfície dos mares no tempo em que viviam. Alguns, como os cocolitos, têm uma velocidade de evolução muito rápida em certos períodos geológicos, o que os torna ótimos objetos para subdivisão de zonas dentro de um período geológico e são extensivamente usados em bioestratigrafia.

Nos Ambientes Lacustres são poucas as algas que dão origem a microfósseis. O fitoplâncton dos lagos e pântanos geralmente tem a membrana externa muito mais fina que os

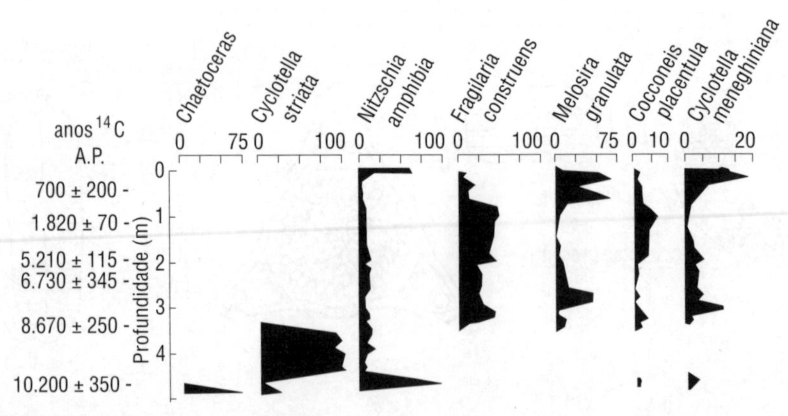

Figura 3.23 Diagrama da porcentagem de espécies selecionadas de diatomáceas dos sedimentos do Lago de Valência, Venezuela, durante o Holoceno. Segundo J.P. Bradbury (em Bradbury et al., 1981).

seus similares marinhos. As diatomáceas do grupo **Pennales**, que são principalmente de água doce, são mais frágeis que as Centrales, que dominam nos mares. Poucos dinoflagelados, com sua membrana de esporopolenina, ocorrem em lagos. Porém, no Quaternário tardio muitas outras algas microscópicas são encontradas em sedimentos lacustres, provavelmente porque não se passaram ainda os anos necessários para que os processos de sedimentação e dissolução possam agir, destruindo-as.

O grupo de algas mais freqüente encontrado em sedimentos lacustres são as diatomáceas Pennales (Fig. 3.22E). Entre as outras algas, os gêneros mais comumente encontrados em sedimentos de lagos, turfeiras e pântanos são as **Chlorococcales** das algas verdes (Fig. 3.21), como *Pediastrum* e *Botryococcus*, e também as formas resistentes das Zignemataceae, que são os **Zigósporos** (Fig. 3.26). Estas algas começaram a serem utilizadas na interpretação paleoecológica há relativamente pouco tempo (van Geel, 1976; van Geel e van der Hammen, 1978; Salgado-Labouriau e Schubert, 1977).

A **Limnologia** estuda em detalhes os animais e as plantas aquáticas dos lagos, sua interrelação e também as características físico-químicas da água. A paleolimnologia estuda a história dos lagos e as mudanças seqüenciais pelas quais eles passaram. Esta especialidade tem uma literatura muito extensa que não é possível discutir em detalhes aqui. Tradicionalmente, a limnologia estuda as formas de vida aquáticas que interferem nos lagos tornando a água indesejável para o consumo humano e dão pouca ou nenhuma importância para as informações ecológicas e biológicas do conjunto de algas. Os gêneros *Pediatrum*, os *Botryococcus*, por exemplo, tão comuns em sedimentos lacustres e palustres, não são considerados. Conhecemos muito pouco sobre o ciclo de vida, as exigências nutricionais e de temperatura do fitoplâncton que origina microfósseis e isto limita muito a reconstrução da história dos lagos. As descrições dos principais microfósseis de lagos e pântanos se encontram no final deste capítulo, seção 4.

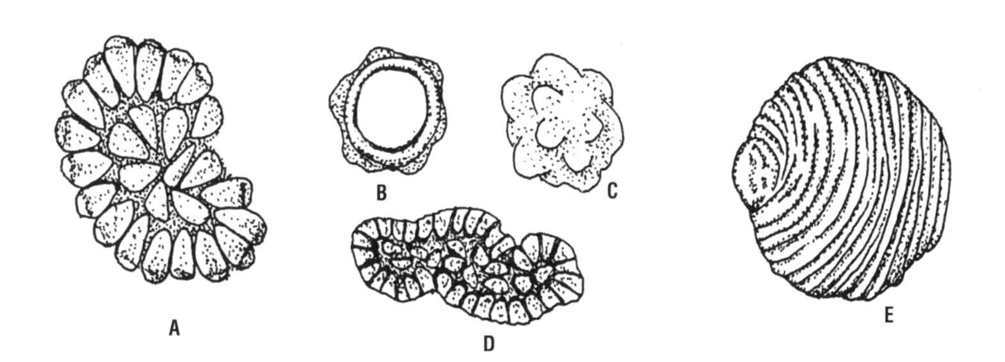

Figura 3.24 Algas unicelulares: **A, D** = massa colonial de Botryococcus. **B, C** = dois esporos de Chlamidomonas. **E** = Pseudoschizeae, forma provavelmente algal, conhecida como "digital".

Os microfósseis derivados do plâncton lacustre só representam o ambiente aquático. Eles dão informações sobre a história do lago e sua evolução; mas se limitam somente a isso, não informando sobre a região que circunda o lago. Entretanto, poucos são os lagos e lagoas que existiram por muito tempo. Muitas vezes houve, durante o Quaternário, fases em que um lago secou e fases em que voltou a se formar. Portanto, estes microfósseis são importantes para se distinguir um sedimento lacustre de outro tipo de sedimento e identificar as fases climáticas úmidas e secas pelas quais passou uma determinada região. Este é o caso de um lago que existiu durante todo o Quaternário nos Andes orientais colombianos e que secou há uns 30.000 anos atrás formando o que se conhece hoje como " La Sabana de Bogotá" (van der Hammen & Gonzales, 1960). O lago de Valência, na Venezuela, que hoje tem cerca de 360 km^2 de superfície e 40 m de profundidade, secou algumas vezes durante o Quaternário (Peeters, 1970 e 1984), sendo que sua última fase seca, de acordo com a análise de pólen, terminou por volta de 10.000

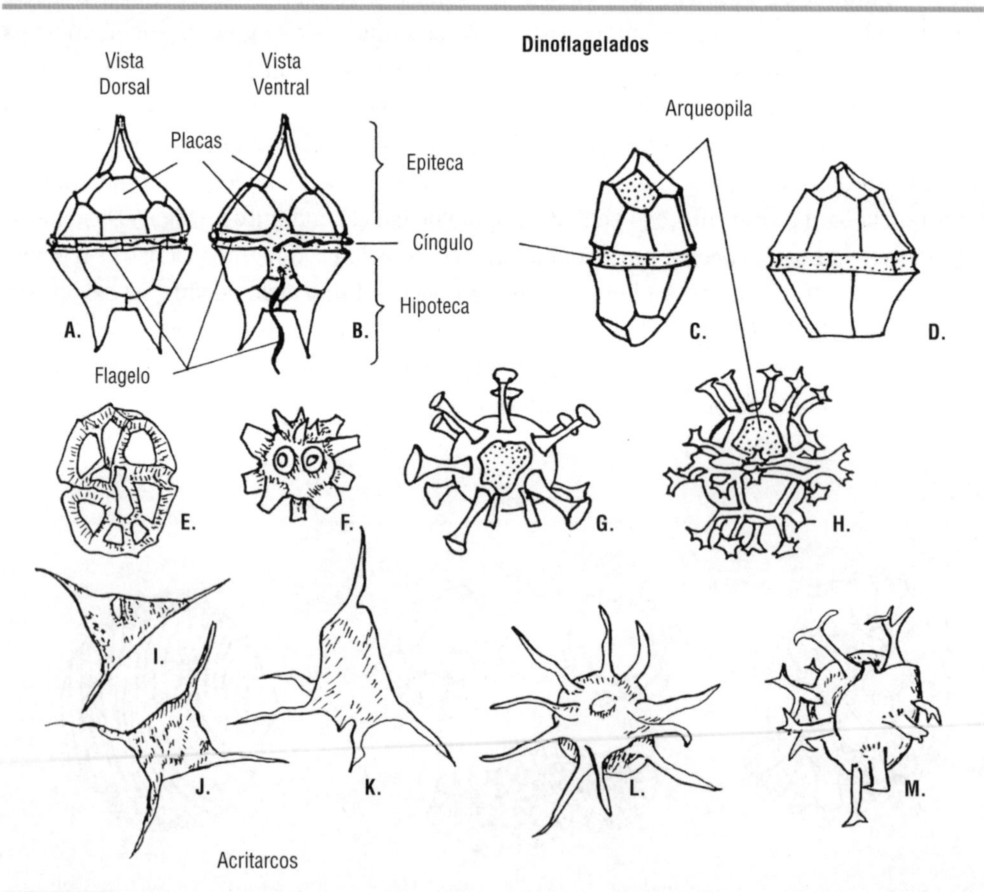

Figura 3.25 Alguns microfósseis com parede externa de esporopolenina: **A** e **B** = forma móvel, moderna de Dinoflagelado (Algas Pyrrhophyta, Peridiniales) com dois flagelos; **C** ao **H** = vários tipos de cistos de Dinoflagelados; **I** ao **M** = Acritarcos. Salgado-Labouriau, 2001a.

anos atrás, quando o lago reiniciou. Esta conclusão foi reforçada pelo início, nessa época, de deposição de algas lacustres (Salgado-Labouriau 1980; Bradbury et al., 1981).

Um outro grupo de microfósseis de ecossistemas aquáticos é constituído por grãos de pólen e por esporos de pteridófitas. Os esporos provêm de samambaias submersas, como *Isoëtes*, ou que cresciam junto às margens de lagos ou em lugares alagados, como *Pityrogramma*, ou provêm de outras pteridófitas, como licopódios e selaginelas. Estes microfósseis têm as mesmas características dos esporos e dos grãos de pólen de plantas terrestres e serão tratados na parte referente à palinologia.

Os grãos de pólen de plantas aquáticas já apresentam certos problemas. Na maior parte das Angiospermas aquáticas o pólen é muito frágil (como na *Najas*) ou desprovidos de exina (como na *Zostera*) (Erdtman 1952), o que não permite uma boa preservação em

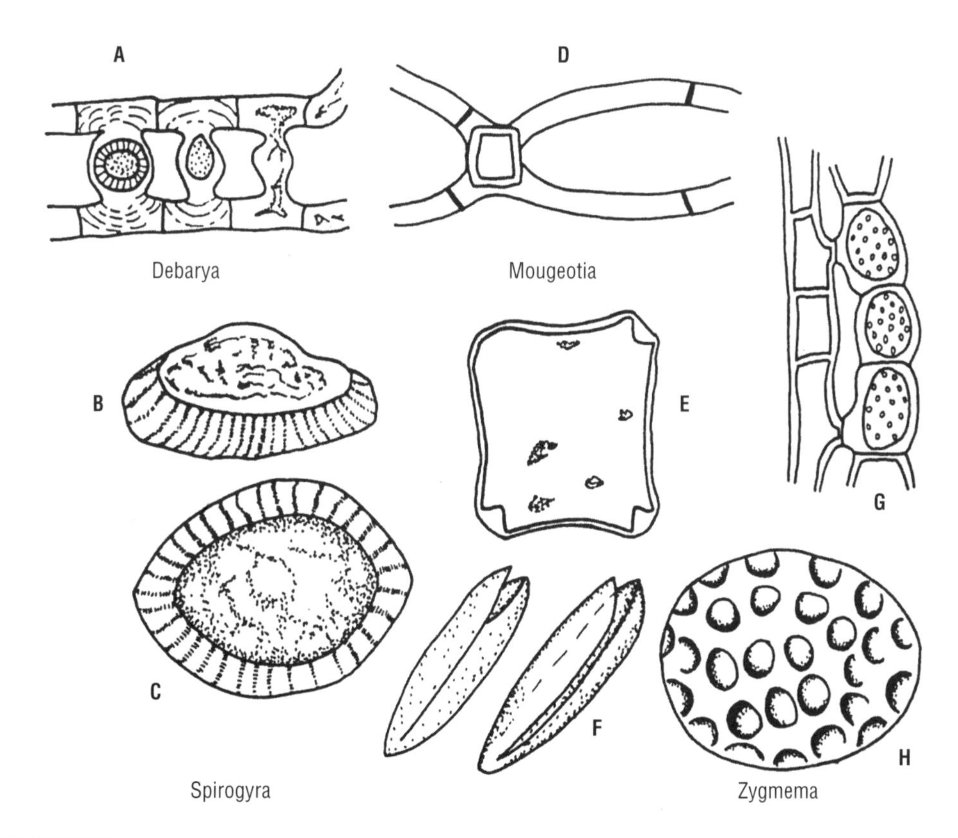

Figura 3.26 Zigósporos de Zygnemataceae mais comumente encontrados em sedimentos continentais. *Debarya* - **A** = formação do zigósporo no tubo de conjugação entre dois filamentos; **B**, **C** = zigósporo de lado e de frente. *Mougeotia* – **D** = formação do zigósporo entre dois filamentos; **E** = zigósporo. *Spirogyra* – **F** = dois zigósporos. *Zygnema* – **G** = formação dos zigósporos em um dos filamentos conjugados; **H** = zigósporo de *Zygnema* do tipo bola-de-golfe. Baseados em Joly (1963) e Cronquist (1977).

sedimentos. Mas há muitos gêneros de plantas aquáticas cujo pólen se preserva muito bem, entre elas a *Ruppia* e as *Typhas*. O pólen de plantas aquáticas é preparado e estudado da mesma forma que o pólen de plantas terrestres, como se verá mais adiante. Entretanto, os lagos são bacias de captação de pólen muito eficientes e o que é produzido na região em volta é transportado pelo vento e pelos rios para dentro dos lagos. Num estudo de sedimentos lacustres (e marinhos também) é necessário distinguir entre o pólen de plantas aquáticas (pólen local, que dá a história do lago) e o pólen regional que vem da vegetação ao redor, ou no caso dos oceanos, que vem do litoral. Este assunto será tratado nos Capítulos 6 e 7.

Para estudar em paleoecologia os microfósseis lacustres e marinhos, cujas paredes não são de esporopolenina, como pólen e esporos de pteridófitas, ou cistos de dinoflagelados, pode-se utilizar os mesmos métodos da análise e interpretação de pólen, que serão tratados nos capítulos seguintes. Entretanto, como a maioria destes microfósseis não resiste ao tratamento drástico utilizado na análise de pólen, os métodos de preparação têm que ser diferentes e deve-se consultar os trabalhos especializados nesse assunto. As diatomáceas, por exemplo, apresentam um envoltório externo constituído de duas cápsulas de sílica (frústula) que não resistem ao ácido fluorídrico. Os microfósseis calcários são eliminados na primeira etapa do tratamento com ácidos que é utilizado para a extração de palinomorfos e, portanto, devem ser preparados com outras técnicas. Veja a Parte III, 3.3.1, neste capítulo para os procedimentos de preparação de diatomáceas. Os microfósseis de plantas e protistas fotossintetizantes mais abundantes em sedimentos marinhos, lacustres e palustres estão relacionados no final deste capítulo (Seção 4).

3.2 Microfósseis dos ecossistemas terrestres

Os principais microfósseis dos ecossistemas terrestres são os grãos de pólen. Seu tamanho varia entre 5 e 100 µm e em algumas poucas espécies podem ser maiores. Uma tétrade de pólen do gênero *Mimosa*, contendo quatro grãos de pólen fortemente unidos, pode medir cerca de 9 e 10 µm no diâmetro maior, ao passo que um grão de pólen de milho (*Zea mays*) pode atingir em algumas variedades até 125 µm de diâmetro (Salgado-Labouriau, 1973). Entretanto, em sedimentos os tamanhos freqüentemente encontrados estão entre 10 e 50 µm. Devido a seu pequeno tamanho e produção abundante pela vegetação terrestre, estes palinomorfos podem ser transportados a grandes distâncias pelo vento ou pela água e se dispersam uniformemente. Os detalhes de dispersão serão estudados mais adiante, nos Capítulos 5 e 6.

Os esporos das pteridófitas têm as mesmas características de dispersão do pólen, se bem que geralmente são maiores, numa faixa de 50 a 80 µm (Erdtman, 1971; Heusser, 1971, e outros). Eles não têm sido utilizados com a freqüência com que deveriam nas interpretações paleoecológicas do Quaternário e têm sido mais estudados em bioestratigrafia, principalmente de carvão-de-pedra dos períodos Carbonífero e Permiano, e em prospecção de petróleo no Cretáceo e períodos do Terciário. Porém, a identificação de esporos no Cenozóico pode dar informações preciosas sobre a vegetação, da mesma forma que a sua presença ou ausência em um conjunto de palinomorfos dá informações ecológicas. Um sedimento de floresta úmida ou de solo alagado terá esporos de pteridófita em grande quantidade, ao passo que o de mata seca, savana ou cerrado não deve contê-los. Os esporos podem, entre outras coisas, determinar o grau aproximado de umidade na vegetação. A produção e dispersão dos esporos de pteridófitas, da mesma forma que as técnicas de preparação e análise, são semelhantes às de pólen e serão tratadas juntas neste livro.

Além do pólen e esporos de pteridófitas existem outros microfósseis nos ambientes terrestres que podem ser utilizados em paleoecologia. Estes são principalmente as pequenas sementes, as epidermes de plantas e as algas microscópicas, e suas formas de resistência. Todos esses foram discutidos quando se apresentaram os microfósseis dos ecossistemas aquáticos, e os que vivem em ambientes mais secos são semelhantes.

Como a reconstrução dos ambientes do passado se baseia fundamentalmente na análise de grãos de pólen, eles serão estudados neste livro com mais detalhe. Entretanto, não se pode deixar de lado os outros palinomorfos nem os outros microfósseis de parede de calcário ou de sílica que complementam e podem preencher lacunas de informação e interpretação paleoecológica. Os fundamentos do estudo de grão de pólen, denominado palinologia, são dados no capítulo seguinte.

3.3 Técnicas de preparação de microfósseis de plantas

As técnicas para microfósseis incluídos dentro do grupo dos palinomorfos, desde o Pré-cambriano até o presente, são as mesmas utilizadas para grãos de pólen e para esporos de pteridófitas, descritas nos Capítulos 11 e 12. São eles: Acritarcos, *Botryococcus*, *Coelastrum*, Chitinozoas, Dinoflagelados, Tasmanites e os zigósporos de Zignematáceas.

Os microfósseis de carapaça calcária, como os das algas Cocolitofíceas são preparados como os ostracodes (Capítulo 3, Parte II 3.3.2), porém utilizando tamises mais finos, devido ao seu pequeno tamanho.

Os microfósseis de paredes silicosas são preparados pelas técnicas utilizadas para frústulas de diatomáceas, descritas a seguir.

3.3.1 *Técnicas de coleta e preparação de diatomáceas*

Estas técnicas podem ser utilizadas também para radiolários, heliozoários e as espículas de esponjas (Parte II, deste capítulo).

As diatomáceas recentes podem ser facilmente coletadas raspando o fundo esverdeado de poças d'água, a superfície da lama lacustre ou marinha ou a superfície de pedras constantemente borrifadas por água do mar ou doce. Em montagens provisórias, o material é colocado diretamente entre lâmina de microscopia e lamínula com um pouco de água destilada para exame ao microscópio (200x a 400x aumento).

Para montagem permanente, colocar o material em lâmina com gelatina glicerinada, colocar lamínula e aquecer ligeiramente (Capítulo 11, Parte 3.1). Também pode ser secado diretamente na lâmina em placa aquecedora, e montado em bálsamo-do-canadá, entellan, ou outro meio de montagem.

As diatomáceas fósseis podem ser obtidas de sedimentos ou diatomitos, lacustres ou marinhos. **Diatomito** ou terra-de-diatomáceas é um depósito predominantemente de frústulas opalinas de diatomáceas acumuladas em lagos e pântanos. Costumam ter algumas impurezas, como espículas de esponjas, radiolários, argilas, restos orgânicos e outros. Podem se apresentar como silex ("chert"), compactado e duro, ou em pó fino (Glossário, Gary et al., 1974).

Para que o material fique bem limpo, é melhor calcinar o diatomito a 200°C por duas horas em mufla ou forno elétrico. A sílica opalina funde há aproximadamente 1.600°C (Handbook of Chemistry and Physics, 1989-1990). O diatomito deve ser fragmentado em cadinho ou béquer pyrex antes de ser aquecido. Os restos orgânicos são queimados durante o aquecimento, e eliminados. O diatomito pode ser adquirido em lojas de material para aquário, pois eles são utilizados em filtros de água, ou como "kieselguhr" para coluna de extração, em lojas de produtos químicos. Ambos já vêm limpos.

As técnicas apresentadas acima são as mais simples. Para métodos mais sofisticados, veja Brasier (1985), Dutra (2002) e referências citadas por eles. Há uma técnica para separação quantitativa de diatomáceas de Rings e colaboradores (2004), que é utilizada

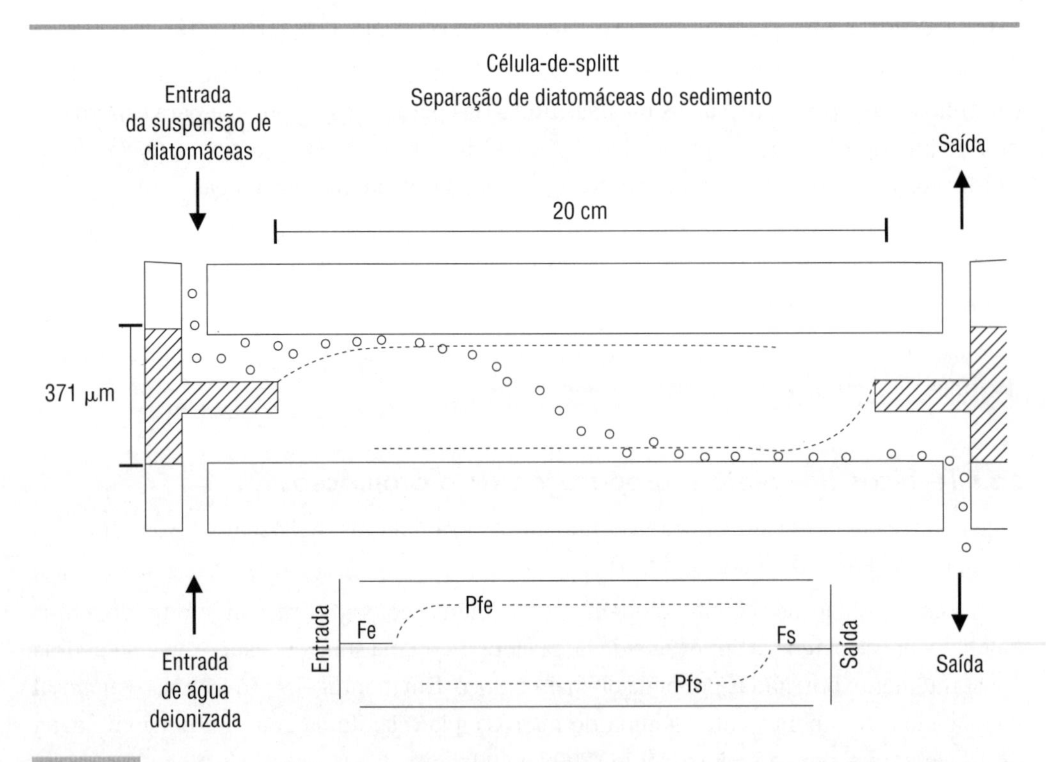

Figura 3.27 Célula-de-SPLITT para separação de diatomáceas e outras partículas suspensas em água (desenho não está em escala). Em baixo: Pfe = plano de fracionamento de entrada; Fe = fracionamento de entrada; Fs = fracionamento de saída. A altura e o comprimento dados referem-se à célula usada pelos autores. Redesenhado de Rings et al., 2004.

principalmente na purificação da amostra para estudos geoquímicos com isótopos de oxigênio em reconstrução da paleotemperatura:

A. O material é oxidado por H_2O_2 a 30% e depois passado por HCl a 32% para eliminação de carbonatos e bem lavado em água deionizada. Em seguida, é passado por tamises de >80 µm, 20-80 µm e de 20 µm com água deionizada. A fração de >80 µm é descartada por conter poucas diatomáceas e por ser grande demais para passar na célula de fracionamento.

B. A **célula-SPLITT** de fracionamento consiste em uma câmara estreita (Fig. 3.27), para onde é bombeado o material em suspensão em água deionizada. O fracionamento das partículas em suspensão se dá por velocidade de afundamento que depende da densidade, forma e tamanho de cada tipo de partícula. A célula-SPLITT é calibrada principalmente para separar diatomáceas, porém pode ser calibrada também para separação de espículas de esponjas e outros microfósseis silicosos (Rings et al., 2004).

4. RELAÇÃO DOS PRINCIPAIS MICROFÓSSEIS DE PLANTAS E ALGAS DE AMBIENTES AQUÁTICOS

- **Acritarcos** (Acritarcha)→ microfósseis pricipalmente marinhos, com 50 a 100 µm de diâmetro, com parede espessa de esporopolenina (Fig. 3.25, I,M) sendo, portanto, palinomorfos. Alguns pesquisadores os consideram como uma mistura heterogênea de ovos, cistos e testas de animais ou plantas, unicelulares e multicelulares (Downie, em William, 1984). Segundo Evitt (1985) e Benton & Harper (1997), a maioria deles seria constituída de cistos de dinoflagelados ou outras algas planctônicas. Ocorrem em abundância em sedimentos marinhos do Pré-Cambriano superior (com c. 1,5 bilhão de anos) ao Devoniano e em menor quantidade do Carbonífero ao Pleistoceno. Como não se conhecem com segurança os organismos que representam, não são usados em paleoecologia. Porém, são muito utilizados em zoneamento bioestratigráfico principalmente nos sedimentos do Paleozóico inferior, nos quais outros microfósseis faltam ou são raros (Brasier, 1985; Williams, 1984; Evitt, 1985).

- **Botryococcus** → microfósseis de algas coloniais do filo Chlorophyta, da ordem Chlorococales, comuns em turfeiras, sedimentos lacustres e palustres (Salgado-Labouriau & Schubert, 1977; Salgado-Labouriau, 1980; Kuhry, 1988). Estas algas vivem principalmente em solos alagados, às vezes em lagoas de água doce pouco profunda. Elas formam colônias de cor castanho escuro e sem forma definida e com os indivíduos densamente agregados (Fig. 3.24). Quando vivas, têm um envoltório externo, gelatinoso, escuro e pregueado (Prescott,1978). A cor escura da colônia é devida a um óleo castanho da parede externa das células. Este gênero é considerado responsável por um tipo de hulha da Escócia (Prescott, 1978) e sua parede externa é um hidrocarboneto possivelmente gerador de petróleo (Brasier, 1985). Vem desde o Paleozóico e é freqüente em sedimentos palustres do Terciário e do Quaternário.

- **Carófitas** → algas calcárias, multicelulares, da família das Charophyceae (Ordem Charales) encontradas em água doce e salobra até a profundide de 12 m. Os gêneros mais freqüentes no presente são Nitella e Chara. Veja oogônio.

- **Chlamydomonas** → os microfósseis são os esporos (zigósporos) de um gênero de algas microscópicas da Ordem Volvocales, família Chlamydomonadaceae, das Chlorophyta. Gênero muito comum de algas unicelulares, biflageladas, plânctônicas (Fig. 3.24 B,C), com mais de 500 espécies, sendo que mais de 150 espécies ocorrem em águas estagnadas, solos úmidos, poças d'água, bebedouros de estábulos, regos de irrigação e aquários domésticos de criação de peixes. *Ch. nivales* é a alga que produz a "neve vermelha" em grandes altitudes (Joly, 1963; Prescott, 1978). As Chlamydomonas produzem zigósporos de paredes grossas e vermelhas, com verrugas na superfície que ficam em repouso durante dias ou meses (Joly, 1963, Cronquist, 1977), e que se preservam em sedimentos palustres quaternários (Barberi et al., 2000).

- **Cisto** → em palinologia e micropaleontologia é a forma de repouso de esporos microscópicos com paredes espessas e resistentes de dinoflagelados e outras algas (Benton & Harper, 1997; dicionários, Gary et al., 1974; Usher, 1979). Os cistos permanecem em repouso enquanto as condições externas são adversas à existência do organismo.

- **Cocolitos** (*Coccolithophores*) → os microfósseis são as placas circulares ou elipsoidais que envolvem externamente as algas marinhas unicelulares, denominadas cocosferas, da Classe Coccolithophyceae, Filo Chrysophyta. As placas (ou escudos) são muito pequenas (de 1 a 15 μm) e constituídas de calcita. Elas envolvem inteiramente o organismo quando vivo (Fig. 3.20) e caem no fundo do mar depois de sua morte. Pertencem a algas unicelulares, protistas, planctônicas, marinhas, com 5 a 60 μm de diâmetro, que vivem hoje em águas tropicais do Atlântico, Índico e Mediterrâneo. As suas formas fósseis são encontradas em sedimentos marinhos carbonáticos e têm grande valor bioestratigráfico do início do Jurássico até o presente (Brasier, 1985; Seyve, 1990; Benton & Harper, 1997). Veja Nanofósseis.

- **Coelastrum** → microfósseis lacustres, vivendo em colônias mais ou menos esféricas, ocas, constituídas de células firmemente aderidas umas às outras (Fig. 3.21). Pertencem às algas Chlorophyta, ordem Chlorococcales, do mesmo grupo que *Botryococcus*. As esferas geralmente colapsam durante a fossilização de forma que os microfósseis às vezes são difíceis de se distinguir de *Botrycoccus*. Freqüentes em pântanos, lagoas e represas (Joly, 1963; Prescott, 1978; Salgado-Labouriau, 1980; Ferraz-Vicentini & Salgado-Labouriau, 1996).

- **Debarya** → alga filamentosa das Zygnemataceae. Os microfósseis são os zigósporos desta alga. Estes esporos são divididos em uma zona polar, saliente, e uma zona equatorial hialina que dá a sensação de ser pregueada. Em vista lateral parece um prato ou uma coroa (Fig. 3.26 A,B,C). Muito comum em sedimentos lacustres (Van Geel & van der Hammen, 1978) e palustres (Kuhry, 1988; Ferraz-Vicentini & Salgado-Labouriau, 1996). Veja zigósporo.

- **Diatomáceas** → o microfóssil é a frústula silicificada, opalina que envolve as diatomáceas, e que é constituída de duas partes (valvas) que se ajustam como em uma caixa de pílulas (Fig. 3.22 C, E). As diatomáceas pertencem a algas protistas, plânctônicas, do Filo Chrysophyta, Classe Bacillariophyceae. As frústulas são feitas de uma substância biomineral complexa constituída principalmente de sílica opalina ligada a um grupo de proteínas (peptídeos) (Kröger et al., 2002; Gross, 2003). As diatomáceas vivem em uma faixa grande de ambientes desde salinos até os de água doce, e uma faixa de temperatura que vai das regiões polares às tropicais. Há duas formas principais: 1. as **Pennales**, de forma elíptica, fazem lembrar uma pena de ave, daí o seu nome (Fig. 3.22 E). As diatomáceas deste tipo ocorrem principalmente em lagos e lagoas de água doce, solo úmido e lagunas costeiras. São muito utilizadas para estudo da história de lagos. 2. as **Centrales**, em forma de disco ou triângulo (Fig. 3.22 B,C,D), vivem hoje principalmente em mares de águas frias ou subpolares. Elas constituem a maior parte do fitoplâncton de águas profundas dos oceanos. Podem ser bentônicas, fixas ao fundo (sésseis) ou se arrastam sobre o substrato; ou podem ser planctônicas, flutuando junto à costa ou néricas (Burckle, 1984; Seyve, 1990; Benton & Harper, 1997). Os seus microfósseis são muito importantes como índices de zonas bioestratigráficas desde o Jurássico e, principalmente, desde o Mioceno até o Pleistoceno (Burckle, 1984; Brasier, 1985). As diatomáceas se reproduzem principalmente por divisão longitudinal em que uma das células resultantes carrega a sua epivalva (Fig. 3.22 A) e reconstrói a hipovalva ficando com o tamanho da célula inicial. Porém, a outra célula resultante da divisão transforma a hipovalva em epivalva e constrói outra hipovalva, portanto fica um pouco menor. O resultado é que a população fica heterogênea quanto ao tamanho que vai sendo reduzido progressivamente (Fig. 3.22 A). Quando algumas diatomáceas atingem o tamanho mínimo da espécie, elas se reproduzem sexualmente e voltam ao tamanho máximo (Joly, 1963; Burckle, 1984; Beton & Harper, 1997). As diatomáceas ocorrem em grande quantidade em depósitos antigos lacustres e, principalmente, marinhos, denominados **diatomitos**. Os diatomitos, chamados comercialmente "terra infusória", "terra-de-diatomáceas" ou "kieselguhr", são utilizados para filtros de água, para colunas de cromatografia em química analítica, como abrasivo e como aditivo às tintas para aumentar a visibilidade noturna de placas e sinais de trânsito (Cronquist, 1977, entre outros). A ocorrência de diatomáceas em sedimentos continentais no Quaternário dá informação importante sobre salinidade da água (lagos, lagoas, lagunas e mares) e outros parâmetros ambientais dos corpos de água, porque todos os gêneros do Quaternário têm representantes vivos (Cronquist, 1977).

- **Dinoflagelados** → os microfósseis são principalmente os cistos de dinoflagelados e não as formas móveis, flageladas destas algas protistas, planctônicas (Evitt, 1985). Pertencem ao Filo Pyrrhophyta. O envoltório externo da grande maioria dos cistos de dinoflagelados é constituído por uma parede de esporopolenina (Evitt, 1985, Arai & Lana, no prelo) subdividida em placas (Fig. 3.25 C até H). Para a maior parte das espécies vivas só é conhecida a forma planctônica flagelada, com flagelos desiguais, um em forma de chicote, em uma extremidade, outro enrolado em volta de uma depressão transversal denominada cíngulo (Fig. 3.25 A, B). A maior parte das espécies é marinha e a fase de cisto não é conhecida. A pouca informação sobre o ciclo de vida e as exigências ecológicas da maioria dos dinoflagelados atuais limita a boa utilização dos seus fósseis em paleoecologia. Os cistos fósseis são utilizados principalmente para estudos bioestratigráficos do Mesozóico e Cenozóico (Brasier, 1985; Evitt, 1985). Muitas das formas antes colocadas entre os acritarcas foram, mais tarde, identificadas como cistos de dinoflagelados (Evitt, 1985).

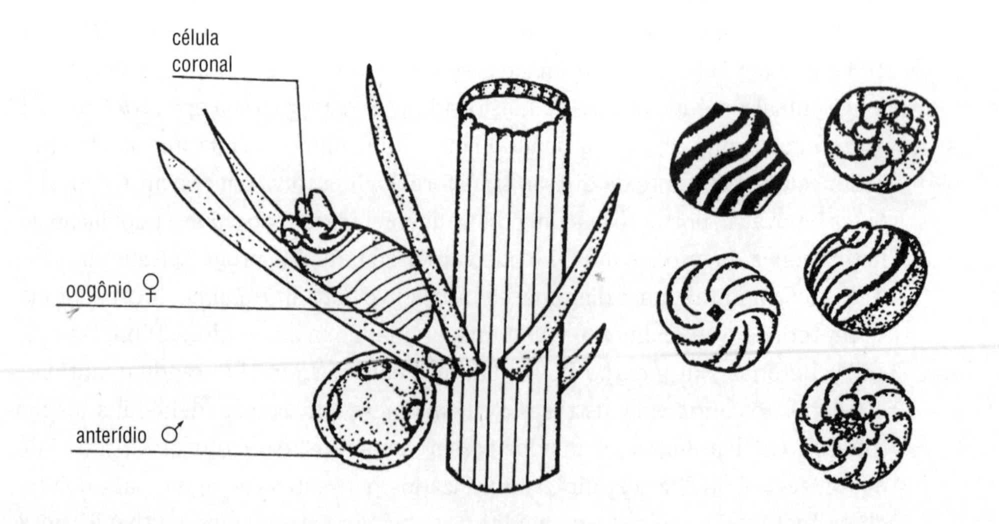

Figura 3.28 Oogônios de Charophytas – à esquerda, ramo com um grande oogônio elipsoidal; à direita, oogônios fósseis do Paleozóico, Segundo R.E. Peck (em Cronquist, 1977).

- **Esporos** → neste livro denomina-se esporo ao propágulo unicelular de reprodução assexuada de muitos tipos de organismos (Cronquist, 1977; Usher, 1979, dicionário), geralmente produzidos em grande quantidade. Ocorrem em algas, fungos, musgos e pteridófitas, onde são a parte assexuada do ciclo de vida do organismo. Têm a parede externa espessa e constituída de uma substância resistente que varia conforme o grupo. Os esporos também são uma forma de resistência do organismo, quando as condições exteriores são adversas. Para maiores detalhes sobre esporos de pteridófitas, veja Capítulo 4.

- **Mougeotia** → alga filamentosa das Zygnemataceae, muito comum em lagoas. Os microfósseis são os zigósporos desta alga que apresentam forma hialina, quadrangular, de lados retos ou côncavos, ângulos arredondados e com pequenas perfurações densamente distribuídas na superfície (Fig. 3.26 D,E). São comuns em turfeiras e sedimentos palustres (van Geel, 1976; Kuhry, 1988; Ferraz-Vicentini & Salgado-Labouriau, 1996; Parizzi et al., 1998). Veja zigósporo.

- **Nanofósseis** → fósseis muito pequenos, calcários, entre 1 e 15 μm de diâmetro. Antes, os cocolitóforos eram incluídos neste grupo. Atualmente, o termo nanofóssil calcário só é utilizado para as formas arredondadas ou em forma de disco que não têm representantes atuais (Seyve, 1990). Eles são muito utilizados, como os cocolitos, em bioestratigrafia de oceanos tropicais.Veja Cocolitos.

- **Oogônios** (oogonium) → órgão especializado feminino das algas calcárias da classe Charophyceae que representa o óvulo (Fig. 3.28). É constituído de um óvulo esférico ou elipsoidal, com paredes calcárias e espiraladas. Fossiliza-se como tal, desde o Devoniano e é frequente, principalmente em depósitos calcários de água doce, do Jurássico até o Oligoceno (Cronquist, 1977; Brasier, 1985)

- **Pediastrum** → microfósseis lacustres com parede de sílica. São colônias microscópicas de algas planctônicas do Filo Chlorophyta, ordem Chlorococcales (Fig. 3.21). A colônia é plana, de simetria radial, com o número de células variando de 2 até 128 (Prescott, 1978 ; Brasier, 1985). As células da periferia são geralmente de forma diferente das do centro. Os pediastros podem ser bons indicadores de condições de água doce e salobra (Evitt, em Brasier 1985). Ocorrem em águas continentais da zona tropical até a zona temperada fria. São freqüentes em muitos sedimentos lacustres do Quaternário, em terras baixas e altas tropicais (Salgado-Labouriau, 1979a, 1980, 1986a; Bradbury et al., 1981; Kuhry, 1988).

- **Pólen** → os microfósseis são os envoltórios externos (exina) dos grãos de pólen de Gimnospermas e Angiospermas. O pólen é um pó muito fino formado de grãos entre 5 μ e 125 μm de diâmetro que constituem os gametas masculinos destas plantas. Os grãos de pólen apresentam uma grande diversidade morfológica e a parede externa é constituída de esporopolenina. Para maiores detalhes, veja Capítulo 4.

- **Pseudoschyzeae** → Microfósseis com a aparência de uma impressão digital (Fig. 3.24 E). Possivelmente, são zigósporos de Zignemataceae. Espécie-forma *Pseudoschyzeae circula* (em Kuhry, 1988). Comum em sedimentos palustres (Kuhry, 1988; Ferraz-Vicentini & Salgado-Labouriau, 1996; Barberi et al., 2000)

Palinologia

4

1. INTRODUÇÃO

A palinologia é o estudo dos grãos de pólen, produzidos pelas plantas superiores, e dos esporos das criptógamas. Hoje em dia, ela inclui também outros materiais biológicos que podem ser estudados com as técnicas palinológicas. A palavra "**palynology**" (palinologia) foi inventada por H.A. Hyde e D.A. Williams (1945) usando como raiz a palavra grega "paluno" (παλυνω) (pó fino, flor de farina, farinha fina) que deu origem à palavra "pollen", em latim, com o mesmo significado; mais tarde "pollen" foi utilizado para designar o pó fino produzido na antera das flores (Wodehouse, 1935; Salgado-Labouriau, 1973).

No início, a palinologia se limitava ao estudo do envoltório externo (exina) dos grãos de pólen e dos esporos das pteridófitas. A **exina** é composta por uma substância muito especial, a **esporopolenina** (Zetzsche, 1932, Brooks & Shaw, 1978), que têm grande resistência química, é elástica e tem ornamentações, aberturas e outros caracteres morfológicos que permitem a identificação da planta-mãe que produziu aquele esporo ou grão de pólen.

Estas características, aliadas ao fato de que pólen e esporo são geralmente produzidos em abundância e têm uma dispersão eficiente, fazem com que ambos sejam estudados em palinologia e sejam utilizados juntos na reconstrução dos ambientes do passado, apesar de terem funções diferentes nas plantas. Dentro das subdisciplinas do estudo palinológico incluem-se a aeropalinologia (estudo do pólen suspenso na atmosfera) a melissopalinologia (pólen contido no mel das abelhas), a paleopalinologia (estudos dos fósseis constituídos de esporopolenina: pólen, esporos, cistos e outros palinomorfos), a análise palinológica e outras aplicações que serão discutidas mais adiante.

O **grão de pólen** é o gametófito masculino das Angiospermas e Gimnospermas. Ele é formado nas anteras das flores (Capítulo 6, Fig. 6.1) de Monocotiledôneas e Dicotiledôneas e nos sacos polínicos dos cones (estróbilos) masculinos das Gimnospermas, como pinheiros, abetos, ciprestes, araucárias, ginkgos, cicas e outros. O grão de pólen, ao atingir a parte feminina da flor ou do cone, começa a germinar e forma o tubo polínico que leva o núcleo masculino até o óvulo, situado em outra parte da flor, ou em outra flor (Fig. 6.1). A fusão dos núcleos de pólen e do óvulo originam o embrião e seus envoltórios, constituindo a semente. Foram feitas revisões detalhadas da biologia e bioquímica do pólen por Heslop-Harrison (1971) e por Stanley & Linskens (1974). Há poucos trabalhos depois destes, sendo que a maioria é voltada para os estudos de melhoramento de plantas cultivadas, que não têm muita aplicação nos estudos palinológicos e paleoecológicos.

Até o século 17 não se sabia nada sobre os grãos de pólen e seu papel como material fertilizante. O pólen é constituído por pequeninos grãos que variam entre um centésimo e um décimo de milímetro. Sendo assim tão pequenos, é fácil compreender que foi necessário a invenção das lentes de aumento e dos aparelhos ópticos de observação para que pudessem ser estudados (Salgado-Labouriau, 1962). Os grandes botânicos do século 17, como Grew, Malpighi, Camerarius, e outros, deixaram-nos desenhos que não eram precisos, e interpretações que refletiam as idéias da época, muitas vezes erradas. No século 18 começaram as primeiras observações bem feitas e as experiências que mostraram, entre outras coisas, que sem o pólen não há desenvolvimento do fruto (Wodehouse, 1935).

Com o progresso na fabricação de microscópios no começo do século 19, já era possível obter aparelhos com 500 vezes de aumento e com melhor iluminação. Pelo trabalhoso método indutivo começou nesta época a se acumular informação sobre a forma e a ornamentação dos grãos de pólen. Bauer, Purkinje, Amici e outros estudaram os grãos de pólen. Surgiram, então, as primeiras informações gerais. Mostrou-se que os grãos tinham tipos diversificados e que os caracteres morfológicos do pólen eram constantes dentro de uma espécie. Von Mohl descreveu em 1820 a formação dos grãos dentro da antera. Fritzsche, em 1832, constatou que os grânulos contidos nos grãos de pólen eram constituídos principalmente de amido e gotículas de óleo e que na maioria dos grãos o envoltório externo era constituído por duas camadas: **exina** e **intina**, denominação usada até hoje. Com habilidade técnica e precisão de observação, ele mostrou que a intina e o conteúdo citoplasmático são destruídos por ácido sulfúrico restando somente a exina que fica transparente e assim pode ser melhor observada. Outros estudos se seguiram, de Nägeli, Vesque, Strasburger e outros, de forma que, no final do século 19, as bases do conhecimento palinológico já estavam estabelecidas (Wodehouse, 1935; Salgado-Labouriau, 1962).

O estudo dos grãos de pólen deu um salto na primeira metade do século 20 estimulado pelas aplicações do seu conhecimento. Estas aplicações foram principalmente no campo da medicina e da geologia. Descobriu-se que as pessoas desenvolvem alergia por certos tipos de pólen suspensos na atmosfera (alergologia), que forçou estudos morfológicos para identificar as plantas que os produziam e as substâncias do pólen que causavam alergia. Trabalhos morfológicos extensivos, como os de R.P. Wodehouse, foram feitos e mais tarde foram reunidos em um livro que se tornou clássico sobre os "Grãos de pólen: sua estrutura, identificação e significação em ciência e medicina" (Wodehouse, 1935). Outra aplicação que deu impulso ao estudo do pólen foi a descoberta de que a exina dos grãos se preserva intacta em turfeiras e sedimentos lacustres. O artigo fundamental foi publicado por Von Post em 1916 (Von Post, tradução ao inglês, 1967). Foi possível iniciar a reconstrução da vegetação no passado e as correlações e datações estratigráficas. Outras aplicações foram surgindo e contribuíram para o desenvolvimento do conhecimento da palinologia, como será tratado em detalhe nos capítulos seguintes.

O **esporo** é propágulo das plantas Criptógamas (algas, musgos, samambaias, etc.) e é constituído por uma célula isolada e independente que leva dentro de si o genoma. O esporo tem vida livre, isto é, independente da planta de origem e desenvolve diretamente um novo bionte, assexuadamente. Ele é ao mesmo tempo a forma de repouso e o agente dispersor da espécie, e ocorre em bactérias, fungos, algas, briófitas e pteridófitas. Nos estudos palinológicos e paleoecológicos, desde o Paleozóico superior até o presente, só interessam os esporos de pteridófitas e algumas briófitas. Estes esporos têm uma membrana externa espessa e constituída de exina, como nos grãos de pólen, e se preservam muito bem. Os esporos dos outros grupos vegetais e bactérias só se preservam em condições muito especiais.

O esporo de pteridófita, ao germinar forma um gametófito com vida independente. Nos musgos, o gametófito representa a geração mais desenvolvida (o que conhecemos como a "planta") e nas pteridófitas ele forma o protalo que é um gametófito reduzido e auto-suficiente. Este produz os anterozóides e óvulos que, por fecundação, vão originar o esporófito que é o que conhecemos como a "planta" dos fetos, samambaias, selaginelas, licopódios e outras pteridófitas. De agora em diante, quando nos referirmos a esporos neste capítulo, são somente os de pteridófitas, a não ser que seja especificado o esporo do qual se trata.

Quando os esporos estão maduros eles são dispersados pela região em que vive a planta (Capítulo 6) e ao chegarem a um local em que as condições são favoráveis se estabelecem, formam os protalos e vivem autônomos, até a fecundação e formação dos esporófitos. Entretanto, o grão de pólen ao ser dispersado tem que atingir a parte feminina da flor para fecundar o óvulo, dando origem à semente que é a forma de repouso e o agente dispersor da espécie.

Os grãos de pólen e os esporos de pteridófitas apresentam as seguintes características em comum:

1. têm tamanhos semelhantes e podem ser estudados com os mesmos métodos de observação,
2. ambos são cobertos por um envoltório externo de exina que é constituída de esporopolenina, a qual confere grande resistência a ácidos fortes e bases, às mudanças de temperatura, etc., e permite que sejam preparados pelos mesmos métodos,
3. necessitam de um agente dispersor, que pode ser água, vento ou animais, segundo a espécie.

O conhecimento da morfologia dos esporos e dos grãos de pólen é essencial para a identificação dos grãos encontrados na análise palinológica. A bibliografia morfológica é muito extensa e não é possível revê-la aqui, mas existem catálogos, chaves e tratados de morfologia de pólen e esporos (entre eles, Erdtman, 1952, 1957, 1965 e 1971; Faegri & Iversen, 1950; Faegri et al., 1989; Nilsson et al. 1977; Salgado-Labouriau, 1973; Moore & Webb, 1978; Traverse, 1988). Existem muitos periódicos especializados, tais como Grana, Palynology, Review of Paleobotany and Palynology e outros. Neste livro serão descritas com detalhes somente as características morfológicas que permitem a análise polínica em sedimentos e que são aplicadas em paleoecologia. As informações morfológicas só serão usadas para exemplificar ou esclarecer um determinado ponto. Para o conhecimento em detalhe da morfologia de pólen e esporos é necessária a consulta aos livros e trabalhos especializados, dos quais muitos são citados neste capítulo e nos seguintes.

2. MORFOLOGIA DE PÓLEN E ESPOROS

A **exina**, que é a parede externa dos palinomorfos, apresenta ornamentações e estruturas mais ou menos complexas e vários tipos de abertura que permitem a identificação dos mesmos. As principais características morfológicas da exina são dadas a seguir.

A terminologia morfológica, infelizmente, não é uma só. Existem várias escolas que usam termos diferentes para o mesmo caracter. As mais utilizadas até bem pouco tempo foram as de Erdtman (1952) e de Faegri & Iversen (1950). Kremp (1965) publicou um dicionário morfológico para palinologia que não somente relaciona cada termo, como dá a definição segundo o autor que o criou.

Devido a esta dificuldade de nomenclatura está havendo um esforço para a utilização de uma terminologia universal. Depois de consultas e reuniões sobre o assunto, um grupo de morfólogos escolheu os termos mais utilizados e melhor definidos e publicou o primeiro glossário que unifica a terminologia palinológica. Os autores são W. Punt, S. Blackmore, S. Nilsson e A. Le Thomas (1994), que estão entre os melhores palinólogos atuais. Hoje, a maioria das descrições de pólen utiliza este glossário. Como ele é preciso e bem ilustrado, sem dúvida deve ser a terminologia adotada em palinologia de agora em diante. Neste livro será utilizada esta terminologia.

2.1 Associação

Depois da divisão meiótica que forma o grão de pólen, cada célula-mãe se subdivide em 4 células haplóides. Em geral estas células se separam em seguida e cada grão fica isolado dos outros. Entretanto, os grãos de pólen de alguns gêneros ficam unidos firmemente em grupos de dois grãos (díade), de quatro grãos (tétrade, exemplo: *Mimosa* e *Erica*) de mais de quatro grãos (políade, exemplo: a maior parte de Mimosáceas). Os esporos estão sempre em grãos isolados e têm geralmente marcas (trilete ou monolete) na área da superfície onde houve a união dos grãos (pólo proximal) durante a fase de tétrade (Fig. 4.1).

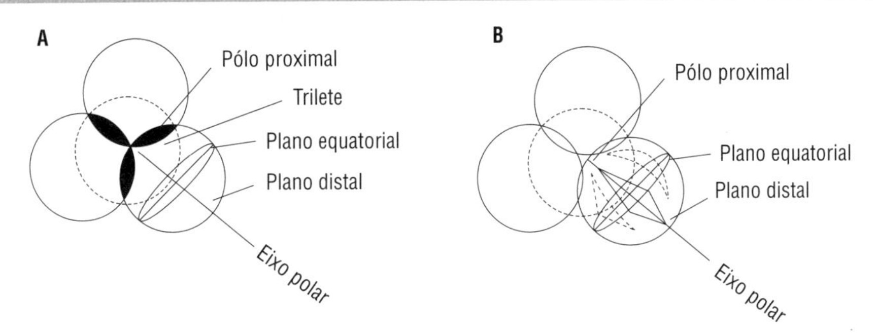

Figura 4.1 À direita, tétrade de pólen mostrando a posição dos pólos distal e proximal, e dos diâmetros dos grãos. À esquerda, tétrade de esporo mostrando a posição dos pólos e do trilete.

A posição dos grãos na tétrade inicial determina a polaridade do grão. O pólo proximal é o que fica na parte de contato entre as células e o pólo distal, na parte mais afastada do centro do tétrade (Fig. 4.1). Esta nomenclatura se mantém nos grãos, depois que eles se separam. O eixo que vai do centro de um pólo ao outro é o eixo polar, ou diâmetro polar "P". Por analogia com a Terra, o plano perpendicular ao eixo polar é o plano equatorial e o diâmetro contido nele é diâmetro equatorial "E".

Quando o pólo está voltado para o observador, o grão está em vista polar (Fig. 4.2). A 90° desta posição, ele está em vista equatorial (Fig. 4.3).

2.2 Forma

Os grãos de pólen e os esporos apresentam variedade de forma, segundo a espécie. Os esporos, devido à cicatriz, denominada lasura, que apresentam no pólo proximal, são denominados esporos **triletes**, esporos **monoletes** ou **aletes**.

Em geral, os grãos de pólen apresentam a forma de um elipsóide de revolução. Erdtman (1952) propôs que se usasse a nomenclatura matemática de oblato, esférico e prolato para descrever a forma, e usou os sufixos "per" e "sub" para subdividir estas formas (Tab. 4.1), com base na relação entre o diâmetro polar (que ele considerou como sendo o eixo de revolução) (P), e o diâmetro equatorial (E) do grão (P/E). Os limites de cada classe foram estabelecidos por ele, utilizando frações numa tentativa de tornar os dados quantitativos (Tab. 4.1, 2ª coluna).

Erdtman trabalhou com frações com o numerador constante e igual a 8, para o grupo de grãos prolatos e frações com o denominador constante, igual a 8, para os oblatos. Se bem que este critério esteja matematicamente correto, o resultado desta escolha é que as classes de Erdtman têm intervalos desiguais e assimétricos em relação ao esférico (P/E = 1). Pode-se fazer a transformação para logaritmo de P/E e ter assim uma simetria em relação aos esféricos, mas continua o problema das classes desiguais (Fig. 4.4).

A relação P/E (Erdtman, 1952), é importante para caracterizar as formas. O melhor é esquecer as subdivisões de classe dadas na Tab. 4.1 e usar somente os termos gerais da geometria: **prolato** (em que P é maior que E), **oblato** (em que P é menor que E) e **esférico** (em que P é igual a E). Em seguida coloca-se o valor obtido de P/E, utilizando duas decimais. Por exemplo, grãos prolatos (P/E = 1,27); grãos oblatos (P/E = 0,67).

Em geral, a forma do grão é constante dentro da espécie. Se for feito um gráfico da relação P/E (diâmetro polar dividido pelo diâmetro equatorial) em relação à freqüência, a

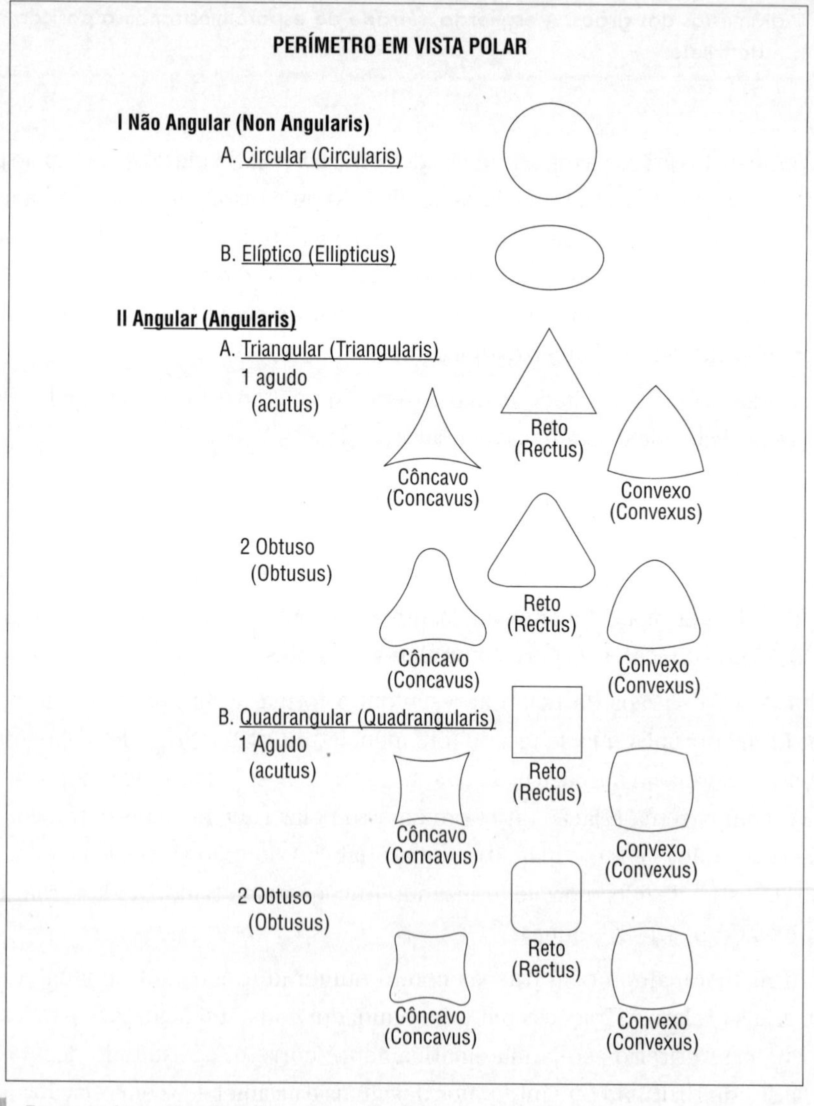

Figura 4.2 Formas de grãos de pólen segundo Reitsma (1970) – Contorno (perímetro) em vista polar (VP).

curva mostrará um máximo onde se concentre a maior parte dos grãos, em uma distribuição normal, como está no exemplo dos grãos de *Alchornea triplivervia* (Fig. 4.5). Porém, em alguns casos, a distribuição da freqüência de P/E mostra dois picos ou se espalha por uma faixa grande de formas, como é o caso de *Antonia ovata* (Fig. 4.6).

O grão de pólen é um corpo tridimensional e, portanto, é difícil de ser visualizado na observação ao microscópio óptico e, quando não é um elipsóide de revolução, é difícil de ser descrito. Para simplificar as descrições, Reitsma (1970) criou uma nomenclatura

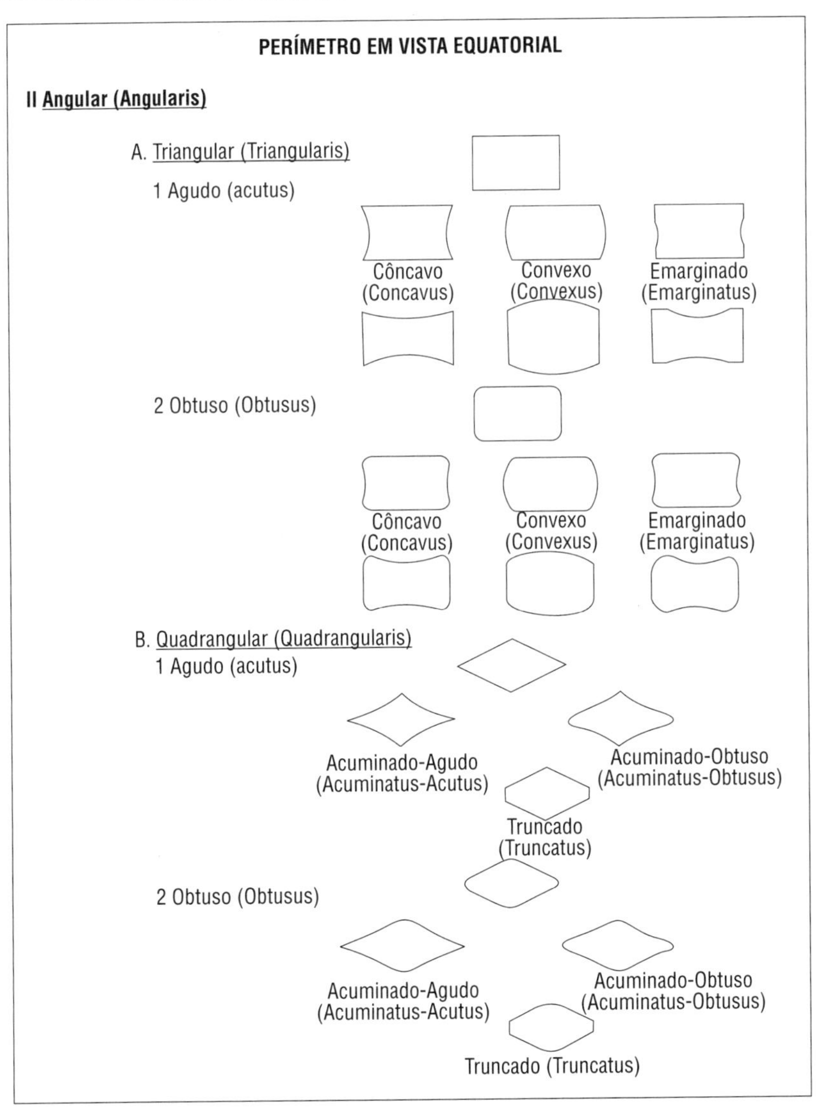

Figura 4.3 Formas de grãos de pólen segundo Reitsma (1970). Contorno em vista equatorial (VE).

para o contorno do grão em vista polar (Fig. 4.2) e em vista equatorial (Fig. 4.3). Esta terminologia é fácil de ser aplicada e está sendo usada por muitos morfólogos. Estas formas podem também ser usadas para o contorno dos esporos.

Devido à propriedade elástica da exina, não tem sentido uma descrição rigorosa da forma, porque esta varia dentro de um limite, se o grão está ou não hidratado, se está ou não comprimido pela lamínula em uma preparação para microscopia, ou pela pressão das camadas superiores em um sedimento. Além disto, o elipsóide de revolução aplicado ao grão de pólen é uma forma abstrata. Na realidade, poucos tipos de pólen são um elipsóide perfeito.

2.3 Abertura

O grão de pólen pode ter 1, 2, 3, 4 ou mais aberturas, ou não ter nenhuma. As aberturas podem estar localizadas numa zona determinada da exina (zonoaperturado) ou espalhar-se por toda a superfície do grão (pantoaperturado). A posição das aberturas em um grão de pólen serve para inferir a polaridade do grão, isto é, a localização dos pólos e dos diâmetros P e E. Há três tipos gerais de aberturas: **poros, colpos** e **cólporos** (Fig. 4.7). Dentro de cada tipo geral, há variações.

O nome de abertura ("aperture", Erdtman, 1947, 1952; Punt et al.,1994) não está bem dado, porque as "aberturas" são depressões onde a exina se afina muito. Realmente, as aberturas estão fechadas por uma membrana fina de nexina (endexina) que se rompe no momento da germinação do grão, e pode desaparecer durante a preparação do pólen para observação no microscópio (acetólise) ou no grão fossilizado. Em alguns casos, a abertura é fechada por um opérculo que pode se desprender ou não (Fig. 4.8). Geralmente a região da abertura difere em ornamentação e em estrutura do resto da superfície do grão. O termo geralmente é utilizado com um prefixo ou sufixo, como endoabertura, pseudoabertura, triaperturado, inaperturado.

Tabela 4.1 Classes de formas e relações entre o eixo polar (P) e a largura total (E) dos grãos em vista equatorial quando uma das aberturas cai exatamente no centro. Tradução de Erdtman (1952, p.16) para o português.

Classes das formas	P/E	100. P/E
Peroblato	< 4/8	< 50
Oblato	4/8 – 6/8	50 – 75
Subesferoidal	6/8 – 8/6	75 – 133
Suboblato	6/8 – 7/8	75 – 88
Oblato esferoidal	7/8 – 8/8	88 – 100
Prolato esferoidal	8/8 – 8/7	100 – 114
Subprolato	8/7 – 8/6	114 – 133
Prolato	8/6 – 8/4	133 – 200
Perprolato	> 8/4	> 200

As aberturas são importantes locais para a saída do tubo polínico, na germinação do grão de pólen para fecundação e servem de caminho para transferência de água e outras substâncias entre a célula e o exterior (Punt et al., 1994, entre outros).

Existe um movimento de abertura e fechamento das "aberturas" que permite a acomodação volumétrica do citoplasma do grão em relação às condições ambientais de maior ou menor hidratação. Esta acomodação foi denominada "harmomegathy" por Wodehouse (1935). Os colpos ou cólporos se dobram para dentro formando uma prega que faz com que os bordos laterais do colpo se toquem, em condições de desidratação; ou se distendam em condições de hidratação. Os poros são fechados por opérculos de exina (como uma rolha), mas há um anel em volta do opérculo onde a membrana se afina. Este anel se rompe facilmente na maioria dos grãos de pólen porados. O anel de membrana fina se dobra para dentro em condições de desidratação. Na maior parte das preparações de laboratório e nos grãos fossilizados, o opérculo cai e fica realmente uma abertura onde ele estava (Fig. 4.8). A distensão e retração das aberturas é adaptativa, porque quando a umidade relativa do meio é baixa, o grão se fecha e o citoplasma não perde água, o que poderia ser fatal. No transporte do pólen por vento ou insetos é importante que o citoplasma fique intacto para a polinização.

Os esporos não têm aberturas. O **trilete** (em forma de ipsilon, Y) e o **monolete** (em forma alongada) são cicatrizes de contato entre os grãos quando estavam em tétrade, logo após a divisão da célula-mãe do esporo. Os esporos sem cicatriz são denominados aletes.

2.4 Ornamentação

Ornamentação é o relevo da superfície externa da exina. Ela nunca é inteiramente lisa, mas em alguns casos (por exemplo, na maioria das gramíneas) só é possível ver a ornamentação quando se usa aumentos maiores que 1.500 vezes (TEM ou SEM). A aspereza da superfície do grão gera atrito sobre o meio quando ele é levado pelo vento. Quanto maior ou mais

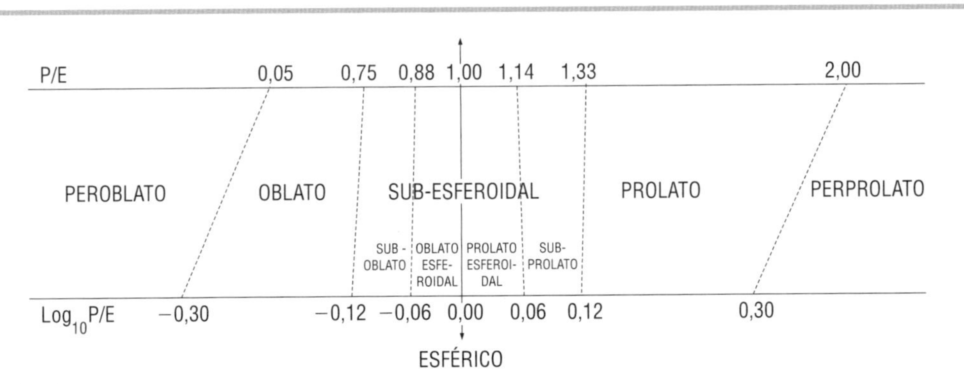

Figura 4.4 Comparação entre os intervalos de classe do pólen representados pela relação P/E (em cima) e pelo logaritmo dessa relação (embaixo) (Salgado-Labouriau, 1973, Fig. 523).

forte a ornamentação, maior o atrito. Nos grãos cujo vetor de transporte é um inseto, a ornamentação é mais forte e saliente que os transportados por vento (Fig. 4.9).

Em observação ao microscópio óptico a superfície do pólen e dos esporos pode ser estriada, reticulada, pilada, rugulada, foveolada, lisa ou ter saliências como espinhos, verrugas, pilos, etc. Pode também ter perfurações muito finas. Existem ornamentações extremamente elaboradas nos grãos de pólen de plantas polinizadas por animais. Os tipos de ornamentação da superfície dos esporos de pteridófitas e dos grãos de pólen apresentados na Fig. 6.9 estão definidos no glossário de Punt e colaboradores (1994).

2.5 Estrutura interna

Estrutura, neste livro, chama-se a organização e a distribuição das partes internas da parede dos esporos e grãos de pólen.

A estrutura da exina às vezes é simples e, sob microscópio óptico, só são observadas duas camadas concêntricas. Erdtman (1952) denominou a camada externa como **sexina**

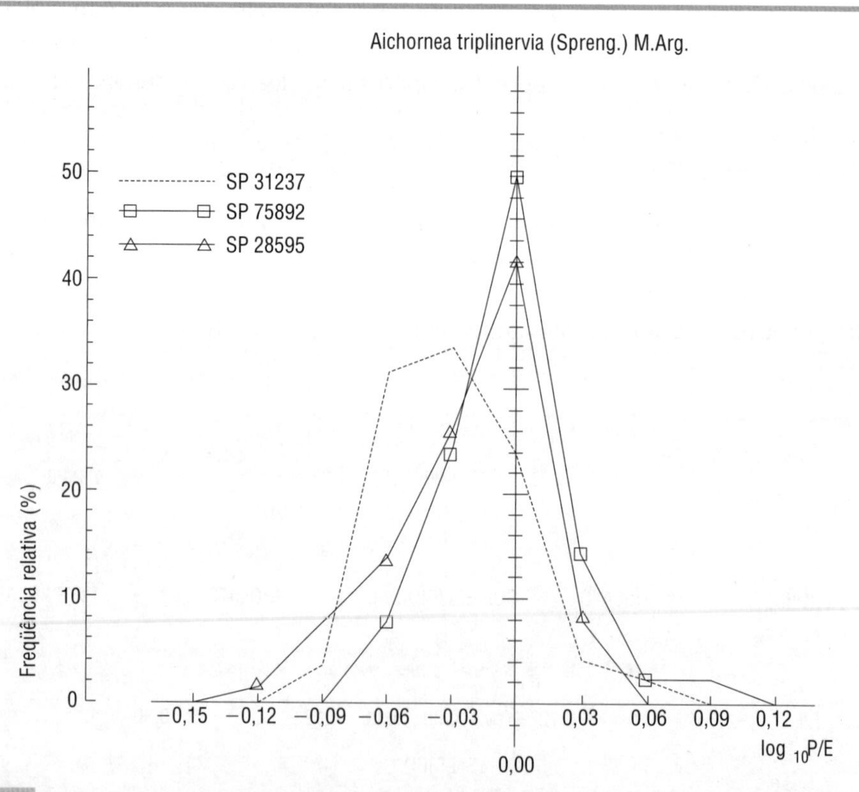

Figura 4.5 Representação gráfica da forma ($\log_{10}$ P/E) dos grãos de pólen de *Alchornea triplinervia* (Euphorbiaceae) em função da freqüência mostrando que os grãos são esféricos (P/E = 0.00). Salgado-Labouriau (1973, Fig. 522)).

(tirado de "sculptured exine") e a camada interna **nexina** (de "non sculptured exine")(Fig. 4.10). A descoberta por Faegri (1956), de que as duas camadas se coram diferencialmente com a fucsina básica, originou outra terminologia: "ectexine" (ectexina), parte externa que se cora positivamente com fucsina básica e "endexine" (endexina). Mais tarde, com o uso do microscópio eletrônico de transmissão (TEM) verificou-se que as duas terminologias não são equivalentes. A ectexina tem uma densidade eletrônica mais alta quando observada em preparações convencionais de cortes para observação em TEM (microscópio eletrônico de transmissão), e inclui a sexina e a parte superior da nexina de Erdtman (nexina 1 ou "foot layer") (Fig. 4.11). A endexina (segundo Faegri, 1956), que é a parte mais interna da exina, praticamente não se cora com fucsina básica na microscopia óptica e tem uma densidade eletrônica baixa nos cortes observados em TEM; ela corresponde à nexina 2 de Erdtman (1960a). Para material sem corar e observado em microscópio óptico, utilizam-se os termos de Erdtman; para material corado com fucsina básica ou observado em TEM, usa-se a nomenclatura de Faegri & Iversen (Fig. 4.11).

Acredita-se que o pólen sempre tem columelas, ao passo que os esporos não têm. As **columelas** ("columella", plural "columellae", Iversen & Troels-Smith, 1950) são pequenos cilindros ou bastões da sexina/ectexina (Fig. 4.11) que sustentam um teto ("tectum", Iversen & Troels-Smith, 1950). Em muitos trabalhos, anteriores a 1992, as columelas são chamadas báculas infra-tegilares, como por exemplo no livro clássico de Erdtman (1952) sobre morfologia do pólen das Angiospermas e no livro de palinologia dos Cerrados (Salgado-Labouriau, 1973). Hoje, é preferível evitar este termo, pois "bácula" ("baculum", plural bacula) também é um tipo de relevo que consiste em um elemento cilíndrico e livre, na superfície da exina (Punt et al. 1994). Para cilindros livres que sustentam uma cabeça ("caput"), deve-se usar o termo pila ("pilum", plural "pila").

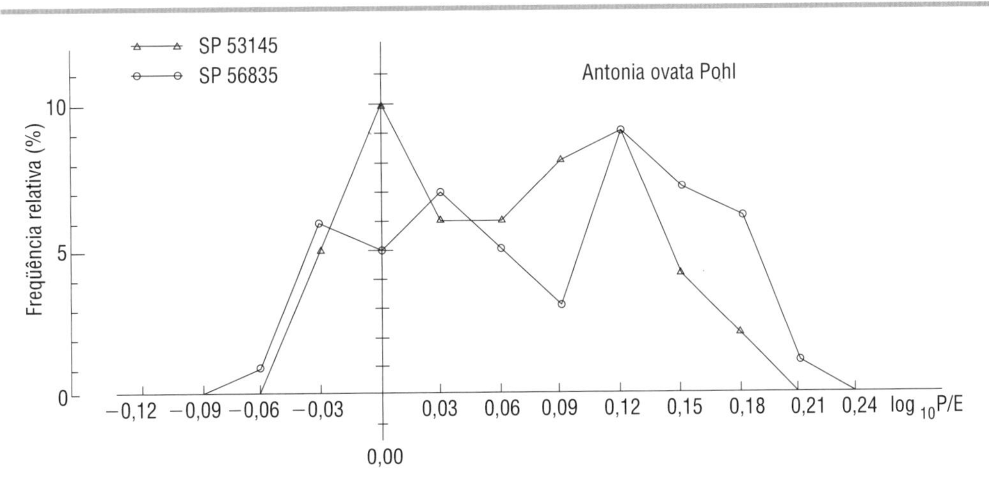

Figura 4.6 Grãos de pólen de *Antonia ovata* (Loganiaceae): Representação gráfica do $\log_{10}$ P/E em função da freqüência mostrando o polimorfismo de forma. Salgado-Labouriau (1973, Fig. 521).

A observação dos detalhes morfológicos depende da técnica de observação e do aumento utilizado no estudo. Na análise palinológica de sedimentos e de conteúdo da atmosfera utilizam-se o microscópio óptico com objetivas de 20x ou 40x (vinte vezes e quarenta vezes de aumento). No estudo morfológico, além do microscópio óptico (objetivas 40x e 100x), utilizam-se os microscópios eletrônicos de transmissão (TEM) e de varredura (SEM), que têm resolução muito maior. O glossário comum de termos morfológicos foi criado para o microscópio óptico cujo poder de resolução atinge no máximo 1.600 vezes de aumento. O seu uso para observações em TEM e SEM, em aumentos acima de 1.600x, cria confusão, mas muitos autores se esquecem e empregam os termos indiferentemente. Por exemplo, um

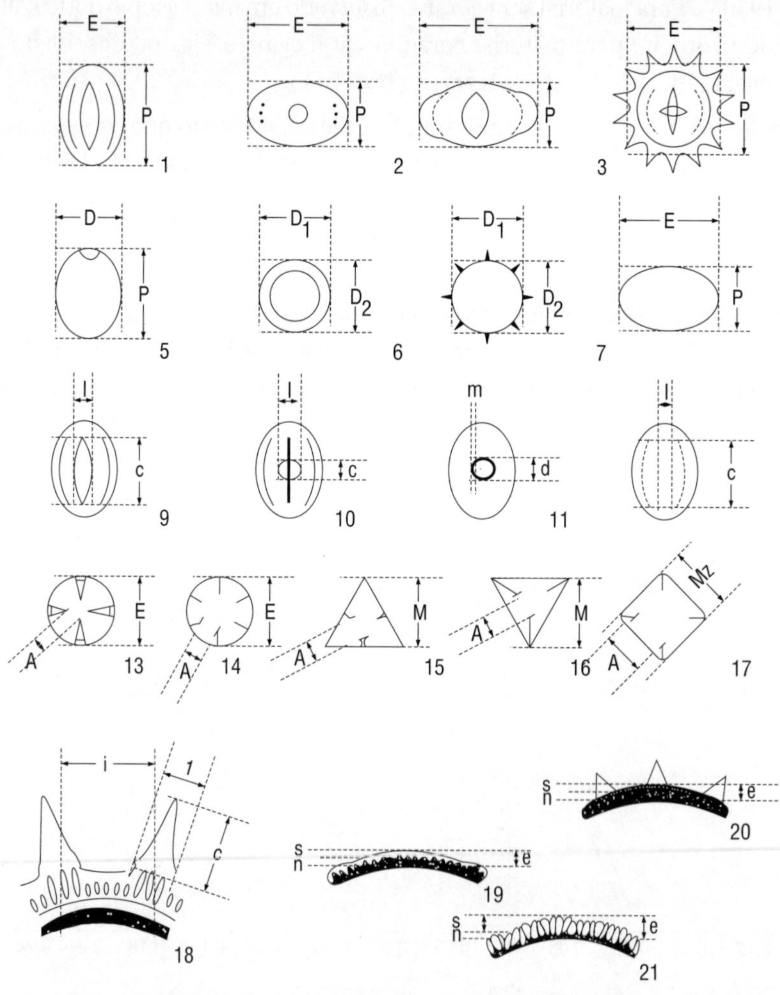

Figura 4.7 Formas de abertura em grãos de pólen e as posições para mensuração de grãos. Colpos: 1, 3, 8, 9. Cólporos: 4,10,12. Poros: 2, 5,11. Grãos não aperturados: 6, 7. Posições para as mensurações dos grãos de pólen: 1-17. Posições para as mensurações da exina: 18-21. (Salgado-Labouriau, 1973, Fig.534).

espinho (em morfologia de pólen) é sempre maior que 3 µm e uma espícula é menor (entre 0,3 e 0,9 µm), entretanto vê-se na literatura a descrição de um tipo de pólen que, a 6.000x ou mais, apresenta "espinhos" que não são visíveis nem sequer a 3.000x. Está havendo um movimento para que os caracteres morfológicos observados em grande aumento (maior que x1.600) em microscopia eletrônica e que não podem ser observados na microscopia óptica, sejam denominados por outros termos. Para maiores detalhes, consulte o glossário de Erdtman (1952) e o de Punt e colaboradores (1994). Para os detalhes de ultra-estrutura (em TEM) veja a Parte 3 referente à exina, neste capítulo.

Os tipos de forma, aberturas e ornamentação podem estar combinados de muitas maneiras que descrevem tipos de pólen e esporos muito variados. Porém, em uma espécie dada, as características morfológicas dos grãos são constantes, o que permite a identificação dos mesmos.

2.6 Tamanho

Os estudos morfológicos do pólen de plantas modernas mostraram que os grãos mudam de tamanho de acordo com o tratamento a que são submetidos (Reitsma, 1969) e também depois de montados em lâminas de referência (Salgado-Labouriau, Vanzolini & Melhem, 1965). Entre os anos de 1959 e 1969 foram feitos muitos estudos sobre essas variações de tamanho, cujos trabalhos foram revistos por Reitsma em 1969. A conclusão geral é que para comparar por tamanho os grãos de pólen de espécies modernas é necessário fixar as variáveis com respeito aos métodos de preparação e de montagem. Além disto, Salgado-Labouriau, Vanzolini & Melhem (1965) e Salgado-Labouriau & Rinaldi (1990b) mostraram que é necessário fixar o tempo decorrido entre a montagem dos grãos e a data de medição. Para o pólen montado em gelatina glicerinada, este tempo deve ser entre sete dias e um mês porque há um aumento rápido de tamanho entre os 4 ou 5 primeiros dias e estabilização, nos trinta dias seguintes. O pólen montado em óleo de silicone não sofre estiramento, porque o meio é anidro. Entretanto, estes grãos encolhem durante a desidratação anterior à inclusão em óleo, e eles são menores que o seu tamanho quando frescos ou em gelatina glicerinada. Veja Capítulo 11, para maiores detalhes.

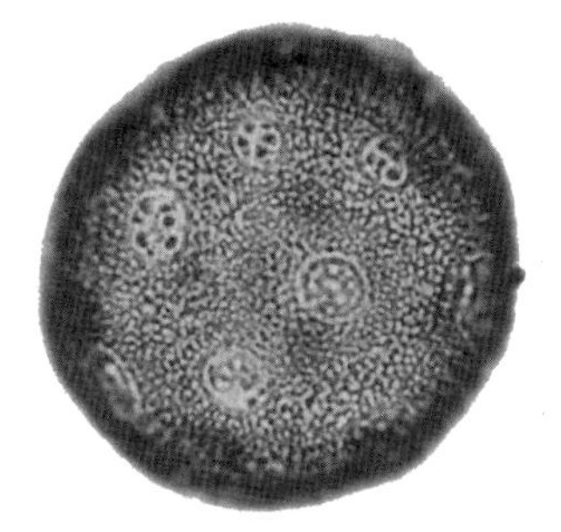

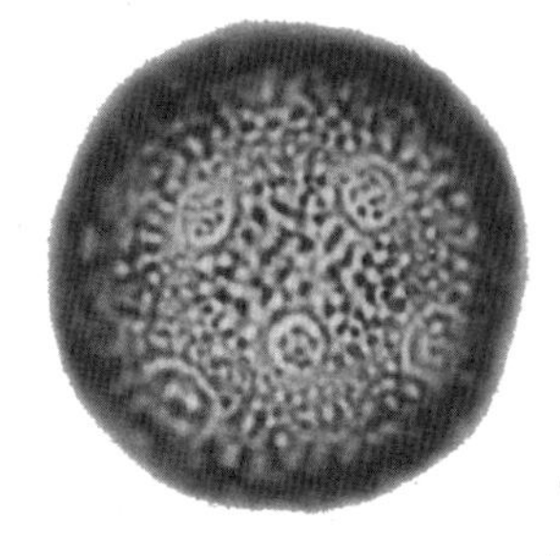

Figura 4.8 Poros fechados por opérculo em grãos de pólen de Caryophyllaceae. À esquerda, *Cestrum meridensis*; à direita, *Arenaria lamiginosa*.

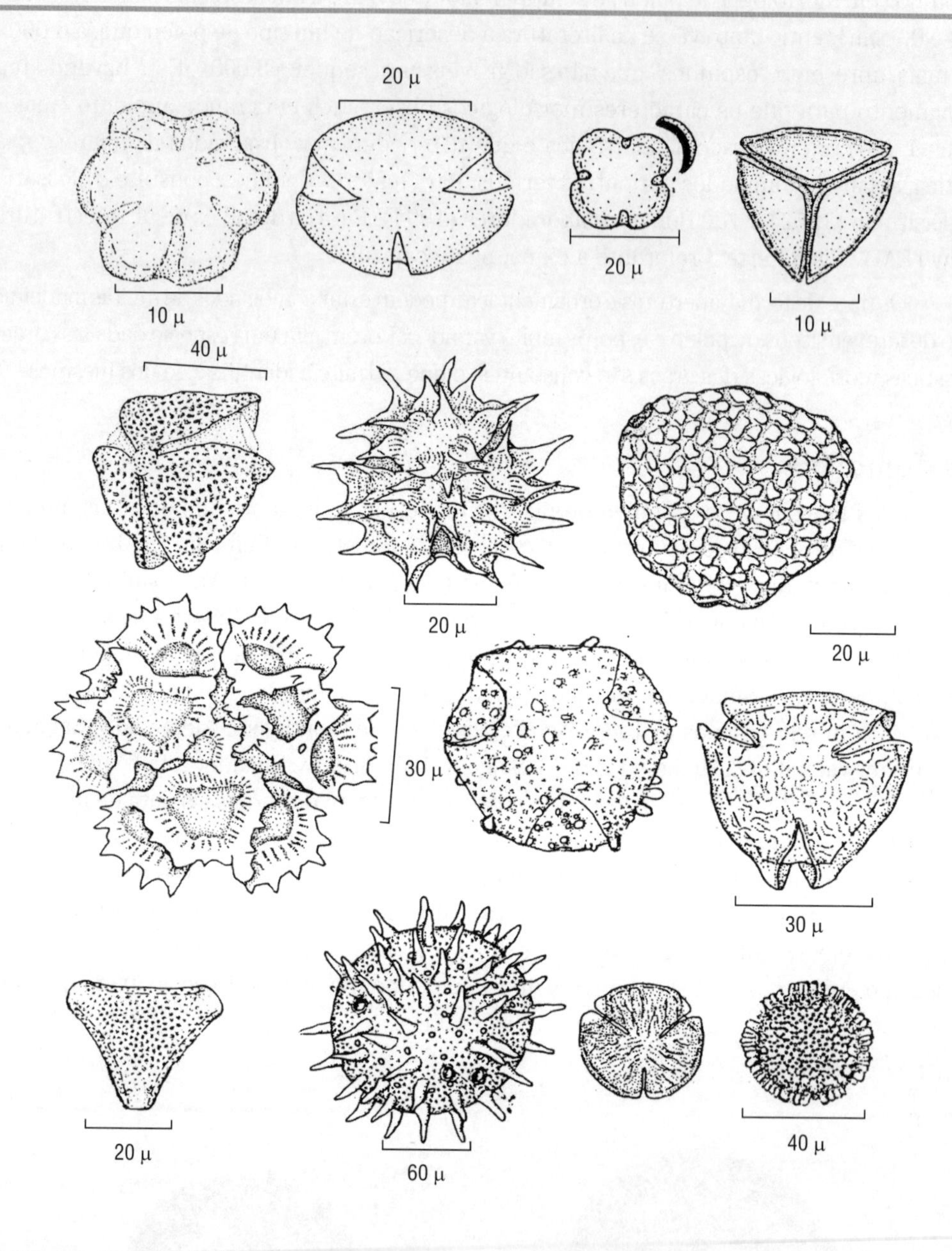

Figura 4.9 Exemplos de ornamentação da exina, da esquerda para a direita, **1ª linha**, em cima, grãos lisos: *Terminalia argentea* (Combretaceae), *Dimorphandra molis* (Leguminosae), *Rapanea umbellata* (Myrsinaceae), *Cuphea micrantha* (Lythraceae). Grãos com ornamentação. **2ª linha:** *Caryocar brasiliensis* (Caryocaraceae), *Aspilia foliaceae* (Compositae), *Diplusodon villosissimus* (Lytraceae). **3ª linha:** *Vernonia ammophyla* (Compositae), *Bauhinia bongardi* e *Desmodium pachyrhiza* (Leguminosae). **4ª linha:** *Euplassa cupanioides* (Proteaceae), *Pavonia sagittata* (Malvacee), *Prunus sphaerocarpa* (Rosaceae), *Borreria capitata* (Rubiaceae). Salgado-Labouriau (1973).

A distinção por tamanho é muitas vezes a única possível entre duas ou mais espécies (ou gêneros) com o mesmo tipo polínico (Tabs. 4.2 e 4.3). Mas este tipo de distinção tem que ser usado com muito cuidado nos grãos antigos ou fósseis, pois eles foram preservados em condições diferentes, conforme o sedimento. Alguns autores sugerem que o pólen moderno usado para montar lâminas de referência para análise de pólen deve ser tratado primeiro pela potassa e depois pela acetólise (veja métodos de preparação, Capítulos 11 e 12), para que seja comparável aos antigos. É ingênuo pensar que se submetermos os grãos de pólen moderno a esses dois tipos de tratamento, ou mesmo a toda a seqüência utilizada para preparar sedimentos, a forma e o tamanho desses grãos possam ser comparados diretamente aos grãos antigos. Não é possível reconstituir todas as condições pelas quais passaram os grãos durante o tempo que ficaram depositados em uma turfeira ou em um sedimento e muito menos, em rochas sedimentares. Eles sempre serão um pouco diferentes dos modernos em tamanho.

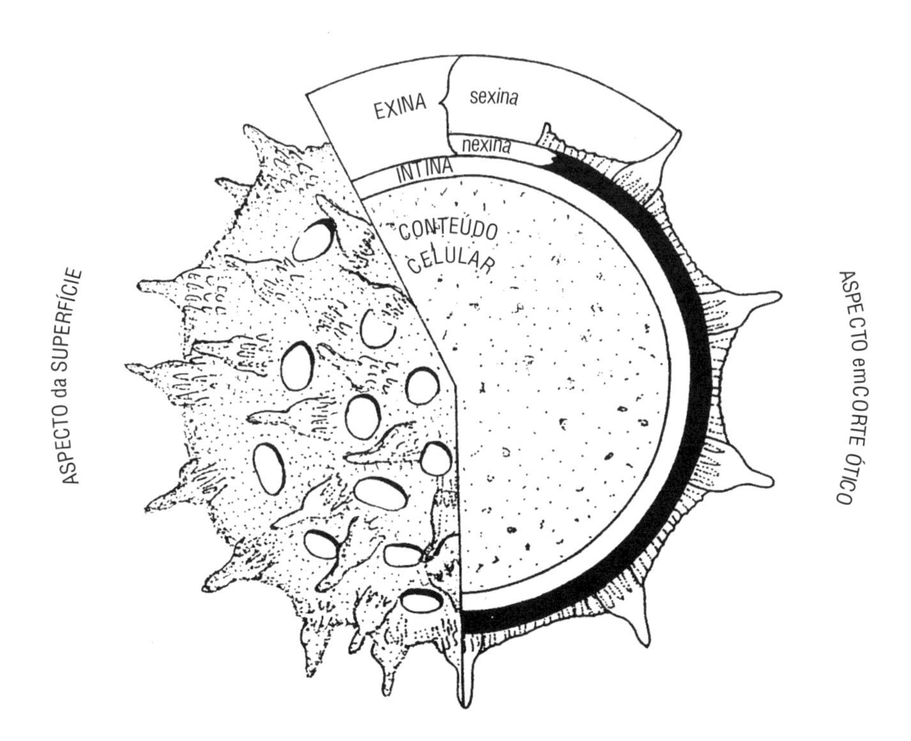

Figura 4.10 Esquema do pólen de *Ipomoea* mostrando as camadas da exina. Salgado-Labouriau (1962).

Felizmente a elasticidade da exina é limitada e a forma muda dentro de uma faixa que varia de acordo com a sua espessura e a morfologia da membrana. É necessário conhecer os limites dentro dos quais um tipo de pólen varia e qual é a forma em que ele fica quando as forças que atuam sobre ele fizeram uma deformação irreversível. Em certos sedimentos, principalmente nos mais antigos, os grãos se dobram ou se achatam como um disco, em outros os grãos podem se abrir em duas ou mais partes. A deformação é normalmente a mesma para cada tipo. A observação dos grãos montados em lâmina de referência ajuda a avaliar o tipo de deformação, pois quase sempre existem alguns grãos que ficam amassados, dobrados ou partidos.

Quando há uma diferença muito grande de tamanho entre espécies com a mesma morfologia, não há problemas na distinção de grãos do Quaternário Tardio. Este é o caso do pólen de ***Polylepis sericea*** dos Andes venezuelanos e as três espécies de ***Acaena*** (Salgado-Labouriau, 1979a) que ocorrem nas mesmas altitudes (Tab. 4.2). O pólen de milho (***Zea mays***, Tab. 4.3), com o diâmetro entre 80 e 120 μm (Salgado-Labouriau, 1973), distingue-se das outras gramíneas cujo pólen chega no máximo a um pouco mais que 60 μm. Os grãos de pólen das variedades de mandioca cultivada (***Manihot esculenta***) são entre 11% e 18% maiores que os das espécies deste gênero que não são cultivadas (Salgado-Labouriau, 1967). Em geral, o pólen das plantas cultivadas é maior que o das espécies não cultivadas do seu gênero. Este fato ajuda na análise de locais arqueológicos porque muitas vezes é possível identificar os cultivos de um povo antigo.

Em muitos casos as diferenças de tamanho e forma são pequenas ou existe uma graduação contínua entre os extremos (Fig. 4.12). Nesses casos, só é possível detectar diferenças para identificar os grãos se existe uma base estatística segura. É necessário conhecer a média aritmética, o desvio padrão, o intervalo de confiança e o coeficiente de variabilidade de cada espécie em questão para testar estatisticamente as probabilidades de separação. Hoje em dia deve ser possível associar tamanho e forma em análise matemática para distinguir espécies. Mas isto ainda não foi tentado.

O pólen de gramíneas é muito freqüente nas análises de sedimentos quaternários. Geralmente todas as gramíneas são contadas juntas porque não é possível distingui-las ao nível de gênero e nem sequer separá-las por hábitat, como aquáticas, terrestres, florestais,

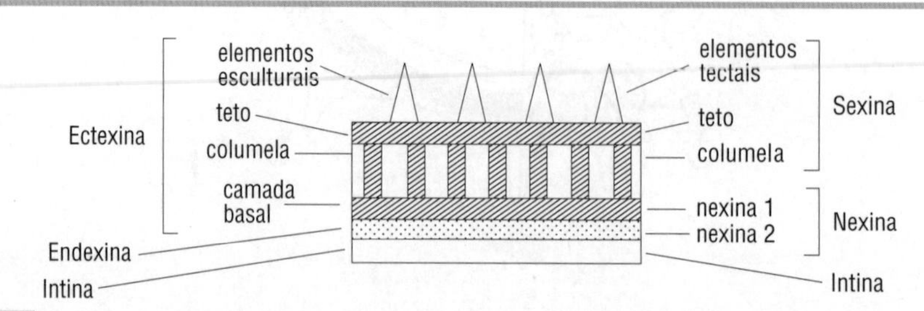

Figura 4.11 Esquema da exina mostrando a terminologia das camadas segundo Faegri & Iversen (esquerda) e segundo Erdtman e Reistma (direita). Moore & Webb (1978).

etc. (Salgado Labouriau & Rinaldi, 1990a,b). Como esta família é extremamente importante na interpretação paleoecológica desde o Eoceno (meio do Terciário) até o presente, é necessário examinar em detalhe as dificuldades que oferece. Alem disto, este caso serve como exemplo para outros táxons que têm muitas espécies com o mesmo tipo polínico.

Em 1941 Iversen mostrou que os cereais cultivados na Dinamarca desde o período neolítico têm pólen maior que as gramíneas não cultivadas daquela região. Estabeleceu que o limite é de 40 μm, o que foi depois confirmado por Andersen (1978). Mais tarde mostrou-se que este critério pode ser usado para outras regiões da Europa Ocidental. Entretanto, F. Bonnefille mostrou que existem espécies africanas nativas de gramíneas com pólen acima de 40 μm que não são cereais e Salgado-Labouriau & Rinaldi (1990 a, b) verificaram a mesma coisa para as espécies das montanhas venezuelanas. Nas Américas, só é possível separar sem problemas o pólen de milho.

O estudo das gramíneas das montanhas da Venezuela, já citado, e dos Cerrados do Brasil (Campos & Salgado-Labouriau, 1962), mostra que se o número de espécies de gramíneas é grande dentro de um certo tipo de vegetação, as medidas dos grãos se dispõem em uma distribuição quase contínua. No caso da Fig. 4.12, os grãos vão de cerca de 17 μm até cerca de 57 μm (diâmetro polar), sendo que a maior parte das espécies se concentra entre 25 e 50 μm. Somente as espécies com grãos muito pequenos ou muito grandes podem ser separadas das outras por tamanho. Para conhecer estas espécies é necessário medir o pólen de todas as espécies que crescem na região em estudo.

O trabalho do pólen de gramíneas das montanhas venezuelanas, relatado acima, também mostrou que os grãos de pólen dos bambus lenhosos, característicos de matas e florestas, estão entre os maiores grãos. Eles têm o limite inferior de 36,4 μm, porém a maioria deles fica entre 40 e 56 μm (diâmetro polar). Resta verificar se este fato, válido para as montanhas da Venezuela, é geral para os bambus lenhosos de outras regiões.

Durante a medição, o grão deve ser observado ao microscópio com o diâmetro máximo em foco de forma que se veja perfeitamente a espessura da exina. Esta posição de focalização é chamada **corte óptico** ("optical cross section"). Para cada medida tomada (diâmetro polar e equatorial, comprimento e largura da abertura, etc.) deve haver uma

Tabela 4.2 Medidas (em μm) do pólen de *Polylepis sericea* e três espécies de *Acaena* da Venezuela. Adaptado de Salgado-Labouriau (1979a).

Espécie	Diâmetro Polar (P)[a]	Diâmetro Equatorial (E)[a]	P/E	Região oral [a] altura
P. sericea	40,9 ± 1,2	38,0 ± 1,5	1,08	7,9 ± 1,8
A. elongata	32,3 ± 1,8	29,8 ± 1,8	1,08	5,1 ± 0,7
A. cylindros-tachya	30,4 ± 1,5	29,2 ± 1,2	1,04	4,5 ± 0,7
A. argentea	29,3 ± 1,5[b]	28,6 ± 1,6[b]	1,02	3,6 ± 0,6

[a] – média aritmética ± intervalo de confiança da média a 99%, n = 30

[b] – n = 15

posição padrão (Fig. 4.7) e só se medem os grãos que estão nesta posição. Para maiores detalhes, veja Salgado-Labouriau (1973).

As medidas são feitas com uma ocular micrométrica que tenha uma escala dividida em 100 partes por meio de um nônio (Vernier). A não ser em casos especiais, basta medir 30 grãos distribuídos, ao acaso, em pelo menos três lâminas de referência. A média aritmética, o desvio padrão, o coeficiente de variabilidade e o intervalo de confiança (dado pelo teste t de Student) devem ser calculados como rotina.

Estudos de distribuição, como o teste K-S e de homogeneidade de variância (teste de Bartlett), assim como estudos estatísticos mais rigorosos podem ser feitos a posteriori, desde que todas as condições de medida e as variáveis que possam influir na tomada das medidas sejam conhecidas e estejam controladas.

A variação do tamanho dos grãos de pólen em relação aos métodos de preparação e montagem de pólen é discutida no Capítulo 11, Parte 4.

3. EXINA: PROPRIEDADES FÍSICAS E QUÍMICAS

O grão de pólen quando está vivo é envolvido por duas membranas. A externa, **exina**, é constituída de esporopolenina (Zetzsche, 1932; Brooks & Shaw, 1978) e de glicocálix (Rowley et al., 1981). **Glicocálix** ("glycocalyx") é o termo criado por Bennet, em 1963, para designar o envoltório rico em polissacarídeos que ocorre em muitos tipos de células animais e vegetais e que envolve por fora a membrana citoplasmática (em Rowley & Skvarla, 1975). Ele pode estar total ou parcialmente conectado com a superfície externa. O glicocálix toma parte em numerosas atividades da célula, como trocas iônicas, mecanismos de reconhecimento bioquímico, reações imunológicas, conexção intercelular e formação de cutícula. Rowley e colaboradores mostraram que a tétrade inicial do micrósporo é envolvida externamente por uma rede tridimensional de glicocálix, sobre a qual se deposita a esporopolenina. Esta rede de glicocálix dirige a acumulação da esporopolenina no padrão genético característico da espécie (Rowley & Skvarla, 1975; Rowley et al., 1981). Como se viu anteriormente, a exina é que confere as características de forma e ornamentação que permitem a identificação dos grãos de pólen.

A esporopolenina é o componente mais importante da exina porque confere à membrana a sua propriedade de grande estabilidade química. Ela foi estudada primeiro por Zetzsche (1932) que demonstrou ter ela a fórmula geral de $C_{90} H_{144} O_X$. Depois destes resultados, nada

Tabela 4.3 Tamanho dos grãos de pólen dos cereais mais comuns (Salgado-Labouriau, 1973)

Espécie	P x E	Espécie	P x E
Zea mays (milho)	85 x 125 µm	*Phragmites communis*	33 x 33 µm
Avena sativa (aveia)	55 x 45 µm	*Secale cereale* (centeio)	70 x 55 µm
Elymus arenarius	54 x 51 µm	*Triticum aestivum* (trigo)	61 x 52 µm
Hordeum vulgare (cevada)	45 x 40 µm		

mais foi feito sobre a composição química da exina até o final dos anos de 1960 e ela passou a ser definida somente por suas propriedades químicas e físicas de estabilidade e elasticidade.

A membrana interna é a **intina**, composta principalmente de celulose, da mesma forma que nas outras células das plantas. A intina não se preserva nos sedimentos e é digerida pelos animais que se alimentam de pólen.

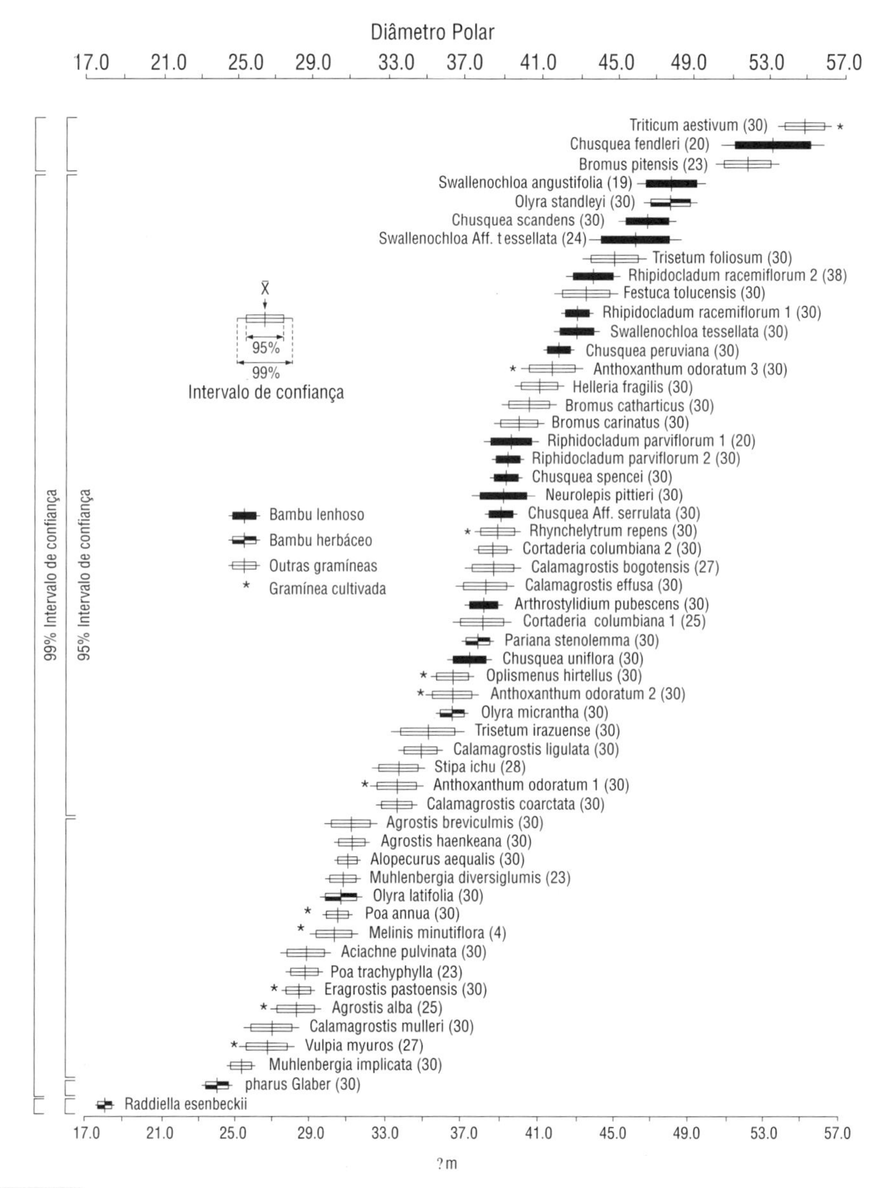

Figura 4.12 Gráfico do tamanho de grãos de pólen de gramíneas das montanhas da Venezuela. Em cada espécie, a linha vertical representa a média aritmética, a barra horizontal dá o coeficiente de variablidade a 95% e a linha horizontal dá o coeficiente de variabilidade a 99%. Salgado-Labouriau & Rinaldi (1990 a, b).

Estudos recentes mostram que as paredes do pólen de Angiospermas contêm 10% a 20% de celulose e que a proporção de esporopolenina varia de espécie para espécie, desde 3,5% (em *Phleum*) até 24% (em *Pinus*) (Faegri et al., 1989). Nos esporos de *Equisetum* há cerca de 14% de celulose e cerca de 1,8% de esporopolenina (Faegri et al., 1989).

A dificuldade do estudo químico da exina reside no fato de que ela é quimicamente muito estável. Realmente, a exina resiste bem ao tratamento com substâncias redutoras como os ácidos sulfúrico, acético e fluorídrico. É atacada lentamente pelos ácidos oxidantes, como o ácido nítrico e por substâncias alcalinas, como potassa e a soda cáustica. Ela é destruída inteiramente pelo ácido crômico. A exina resiste ao calor e pode ser fervida em meio líquido (água, ácidos redutores ou álcali a 10%) e estas são as etapas da preparação do pólen contido em sedimentos, rochas sedimentares e carvão-de-pedra (Capítulo 12). Em 1967 aqueci grãos de pólen acetolisados em um microscópio de ponto de fusão até 200°C sem que o envoltório externo fundisse ou apresentasse qualquer modificação observável. A partir dessa temperatura desprendia-se uma "névoa" que impedia a observação dos grãos ao microscópio de ponto de fusão e que sugeria que alguma substância estava volatilizando. Segundo Zetzsche e colaboradores (em Faegri et al., 1989), a exina resiste às temperaturas até 300°C. A resistência a uma maior ou menor temperatura deve depender da espessura e da composição química da exina de cada espécie, mas realmente fica entre 200° e 300°C a seco.

A exina passa intacta pelo intestino dos animais que se alimentam de pólen (insetos, aves, morcegos) e de mel, como insetos, ursos e o homem. O estudo do pólen em fezes de abelha contribui para o conhecimento de seus hábitos alimentares, pois o pólen é a principal fonte de proteína das abelhas (Stanley & Linskens, 1964). Nos coprolitos (fezes fósseis) de preguiças-gigantes e nos middens de roedores (pack-rats), encontrados em cavernas e abrigos das regiões áridas dos Estados Unidos foram encontrados macrorrestos de plantas (Cap. 3) e grãos de pólen que permitiram a reconstrução da vegetação deste deserto, não somente durante o final da última glaciacão (Wisconsin), mas também depois que a temperatura foi subindo até atingir as médias atuais (van Devender, 1973 e 1977; Phillips, 1984). Estes estudos mostraram que os desertos norte-americanos tinham uma vegetação mais densa há 12 mil anos atrás e que a comunidade de plantas tinha, além das plantas atuais, arbustos de muitas espécies que crescem hoje bem mais ao norte desta região.

Exames de coprolitos e de intestinos de insetos fossilizados no Paleozóico, principalmente de hulha do Carbonífero (350 a 290 milhões de anos atrás), detectaram grande quantidade de esporos de Pteridófitas e pólen de Gimnospermas. Estes registros estão sendo estudados hoje em dia para conhecer melhor as interações planta-artrópodo desde que se iniciaram as plantas vasculares na Terra. Parece que esta interação era muito semelhante às associações encontradas hoje em dia. Uma revisão exaustiva sobre este assunto foi feita por Labandeira (1998).

A estrutura cristalina da exina foi descoberta em 1948 por Luiz G. Labouriau e colaboradores com estudos de difração de raio-x do pólen de *Gladiolus communis* (Labouriau, 1948), de *Lilium longiflorum* e de *Hybiscus tiliaceus* (Labouriau & Rabello, 1948 a, b), bem como de esporos de ***Lycopodium clavatum*** (Labouriau & Cardoso, 1948) e de ***Anemia collina*** (Labouriau & Rabello, 1948c). A estrutura cristalina foi mais tarde confirmada com outra técnica (Rowley, 1978; Rowley et al., 1981) em observações em microscópio eletrônico de transmissão (TEM). Rowley e colaboradores (1981) mostraram também que as moléculas de esporopolenina estão organizadas em espirais dentro de uma matriz de glicocálix. Esta organização espacial seria a razão pela qual a exina é elástica, estirando-se e retraindo-se conforme o grau de hidratação do grão de pólen.

Flenley (1971) mostrou que a densidade da exina depende da espécie, mas os valores ficam entre 1,4 e 1,5. Em 1973 Juvigne (em Faegri et al., 1989) mostrou que a densidade da exina de esporos e pólen aumenta com a idade do depósito e vai de 1,4 no pólen recente até 2,1 no do Terciário. Estes valores são muito altos para uma substância orgânica e por isto permitem separar, por centrifugação, o pólen dos outros restos orgânicos encontrados em sedimentos e turfas.

Se bem que a estabilidade química da exina apresente dificuldades para o conhecimento detalhado de sua estrutura química, por outro lado, ela é a razão pela qual pólen, esporos, cistos de dinoflagelados e outros palinomorfos se preservam intactos por milhares e milhões de anos.

No final da década de 1960 Brooks & Shaw (1968) iniciaram o estudo da exina em esporos de algas, fungos e plantas vasculares utilizando espectrometria de infravermelho. Estes estudos confirmaram os resultados de Zetzsche e colaboradores em 1932 de que tanto os esporos quanto os grãos de pólen têm a mesma constituição química no envoltório externo e que esta substância (esporopolenina) é composta somente por carbono, hidrogênio e oxigênio. No estudo da exina de um tipo de lírio (***Lilium henryi***), Brooks & Shaw mostraram que a esporopolenina é formada pela polimerização oxidativa de uma mistura complexa de carotenóides e ésteres de carotenóides. Heslop-Harrison (1968) já havia demonstrado que carotenóides e ésteres de carotenóides estão presentes na antera durante a formação dos grãos de pólen e que a exina só se deposita sobre a superfície dos grãos de pólen após a divisão meiótica, e que ela não é de celulose. Continuando seus estudos, Brooks & Shaw (1971, 1978; Brooks et al., 1971) mostraram a presença de esporopolenina em esporos de ***Lycopodium*** e outras Pteridófitas, em esporos de algas e fungos e em várias Angiospermas por meio de espectro de infravermelho (Fig. 4.13). A esporopolenina foi sintetizada artificialmente por eles a partir de monômeros extraídos do lírio e com esta técnica mostraram que, para uma base arbitrária de 90 átomos de carbono, a unidade contém de 140 a 160 átomos de hidrogênio e de 25 a 40 átomos de oxigênio, o que confirma as análises de Zetzsche e colaboradores nos anos 30.

A esporopolenina de diferentes plantas viventes (pólen, esporo de pteridófita, esporo de fungo e quitina), todas elas preparadas com a mesma técnica (acetólise), foi estudada por Ressonância Magnética Nuclear do Estado Sólido (Hemsley, Barrie, Chaloner & Scott, 1993). Os espectros obtidos mostram que a estrutura da esporopolenina em todas elas têm os mesmos componentes alifáticos e aromáticos como principal material. Porém, estes espectros mostram pequenas variações entre os grandes grupos de plantas. Dentro de um mesmo grupo, por exemplo os grãos de pólen das Angiospermas ou das Gimnospermas, há uma grande correspondência de estrutura. As diferenças maiores se encontram entre material de plantas viventes e de fósseis. Esporos, pólen, cistos de algas fósseis apresentam uma certa degradação da esporopolenina devida à diagênese. Foi estudada uma espécie de cada um dos gêneros a seguir (veja revisão dos resultados em Hemsley et al., 1993). Pteridófitas viventes: *Anemia, Equisetum, Lycopodium, Osmunda*. Gimnospermas viventes: *Cicas, Encephalartos, Dioon, Cedrus, Pinus*. Angiospermas viventes: *Cyclamen, Garrya, Narcissus, Typha*. Esporos de Basidiomicetos: *Scleroderma*. Carapaças de crustáceos (material comercial). Entre os fósseis (na maioria provenientes do Carbonifero) foram estudados: cutículas, megásporos, microsporângios, cistos de *Tasmanites* (alga) e outros.

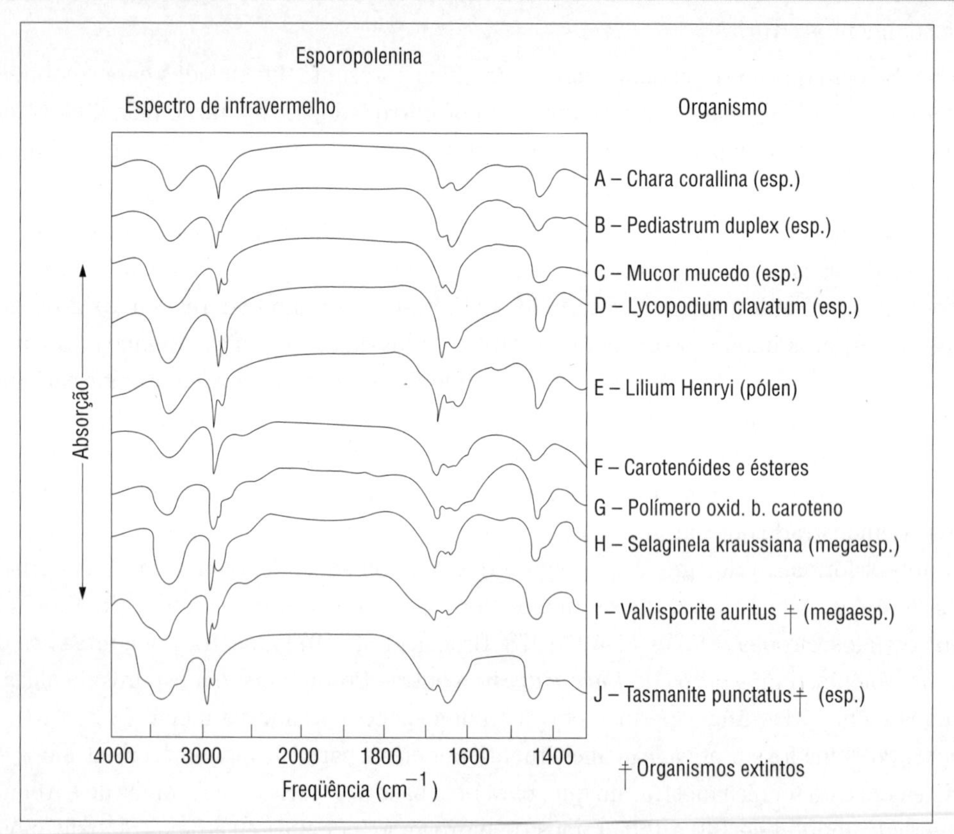

Figura 4.13 Espectros de infravermelho da esporopolenina de algumas plantas segundo Brooks & Shaw (1971): **A.** *Chara corallina*, esporo algal; **B.** *Pediastrum duplex*, esporo algal. **C.** *Mucor mucedo*, esporo de fungo. **D.** *Lycopodium clavatum*, exina do esporo de pteridófita. **E.** *Lilium henryi*, exina do pólen. **F.** Polímero oxidativo de carotenóides e ésteres de carotenóides de *L. henryi*. **G.** Polímero oxidativo de beta-caroteno. **H.** *Selaginella kraussiana*, megásporo moderno de Pteridófita. **I.** *Valvosporites auritus*, megásporo fóssil (250 x 10^6 anos atrás). **J.** *Tasmanites punctatus*, exina fóssil do esporo (350 x 10^6 anos atrás).

Ainda há muito para se estudar sobre a química da esporopolenina nas diferentes plantas. Vários pesquisadores estão continuando nesta linha e parece que ainda que o espectro de infravermelho de diferentes fontes seja semelhante (Fig. 4.13), o grau de polimerização dos diferentes monômeros varia de uma espécie para outra. Por outro lado, alguns dos resultados sobre o envolvimento dos derivados de carotenóide estão sendo questionados (Moore, Webb & Collinson, 1991). Estes são reajustes e detalhamentos, porém já está bem estabelecido que as exinas das espécies de Angiospermas e Pteridófitas têm proporção diferente dos monômeros de carotenóides e diferentes graus de polimerização na constituição específica da esporopolenina. Também ficou demonstrado que a esporopolenina é muito mais difundida no reino vegetal do que se pensava. Ela ocorre em quantidade apreciável não só na maioria das Gimnospermas, Angiospermas e Pteridófitas, como também em Acritarcas, Tasmanides, cistos de Dinoflagelados (Capítulo 3, Parte 3.3) e outros microfósseis. É encontrada em pequena quantidade no envoltório externo de esporos de algas e fungos e em outros cistos.

A propriedade de maior ou menor resistência aos ácidos fortes, à alta temperatura, à abrasão e aos processos de fossilização da exina nas diferentes plantas depende da proporção e do grau de polimerização da esporopolenina; depende também da espessura da exina. A combinação destes fatores pode fazer com que um grão de pólen ou esporo seja frágil, como por exemplo o pólen de Lauráceas, Musáceas e Marantáceas ou os esporos de Briófitas. Também pode fazer com que os grãos sejam muito resistentes e se fossilizem bem, como é o caso da maioria dos esporos de Pteridófitas e os grãos de pólen da maioria das Angiospermas e Gimnospermas.

Os fundamentos da análise palinológica

5

1. INTRODUÇÃO

A vegetação que existiu no passado deixou freqüentemente um registro pelo qual é possível reconstruí-la. Este registro está representado pelos fósseis. Como foi visto anteriormente (Cap. 3), os microfósseis e, principalmente, os grãos de pólen e os esporos de pteridófitas fósseis, são as principais fontes de informação em paleoecologia dos continentes.

No princípio, a análise de microfósseis em sedimentos continentais incluía somente o conjunto dos grãos de pólen e esse estudo se chamou **análise de pólen**. Mais tarde, nos finais dos anos 70, foram incluídos os esporos e as algas microscópicas (van Geel, 1976; van Geel & van der Hammen, 1978; Salgado-Labouriau & Schubert, 1977), as cutículas da epiderme de plantas (Salgado-Labouriau, 1973, p. 243-248 e 1979b; Palmer, 1976) e outros fragmentos (Kuhry, 1988) que resistem ao tratamento químico drástico utilizado na análise de pólen. A inclusão de tantos elementos, além dos grãos de pólen, permite uma melhor interpretação da vegetação e do ambiente físico de uma região, como se verá mais adiante neste livro. Hoje esses estudos são mais amplos não somente por incluir muitos tipos de microfósseis, como também por utilizar material polínico de fontes diferentes, de forma que o nome análise de pólen só é usado em casos especiais onde somente pólen foi analisado. Para as análises que incluem também outros microfósseis e microrrestos utiliza-se **análise palinológica** que descreve melhor o seu objetivo. A análise palinológica é o estudo dos grãos de pólen, dos esporos e outras partículas microscópicas de origem biológica que são resistentes ao tratamento com ácidos forte e estão contidos no ar, nos sedimentos e rochas sedimentares, bem como em qualquer meio que os conserve. Os microfósseis usados na análise palinológica são denominados pelo termo geral de **palinomorfo.** Este termo foi criado por R.A. Scott do Serviço de Geologia dos Estados Unidos (Tschudy & Scott, 1969; Kremp, 1965) para designar todos os microfósseis encontrados em preparações palinológicas, tais como pólen, esporos, algas microscópicas e outros.

A análise palinológica tem aplicações em vários ramos da ciência que incluem: 1. o estudo do desenvolvimento e das modificações dos ecossistemas naturais; 2. a história das comunidades vegetais e de seus hábitats; 3. a história das plantas e de suas migrações ao longo da história geológica; 4. o estudo do paleoclima; 5. o estudo das modificações e impactos provocados pelo homem na vegetação natural; 6. a detecção do início da agricultura em uma região determinada; 7. a datação de sedimentos e bioestratigrafia; 8. o estudo do conteúdo de pólen e esporos do ar (Aerobiologia) para prevenção de alergias respiratórias; 9. a análise de mel (Melissopalinologia); 10. a detecção de certas pistas em Criminologia.

A ênfase deste livro é o estudo paleoecológico; portanto as aplicações da análise palinológica em paleoecologia, isto é, na reconstrução da paleovegetação e do paleoclima (itens de 1 a 6), serão tratadas em detalhe neste livro. As outras aplicações utilizam, em geral, os mesmos conceitos e técnicas desenvolvidos para a análise de sedimentos e só serão mencionados quando o assunto vier a propósito, sem preocupação de tratá-lo exaustivamente. A aplicação em análise de pólen atmosférico será tratada no Capítulo 8.

A análise do pólen de mel dá a época do ano em que este mel foi produzido e as plantas utilizadas pelas abelhas na sua confecção, o que reflete diretamente na qualidade do mel. Esta análise também detecta a adulteração do mel comercial. Este tipo de análise utiliza exclusivamente os grãos de pólen e é tratado em revistas de apicultura, em livros e artigos especializados, como o de Maurizio & Louveau (1965) e Bart (1989) e nos livros e artigos de morfologia de pólen.

Entre as várias aplicações da análise palinológica, uma chamou muito a atenção do público. O Sudário de Turim que é considerado por muitas pessoas como sendo o sudário que envolveu o corpo de Jesus após a morte, passou por vários exames na década de 80 para verificar se era autêntico (Morgan, 1983). O palinólogo Max Frei de Zurich (Suíça) identificou 57 grãos de pólen no manto que sugerem ao autor que o manto foi levado a várias partes da Eurásia antes de ser depositado em Turim, na Itália. Há grãos de pólen característicos da vegetação das regiões do Mar Morto, na Palestina, de Constantinopla, da Anatólia, da França e da Itália (AASP Newsletter, 1994). Estes resultados confirmam os relatos históricos do trajeto do sudário desde a Ásia Menor até chegar à Itália. Entretanto, as datações de ^{14}C por AMS de três amostras feitas em três laboratórios diferentes revelou que este manto foi tecido em algodão que cresceu em 1290 ± 25 da era cristã (AD), portanto, é um artefato da Idade Média (Damon, P.E. e 20 outros autores, 1989; Dikin, 1995).

A palinologia está sendo utilizada hoje em dia pela polícia técnica de vários países como método de estabelecer o local de origem de drogas consideradas ilícitas, como cocaína, heroína e maconha. O pólen e os esporos da vegetação nos locais onde as plantas são processadas contaminam as drogas revelando novos locais e países de plantio e preparação, além dos tradicionais. Se os pacotes de droga são abertos e embalados outra vez antes de chegar ao ponto de venda, o exame palinológico pode indicar onde e em que época do ano isto foi feito (Stanley, 1993). Em criminologia, a análise do pólen do barro aderido aos sapatos da vítima ou do suspeito tem sido utilizada para ajudar a elucidar problemas forenses, porque pode detectar os lugares por onde passou a pessoa (Erdtman, 1992, p. 326-328).

Os **fundamentos da análise palinológica** são:

1. grande diversidade morfológica dos palinomorfos e a estabilidade física e química da membrana externa destes;
2. produção abundante de pólen e esporos;
3. transporte e dispersão eficiente de pólen e esporos;
4. preservação eficiente dos caracteres morfológicos da membrana externa dos palinomorfos.

Os três primeiros itens serão discutidos neste capítulo. As condições de boa preservação e de sedimentação dos palinomorfos serão tratadas mais adiante.

2. DIVERSIDADE MORFOLÓGICA E ESTABILIDADE QUÍMICA DOS PALINOMORFOS

Como foi visto no capítulo anterior, os grãos de pólen e os esporos de pteridófitas são envolvidos externamente por uma membrana de esporopolenina muito resistente a ataques químicos, a exina. Este envoltório é a parte do grão que se fossiliza. Por outro lado, é a exina que contém os caracteres morfológicos marcantes para cada espécie de planta. A forma, número de aberturas, ornamentação e estrutura permitem a identificação dos grãos e dão ao pólen e esporos as vantagens como microfósseis (Capítulo 4).

Como a diversidade das espécies de plantas é maior na zona equatorial e diminui progressivamente em direção aos pólos, a morfologia de pólen das plantas tropicais não está ainda bem estudada. A análise palinológica aí não pode ainda ter o detalhamento das zonas temperada e fria. As regiões melhor estudadas estão no norte e oeste Europeu onde o número de espécies é menor e a palinologia já foi iniciada há mais de um século (von Post, 1916, republicado em 1967; Wodehouse, 1935; Faegri & Iversen, 1950; Salgado-Labouriau, 1962; Hulshof & Manten, 1971).

Em muitas pesquisas do pólen contido em mel ou na atmosfera (com a finalidade de controle de doenças respiratórias), o conteúdo citoplasmático dos grãos de pólen deve ser preservado. Nestas análises utilizam-se outros caracteres morfológicos além dos específicos da exina, tais como: cor do grão, gotas de óleo ou de amido, inclusões citoplasmáticas, espessura da intina e outros (Barth, 1989).

Nos sedimentos quaternários e na análise de atmosfera, é comum encontrar esporos e conídios de fungos (Fig. 4.9). Estes têm uma morfologia muito simples e poucas formas (Alexopoulos, 1962). Para identificá-los é necessário, em muitos casos, colocar os esporos em um meio de cultura apropriado e deixar desenvolver o fungo. Este procedimento é rotina nos estudos de fungos na atmosfera para prevenção de alergias respiratórias. É claro que não é possível cultivar os fungos de sedimentos antigos, de forma que sua identificação às vezes não chega nem ao nível de família. Porém, devido à sua importância na prevenção de doenças respiratórias, está havendo um esforço para uma identificação mais precisa dos esporos de fungos que são transportados por correntes de ar (Nilsson, 1983; Wilken-Jensen & Gravesen, 1984; Grant Smith, 1990, entre outros). As formas resistentes de fungos (esporos, cistos, conídios, etc.) se preservam bem por algum tempo, e são encontrados principalmente nos sedimentos dos últimos milênios.

Fósseis de algas microscópicas já foram assinalados em rochas desde os anos trinta e cuidadosamente descritas a partir dos anos 50. São encontrados principalmente em folhelhos (Tschudy & Scott, 1969). Entretanto, são relativamente poucos os táxons que têm esporos, cistos ou outras formas de resistência que se preservam e são resistentes ao tratamento com ácidos utilizado na preparação de palinomorfos. Como foi dito anteriormente (Cap. 3, Parte III), as **Chlorococcales** são as mais abundantes nos sedimentos lacustres e pantanosos, assim como os **zigósporos** das Zignematáceas. Os mais freqüentes em sedimentos marinhos são os cistos de dinoflagelados e os acritarcos. A parede destes cistos é constituída de esporopolenina, da mesma forma que o pólen e os esporos de pteridófitas. Os microfósseis de algas marinhas têm sido utilizados com freqüência em bioestratigrafia (veja Capítulo 3, Parte III).

Como foi tratado no capítulo anterior, o pólen e os esporos de pteridófitas geralmente têm uma exina resistente a ataques químicos e à pressão e mudança de temperatura. Na maior parte das espécies de angiospermas, gimnospermas e pteridófitas a exina resiste ao transporte e ao tempo e pode se preservar por milhões de anos. Nas rochas sedimentares são encontrados esporos de pteridófitas desde o Siluriano médio, há mais de 400 milhões de anos; o pólen de gimnosperma é achado desde o período Carbonífero superior, há mais de 300 milhões de anos, e os de angiospermas desde o Cretáceo superior, há cerca de 100 milhões de anos (Traverse, 1988; Salgado-Labouriau, 2001a). Por outro lado, os acritarcos são encontrados desde o Proterozóico superior há mais de 500 milhões de anos. Em todos estes casos, a exina se conserva como tal. Ela não é um molde ou contramolde resultante de impregnação mineral, nem é uma impressão deixada na rocha, como ocorre com os outros fósseis. Nas rochas antigas, os palinomorfos estão muitas vezes achatados como um disco, provavelmente devido à pressão das camadas superiores e aos processos de consolidação do sedimento. Entretanto, eles estão geralmente inteiros e são perfeitamente identificáveis.

Os microfósseis com parede externa ou esqueleto de composição diferente da esporopolenina não têm as características de resistência da exina. A quitina do exoesqueleto dos insetos é quimicamente resistente, da mesma forma que a cutina da epiderme das plantas. Mas ambas não são flexíveis e se partem facilmente; geralmente só se encontram fragmentos delas nas análises do Quaternário. O carbonato de cálcio dos cocolitóforos (Fig. 3.20) e mesmo a sílica de algumas algas microscópicas (diatomáceas, e outras) e os corpos silicosos (fitolitos, Fig. 3.17) em geral são dissolvidos lentamente pela água e só se preservam em condições muito especiais em sedimentos muito antigos. Muitos desses microfósseis podem ser encontrados do Mesozóico ao Terciário em sedimentos marinhos, mas o seu uso como método de interpretação paleoecológica destes depósitos ainda não está bem desenvolvido. Em casos especiais, frústulas de diatomáceas (Fig. 3.22) são encontradas nos sedimentos após o tratamento químico para análise palinológica. Esses achados servem para indicar a presença de diatomáceas, cujos estudos devem ser feitos a partir de preparações que utilizam as técnicas apropriadas e não nas lâminas de palinologia, onde somente as mais resistentes são encontradas.

3. PRODUÇÃO DE PÓLEN E ESPOROS

O pólen e os esporos se encontram em grande quantidade nos sedimentos, o que permite uma análise com grande número de grãos que dá uma base firme na reconstrução da vegetação no passado. Esta enorme quantidade é devida a uma produção muito grande e uma dispersão eficiente que distribui estes grãos homogeneamente dentro do sedimento.

Em 1937, F. Pohl publicou um estudo da produção de pólen por plantas européias cujos resultados têm sido citados em muitos livros (Faegri & Iversen, 1950; Birks & Birks, 1980, entre outros) e que é, até hoje, a principal fonte de dados sobre produção de pólen. É muito difícil calcular com precisão a quantidade de pólen ou esporos produzidos por uma planta porque a produção de uma espécie depende de parâmetros climáticos que variam de ano para ano. Os dados da literatura são sempre estimados. Pohl contou o número de pólen produzido por uma antera (Fig. 6.1), multiplicou pelo número de anteras na flor, e estimou o número de inflorescências em uma planta herbácea para calcular o pólen total. Para as árvores ele estimou o número de flores ou inflorescências num ramo de aproximadamente 10 anos de idade e estimou o número de ramos por árvore. As conclusões deste estudo mostraram números muito grandes para algumas espécies: uma antera da erva *Rumex acetosa* (língua-de-vaca) produz 30.000 grãos de pólen; um ramo de amieiro (*Alnus glutinosa*) produz cerca de 300 milhões de grãos e de um carvalho (*Quercus robur*), 110 milhões de grãos (Tab. 5.1). Porém, a erva aquática, muito comum em aquários, *Vallisneria spiralis*, só produz 36 por antera.

Tabela 5.1 Produção de pólen em algumas plantas européias, segundo F. Pohl. Dados selecionados de Faegri & Iversen (1950) e de Birks & Birks (1980). **A** = árvore; **E** = erva.

Espécie	Número de grãos de pólen			
	Estame	Flor	Inflorescência	Ramo .10 anos^{-1}
Picea excelsa **A**	–	589.500	–	106.699.500
Rumex acetosa **E**	30.125	180.750	392.950.500	–
Pinus sylvestris **A**	–	157.661	5.773.445	346.412.700
Secale cereale **E**	19.103	57.310	4.240.940	–
Alnus glutinosa **A**	–	–	4.445.000	302.266.000
Tilia cordata **A**	–	43.500	200.100	89.044.500
Quercus robur **A**	5.146	41.168	554.368	110.984.474
Betula verrucosa **A**	10.072	20.145	5.452.500	118.502.500
Fagus sylvatica **A**	–	12.214	173.976	28.010.130
Polygonum bistorta **E**	710	5.678	2.861.712	–
Vallisneria spiralis **E**	36	72	144	–

Entre 1964 e 1986, outros pesquisadores obtiveram quantidades de pólen semelhantes às obtidas por Pohl em 1937. Faegri e colaboradores (1989) relacionam vários exemplos em que mostram a grande quantidade de grãos por antera em plantas com polinização por vento e a pequena quantidade nas plantas com outros agentes polinizadores. Por exemplo, Ikuse encontrou entre 644 grãos (em *Malva*) e 44.500 grãos (em *Hydrangea*) por antera. Reddi & Reddi encontraram entre 32 (*Bothriochloa*) e 89.000 (*Phenix dactylifera*, tamareira) grãos por antera, sendo que a quantidade era muito variável por indivíduo em *Bothriochloa* (32–1.990 grãos/antera).

Como cada flor geralmente tem várias anteras e cada planta várias flores ou inflorescências, a produção por planta pode alcançar números enormes. Estes números são característicos da espécie e variam muito de uma espécie para outra. Um cultivar de *Soghum* produz 100 milhões de grãos por panícula enquanto uma planta de *Linum catharticum* mal chega a 20 mil (Faegri et al., 1989). Segundo Grant Smith (1990), uma árvore de amieiro (*Alnus*) produz em média $7x10^9$ grãos de pólen por ano. Koski (em Faegri et al. 1989) calculou que *Pinus sylvestris* produz entre 10 e 80 kg de pólen por hectare, por ano, nas florestas da Finlândia, que correspondem a 30.000-280.000 grãos/cm^2/estação polínica (veja também Tab. 5.1). Estes resultados provavelmente têm uma margem grande de erro. Mas as ordens de grandeza são razoáveis porque estimativas da produção de pólen usando coletores de pólen no ar ou contando o pólen contido em musgos confirmam a ordem de magnitude estimada por Pohl e outros (Capítulo 6, Parte 5).

3.1 Plantas anemófilas

Entre as angiospermas, as árvores e ervas anemófilas, bem como todas as gimnospermas, produzem milhares ou milhões de grãos de pólen por planta, na sua época de floração.

Durante a época de floração dos pinheiros, pode-se observar "nuvens" de pólen e as pessoas que caminham debaixo do pinheiral ficam com as roupas e os sapatos cobertos de um pó amarelo constituído de pólen puro. Calcula-se que, durante a "estação de pólen", quando a quantidade de grãos de pólen por metro cúbico de ar atinge a mais de 500 grãos, uma pessoa parada inala c. 7.200 grãos em 24 horas; em uma pessoa em atividade, este número pode dobrar (Grant Smith, 1990). Com números tão altos, a maior parte do pólen produzida é perdida para efeito de fecundação e termina por cair na superfície do solo onde parte é destruída por oxidação e pelo calor do sol. Entretanto, os que caem em ambientes propícios à preservação são incluídos nos sedimentos ou turfeiras e são conservados por milênios ou milhões de anos.

Nas florestas européias, segundo Birks & Birks, a ordem decrescente de produção de pólen é: ***Pinus sylvestris***, ***Alnus glutinosa***, ***Corylus avelana***, ***Betula verrucosa***, ***Quercus robur***, ***Picea abies***, ***Populus canadensis***, ***Tilia cordata***, ***Fagus sylvatica***, ***Aesculus hippocastanum*** (Birks & Birks, 1980 p. 178). Não existem dados precisos sobre plantas tropicais, mas nestes últimos anos tem-se obtido muitos dados que já dão uma

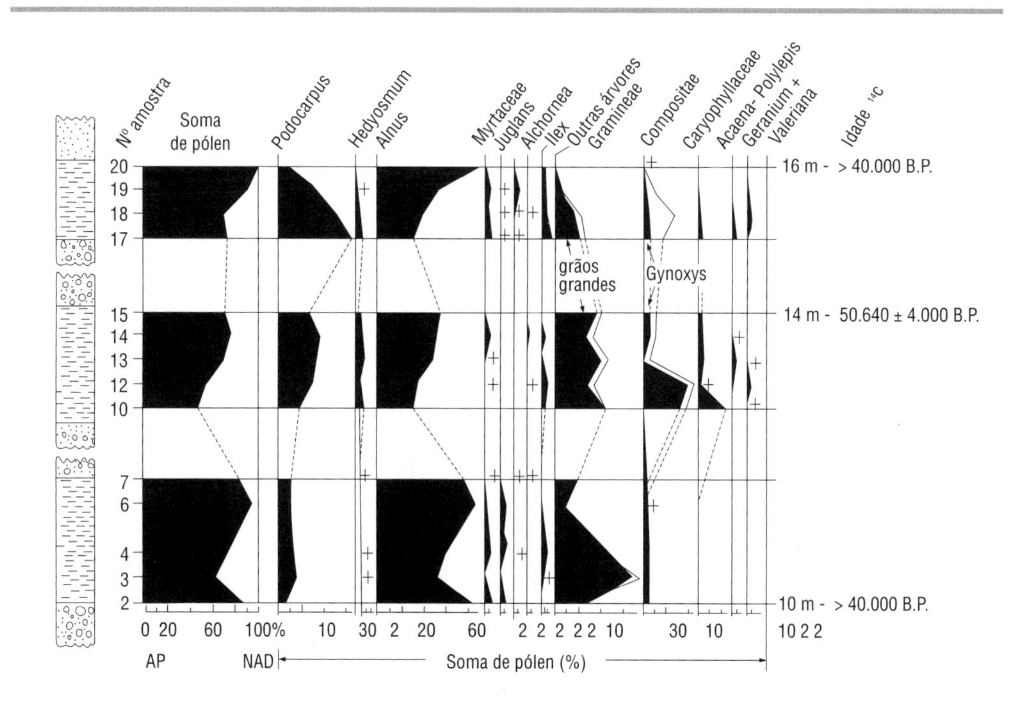

Figura 5.1 Diagrama de pólen do terraço de Tuñame, Andes venezuelanos. Observe que *Alnus*, uma árvore da mata de galeria andina, representa entre 40% e 70% do total de grãos de pólen, seguida de *Podocarpus*, uma árvore de selva nublada (Salgado-Labouriau, 1986b).

estimativa das plantas mais produtoras. A análise de pólen dos altos Andes setentrionais mostrou que, entre as árvores, *Alnus* e *Podocarpus* (Fig. 5.1) são as que mais contribuem com pólen, seguidas de *Cecropia* e *Hedyosmum*. Entre as ervas de grandes altitudes, do páramo andino, o pólen das gramíneas domina totalmente na atmosfera e nos sedimentos (Fig. 5.2), da mesma forma que domina nas terras baixas de savanas (Fig. 5.3). Outras ervas com pólen abundante em sedimentos são as cariofiláceas e quenopodiáceas (Salgado-Labouriau, 1979a).

Uma maneira de verificar quais são as plantas cujo pólen é transportado pelo vento consiste em estudar o conteúdo de pólen na atmosfera em um ciclo de um ano. Um estudo feito nos cerrados do Planalto Central do Brasil, perto da cidade de Goiânia (Fig. 5.4), mostrou que em praticamente todos os meses, inclusive na estação seca, plantas do cerrado liberam pólen que é transportado pelo vento. Dentro deste ciclo anual a maior diversidade de tipos polínicos está no final da estação seca, que naquele ano ocorreu em setembro. É marcante o papel das gramíneas que liberam pólen durante todo o ano (curva preenchida de pontos) e têm o seu máximo entre abril e maio, no final das chuvas. Isto explica o domínio do pólen de gramínea em sedimentos das savanas.

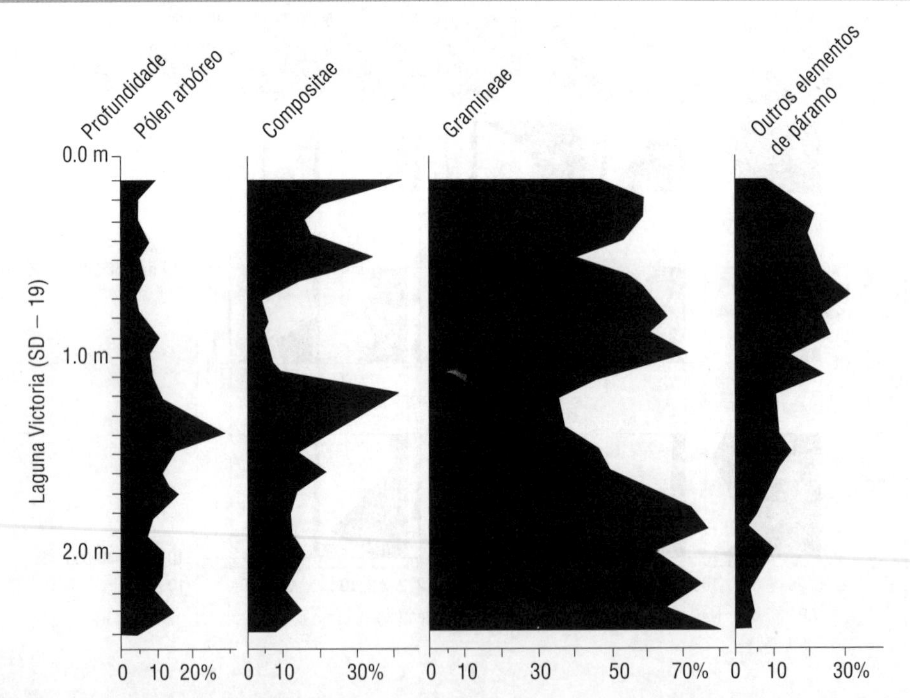

Figura 5.2 Diagrama resumido de pólen da margem da Laguna Victoria, Andes venezuelanos, a 3.250 m de altitude. Dados tirados de Salgado-Labouriau & Schubert (1977). Observe a dominância de gramíneas, seguida de compostas, que caracterizam as assemblagens de pólen de páramo.

As terras baixas tropicais estão sendo estudadas nesses últimos anos e devem trazer muita informação. Porém, há muitos tipos de vegetação que ainda não foram estudados e a diversidade de espécies e vegetação nos trópicos não permite ainda uma generalização sobre produção.

3.2 Plantas entomófilas e outras

As plantas entomófilas são aquelas cujo vetor de polinização é um inseto (Fig. 6.1). Este tipo de polinização só ocorre em Angiospermas. O pólen de Gimnospermas e os esporos de pteridófitas, fungos e outros organismos são dispersados pelo vento e, em alguns casos especiais, pela água.

A relação entre o vetor de polinização e os ornamentos e esculturas na superfície do grão não é simples. Em geral, os grãos lisos (psilados) são anemófilos e os grãos com esculturas elaboradas são entomófilos. Mas não é sempre assim. As gramíneas são sem dúvida anemófilas e seu pólen é levado a grandes distâncias pelo vento, Entretanto, seus grãos psilados ou levemente granulados podem ser encontrados em abundância em muitas amostras de mel, o que mostra que seus grãos são utilizados pelas abelhas.

No estudo do pólen das Araceae, monocotiledôneas com muitos tipos de ornamentação Grayum (em Moore et al., 1991), as espécies com grãos de pólen verrucados, estriados e reticulados eram polinizadas por muitos tipos de insetos, entre eles, moscas, besouros e abelhas. Entretanto, espécies com pólen psilado eram polinizadas por besouros e as equinadas (com espinhos), por moscas.

Algumas plantas entomófilas produzem muito pólen, como ***Polygonum***, ***Tilia*** e ***Fagus*** (Andersen, 1974). Parte deste pólen vai ser depositado e preservado. Mas, em geral, as plantas entomófilas não têm uma produção tão grande quanto as anemófilas (Tab. 5.1). Em algumas espécies em que o vetor de polinização é um animal (inseto, morcego, pássaro), as flores e o animal estão tão bem adaptados que o pólen só se desprende da antera durante a visita do polinizador (Meeuse, 1961; Faegri & van der Pijl, 1979). Na análise palinológica os grãos de pólen deste tipo não são freqüentes na atmosfera. Eles só aparecem em sedimentos quando o animal vetor ou suas flores mortas caem na área de deposição ou são arrastados pela chuva para dentro de lagos ou pântanos (veja Capítulo 6).

Os grãos de pólen de muitas espécies entomófilas são envolvidos por um material adesivo ou viscoso que adere ao corpo do animal. Este material é removido pela acetólise e não aparece nos grãos tratados (Moore et al., 1991).

Alguns autores acreditam que forças eletroestáticas estão envolvidas na aderência dos grãos ao corpo do animal e na transferência do pólen para a flor. Colbert e colaboradores (em Moore et al., 1991) mostraram que quando um corpo carregado de eletricidade (como uma abelha) aproxima-se da flor de ***Brassica napus*** (nabo), ele induz uma carga

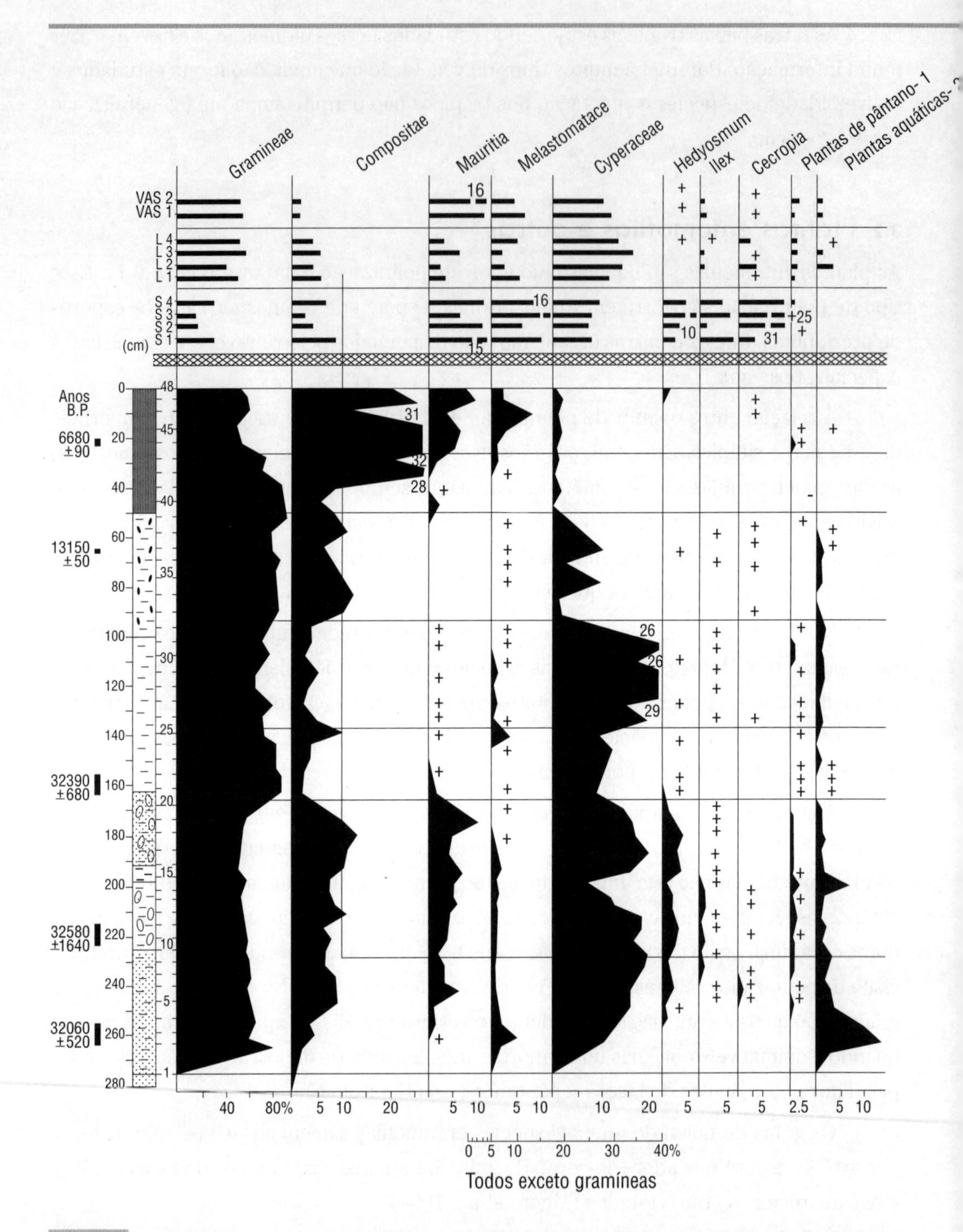

Figura 5.3 Diagrama de porcentagem dos principais tipos de pólen do cerrado (savana) em Cromínia. Observe a dominância de pólen de gramíneas. À direita, número total de pólen contado por nível estratigráfico. Segundo Ferraz-Vicentini & Salgado-Labouriau (1996). Veja o diagrama de concentração, Fig. 8.3. (continua)

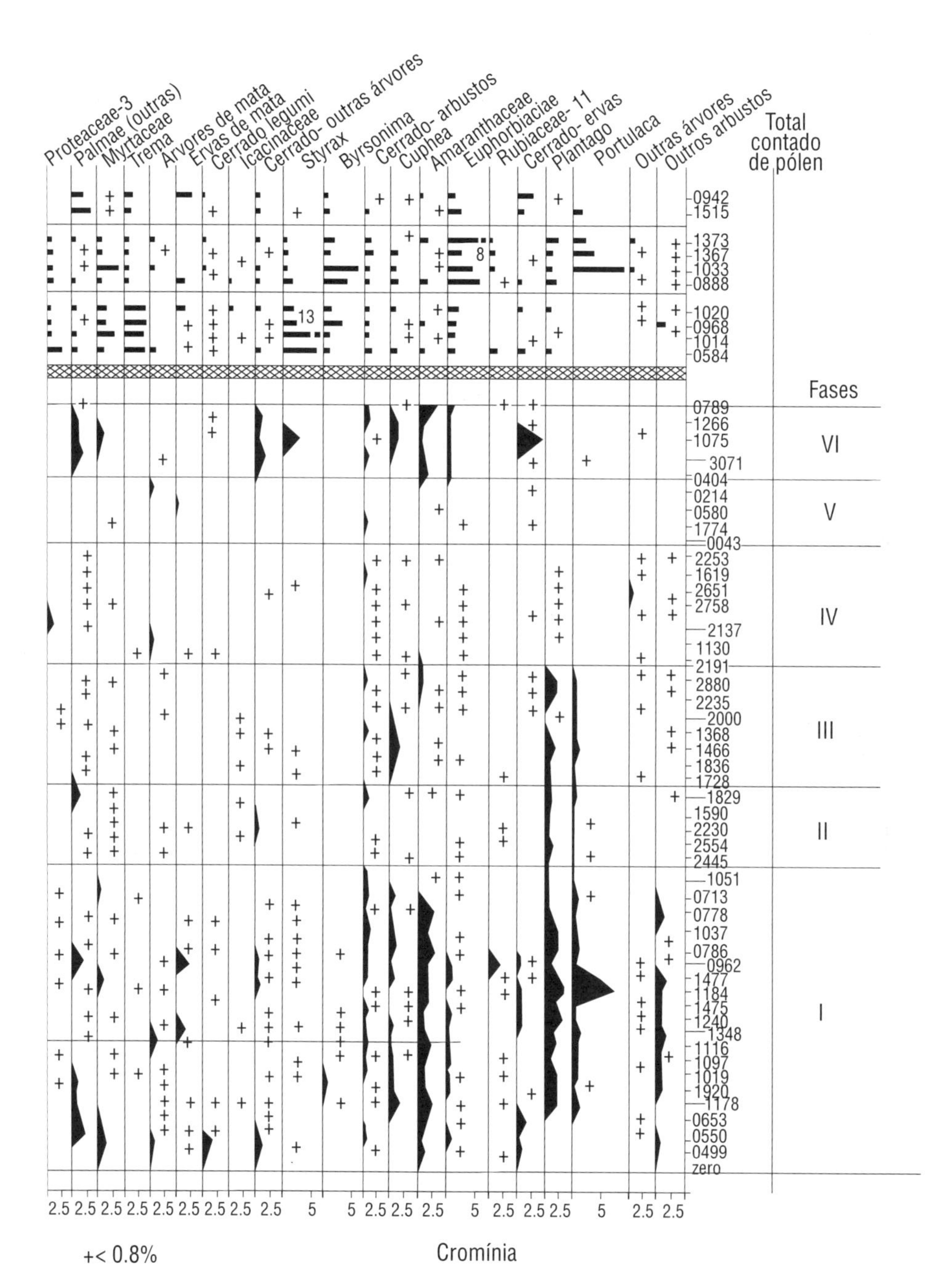

Figura 5.3 (continuação)

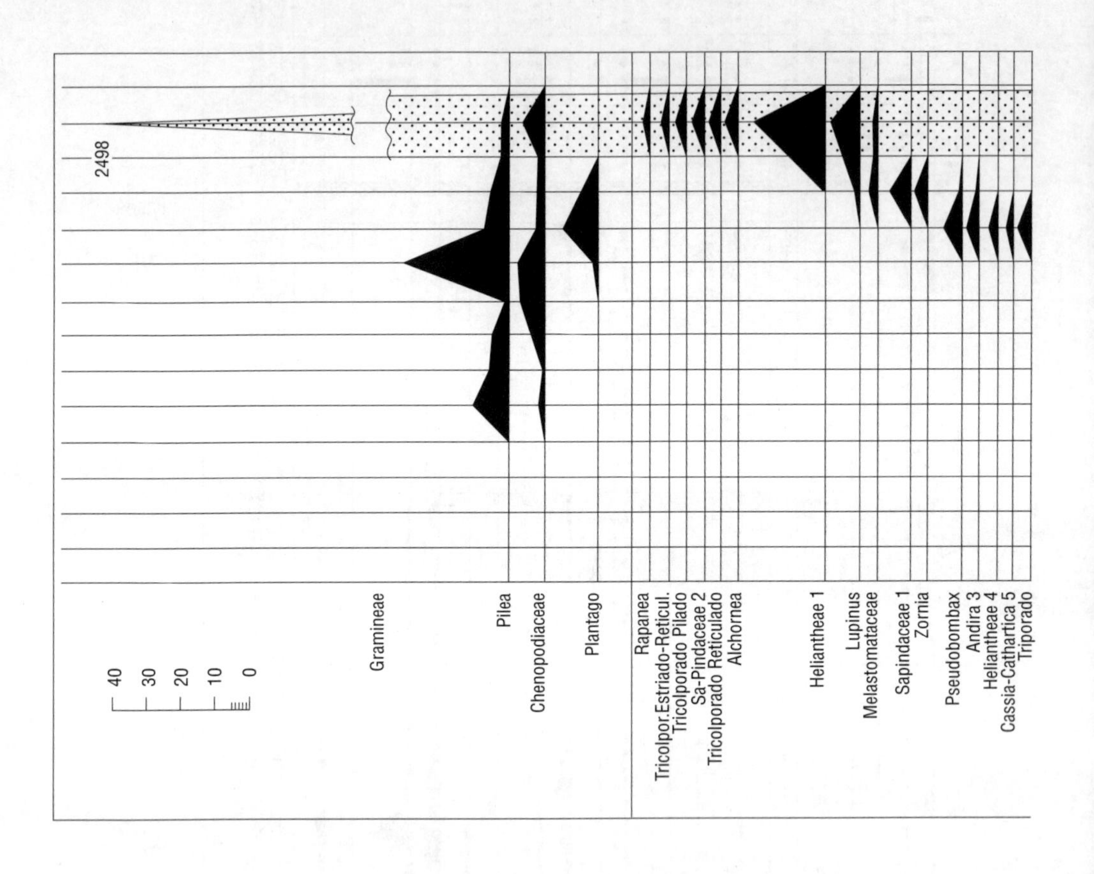

Figura 5.4 Diagrama de pólen coletado mensalmente na atmosfera em região de cerrado (Aparecida, GO), segundo Salgado-Labouriau (1973 e 1979b). Observe que existe pólen na atmosfera durante todo o ano, o que significa que há plantas em flor todo o tempo. Compare com a Fig. 5.5. (continua)

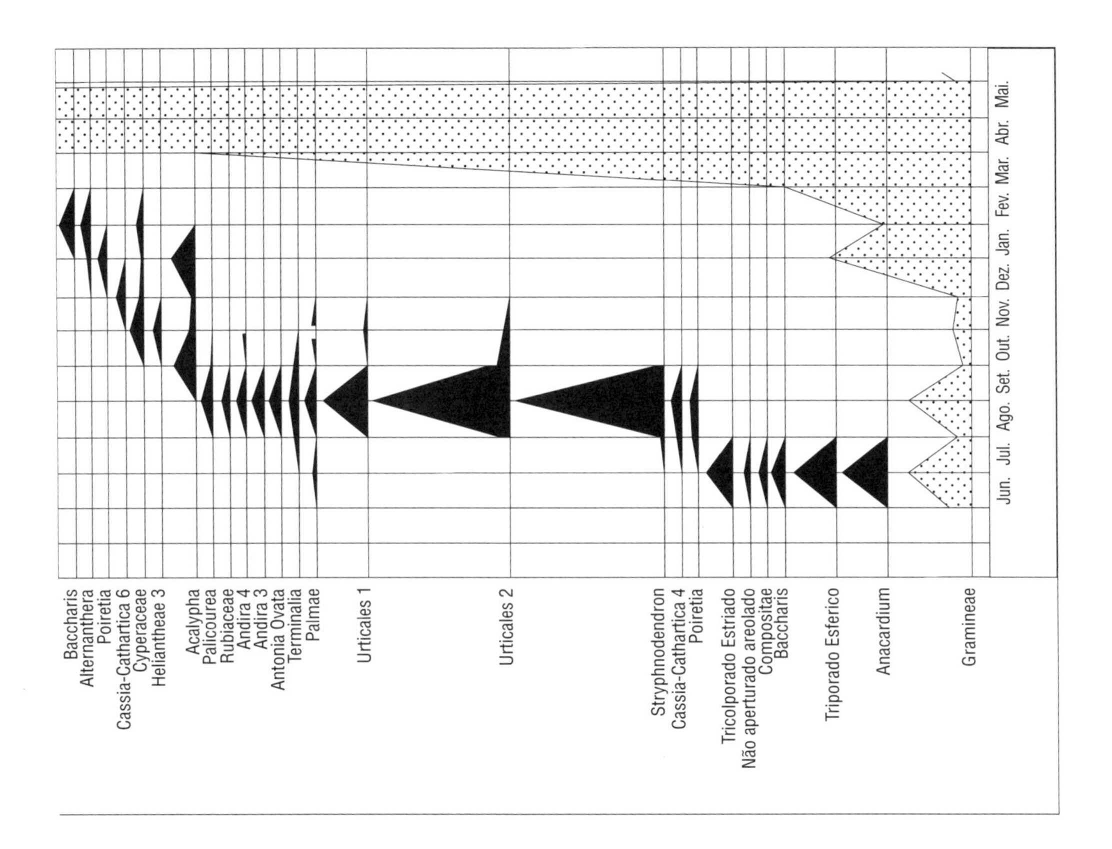

Figura 5.4 (continuação)

Espécie	Mar.	Abr.	Mai.	Jun.	Jul.	Ago.	Set.	Out.
Corylus avellana								
Alnus glutinoso								
Salix nigra								
Ulmus sp.								
Taraxacum vulgare								
Betula sps.								
Fagus sylvatica								
Acer platanoides								
Quercus sps.								
Anthoxatum odorata								
Poa pratensis								
Agrostis stolonifera								
Lolium perene								
Chrysanthemum leuca								
Festuca elator								
Solidago sp.								
Crataegus sp.								
Salsola kali								
Plantago lanceolata								
Phleum pratense								
Chenopodium album								
Artemisia vulgaris								
Artemisia absinthium								
Phragmites communis								

Figura 5.5 Calendário polínico para a Suécia central: período de floração das principais plantas alergênicas, adaptado de Juhlin-Dannfelt (em Pharmacia, 1984). Observe que só há floração do final de março até setembro. Não há floração no inverno dos climas temperados. Compare com a distribuição de pólen das zonas tropicais (Fig. 5.4).

oposta nas partes da flor. A carga maior encontra-se no estigma e a menor na antera, o que significa que o pólen na superfície da abelha será atraído para o estigma. Este assunto foi muito bem discutido em uma revisão por Chaloner (1986).

Ainda há muito que ser estudado da relação entre morfologia do pólen e função, que provavelmente tem funções múltiplas para as aberturas e a ornamentação.

É preciso também considerar que o pólen é um alimento para muitos insetos e é a única fonte de proteínas das abelhas (Stanley & Linskens, 1974, Capítulo 7). Este pólen usado como alimentação é perdido para a polinização e para a deposição em sedimentos.

As plantas cujo agente polinizador é a água, como acontece com muitas plantas aquáticas, geralmente produzem muito pouco pólen, como é o caso de *Vallisneria spiralis* que produz c. 36 grãos por antera (Tab. 5.1).

3.3 Condições que afetam a produção de pólen e esporos

A maior parte dos dados que existem na literatura sobre produção de pólen por espécie não é quantitativa. Em poucos casos houve a preocupação de conseguir dados precisos.

Não existe uma observação longa, de muitos anos para que se tenha uma média confiável. Os poucos estudos feitos até agora mostram (o que já era previsível) que a produção de pólen de uma planta depende não só do seu metabolismo como de fatores externos, ambos regulando a quantidade de pólen e de flores produzidas (Andersen, 1980). Entre os fatores externos está a duração do dia, que é uma função da latitude, e fatores climáticos variáveis como a intensidade de luz, a precipitação de chuvas e a umidade relativa do ar. A quantidade de flores produzida na planta naquele ano e a densidade de espécie na população também influem no total de pólen produzido, que será liberado e que se depositará.

É possível que existam ritmos endógenos de produção de pólen para algumas espécies. S.T. Andersen (1974) estudou a liberação de pólen de espécies com floração abundante numa floresta da Dinamarca durante alguns anos. Os resultados mostram que houve um padrão bianual em que a grande produção de pólen de ***Tilia cordata*** por ano parece ter alternado com a de ***Quercus***, ***Betula*** e ***Fagus***. Faegri e colaboradores (1989, p. 14) fazem uma revisão dos estudos mais recentes sobre este assunto e mostram que não são ainda muito precisos porém, indicam que a floração e produção de pólen de uma árvore ou de uma floresta são muito variáveis ao longo do tempo.

Cada espécie tem o seu período de floração durante o ano, de forma que é possível conhecer o calendário polínico (pólen na atmosfera) e dividi-lo em períodos bem definidos (Figs. 5.4 e 5.5). A caracterização desses períodos polínicos é fundamental na prevenção de asma e outros problemas respiratórios (Wodehouse, 1935; Lewis et al., 1983; Pharmacia, 1984, entre outros). Calendários anuais que dão o início e a duração do pólen alergênico na atmosfera foram feitos para muitas cidades dos Estados Unidos e Europa a partir dos anos de 1980 (Fig. 5.5). A acumulação de informação já permite a apresentação de mapas de distribuição das plantas cujo pólen causa alergia (Lewis et al., 1983) e de folhetos com informações sobre estas plantas e seus grãos de pólen, para os pacientes (por exemplo, Pharmacia, 1984). Como todas estas plantas são anemófilas, as informações levantadas sobre elas e a "estação de pólen" de cada uma são relevantes para a análise palinológica. Porém, esses trabalhos só tratam das espécies com pólen alergênico e seus dados ficam incompletos em relação à flora polínica total da atmosfera. Nos trópicos, este estudo não está bem desenvolvido ainda e limita-se às cidades onde há muita planta introduzida. Pouco se conhece ainda das plantas da vegetação natural, porque a diversidade das comunidades vegetais é muito grande.

A produção mensal total não é constante durante todo o ano. No inverno das regiões polares e temperadas não há flores e, portanto, não há pólen na atmosfera (Fig. 5.5). Nos trópicos são muito poucas as plantas que florescem durante quase todo o ano. Entre elas estão as ervas daninhas (a maioria introduzida pelo homem) como ***Pilea***, Chenopodiáceas e Amarantáceas (Fig. 5.4). Nos meses de seca a quantidade de pólen diminui muito, como se pode observar entre junho e agosto nos cerrados (Fig. 5.4). O pólen das gramíneas, tão importante na vegetação aberta de todo o mundo, está presente na atmosfera por muitos meses e nas terras quentes tropicais, durante todo o ano (Fig. 5.6). Porém, do ponto de vista alergênico, cada espécie tem a sua época de floração bem definida e curta; isto é, existe

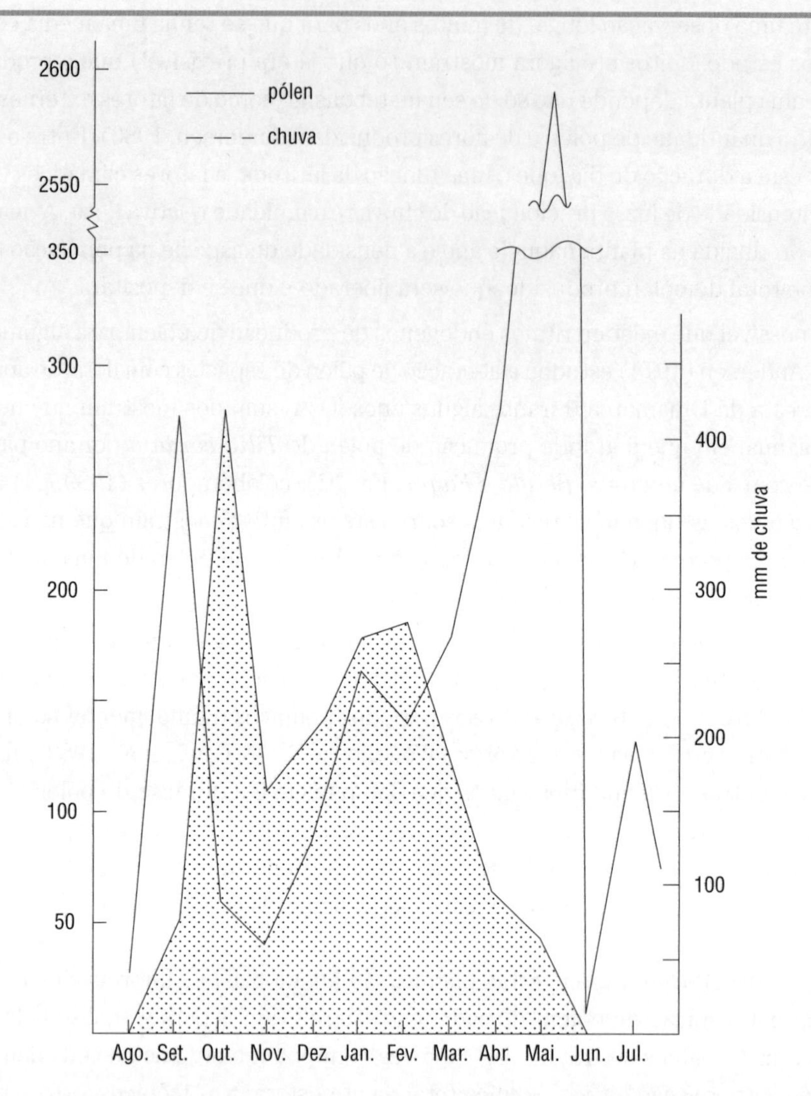

Distribuição através do ano da precipitação pluviométrica e da precipitação polínica (dados de 1965-1966).

Figura 5.6 **Relação entre a distribuição da precipitação de chuva ao longo do ano e a quantidade de pólen na atmosfera do Cerrado em Goiás (Salgado-Labouriau, 1973 e 1979b).**

uma estação polínica bem marcada. Do ponto de vista da análise de pólen em sedimentos, só interessa a quantidade total produzida por ano, assim como a proporção e a quantidade absoluta produzida por cada espécie em um ano.

O momento em que se dá a antese (abertura da antera para a liberação do pólen) varia segundo a espécie, mas nas plantas em que já foi estudada, é frequente que a antese seja de manhã bem cedo ou ao entardecer. A antese é provavelmente um processo ativo da antera e está relacionada com a intensidade de luz, a temperatura e umidade relativa do ar (Ogden *et al.* 1974).

A produção de esporos das pteridófitas terrestres é geralmente muito grande, e chega às vezes a quantidades imensas. Basta tocar um ramo fértil de ***Lycopodium*** ou uma fronde fértil de ***Anemia*** para que se veja a olho nu a nuvem de esporos que é dispersada no ar. A quantidade de esporos produzida por uma fronde fértil de samambaia (pteridófita) pode ser avaliada visualmente com uma experiência simples. Coloca-se a fronde fértil, com esporos maduros sobre uma folha de papel branco em cima de uma mesa, com as soras para baixo. Deixa-se aí durante a noite. No dia seguinte, ao retirar a fronde, sua forma fica marcada na folha de papel pelos esporos que saíram. O "pó de licopódio" é usado na farmacopéia há muitos séculos; sua produção é tão abundante que foi utilizado até o início do século 20 como material altamente incandescente para produzir um flash de luz forte para tirar fotografias.

Os esporos de pteridófitas são abundantes em sedimentos, às vezes dominando em número todos os outros palinomorfos (Fig. 5.8). Se bem que algumas pteridófitas não têm uma produção tão espetacular, na maioria das formas terrestres, pode-se observar a olho nu a grande quantidade de soras no verso das folhas (frondes) férteis. Em cada sora estão numerosos esporâgios (Fig. 5.7), dentro dos quais se formam os esporos. Quando os esporos estão maduros, o esporângio se abre e eles são liberados e dispersados pelo vento. Os que caem sobre solo encharcado germinam e formam um gametófito (Fig. 5.10). Este gametófito é uma plantinha verde, fotossintetizante e independente. Nela se formam, de um lado, os óvulos e, do outro,

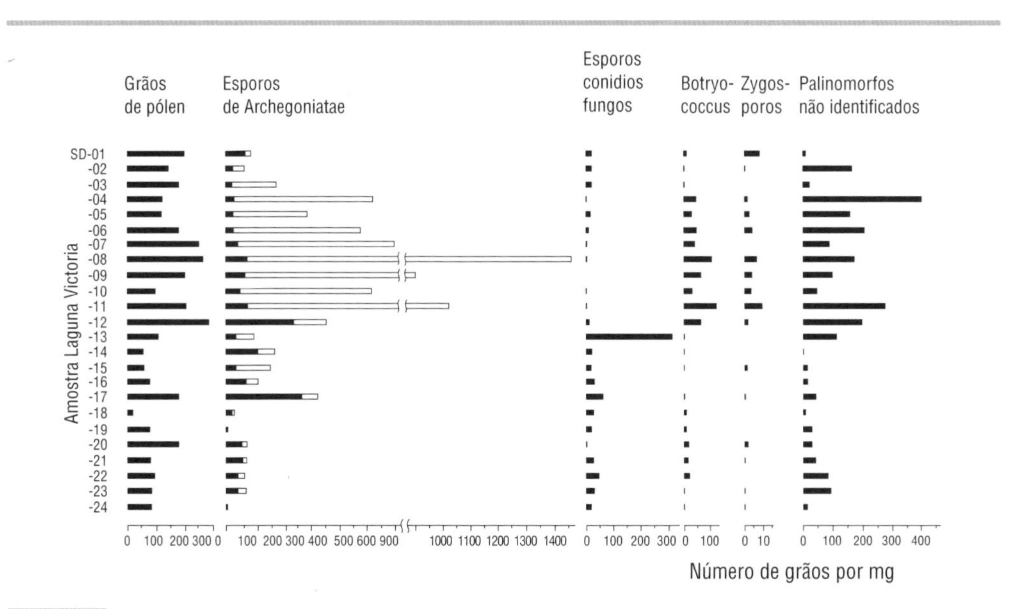

Figura 5.7 Histograma resumido da concentração de palinomorfos. Observe que os esporos de Archegoniatae (pteridófitas) são mais abundantes que o pólen. Laguna Vitória, Andes venezuelanos (Salgado-Labouriau & Schubert, 1977). Veja Fig. 5.2.

os anterozóides que são os gametófitos masculinos, flagelados. Os anterozóides nadam até os óvulos e se unem a eles na fecundação. Forma-se, então, o embrião esporofítico adulto, que chamamos "planta", fechando assim o ciclo de vida de uma pteridófita (Fig. 5.11). Os esporos remanescentes que caem sobre um corpo d'água (rios, lagos, ou outros) se acumulam nos sedimentos e vão fazer parte do registro fóssil. É importante assinalar que a quantidade de esporos formada em cada esporângio é muito grande, como foi dito anteriormente.

Nas pteridófitas aquáticas, como *Isoëtes* e *Salvinia* os esporos se formam em grande quantidade em órgãos especiais, denominados esporocarpos. A quantidade de esporos encontrada em sedimentos depende, mas pode chegar a milhares numa lâmina de microscopia. No caso de *Isoëtes* são os microesporos (Fig. 5.8) que são abundantes, ao passo que os macroesporos são raros.

Como foi visto neste capítulo, as plantas em geral produzem uma grande quantidade de pólen (ou esporos). Porém, para avaliar quanto deste pólen eventualmente ficará acumulado nos sedimentos e qual a relação entre a composição do pólen liberado e a composição de espécies da vegetação que o produziu é fundamental o conhecimento do transporte e da deposição dos palinomorfos. Estes assuntos serão tratados no capítulo seguinte.

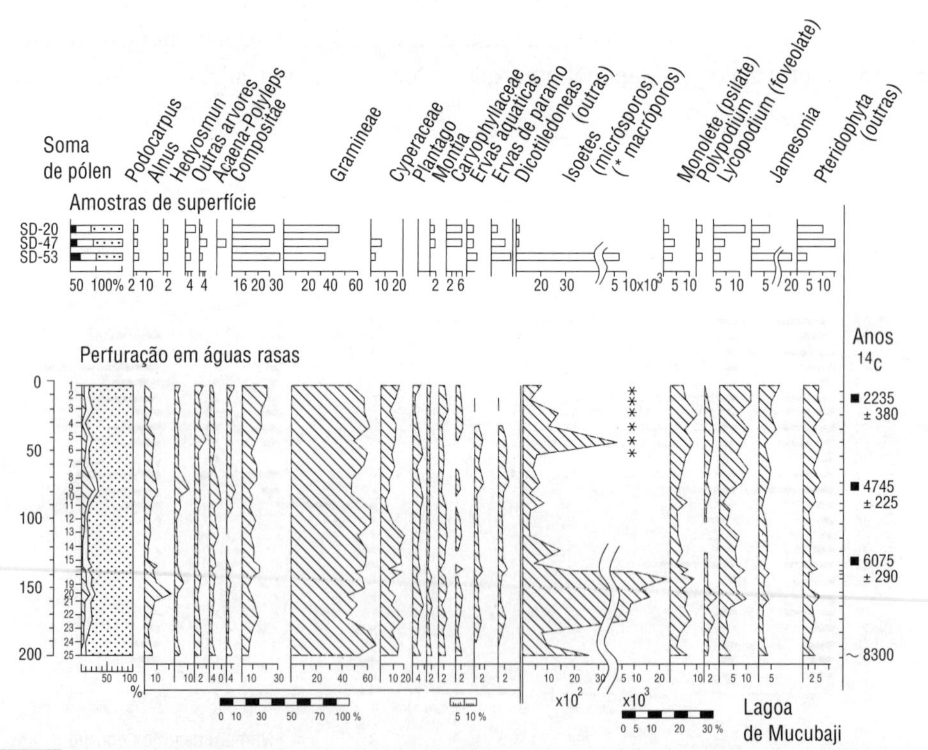

Figura 5.8 Diagrama selecionado de pólen e esporos encontrados nos sedimentos da parte rasa da Laguna de Mucubaji, Andes venezuelanos, onde ocorrem micrósporos e macrósporos (asteriscos) de *Isoëtes*. Em cima, histograma das amostras de superfície no vale glacial de Mucubají. Segundo Salgado-Labouriau, Bradley et al. 1992.

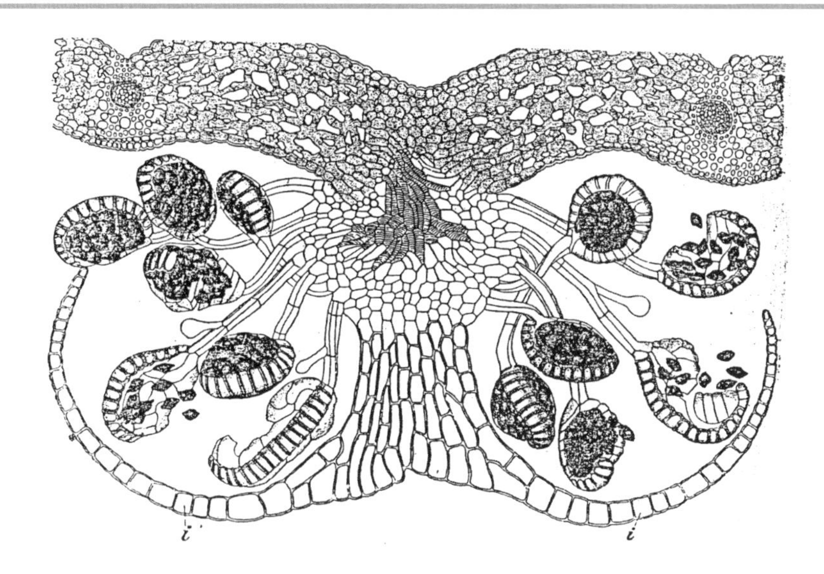

Figura 5.9 Corte transversal de uma fronde na região das soras da samambaia *Dryopteris Felix-mas* mostrando os esporângios, alguns deles soltando esporos. Segundo Wettstein (1944). i = indusia, membrana protetora dos esporângios.

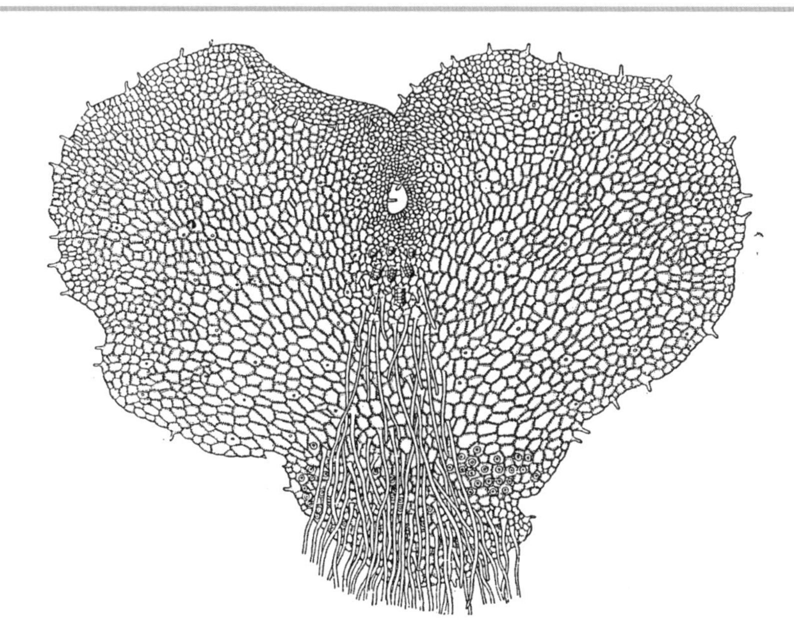

Figura 5.10 Gametófito de *Dryopteris* (muito aumentado) visto pela face inferior onde se encontram os rizóides que o prendem ao solo, os arquegônios (na parte de cima) onde se formam os óvulos, e os anterozóides (na parte de baixo) que fecundam os óvulos. Segundo Wettstein, 1944.

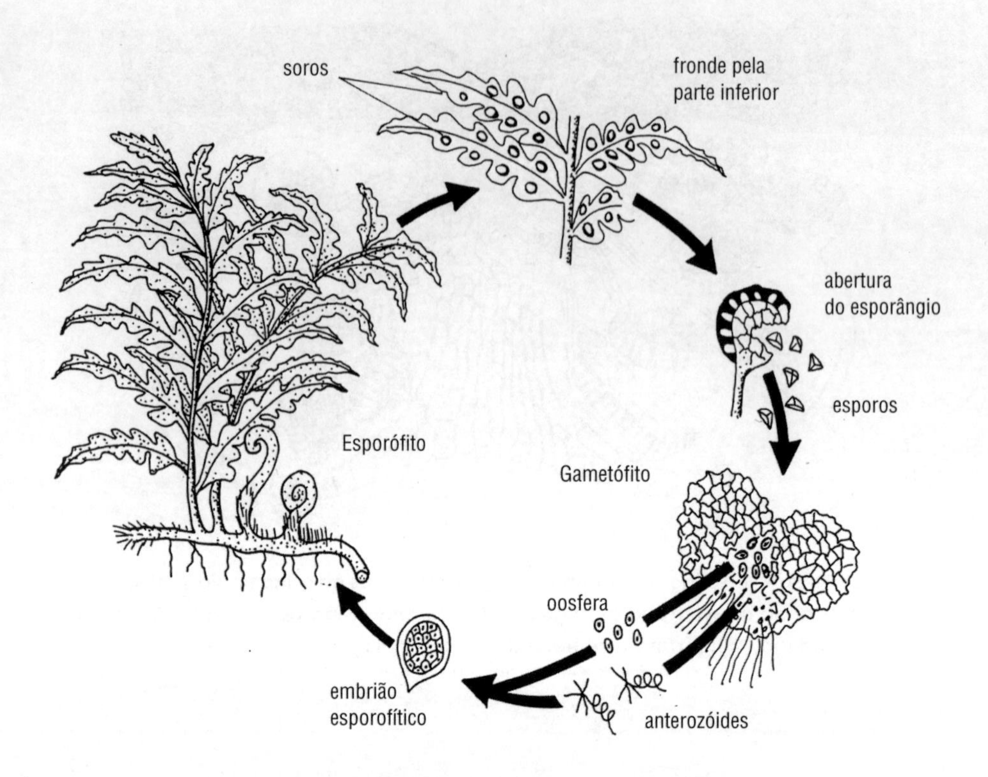

Figura 5.11 Ciclo de vida de uma pteridófita. Os esporos dão origem a pequenas plantas independentes e fotossintetizantes, chamadas gametófitos. Nelas se formam os gametas masculinos (anterozóides) e femininos (óvulos) que, a partir da fecundação, formam os embriões esporofíticos que crescem transformando-se na "planta" (esporófito).

Transporte e dispersão de pólen e outros palinomorfos

6

1. INTRODUÇÃO

De alguma forma o pólen tem de ser transportado da antera onde é produzido, para o estigma ou micrópila da flor (Fig. 6.1). Nas plantas autofecundantes, como algumas gramíneas (por exemplo, *Aciachne*), violetas (*Viola* spp.), maria-sem-vergonha (*Impatiens* spp.) este transporte é feito dentro da flor ainda fechada e quando ela se abre, já houve a fecundação dos óvulos. Estas plantas têm um mecanismo muito eficiente de transporte e produzem muito pouco pólen. Somente por um acidente os grãos são depositados em sedimentos e se preservam. Do ponto de vista da análise palinológica, estas plantas são ausentes ou como são denominadas por alguns palinólogos (Bush, 1995), **espécies silenciosas** ("*silent species*"). Existem na vegetação, mas não aparecem nas análises. Na reconstrução da vegetação antiga elas só podem ser detectadas por análise de macrofósseis (Capítulo 3, Parte III). Entretanto, na maior parte das espécies das angiospermas e gimnospermas, o pólen é levado até o estigma por um agente transportador.

Chama-se **polinização** ao mecanismo de transporte de pólen que resulta na fecundação dos óvulos. A polinização pode ser feita por animais (zoofilia), por vento (anemofilia) e por água (hidrofilia). A literatura está cheia de trabalhos sobre polinização, alguns muito bons, mas existem muitos que relatam simples observações feitas na natureza, sem verificação correta ou experimentação. Isto traz resultados contraditórios que dificultam a apreciação da informação, principalmente no que se refere à polinização por animais. Os livros que tratam de polinização dedicam a maior parte da matéria à polinização por animais e descrevem ligeiramente os outros dois tipos. Porém, as plantas anemófilas são muito mais importantes para análise palinológica. Neste livro, a ênfase será dada ao transporte abiótico do pólen a partir da abertura da antera (antese), resulte ou não em polinização. Para maior conhecimento de polinização por animais consulte, por exemplo, Meeuse (1961), Proctor & Yeo (1979) e Faegri & van der Pijl (1979). O livro de Meeuse sobre polinização é belíssimo; o de Faegri & van der Pijl, se bem que tenha muitas ilustrações e fatos relevantes, infelizmente tem uma interpretação totalmente finalista.

Dos diferentes tipos de transporte, o vento e a água são os únicos vetores que dão uma dispersão de pólen e esporos eficiente sobre a superfície da terra e por isto o seu estudo detalhado é necessário para a boa compreensão da análise de sedimentos. Por uma questão de apresentação e porque fica mais fácil explicar, cada tipo de transporte será descrito separadamente. Porém, é preciso ter em mente que o transporte de pólen, de esporos ou outro microfóssil qualquer pode ser feito por mecanismos diferentes, para uma mesma espécie.

2. TRANSPORTE BIÓTICO

O transporte biótico se refere somente ao pólen e o vetor é um inseto (entomofilia), ave (ornitofilia) ou morcego (quiropterofilia). Sussman & Raven (1978) sugerem que macacos e marsupiais podem ser agentes polinizadores quando estão se alimentando de néctar. Acredita-se que os micos ficam com os focinhos sujos de pólen enquanto se alimentam do néctar das flores e provavelmente servem de polinizadores quando visitavam a inflorescência seguinte. Nas zonas temperadas uma grande parte das ervas são polinizadas por

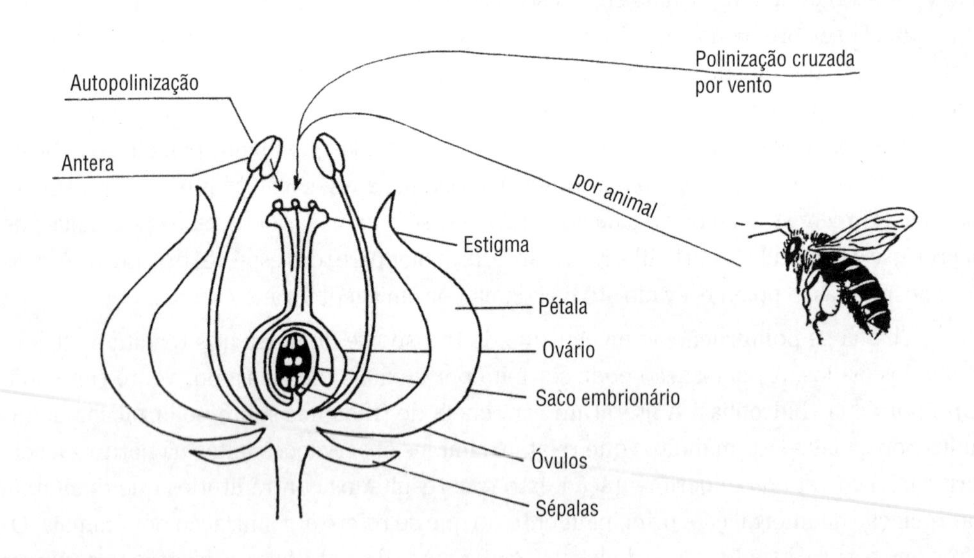

Figura 6.1 Esquema de uma flor e do transporte do pólen ao estigma da flor para polinização, por inseto e por vento.

insetos, enquanto a maioria das árvores são anemófilas (polinizadas por vento). Os insetos mais importantes como vetores pertencem à ordem Hymenoptera (abelhas, marimbondos e vespas) e Lepdoptera (borboletas e mariposas); mas os Coleoptera (besouros e escaravelhos) e os Diptera (moscas e mosquitos) também são vetores eficientes e freqüentes. Pensava-se que a grande maioria das árvores das zonas tropicais era entomófila. Hoje, com maior número de estudos de bom padrão, esta idéia está sendo mudada. Sem dúvida, os insetos são importantes para muitas árvores e ervas e inclusive, há suspeita de que os bambus herbáceos do gênero *Pariana*, que vivem no chão das florestas, sejam polinizados por mosquitos (Soderstrom & Calderon, 1971; Salgado-Labouriau *et al.*, 1993). Mas cada vez mais se está mostrando o papel dos morcegos na polinização. Algumas espécies arbóreas tropicais que são abundantes em certas formações vegetais, são quiropterófilas. Este é o caso da *Hura crepitans* (jabilho, assacu) e o *Caryocar brasiliensis* (pequi) (Gribel & Hay, 1993). Em muitas plantas, as aves principalmente os colibris, são agentes polinizadores (Faegri & van der Pijl, 1979, Proctor & Yeo, 1979, entre outros).

Na Europa ocidental e norte, as plantas exclusivamente polinizadas por insetos, geralmente produzem pouco pólen (veja Capítulo 5). Seus grãos de pólen são cobertos por mucilagens ou têm filamentos de viscina que contribuem para manter os grãos agregados e facilita a aderência ao corpo do animal para o transporte até a outra flor. Em geral, esse pólen tem uma ornamentação elaborada (Wodehouse, 1935; Faegri *et al.* 1989). Nos trópicos também se observam estas características, mas ainda falta muita informação para uma generalização desta ordem. O estudo da polinização por insetos é bem antigo, pois muitas das plantas cultivadas são entomófilas (gerânios, sálvias, alfafas, asclepias, orquídeas, amêndoas, hortelãs, crisantemos, labiatas, e muitas outras). Uma polinização eficiente resulta em uma colheita abundante de frutas ou sementes em jardinagem e agricultura.

Em análise de pólen de sedimentos e da atmosfera, o pólen de plantas zoófilas aparece em muito pouca quantidade. Entretanto, algumas plantas entomófilas podem ser boas produtoras de pólen (como foi assinalado no capítulo anterior). Da mesma forma, uma planta pode ser parcialmente entomófila e anemófila. Nestes casos o vento ou a água pode transportar os grãos e depositá-los em locais onde são preservados. Este é o caso, por exemplo do gênero entomófilo *Bravaisia* ("narangillo", laranjinha) (Fig. 6.2A), cujo pólen foi encontrado em sedimentos quaternários do Lago de Valência, Venezuela (Salgado-Labouriau, 1986a) e da espécie entomófila-quiropterófila *Caryocar brasiliensis* (Fig. 4.9, 2ª linha) encontrada em sedimentos da Lagoa dos Olhos, Brasil central (De Oliveira, 1992).

O pólen de plantas zoófilas é normalmente sub-representado em sedimentos e geralmente faz parte da flora local. Algumas vezes, a sua freqüência aumenta bruscamente num determinado nível para depois desaparecer. Estas variações bruscas com uns pontos máximos muito grandes indicam que a planta existia no local da perfuração e suas flores caíram diretamente no lago ou no pântano, ou o pólen foi depositado junto com insetos vetores mortos que o transportavam.

É muito importante o levantamento das plantas com polinização por animais, porque a sua sub-representação ou ausência no sedimento não significam que a planta era rara ou não ocorria no local, nem que ela não existia no passado. Sua sub-representação ou ausência têm que ser avaliadas corretamente para não haver distorções na interpretação. Nestes casos, a análise de macrofósseis pode ajudar (Capítulo 3). Quando o pólen de plantas zoófilas é encontrado nos sedimentos com os grãos mais ou menos unidos em grupos irregulares ou dentro de pedaços de antera, é muito provável que a planta-mãe crescia no local da amostragem.

3. TRANSPORTE E DISPERSÃO POR ÁGUA

Entre as plantas aquáticas, e principalmente as que vivem submersas na água e as flutuantes, existem muitas para as quais o agente polinizador é a água (hidrófilas). Cada uma destas espécies tem uma forma especial de polinização, como por exemplo, *Ruppia* , uma planta aquática, cuja antera se abre na superfície, o pólen é atirado à água e flutua sobre a superfície até atingir o estigma de outra flor (Willis, 1966; Faegri & van der Pijl, 1979). Nestes casos muitos desses grãos não atingem sua meta e terminam por afundar e são

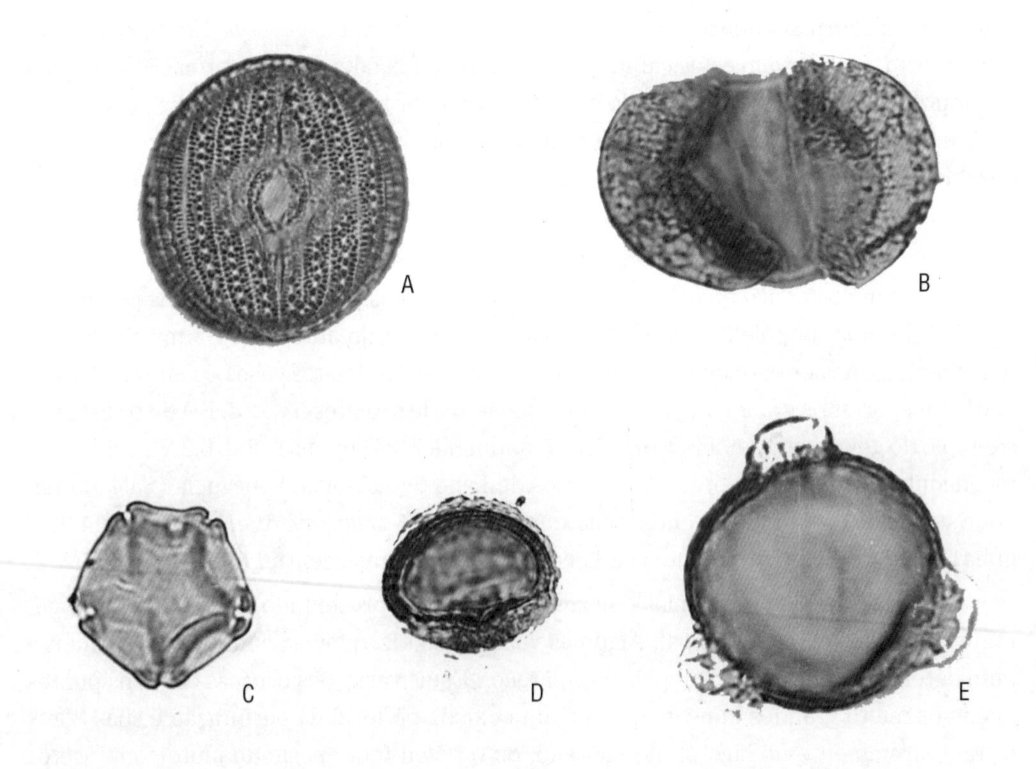

Figura 6.2 Pólen de: A = *Bravaisia;* B = *Podocarpus;* C = *Alnus;* D = micrósporo de *Isoetes;* E = pólen de *Polylepis.*

incorporados ao sedimento. Em outros casos, como na *Vallisneria*, a flor masculina se desprende e flutua sobre a superfície da água até encontrar uma flor feminina na qual se encaixa e o pólen desliza para dentro desta em direção ao estigma (Faegri & van der Pijl, 1979). Em algumas plantas aquáticas o pólen é filamentoso (como em *Zostera*, que atinge 2,5 mm de comprimento), não tem exina (Wodehouse, 1935; Erdtman, 1952) e o filamento sai flutuando até encontrar o estigma de uma flor da espécie onde se enrosca. Este tipo de pólen dificilmente se preservará em sedimentos. O mecanismo de polinização de muitas plantas aquáticas é característico da espécie e muitos destes mecanismos são descritos em detalhe no livro de Faegri & van der Pijl (1979).

A água é um poderoso agente transportador e dispersor de pólen e esporos de plantas aquáticas e terrestres, muitas das quais podem estar representadas na análise polínica de sedimentos lacustres, palustres, salobros e marinhos.

3.1 Transporte por rios

O poder de transporte de partículas pelos rios já é há muito tempo conhecido em geologia e engenharia, mas somente muito recentemente começou-se a estudar o transporte de pólen e esporos que, afinal, são partículas como quaisquer outras e portanto sujeitas às mesmas leis, para efeito de transporte fluvial. O processo e o tipo de movimento de partículas em um fluido obedecem à equação de Stokes (veja mais adiante, na Seção 4) e podem ser verificados em livros de mecânica de fluidos. Em um rio, outras variáveis modificam a equação.

As correntes de água, como os rios e riachos, a água das chuvas e as enxurradas, arrastam consigo o pólen das plantas que estão em flor nas margens ou as flores que caíram no solo e os transportam aos tanques, açudes, lagos e mares. Neste caso, a corrente de água não está fazendo o papel de agente polinizador mas sim de agente dispersor do pólen que vai ser depositado nos sedimentos.

Existem plantas que produzem flores em abundância, as quais caem no chão e cobrem o solo debaixo da planta. Este é o caso dos ipês (*Tabebuia spp.*), do guapuruvu (*Schyzolobium parahyba*), o pequizeiro (*Caryocar brasiliensis*), os mulungus *(Erithrinas)*, *Bravaisias* e muitas outras árvores. As anteras destas flores, ao cair no chão, ainda contêm pólen. Seja qual for o tipo de polinização destas plantas, há uma grande chance de que as flores e anteras sejam arrastadas pelas enxurradas para dentro dos rios (Fig. 6.4B). O mesmo acontece com a água das chuvas que lava as folhas das plantas e carrega algum pólen que porventura caiu sobre elas (Tauber, 1967a), veja Fig. 6.4B.

Na análise palinológica dos sedimentos do lago da Valência (Venezuela), foi encontrado pólen do gênero *Bravaisia* antes de 10.000 A.P. e também na deposição moderna junto à margem do lago (Salgado-Labouriau, 1980 e 1986a). Este pólen é relativamente grande, muito ornamentado e com exina grossa (Fig. 6.2A), portanto, muito denso para ser transportado por água até o centro do lago, o que sugere que o lago era bem menor naquela época e suas margens estavam perto do local de sondagem. No estudo dos sedimentos de uma lagoa na região de Lagoa Santa, De Oliveira (1992) encontrou altas concentrações de pólen de *Caryocar* (Fig. 6.9, 2ª linha)em certos níveis, chegando até ~10% do total de pólen entre 1,80 e 1.45 m. O *Caryocar brasiliensis*, o pequizeiro, é polinizado pelos besouros e outros insetos e, principalmente, por morcegos (Prance, em De Oliveira 1992). Na minha opinião, esta freqüência alta provavelmente foi causada pela entrada de flores levadas pela chuva para dentro da lagoa.

A água também é o agente dispersor de esporos de pteridófitas terrestres e aquáticas. Em *Isoëtes*, uma pteridófita aquática, os micrósporos (Fig. 6.2D) e megásporos são soltos no fundo da lagoa, onde a planta está vivendo. Nestes casos, a quantidade de micrósporos que fica retida na lama é muito grande porque a produção é abundante. Quanto aos megásporos, eles são em número muito menor (veja diagrama na Fig. 5.8).

A primeira vez que se demonstrou o transporte de pólen por rios foi em um trabalho de J. Muller (1959), em que ele estudou a deposição de pólen moderno no delta do rio Orinoco (Venezuela) e na plataforma continental da região. Ele mostrou que o pólen de *Alnus* (amieiro, Fig. 6.2C) que cresce nas matas-de-galeria das partes mais altas das montanhas andinas, a mais de 700km da foz do Orinoco, foi transportado pelos rios e depositado no delta.

Tschudy (1969) coletou mais de 50 amostras do fundo do lago Maracaibo e dividiu os dados obtidos em três grupos: 1. Grãos de pólen com 24 μm ou menos de diâmetro. A distribuição destes grãos foi relativamente uniforme em todo o lago, representando entre 50% e 78% dos palinomorfos, sendo que os maiores valores são da parte central, mais profunda, do lago. Estes grãos pequenos provavelmente foram trazidos pelo ventos alísios ao lago, provenientes da vegetação do leste. 2. Esporos grandes de pteridófitas distribuídos nas partes sudoeste e leste do lago onde deságuam rios e riachos. Representam entre 10 e 15% dos grãos, exceto na desembocadura do rio Catatumbo, onde atingem a 30%. Entre os esporos se encontram os de *Achrostichum*, que cresce nos pântanos formados pelo delta deste rio e do rio Negro, ambos no sudoeste do lago. Não foram encontrados esporos no nordeste e norte do lago, onde não há rios desaguando, ou se sugere que eles foram transportados pelos rios que deságuam no lago. 3. Microforaminíferos, em pequena quantidade (geralmente 1% do total de microfósseis; com algumas amostras com valores mais altos), só foram encontrados em frente ao canal no norte do lago, onde ele se liga com o mar e por onde, na estação seca e nas marés altas, as águas do golfo de Maracaibo penetram no lago tornando salobra esta parte norte.

Alguns estudos de análise de pólen da água dos rios e dos sedimentos depositados em tanques e reservatórios, cuja data de construção é conhecida, confirma os dados acima. Entretanto, a quantidade de informação existente é pequena, ainda que seja concludente para os casos examinados. Os fatores que influenciam a deposição em lagos são muitos e cada lago tem suas peculiaridades, como a topografia da bacia hidrográfica, o tamanho do lago, a quantidade de cursos d'água que entram e saem, a vazão dos rios e os tipos de vegetação ao redor. A inter-relação desses fatores modifica a quantidade e qualidade de transporte dos palinomorfos para cada lago.

O pólen e os esporos transportados pelos rios têm como fonte: 1. as plantas aquáticas que flutuam no rio; 2. as plantas que crescem nas margens; 3. o material trazido pela erosão dos bancos do rio durante as cheias; 4. a água de correntia das chuvas.

3.2 Redeposição por correntes de água

Durante as inundações o rio ultrapassa o seu leito e arrasta o solo superficial, inundando e erodindo muitos dos seus bancos e carregando este solo para depositá-lo mais adiante ou no seu delta. Segundo Birks & Birks (1980) durante as inundações o fluxo de pólen dos rios aumenta 142 e 311 vezes. Quando os barrancos dos rios são erodidos, o pólen e os esporos que estavam depositados aí, são suspensos na água, transportados e redepositados mais adiante. A redeposição de pólen e esporos é um problema sério em análise de sedimentos. Este problema atinge o seu máximo nas regiões áridas e semi-áridas, onde as chuvas são torrenciais, e também naquelas onde os rios mudam freqüentemente o seu curso, como é o caso da Amazônia.

É necessário distinguir entre o pólen redepositado e o pólen da idade do estrato que se está analisando e isto às vezes não é fácil. Quando o pólen e esporos redepositados pertencem a sedimentos muito antigos, os grãos podem ser detectados pelo grau de "carbonização". Este é um termo utilizado em bioestratigrafia. Quanto mais escuro, mais antigo é o grão. Os grãos do Quaternário Tardio são marrons muito claros ou diáfanos. Nas análises de sedimentos do Quaternário é fácil separar palinomorfos do Terciário ou de períodos mais antigos, porque estes são muito escuros. O conhecimento da idade do terreno onde o rio corre e de suas nascentes sugere o tipo esperado de palinomorfos redepositados.

Quando o pólen e os esporos redepositados pertencem ao Quaternário, ou pior ainda, quando são somente alguns milênios ou centenas de anos mais antigos que os estratos em análise, não há diferença de cor. A melhor maneira de se detectar este pólen redepositado é ter datações absolutas da seção que sejam próximas e freqüentes. Inversões nas datações indicarão a possibilidade de mistura de material antigo com o do depósito. Quando a redeposição é pequena em relação ao resto dos palinomorfos, ela passará desapercebida e este perigo sempre existe para depósitos fluviais.

Pólen, esporos e outros microfósseis depositados em lagos podem sofrer ressuspensão e nova deposição. Esta parte será tratada no Capítulo 9.

3.3. Considerações sobre o transporte por água

A chuva é a principal responsável, segundo Tauber (1967a), pela remoção do pólen que se encontra suspenso na atmosfera, carregando-o para a superfície da terra (Fig.6.4B). Tanto o pólen como outras partículas (como poeira) podem servir de núcleos de condensação de gotículas de água na atmosfera. Quando estas gotas caem como chuva, elas arrastam poeira, pólen e outras partículas (Tab. 6.1) na sua descida.

O transporte de pólen e esporos pelos rios também pode ser estudado pela análise de sedimentos no oceano e nos grandes lagos. Alguns estudos foram feitos nessa linha, começando pelo clássico de J. Muller (1959) no mar Caribe. Heusser & Balsam (1977) analisaram 61 núcleos de perfuração no nordeste do oceano Pacífico, em frente à costa oeste da América do Norte. Os estudos oceanográficos no Atlântico e na Antártida também deram informações sobre a proporção de pólen transportado por rios até o mar. O estudo feito no Lago de Maracaibo, como foi descrito acima (Parte 3.1, neste capítulo), mostrou que a maior porcentagem de esporos triletes grandes foi encontrada junto à desembocadura do rio Catatumbo, trazidos pelos rios dos pântanos onde estas samambaias crescem.

Todos os estudos feitos até agora mostraram que a maior concentração de pólen no oceano e nos grandes lagos, se encontra em frente à foz de um rio e em sedimentos de grãos muito finos. Também mostraram que a turbulência das águas do mar, as ondas e as correntes marinhas são fatores importantes na distribuição do pólen. A maior parte do pólen depositado nos oceanos parece vir por transporte dos rios. É claro que os tipos de pólen que flutuam mais facilmente e que se conservam flutuando mais tempo são os mais representados longe da costa. Este é o caso do pólen bi-sacado de muitas coníferas como os de *Pinus* e os de *Podocarpus* (Fig. 6.2B). Por outro lado, este tipo de pólen, por ser leve, é levado a grandes distâncias pelo vento (veja seção 4). Isto cria uma dificuldade na separação entre o pólen que veio por transporte de água e o que veio por transporte aéreo e caiu na superfície do mar.

Hoje em dia há uma tendência para afirmar que no mar e nos lagos a maioria do pólen depositado veio por transporte de água. Entretanto, os dados dos estudos publicados

Tabela 6.1 Tipos e tamanhos de partículas suspensas no ar, segundo S. Nilsson,1992 (p. 526).

Tipo de partícula	Diâmetro (mm)
Fumaça	0,001 – 0,1
Núcleos de condensação	0,1 – 20,0
Partículas de Poeira	0,1 – cm
Vírus	0,015 – 0,45
Bactérias	0,3 – 10,0
Algas	0,5 – cm
Esporos de fungos	1,0 – 100
Fragmentos de líquens	1,0 – cm
Protozoários	2,0 – cm
Esporos de musgos	6,0 – 30,0
Esporos de pteridófitas (samambaias,etc.)	20,0 – 60,0
Grãos de pólen	10,0 – 100,0
Fragmentos de plantas, pequenas sementes, insetos, aranhas, etc.	> 100

não permitem uma distinção bem delimitada. Devido a um problema metodológico ainda não resolvido, os aparelhos coletores para pólen aéreo não são os mesmos dos utilizados debaixo d'água, e as metodologias não são comparáveis. Pode ser que a maior parte do pólen de depósitos lacustres e marinhos provenha diretamente de transporte por água, mais isto não está ainda demonstrado quantitativamente.

No transporte por água não existe uma dispersão uniforme. Os grãos, como todas as partículas transportadas por corrente de água, tendem a depositar nos deltas em função à sua densidade, os mais densos ficam na boca do rio e os menos densos são levados gradativamente para mais longe.

Outro problema do transporte fluvial é que os grãos de pólen e os esporos (e as outras partículas transportadas) podem sofrer atritos que vão desgastar a superfície do grão e atenuar ou mesmo eliminar as ornamentações da exina. É fácil reconhecer um grão "desgastado" misturado entre grãos perfeitos. O que é difícil é distinguir a causa do desgaste, se foi por atrito que um grão moderno sofreu ou se é um grão redepositado. Os grãos corroídos, desgastados ou muito quebrados devem ser contados à parte e a proporção entre eles e os grãos perfeitos pode dar informações paleoecológicas. Como se mostrou anteriormente, os grãos desgastados que têm uma coloração negra ou marrom muito escuro, são grãos redepositados provenientes de sedimentos muito mais antigos.

4. TRANSPORTE E DISPERSÃO POR VENTO

O vento é um agente transportador muito importante e o melhor agente dispersor (Fig. 6.3). Durante muito tempo se pensou que ele era o único responsável pelo transporte do pólen e esporos, além dos animais. Desde a década de 1930 foram feitas muitas observações que estabeleceram que o pólen é levado pelo vento a grandes distâncias. Por exemplo, Erdtman (1937) coletou pólen no ar, no meio do oceano Atlântico, proveniente da costa africana; Faegri & Iversen (1950) citam coletas de pólen de plantas escandinavas, no Atlântico Norte e no golfo de Bothnia, como por exemplo na Tabela 6.2, e mostraram que a quantidade de pólen no ar diminuía com a distância, mas a dispersão de cada espécie era independente das outras (mesma tabela); Hedberg (1954) encontrou pólen de ***Podocarpus*** (Fig. 6.2B) na neve das geleiras do pico do Kilimanjaro (no nordeste africano) e Salgado-Labouriau (1979a) coletou pólen de árvores de selva nublada andina até 4.340 m de altitude, nos Andes setentrionais (Tab. 6.3). O limite superior de ocorrência desta selva é cerca de 3.000 m de altitude. Estes grãos de pólen foram transportados por mais de mil metros até as partes mais altas destas montanhas. Estas observações e as que as seguiram, estabeleceram o critério de que o pólen pode ser transportado pelas correntes aéreas a centenas de quilômetros de distância em sentido horizontal e até os picos das montanhas, em sentido vertical.

As plantas anemófilas (polinização por vento) produzem grãos de pólen com a superfície lisa e seca, livre de mucilagens e óleo (Nilsson, 1992, entre outros). Estes grãos quando maduros, estão soltos como os grãos de poeira ou de farinha (daí o seu nome de "pollen", em latim = farinha fina). Quando a antera se abre o pólen é levado pelas correntes de ar da mesma forma que outras partículas finas. Em geral, as plantas anemófilas produzem uma quantidade enorme de grãos de pólen. Uma planta de ***Rumex acetosa*** produz cerca de 400 milhões ($4x10^8$) de grãos (veja produção de pólen, Capítulo 5 e Tab. 5.1).

Quando o pólen está maduro a antera se abre (antese) e os grãos ficam expostos ao ar. A antese é provavelmente um processo ativo que está ligado à intensidade de luz, à temperatura e à umidade relativa do ar. Porém, o transporte de pólen pelo vento é um processo puramente mecânico e depende, em linhas gerais, das condições atmosféricas e do tipo de grão de pólen que é transportado (Ogden *et al.* 1974; Lien, 1980).

Parte do pólen exposto na antera é levada pela corrente de ar superficial e chega eventualmente ao estigma de sua espécie onde se deposita pelo impacto do vento sobre a superfície do mesmo (veja Capítulo 9; Fig. 9.2). A ação da gravidade tem pouca importância na polinização anemófila, exceto em condições de completa calmaria (Proctor & Yeo, 1979). Uma outra parte do pólen, assim como os esporos, é levada pelas correntes de ar ascendentes e chega até as camadas mais altas da atmosfera (Figs. 6.3 e 6.4A) onde se mistura com o pólen de diferentes espécies, provenientes de vários tipos de vegetação. Esta mistura de pólen cai por gravidade (precipitação polínica), nas horas de calmaria, sobre a superfície da terra.

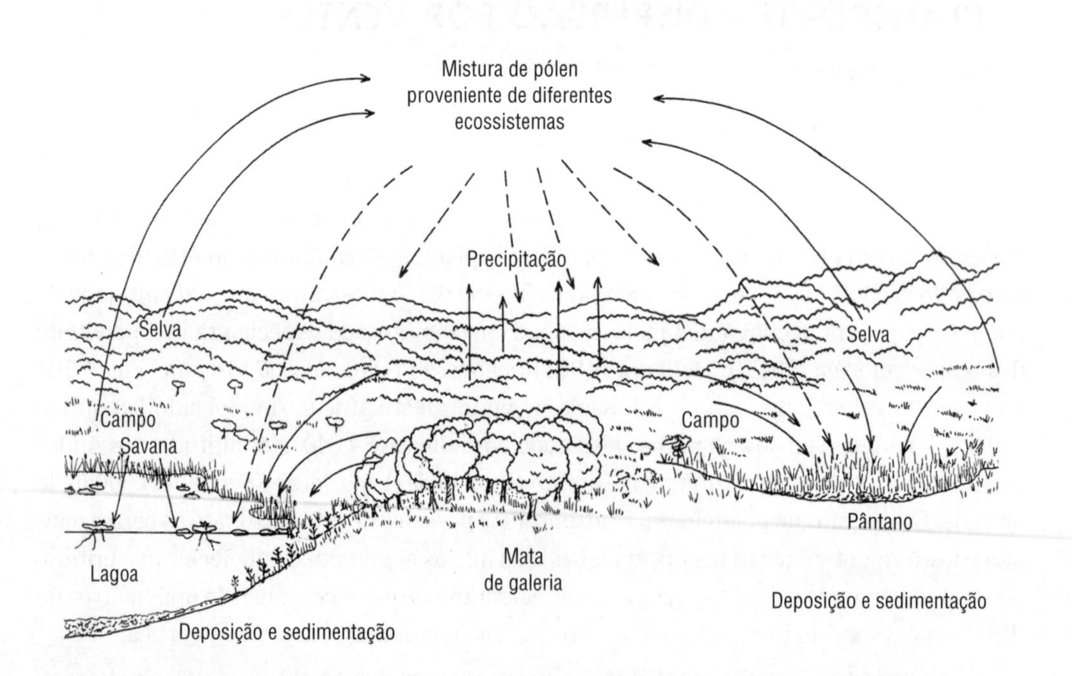

Figura 6.3 Esquema de uma região mostrando o transporte e dispersão de pólen e esporos, segundo Salgado-Labouriau (1984a).

O pólen transportado por corrente de ar horizontal é levado até onde o vento atinge sua velocidade terminal que pode ser estimada pela equação de Stoke (veja adiante). Neste ponto o pólen começa a cair por gravidade (Fig. 6.3) e faz parte da precipitação polínica ("pollen rain"). Acredita-se que a parte que cai por gravidade é muito menor que a que é arrastada da atmosfera pelas chuvas e depositada na superfície (Tauber, 1967a, b; Birks & Birks, 1980). Entretanto, esta porção transportada pelo vento não pode ser esquecida porque as correntes de ar podem levá-la muito longe (pólen de longa distância) e em análise de sedimentos uma pequena quantidade de grãos, que cai constantemente durante anos, resulta numa acumulação no depósito.

Tanto no transporte aéreo por correntes superficiais como nas ascendentes, o pólen das diferentes espécies, de diferentes ecossistemas se mistura e é dispersado uniformemente sobre uma área determinada (Fig. 6.3).

As leis que governam o transporte de pólen na atmosfera e as equações para o seu cálculo foram apresentadas em detalhe por Tauber (1967a). Porém, como os problemas

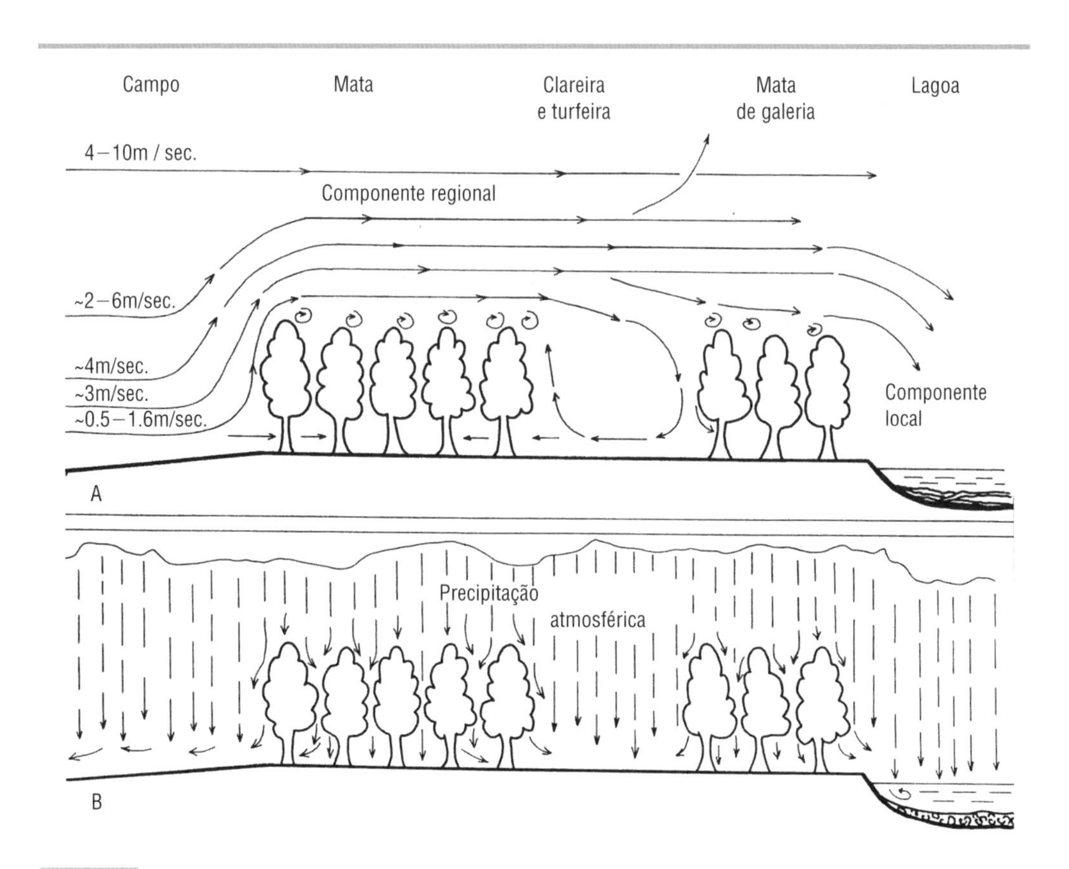

Figura 6.4 Vetores de transporte de pólen e esporos em diferentes ecossistemas. A: transporte por correntes de ar superficiais e ascendentes, na atmosfera; dados retirados de Tauber (1967a), Griffiths (1976) e Salgado-Labouriau (2001a). B: transporte por precipitação pluviométrica e por água de correntia.

do transporte do pólen (e de esporos) pelas correntes atmosféricas são os mesmos que qualquer pequena partícula suspensa e carregada pelo vento (Tab. 6.1), vamos analisar o caso mais simples. Para que uma partícula esférica, de superfície lisa, seja carregada, o transporte depende dos seguintes parâmetros: 1. turbulência da atmosfera; 2. velocidade e direção do vento; 3. altura e força da fonte produtora da partícula; 4. forma e peso dos grãos de pólen (Birks & Birks, 1980).

A velocidade terminal de queda de uma partícula esférica suspensa em meio gasoso ou líquido pode ser calculada pela equação de Stoke (Gregory, 1973, entre outros):

$$V_t = \frac{kR^2 . d}{\mu}$$

Esta equação determina que a velocidade (V_t) é proporcional ao quadrado do raio da partícula (R), da sua densidade (d), da aceleração da gravidade (k) e é inversamente proporcional à viscosidade do meio (µ) através do qual a partícula cai por gravidade. No caso específico do transporte de pólen e esporo existe uma margem de erro porque a maior parte dos grãos de pólen e esporos não são esféricos nem a sua superfície é inteiramente lisa (Ogden *et al.* 1974). O mesmo se aplica às outras partículas menores, e alergênicas, supensas na atmosfera (Tab. 6.1). A equação de Stokes é utilizada para o transporte de qualquer partícula (pólen, poeira, argila, areia, etc.) em qualquer fluido (ar, água ou outro).

Utilizando os parâmetros acima descritos, pode-se construir uma curva teórica para o transporte de pólen em condições atmosféricas médias. Uma curva, calculada por Birks & Birks (1980), mostra (Fig.6.5) que quando a fonte está num lugar elevado (por exemplo, uma árvore ou uma inflorescência acima do solo), não há pólen junto à fonte produtora porque este seria levado pelo vento para fora do local em que está a fonte. A maior parte do pólen neste modelo é depositada entre 600-1.000 m de distância da fonte. A partir daí a quantidade de pólen decresce com o inverso da distância, até cerca de 2.000 m; daí em diante a quantidade é baixa e constante. Esta curva foi confirmada experimentalmente por Raynor *et al.* em 1970 (Birks & Birks, 1980), que estudaram pólen de ***Ambrosia*** ("ragweed", ambrósia) liberado por eles no ar. Entretanto, estas estimativas não são geralmente observadas na natureza onde as situações são muito mais complexas. As principais causas de erro são:

1. não existe "condição atmosférica média" porque a força e o sentido do vento (entre outros parâmetros meteorológicos) mudam em questão de horas e de dias; o transporte não seria representado por uma curva teórica, mas por uma série de curvas, que descreveriam a situação em cada momento.
2. existem outras formas de grãos de pólen além da esférica (Capítulo 4) e sua superfície é áspera ou ornamentada, o que aumenta o atrito e modifica a equação de Stoke.

3. as fontes de pólen não são pontos isolados, nem sequer uma linha de pontos sobre a topografia, mas sim cobrem toda uma área. Quando chega a época de floração, todas as plantas da espécie, dentro da área, liberam pólen.
4. o pólen que cai pode ser outra vez levantado pelo vento superficial e levado para qualquer outra direção. Esta é uma das razões por que o vento é um agente dispersor eficiente, pois ele espalha o pólen da espécie por toda a área.

O estudo sistemático da mudança de concentração do pólen da atmosfera em um determinado ponto, em função do tempo, e a detecção da direção predominante de dispersão de uma espécie, são necessários para os estudos aerobiológicos, aplicados em clínica médica. Nos estudos paleoecológicos o importante é a deposição deste pólen em função da distância da fonte, e a representatividade da fonte de produção no sedimento. Veja adiante, em Aerobiologia.

4.1 Dispersão de pólen e esporos na natureza

Dados de dispersão de pólen na natureza mostram que a área de maior concentração de pólen fica relativamente perto da planta-mãe. Um estudo de árvores norte-americanas mostrou que a maior concentração de pólen no solo é encontrada entre 18 e 70 metros da fonte (Proctor & Yeo, 1979). Em 1964 Turner (Birks & Birks, 1980) escolheu uma situação simples para estudar o transporte de pólen de ***Pinus*** sobre uma turfeira tipo "raised bog". A área tinha um pinheiral que formava um limite nítido com um lado da turfeira. O pólen foi coletado na superfície da turfa, a distâncias regulares da linha de pinheiros. Os resultados mostraram que, ao contrário da curva teórica dada acima (Fig. 6.5), a maior quantidade de pólen caiu junto da linha das árvores e foi decrescendo com a distância até c. 400m (onde terminava a turfeira). Este exemplo serve para ilustrar como se obtêm dados sobre o transporte de pólen de uma espécie ou de um tipo de vegetação. Outros casos serão analisados na parte que se refere à deposição de pólen.

Na análise paleoecológica é importante conhecer: 1. a quantidade total de pólen produzida para cada tipo de vegetação; 2. a distância com que cada tipo de pólen (ou esporo) pode ser levado pelo vento e, 3. a proporção relativa que cada elemento da vegetação libera no ar para que se possa corrigir distorções de interpretação dos diagramas de pólen. Vários métodos são utilizados para avaliar o transporte e a dispersão, que serão discutidos no Capítulo 9.

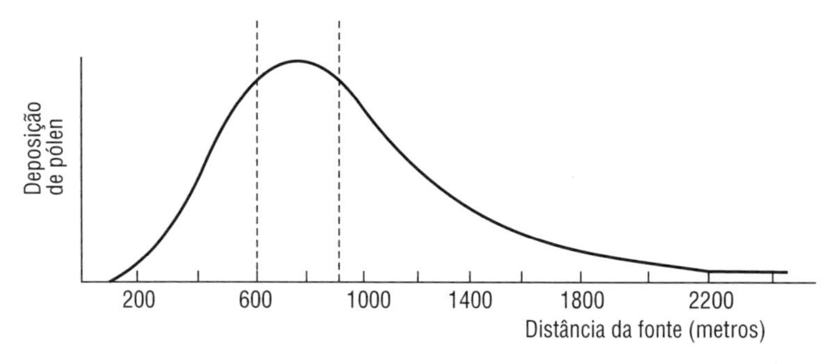

Figura 6.5 Curva teórica de transporte de pólen por vento (Birks & Birks, 1980).

Tauber (1967a) apresentou um modelo de como o pólen poderia chegar até uma pequena lagoa cercada de floresta (Fig. 6.4A). Este modelo propõe que: 1. uma parte do pólen vem das correntes de ar suaves que passam entre os troncos das árvores e trazem o pólen do sub-bosque e o que cai verticalmente das copas das árvores; 2. uma parte é levada por correntes de ar mais fortes, por cima das copas, que carrega o pólen mais longe em sentido horizontal; 3. uma parte do pólen vem da atmosfera arrastado pela chuva (Fig. 6.4B).

O transporte de pólen por correntes de ar se dá de três formas: 1. pólen de longa-distância, carregado pelas correntes fortes de ar superficial que o transporta para fora da região onde foi produzido; 2. pólen de longa-distância, levado para a troposfera e que cairá eventualmente na superfície da terra; 3. pólen regional, levado pelas correntes de ar suaves a uma distância relativamente curta, dentro de uma região. Estas distinções são necessárias para interpretar os resultados da análise de pólen, e são descritas mais detalhadamente na seção sobre deposição de palinomorfos (Capítulo 9) quando se discutirão os componentes que contribuem para o conjunto de palinomorfos depositados.

J.M. Hirst e colaboradores (em Moore & Webb, 1978) estudaram nos anos 60 a distribuição vertical de esporos de fungos na atmosfera por meio de amostras de ar aspirado, utilizando um avião. Eles mostraram que a maior concentração está na camada inferior da troposfera onde a turbulência é maior. Esporos em concentração de 10^4 m^{-3} foram encontrados a 3.000m de altitude na atmosfera. Mostraram também que nuvens de esporos podem mover-se a grandes distâncias. Este fato já era conhecido empiricamente como, por exemplo, sabia-se que esporos da Espanha e do sul da França levam cerca de três dias para atingir a Inglaterra (Moore & Webb, 1978). Os agricultores há muito tempo sabem que esporos de fungos fitopatogênicos são levados pelos ventos por centenas de quilômetros. Os índios sul-americanos cultivavam suas variedades de milho em clareiras da floresta separadas umas das outras por uma faixa de árvores para impedir o cruzamento entre as diferentes variedades de milho.

Quando as condições atmosféricas são apropriadas, pólen e esporos podem ser levados a milhares de quilômetros de distância do ponto de origem. Pólen de *Alnus* (amieiro) que cresce nos Andes foi encontrado em sedimentos das ilhas Galápagos (Colinvaux & Schofield, 1976), do Lago de Valência, Venezuela (Salgado-Labouriau, 1986), em Santos, no litoral Atlântico (Absy, 1975) e no Rio Grande do Sul (Roth & Lorscheitter, 1993). Estes

Tabela 6.2 Pólen coletado no golfo de Bothnia, entre Suécia e Finlândia, por Hesselman, em Faegri e Iversen, 1950 (p. 35)

Gênero	Distância da terra em km		Floração
	35	50	
Picea (pinheiro)	700 grãos	400 grãos	Profusa
Betula (bétula)	700 grãos	350 grãos	Profusa
Pinus (pinheiro)	200 grãos	100 grãos	Média

locais ficam a 800km ou mais de onde as plantas crescem e só podem chegar a esses locais por transporte de vento à longuíssima distância. Entretanto, ainda que este transporte de longuíssima distância chame muita a atenção e é sempre citado quando se descreve o transporte por vento, na realidade, a quantidade de grãos que chega é muito baixa. Encontram-se um ou dois grãos por amostra examinada. No Lago de Valência o pólen de *Alnus* representa 0,3% (nível V-2) e 0,1% (nível V-25) do total de pólen analisado (Salgado-Labouriau, 1986a). Os grãos de longa-distância que realmente influem na análise palinológica são os que são transportados de um raio de até uns 5 quilômetros no plano, ou um desnível de até uns 2 mil metros de altura na montanha (veja Tab. 6.3). Este pólen de longa-distância causa distorções no espectro de pólen em áreas onde a produção regional é baixa e só pode ser detectado em diagramas que utilizem valores absolutos, tais como $grãos \cdot mg^{-1}$ ou $grãos \cdot cm^{-3}$ ou $grãos \cdot cm^{-2} \cdot ano^{-1}$, e nunca em porcentagem, como se discute no Capítulo 14.

4.2 Transporte e dispersão em relação ao tipo de vegetação

Na vegetação aberta, como savanas, campos, parques com árvores esparsas, o vento superficial (até 20m de altura do solo) tem um papel importante. Nas matas, o vento que passa entre os troncos é mais lento que o das copas, como foi visto no modelo de Tauber (Fig. 6.4 em cima). Nas florestas decíduas das zonas temperadas, não há flores no inverno, quando as árvores perdem as folhas e, nesse caso, o vento pode passar entre as copas, mas não há pólen para ser transportado. Nas florestas decíduas e semidecíduas dos trópicos a vegetação perde as folhas na época da seca, quando muitas árvores e arbustos estão em flor (por exemplo, as *Tabebuias* conhecidas como ipês) e o pólen destas flores pode ser transportado pelo vento. Entretanto, não há um estudo para avaliar a dispersão nesta estação. Nas montanhas o vento sobe durante o dia e carrega o pólen da vegetação de baixo. Na faixa de precipitação adiabática das montanhas, este pólen pode ser arrastado para o solo pelas chuvas (veja clima de montanha, por exemplo em Griffiths, 1976 ou Salgado-Labouriau, 2001a). Um exemplo se encontra na Tab. 6.3 que analisa o pólen arbóreo coletado nos Andes Setentrionais a mais de mil metros acima da faixa da floresta.

Tabela 6.3 Deposição moderna de pólen de árvores selecionadas, provenientes da selva nublada dos Andes Venezuelanos, baseado nos dados de Salgado-Labouriau, 1979 a.

Gênero	Número de grãos por miligrama de sedimento (concentração)			
	3.420 m altitude subpáramo	3.600 m altitude páramo	4.100 m altitude superpáramo	4.340 m altitude superpáramo
Podocarpus	9,3	5,5	2,8	1,3
Hedyosmum	14,5	11.6	2,5	2,7
Alnus	0.6	1,7	1,5	2,0
Amostras analisadas	TM1-TM6	SD20-SD47–SD53	PB6-PB7	PB10-PB11–PB12

5. MÉTODOS PARA OS ESTUDOS DE AEROBIOLOGIA

A Aerobiologia é o estudo das pequenas partículas dispersas passivamente na atmosfera. Entre estas partículas estão grãos de pólen, esporos de pteridófitas e fungos, algas microscópicas, vírus, bactérias, poeira, etc. O tamanho destas partículas varia em 0,1 μm até cerca de 100μm de diâmetro e, em certos casos, chegam a alguns centímetros, como os protozoários, os fragmentos de algas, etc. (Tab. 6.1). Como seu estudo tem aplicação direta para a prevenção de doenças respiratórias, a Aerobiologia se desenvolveu muito nos últimos 50 anos. O estudo do pólen contido na atmosfera começou nos anos 30 com R.P. Wodehouse e seu livro com descrições e desenhos de grãos de pólen publicado em 1935 tornou-se um clássico. Atualmente, existem livros e artigos que descrevem não somente o pólen alergênico como também a planta que o produz para muitas regiões da América do Norte e Europa (por exemplo, Ogden *et al.* 1974; Lewis *et al.* 1983; Quel, 1984; Pharmacia, 1984). O levantamento pioneiro do pólen na atmosfera de muitas cidades brasileiras nos anos de 1940 e 1950 foi feito por Oliveira Lima & Greco (1941 e 1942), Greco (1944 e 1945) e mais tarde por Mendes & Lacaz (1965).

Em estudos de aerobiologia, com finalidade clínica, é necessário saber o número de grãos por metro cúbico de ar para relacioná-lo com a quantidade de partículas alergênicas respirada pelo paciente. A descrição dos aparelhos que fazem a amostragem do ar e sua utilização se encontram em tratados de aerobiologia, como por exemplo, o de Ogden e colaboradores (1974) e de Wilken-Jensen & Gravesen (1984). Para maiores detalhes, veja Capítulo 9, Parte 2.

Do ponto de vista do estudo do transporte aéreo e da avaliação do pólen e esporos suspensos na atmosfera, os amostradores descritos acima são os que dão maior informação. Entretanto, é necessário o estudo repetido por muito anos para poder estabelecer um calendário polínico com bases estatísticas confiáveis porque existe uma certa variação anual. Este calendário polínico dá a sucessão das estações polínicas durante o ano e caracteriza a quantidade e tipo de pólen por m^3 em cada estação (veja, por exemplo, a Fig. 5.5).

5.1 Relação dos tipos mais comuns de pólen e de fungos alergênicos

As principais plantas com pólen alergênico da Europa, Estados Unidos e Brasil são:

1. Gramíneas: *Agrostis stolonifera* (capim), *Alopecurus pratense* (capim-pratense), *Anthoxanthum odoratum* (capim-cheiroso), *Avena sativa* (aveia), *Bromus inermes* (bromus), *Cynodon dactylon* (grama-bermuda), *Dactylus glomereta* (capim), *Festuca eliatior* (capim), *Melinis menutiflora* (capim-gordura), *Paspalum notatum* (grama-batatais), *Phleum pratense* (capim-timothy), *Phragmites communis* (capim-sapé), *Poa spp,* (capim pé-de-galinha), *Secale cereale* (centeio), *Sorghum halepense* (capim-johnson), *Triticum sativum* (trigo), e outras.

2. Outras ervas: *Ambrosia spp.* (ambrósias), *Artemisia spp.* (artemísias), *Atriplex spp.*, *Chenopodium spp.* (ervas-de-santa-maria), *Chrysanthemum leucanthemium* (margarida), *Franiseria acanthicarpa* (falsa-ambrósia), *Kochia scoparia* (kóquia), *Plantago spp.* (tanchagens, plantagos), *Rumex spp.* (rumex), *Taraxacum vulgare* (dente-de-leão), e outras.
3. Árvores: *Acacia spp.* (acácias), *Acer spp.* (bordo, acer), *Alnus spp.* (amieiros, alnos), *Betula spp.* (bétulas), *Corylus avellana* (avelãzeira), *Cupressus sempervirens* (ciprestes), *Eucalyptus spp.* (eucalíptos), *Fagus grandiflora* (faia), *Fraxinus spp.* (freixos), *Juglans spp.* (nogueiras), *Juniperus spp.* (zimbros), *Olea europaea* (oliveira), *Pinus spp.* (pinheiros), *Platanus acerifolia* (plátano), *Populus spp.* (choupos), *Quercus spp.* (carvalhos, azinheiras, sobreiros), *Salix spp.* (chorão, salgueiros), *Ulmus spp.* (olmo), e outras.

Segundo Wilken-Jensen & Graveson (1984), os fungos mais alergênicos são: *Alternaria, Aspergillus* e *Cladosporium* (veja Capítulo 3, Parte II e Fig. 3.15)

6. ANÁLISE DOS COMPONENTES DE UMA ASSEMBLAGEM DE PALINOMORFOS

Em paleoecologia é muito mais importante conhecer o número de grãos que cai na superfície do solo do que os grãos que estão suspensos na atmosfera. É necessário avaliar a representação de cada espécie da vegetação nos depósitos de pólen e definir os **componentes: local, regional e de longa-distância**. Também é necessário saber o tamanho da área representada pelo conjunto de pólen que caiu ali.

Uma maneira simples de avaliar essa deposição é recolhê-la em lâminas de microscopia previamente cobertas com uma camada fina de lanolina, vaselina ou óleo de silicone. As lâminas são postas no chão, ou sobre um suporte junto ao solo, ao nascer do sol e retiradas ao pôr-do-sol, em dias calmos e claros. Desta forma pode-se colocar as lâminas a diferentes distâncias da fonte produtora (por exemplo, uma mata) ou da planta que se quer verificar, em primeira aproximação, se seu pólen é dispersado pelo vento. O inconveniente deste tipo de amostragem é que o vento, as chuvas e o orvalho podem remover o pólen depositado.

Para conhecer a quantidade de pólen que está sendo depositado no presente foram desenvolvidos vários tipos de coletores. Este coletores procuram diminuir o mais possível a remoção do pólen depositado por chuva e por turbulência do ar. O coletor mais utilizado nos anos de 40 a 60 foi o amostrador Durham (Capítulo 7, Parte 3.3) que é de simples fabricação. A coleta de pólen e esporos é baseada na velocidade de sedimentação deles. Porém, em condições de turbulência e vento forte as partículas muito pequenas não caem na lâmina e ficam sub-representadas na amostragem (S. Nilsson, 1992). Tauber (1967b) desenvolveu um modelo de coletor com um colar aerodinâmico que minimiza a influência da turbulência do ar. Este coletor pode ser usado no ar ou dentro d'água. A simplicidade de sua construção, a robustez e a natureza inconspícua, fizeram deste coletor um instrumento muito popular. Uma qualidade importante para um coletor que se deixa no campo é a de ser difícil de se ver. Isto evita o curioso que chega, mexe ou mesmo remove o aparelho. Extensos levantamentos foram feitos, principalmente na Grã-Bretanha utilizando o coletor de Tauber. Entretanto, este, assim como outros modelos, tem a inconveniência de não coletar grãos pequenos quando a corrente de ar ou de água do meio é forte.

Outro método de coleta de pólen moderno para interpretação paleoecológica consiste na amostragem direta do solo superficial. Este tipo de amostragem é o mais indicado para análises paleoecológicas porque inclui, alem de pólen e esporos transportados por vento ou água, todos os palinomorfos de origem local.

Para análise de superfície isola-se uma pequena área do solo e retira-se uma amostra de cerca de 1cm de profundidade. Desta amostra retira-se uma subamostra de um cm^3 com uma colher ou cubo volumétrico. Esta amostra de volume conhecido é processada no laboratório com a mesma técnica utilizada para sedimentos (Salgado-Labouriau, 1979a). Este método tem muitas vantagens: 1. o conjunto de pólen da amostra foi depositado da mesma maneira que nos sedimentos antigos; 2. este conjunto de pólen contém os componentes local, regional e de longa-distância; como a vegetação que está contribuindo para esta deposição é conhecida, pode-se avaliar a contribuição efetiva dada por cada tipo de vegetação; 3. o conjunto de pólen amostrado provém de elementos locais e dqueles de transporte aéreo e de transporte por água superficial, da mesma forma que os sedimentos antigos; 4. a concentração de cada tipo de pólen pode ser calculada quantitativamente (*grãos . cm*$^{-3}$; *grãos . mg*$^{-1}$ de sedimento) e pelos mesmos métodos dos sedimentos; 5. como a amostra é processada no laboratório da mesma maneira que as amostras antigas, os erros inerentes ao método são os mesmos, tais como eliminação do pólen e esporos pouco resistentes e perda inevitável de uma pequena quantidade de grãos; 6. o método permite a coleta dentro das florestas, ou em vegetação aberta; 7. o conjunto de pólen e esporos representa uma média de alguns anos, como nos sedimentos.

O método da amostragem superficial para conhecer a deposição moderna da vegetação tem um inconveniente. O pólen fica depositado somente em locais de solo úmido ou muito úmido (pântanos, turfeiras e outros) e fundos de lagos. Para conhecer a contribuição da vegetação em regiões secas, pode-se usar o coletor de Tauber (Capítulo 9) ou a análise de pólen e esporos retidos em musgos e liquens. Este último método foi muito utilizado no passado (Lewis & Ogden, 1965). Hoje procura-se evitar este tipo de coleta porque tanto o líquen como o musgo são muito porosos e o pólen percola diferencialmente por eles de acordo com tamanho e peso. Por esta mesma razão não se coleta em solo arenoso ou em conglomerado. Outro problema é que o musgo se decompõe em condições aeróbicas e o pólen depositado nele pode ser destruído seletivamente. Neste caso o conjunto resultante não será representativo da deposição original (Heim, em Faegri *et al.* 1989). Para os detalhes do método de coleta em musgos, veja Capítulo 9, Parte 5.

Quando se quer avaliar o tamanho da área de dispersão e a contribuição de pólen de cada comunidade de vegetação, com qualquer dos métodos de coleta apresentados acima, a metodologia para a amostragem da área é a mesma. É necessário amostrar em transects que passem pelos diferentes tipos de vegetação. Isto permite avaliar os três componentes principais: local, regional e de longa-distância dentro de cada comunidade vegetal, e permite avaliar a eficiência de dispersão de cada táxon.

Para maiores detalhes sobre os procedimentos de coleta de material moderno, veja o Capítulo 9, Partes 3 e 4.

Deposição e sedimentação de palinomorfos

7

1. INTRODUÇÃO

Como foi visto no capítulo anterior, os esporos e os grãos de pólen são levados por vento e por água e terminam por se depositar sobre a superfície da Terra, quando a força transportadora cessa. Com eles é também levada, principalmente pelos rios, uma grande quantidade de partículas inorgânicas que se depositam ao mesmo tempo. O transporte e deposição são contínuos de forma que todas essas partículas vão se acumulando e formando sedimentos nos deltas e meandros dos rios, nos fundos de lagos e lagoas. Cada sedimento que chega cobre o anterior e a acumulação vai se formando em estratos superpostos que contêm o pólen e os esporos produzidos pela vegetação que cresce na região.

Se não há erosão do sedimento acumulado nem decomposição aeróbica, o ambiente redutor preserva a exina do pólen e dos esporos por milhares ou centenas de milhares de anos. O conjunto (assemblagem) de palinomorfos de cada estrato representa o ecossistema local e a vegetação em torno do local de deposição na época em que se dava aquela sedimentação. Qualquer mudança de clima, qualquer perturbação grande no ambiente modifica os ecossistemas regionais e os microfósseis acumulados passam a ser outros. Um estrato com um novo conjunto de microfósseis se forma em cima do primeiro. Desta maneira, através dos séculos e milênios, novos estratos cobrem os antigos. Pela lei de superposição estratigráfica os sedimentos estão em ordem cronológica com os mais antigos na base, cobertos sucessivamente por novos depósitos até o mais recente, que está em cima de todos. Isto pode ser observado claramente em cortes e terraços fluviais, como o do lago de Valência (Fig.7.3), de Miranda (Fig. 8.1) e de Tuñame (Fig. 10.1).

Neste capítulo são examinadas em detalhe as condições de deposição de sedimento que preservam o pólen e os esporos e os depósitos que são mais utilizados para o levantamento da informação paleoecológica.

2. LAGOS, LAGOAS E OUTRAS COLEÇÕES DE ÁGUA

O material trazido aos lagos pelo vento e por correntes de água (Capítulo 8) junta-se aos restos de plantas e de animais aquáticos locais (tais como cutículas, epiderme, escamas, espículas, etc.) e aos elementos planctônicos e bentônicos mortos (Capítulos 3, 4 e 5) que caem continuamente no fundo das águas. Este material forma um lodo rico em matéria orgânica. Ano após ano, século após século, esta lama se acumula no centro do lago formando um sedimento estratigráfico (gyttja) onde os elementos locais estão misturados com os elementos trazidos da área em volta do lago (Fig. 7.1).

As secções estratigráficas dos lagos podem se estender por centenas de milhares de anos e às vezes por milhões de anos em uma seqüência contínua. Os sedimentos de um lago antigo na Sabana de Bogotá, Colômbia analisados por Hammen & Gonzales (1960) e

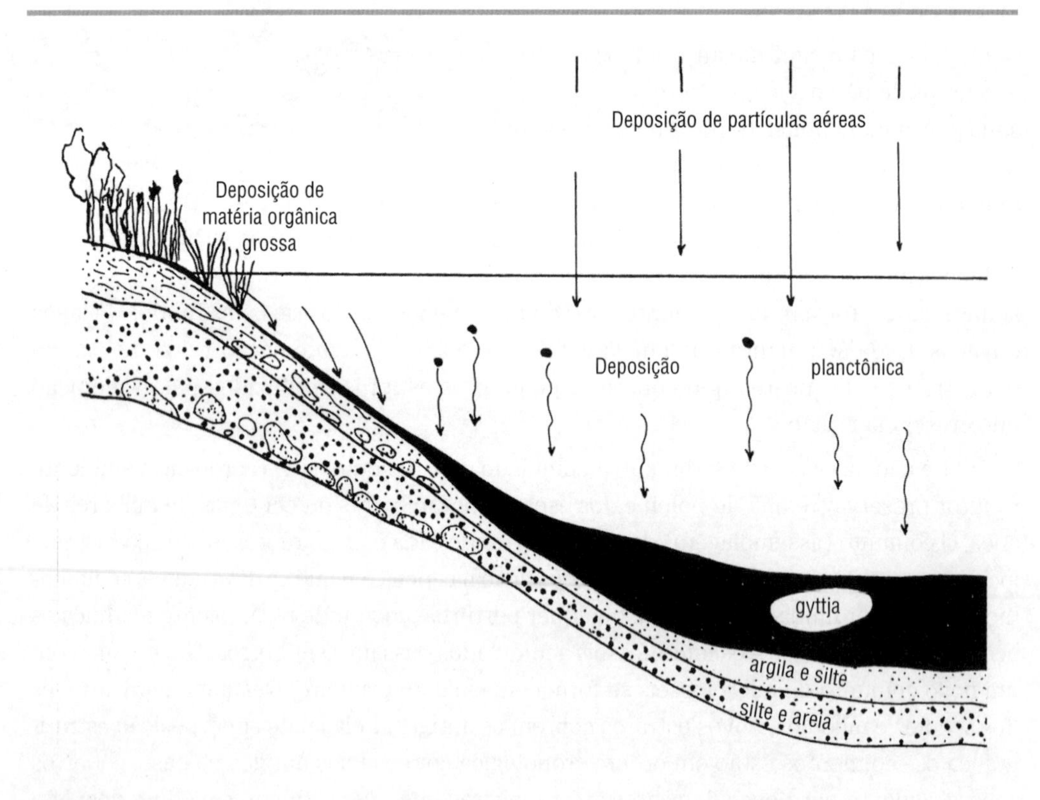

Figura 7.1 Modelo hipotético de uma lagoa pós-glacial onde as margens são pantanosas e no centro se acumula a gyttja.

por Hoogiemstra (1984) vêm desde o Plioceno (4–5 M.a.) até cerca de 30.000 anos atrás, quando o lago ficou totalmente assoreado.

Dependendo da produção do lago, a lama que se acumula no fundo é diferente. O tipo mais comum de lodo é denominado **gyttja** e é uma lama escura, espessa e muito rica em matéria orgânica. Ela resulta de uma mistura de depósitos e de precipitação de matéria orgânica em lagos de água doce com águas ricas em nutrientes e oxigênio (lagos eutróficos). A gyttja pura consiste em restos microscópicos e submicroscópicos da fauna e flora da bacia hidrográfica (Gary et al., 1974; Faegri et al., 1989). O tipo de gyttja varia de um lago para outro porque a flora e a fauna aquáticas variam. Porém, pólen, esporos, carotenos e clorofilas são abundantes na gyttja. Faegri e colaboradores (1989) distinguem um outro tipo de depósito lacustre, o **dy**, que é um lodo gelatinoso característico de lagos distróficos (pobres em nutrientes).

A deposição de partículas provenientes da atmosfera, como pólen, esporos e poeira, nos lagos não é uniforme nem estática. Os grãos que caem na superfície das coleções de água, são distribuídos horizontal e verticalmente pelas ondas, as correntes de água e os ventos. Os grãos de pólen, ao caírem sobre a superfície de um lago, começam a afundar. A velocidade de afundamento através da água é regida pela lei de Stokes (Capítulo 12, Parte 9) e portanto, dependem do tamanho, densidade e forma do grão e da viscosidade do meio. Entretanto, enquanto estão flutuando, os esporos e grãos de pólen estão sujeitos à ação das ondas e do vento sobre a superfície da lago.

Margaret B. Davis (1968) estudou a deposição de pólen em lagos e para isto escolheu o pequeno lago de Frains (Michigan, EUA) que é isolado, não tendo rios que entrem ou saiam. Ela colocou coletores de pólen em vários pontos: 1. no ar, 2. junto à superfície da água, 3. dentro da água, em profundidades diferentes e 4. na interface água/sedimento. As coletas mensais entre 1965 e 1966 mostraram que a quantidade de pólen captada nos coletores no sedimento era 2 a 4 vezes maior que a quantidade de pólen atmosférico que precipita sobre o lago, sugerindo que existe outra fonte de entrada de pólen além da precipitação polínica atmosférica. Os coletores dentro da água mostraram que o sedimento do lago pode ser ressuspendido por turbulência da água (Fig. 7.2) e que a ressuspensão ocorria principalmente no outono e era menor na primavera.

Davis & Brubaker (1973) continuaram estes estudos analisando pólen dos gêneros *Ambrosia* (ambrósia, "ragweed") e *Quercus* (carvalho). Os grãos pequenos de ambrósia, com c.18 μm de diâmetro, densidade de 1,20 e superfície com pequenos espinhos, tendiam a se concentrar nas margens do lago antes de começarem a afundar. Estes grãos pequenos e leves bóiam durante um certo tempo até que o ar contido no interior da célula seja expulso e o grão se hidrate. Nesta situação são empurrados pelos ventos, se os houver, para a margem a sotavento (Fig. 7.1). A velocidade de queda através da água foi calculada pelos autores em 12,7 cm . hr^{-1}. Os grãos de carvalho comportaram-se diferentemente. Eles são esferoidais, de tamanho médio (ca. 28 μm de diâmetro), com superfície suavemente granulada e densidade de 1,16. Sua distribuição é homogênea nos sedimentos, o que sugere que afundavam rapidamente e não sofriam influência do vento sobre a superfície da água. A velocidade de queda dos grãos de pólen de carvalho através da água foi calculada em 24,6 cm/hr.

Este efeito do vento sobre o pólen é marcante nos lagos grandes e nos lagos profundos (Birks & Birks, 1980). Comportamentos como o dos grãos de ambrósia foram observados em outros grãos de pólen pequenos e em grãos muito leves como os de pinheiro (*Pinus*) e *Podocarpus* (Fig. 6.2B) que só começam a afundar na água depois que as bolsas de ar (sacci) se enchem de água, o que aumenta a densidade dos grãos. Também foi observado por M. Davis & Brubaker (1973) em animais planctônicos como, por exemplo, *Daphnia* (veja Fig. 3.10).

Uma experiência semelhante foi feita por Peck (1973) em dois lagos de Yorkshire (Inglaterra). Um lago está a maior altitude e é exposto, o outro está mais abaixo e é cercado por floresta; em ambos há rios que entram e saem. Peck confirmou os resultados de M. Davis e colaboradores de que a quantidade de pólen depositado é muito maior que o precipitado da atmosfera, mostrando com isto que parte dele entrou pelo rio e pela água de correntia de chuva. Pela análise de testemunhos de sondagem do sedimento de cada um dos lagos, ela mostrou que a média anual de 80 anos de deposição é inferior à obtida

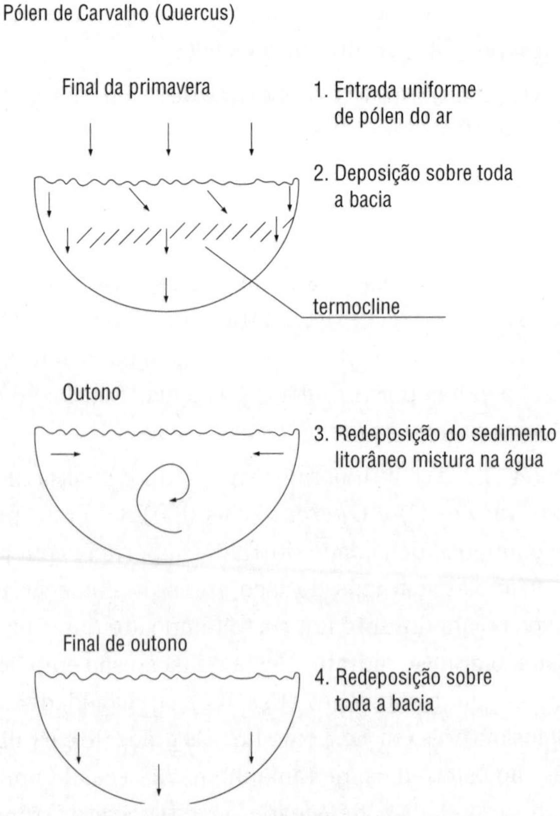

Figura 7.2 Mistura do sedimento de lago por turbulência – M. Davis & Brubaker, 1973.

no ano da experiência (Tab. 7.1) e que o sedimento do lago onde houve menos turbulência (aquele com florestas) teve um influxo de grãos maior por ano (grãos . cm^{-2}. ano^{-1}) que o lago exposto. Daí concluiu que a turbulência ressuspendeu o pólen, parte do qual deve haver sido retirado e transportado pelo rio para fora dos lagos. Entretanto, esta não deve ser a única causa de haver menos pólen depositado em 80 anos. Acho que, durante essas décadas, os grãos mais frágeis foram sendo sistematicamente eliminados.

Uma vez que os grãos estão depositados no fundo das coleções de água, eles podem sofrer o efeito de outros fatores que podem causar uma distribuição heterogênea. Estes fatores são principalmente a atividade da fauna do fundo do lago escavando e perfurando a lama que ainda não compactou. Fatores naturais do lago também são importantes, como turbulência da água nos lagos com estratificação de temperatura que ressuspendem o material depositado (Fig. 7.2). Por isto, a análise de sedimentos da interface água/sedimento é importante quando se começa o estudo paleoecológico de um novo lago, a fim de detectar o grau de turbulência e outras variáveis, como se verá a seguir.

Outro fator importante na análise de sedimentos lacustres é que as plantas aquáticas que crescem nas partes rasas depositam o seu pólen ou esporo aí e, se não há redistribuição, os sedimentos perto das margens, assim como os das áreas de inundação periódica do lago, contêm maior quantidade de pólen e esporos de plantas aquáticas que os sedimentos da parte profunda (Fig. 7.1). Sempre que possível, a perfuração de um lago deve ser feita na parte mais profunda para evitar super-representação de plantas de margem.

Outra precaução na escolha do local de perfuração é que se deve evitar cuidadosamente a amostragem dos locais de entrada de rios e riachos, a não ser que se queira estudar especificamente o transporte por correntes de água. Os deltas, como se verá mais adiante, têm um conjunto de palinomorfos diferente do centro do lago.

Tudo o que foi dito acima mostra que os conjuntos de palinomorfos das diferentes partes de um lago (e mesmo de uma lagoa pequena e rasa) são diferentes, inclusive para o pólen que vem de longa-distância. Para avaliar estes efeitos em um novo lago, o estudo da deposição moderna é fundamental e deve ser feito utilizando amostras de várias partes do lago e observando o sentido do vento dominante, o efeito das margens e da desembo-

Tabela 7.1 Registro da deposição de pólen durante um ano em dois lagos na Inglaterra, baseado nos dados de R.M. Peck (1973, em Birks & Birks, 1980, p. 181-182)

Características	**Lago exposto**	**Lago cercado por floresta**
	Grãos . cm^{-2} . ano^{-1}	
Pólen aéreo depositado na superfície	4.542	3.705
Pólen depositado na interface água/ sedimento	169.736	182.231
Turbulência	Maior	Mínima
Influxo médio anual em 80 anos	49.071	124.443

cadura dos rios. É preciso distinguir o conjunto de palinomorfos da parte mais profunda e os conjuntos das margens. A melhor maneira de avaliar as distorções causadas pela redistribuição de palinomorfos é coletar amostras na interface água/sedimento em um transect na direção do vento predominante que inclua uma margem e a parte mais profunda, e em alguns pontos a 90° do transect.

Os efeitos de redistribuição vertical em lagos esmaecem nos sedimentos mais antigos, onde a compactação é grande. Este assunto será tratado mais adiante. Entretanto, a deposição e a dispersão diferenciais têm que ser seriamente levadas em conta nas interpretações de sedimentos lacustres do Holoceno, onde a compactação ainda não é muito grande.

Somente nos lagos muito tranqüilos, protegidos do vento, é que a sedimentação é feita sem distúrbio. Nestes casos, o sedimento se deposita em lâminas muito finas, geralmente anuais, denominadas varvas (ou varves). Nos lagos de origem glacial forma-se uma lâmina de cor clara, de grãos relativamente grossos (silt ou areia), denominada "de verão" porque se deposita nesta estação. Ela é seguida de uma lâmina escura, de grãos mais finos (argila) e com muita matéria orgânica, denominada "de inverno"(Gary et al. 1974; Reineck & Singh, 1986, Salgado-Labouriau, 2001a).

As varvas registram mudanças sazonais. Nos lagos tropicais, onde não existem as quatro estações, pode haver laminações que são mais espessas que as varvas e indicam mudanças hidrológicas ou climáticas com duração maior de tempo. No Lago de Valência, Venezuela, há uma seqüência de lâminas finas de aragonita (Fig. 7.3) entre cerca de 10.200 e 8.670 anos AP (Bradbury et al., 1981) que indicam que durante curtos períodos a sedimentação não foi perturbada pelas atividades de organismos bentônicos que poderiam destruir a delicada estrutura sedimentar. Estas condições são características de lagos cujo ambiente bentônico é anóxico, o que exclui organismos cavadores e furadores.

Os resultados obtidos até agora permitem algumas generalizações; 1. a deposição de pólen aéreo sobre um lago é menor que o total de pólen acumulado no sedimento lacustre; 2. O conjunto de palinomorfos depositado em lagos vem em parte da precipitação atmosférica e em parte por transporte de água; 3. a turbulência da água provoca ressuspensão do sedimento, e portanto, do pólen, que poderá ser redepositado no lago ou retirado para fora pelos rios que nascem nele (Tauber, 1967a; Davis & Brubaker, 1973). Pelo que foi dito acima observa-se que sempre se deve analisar amostras da interface água/sedimento nas coleções de água onde se está fazendo o estudo paleoecológico para que se possa interpretar melhor os resultados da análise em sedimentos antigos.

3. TURFEIRAS E TERRENOS ALAGADOS

Nas turfeiras, pântanos, brejos e buritizais (veredas), os detritos orgânicos se acumulam debaixo da vegetação encharcada. Eles são constituídos por folhas, ramos, raízes e outras partes mortas das plantas aquáticas que formam um substrato com grande quantidade de matéria orgânica, rico em substâncias húmicas e com pH baixo, que se denomina **turfa**.

Os grãos de pólen e os esporos que caem ou são arrastados por água até aí, se preservam muito bem, desde que o solo se mantenha úmido durante todo o ano.

No caso específico das turfeiras, onde os musgos são abundantes (turfas briofíticas), conhece-se o mecanismo de sedimentação. As plantas de musgo (geralmente *Sphagnum*) formam coxins ou mesmo colchões extensos que crescem na parte superior enquanto que, na parte basal, ficam acumuladas as partes mortas dos musgos, das quais a planta se nutre. O material morto sob o musgo vivo se decompõe lentamente no meio fortemente ácido e forma a turfa. Os esporos e os grãos de pólen que chegam, transportados por água ou por vento, percolam pela parte viva e ficam retidos na massa morta e esponjosa, onde se acumulam (Faegri & Iversen, 1950; Faegri et al,. 1989). Por isto as turfeiras e todos os tipos de turfa, ao contrário dos lagos, têm a composição de turfa muito variada, que depende das plantas que nela crescem. Cada comunidade de plantas produz um tipo próprio de turfeira.

Birks & Birks (1980) dividem as turfas de acordo com as principais plantas que a originam: 1. Turfa briofítica onde o elemento mais comum é constituído de restos de musgos, principalmente de *Sphagnum*, porém *Polytrichium* e outros musgos também podem formar turfa; 2. Turfa lenhosa (restos de lignina), cujo principal componente é a madeira de ramos, cascas de árvores e arbustos e, às vezes, pedaços de troncos; 3. Turfa herbácea, composta principalmente de raízes de plantas herbáceas, porém rizomas ou partes aéreas

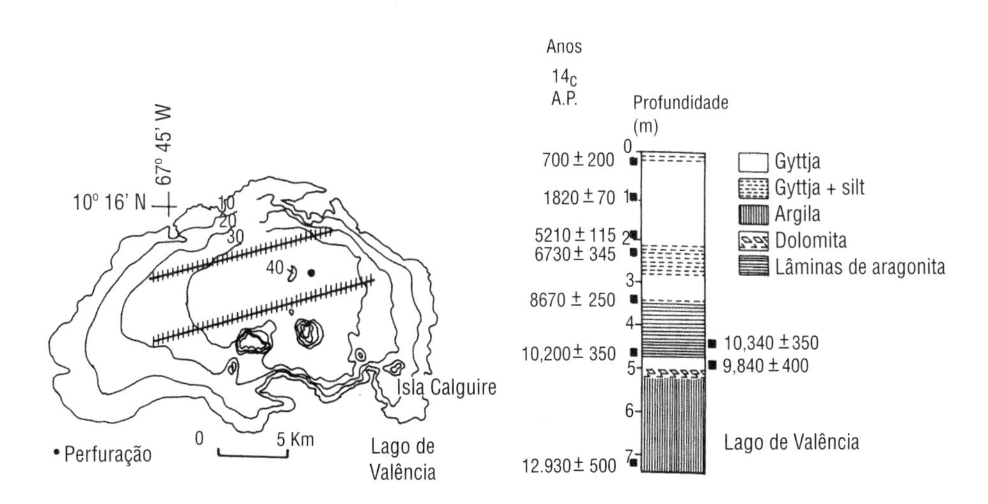

Figura 7.3 À direita: estratigrafia do lago de Valência, Venezuela. Observe as camadas finas de aragonita entre 10.200 e 8.670 anos AP. Idades anômalas, mas dentro do erro de 10.200 +/- 350 anos AP, ocorreram entre 4 e 5 m de profundidade. A mudança abrupta entre as argilas e a gyttja ocorreram a 8.670 anos AP. À esquerda: mapa do lago com a localização, batimetria e local de perfuração. As duas linhas tracejadas representam as zonas de falhas tectônicas do Pleistoceno-Holoceno. Dados de Bradbury et al., 1981.

de ervas podem fazer parte da turfa. 4. Substâncias humosas (ricas em ácidos húmicos), onde o material orgânico está completamente desintegrado e forma uma massa homogênea e negra, sem estrutura aparente. Nesta classificação pode-se especificar a planta que originou a turfa como, por exemplo, turfa de *Sphagnum*, de *Phragmites*, de pteridófitas, etc. As turfas e sedimentos muito ricos em matéria orgânica foram divididos por Troels-Smith em 17 categorias e por Faegri & Ganis (em Faegri & Iversen, 1950; e em Birks & Birks, 1980) em outras tantas categorias, com simbologia complexa, que não serão discutidas aqui porque se aplicam somente ao norte e noroeste da Europa. No caso da América tropical, o melhor é usar a classificação de Birks & Birks e, quando possível, dar a principal planta formadora ou o tipo de vegetação. Por exemplo, turfa de vereda, turfa de pântano.

3.1 Turfas briofíticas

Alguns musgos crescem sobre rochas ou árvores e são denominados musgos aéreos. Nestes a decomposição da matéria orgânica sob eles é parcialmente aeróbia, o que pode causar perda diferencial de pólen. Nas turfeiras a decomposição é anaeróbia e os grãos de pólen se preservam melhor.

A percolação do pólen através do musgo depende da forma e da densidade dos grãos. Rowley & Rowley (1956) experimentaram espalhar pólen de duas espécies sobre coxins de *Sphagnum* (esfagno) que é o principal formador de turfeira na Europa: *Pinus resinosa*, pólen grande, leve e bi-sacado (como *Podocarpus*, Fig. 6.2B) e *Dodonaea viscosa*, pólen menor, esférico e mais compacto. O pólen do segundo moveu-se para baixo, ao passo que o pólen de pinheiro ficou preso nos interstícios da parte viva do esfagno. Amostras foram tiradas do esfagno, uma hora depois de espalhados os grãos de pólen exótico e depois, nos intervalos de 12 dias, 3 meses e um ano. O pólen foi extraído do esfagno pelas técnicas rotineiras. Os resultados das análises mostraram que o pólen de *Dodonaea* moveu-se logo para baixo e o pólen de pinheiro, no início, ficou preso nos interstícios da parte viva do esfagno; mais tarde ambos penetraram mais, porém o de pinheiro entrou menos profundamente que o de *Dodonaea*.

Estudos do crescimento de *Sphagnum*, que é o principal elemento das turfeiras da zona temperada norte, indicam que são necessários 5 a 10 anos para que se forme naturalmente sob o musgo uma camada compacta de turfa contendo pólen. Com o tempo, uma turfeira briofítica pode ficar mais alta que o nível do solo ("raised peat bog") e pode chegar até 20 km^2 e até 12 m de espessura, nas Ilhas Britânicas (Birks & Birks, 1980). No caso de análises paleoecológicas, a percolação diferencial não tem importância dentro do intervalo de tempo analisado, porém este fato impede a análise dos últimos dez anos. Por outro lado, estes dados mostram que 1 cm^3 de turfa compacta representa no mínimo uma mistura de 5 anos de deposição, e provavelmente muito mais. Não se conhece ainda o tempo de formação de turfa compacta nem a percolação do pólen nos trópicos e na zona temperada sul. Quanto mais compacta é a turfa, mais anos estarão comprimidos e mais grãos de pólen de anos diferentes estarão misturados, por percolação, em um volume pequeno. Por isto, não é possível a estratigrafia fina de uma turfa, como se tentou fazer nos anos de 1970 na Inglaterra, onde camadas de 1 milímetro de espessura foram cortadas em cilindros de sondagem congelados retirados na superfície na tentativa de estudar ano a ano a deposição de pólen no final do Holoceno. Não é de espantar que os resultados das análises foram ininterpretáveis.

3.2 Turfas herbáceas de solos encharcados

Não há estudos da deposição e sedimentação de palinomorfos em terrenos pantanosos e nas planícies de inundação dos rios, nem se sabe qual é o grau de deposição diferencial ou de redeposição neles. Em geral os dois fenômenos devem ocorrer na época das chuvas quando as enxurradas podem movimentar a camada superior do depósito.

Não se conhece tampouco a influência do vento superficial na redistribuição do pólen recém-depositado. As correntes de ar sobre a superfície do solo devem ter influência durante as estações climáticas em que os terrenos pantanosos ficam quase secos. Este efeito está demonstrado para a superfície de solo seco (Geiger, 1973). Entretanto, os efeitos não devem ser tão grandes como nos lagos porque os sistemas radiculares da vegetação palustre devem reter o sedimento e a vegetação rasteira deve diminuir, por atrito, a força do vento.

Nas regiões onde há extensas áreas alagadas, como o Pantanal Mato-grossense, a seqüência anual de estação de chuva e estação de seca deve causar arraste e redeposição de sedimentos em uma escala apreciável e provavelmente causar a destruição diferencial de pólen por atrito ou por exposição ao ar. Grãos frágeis podem ser destruídos e as ornamentações da exina podem ser desgastadas mesmo nas áreas onde a enchente não chega na maioria dos anos.

Os manguezais, veredas, buritizais, brejos, pântanos e outros terrenos atuais permanentemente alagados foram muito pouco estudados quanto à dinâmica de deposição. Estudos recentes mostram que existem pólen e esporos em abundância e bem conservados na turfa que se forma embaixo dos manguezais da Índia (Caratini et al., 1973; 1980) e das veredas do Brasil Central (Ferraz-Vicentini & Salgado-Labouriau, 1996; Salgado-Labouriau, 1997). Ao contrário dos sedimentos lacustres, as seqüências estratigráficas palustres e de turfeira geralmente se limitam a intervalos de tempo geológico relativamente curtos, de alguns milhares de anos. As turfeiras no topo dos "tepuyes" (montanhas isoladas em forma de tabuleiro) do Maciço Guianês (Schubert & Salgado-Labouriau, 1987; Schubert et al., 1994) começaram a se formar entre 5.740 ± 100 e 3.880 ± 80 anos AP (idades corrigidas com oxigênio 18), de acordo com a montanha. A turfa da vereda de Cromínia, em Goiás, começou a se formar há um pouco mais de 32.000 anos (Ferraz-Vicentini & Salgado-Labouriau, 1996), a Vereda de Águas Emendadas, DF, há 30.000 anos atrás (Barberi et al. 2000).

O mais comum é encontrar depósitos quaternários de turfa intercalada com camadas de argila e/ou areia (Fig. 10.1). Este tipo de depósito é encontrado em terraços, em deslizamentos e em cortes de estrada recém-construída, nos trópicos e subtrópicos. Nas zonas temperadas frias onde as glaciações interromperam por tempo muito grande os depósitos de pólen, só é possível analisar os intervalos interglaciais. As turfeiras européias do Quaternário Tardio (Fig. 7.4) se limitam mais ou menos aos últimos 10 000 anos, depois do desgelo da última glaciação (Godwin, 1975; West, 1980; Faegri et al., 1989, e outros).

Ao longo do tempo geológico se formaram turfeiras intercaladas com camadas de outros tipos de sedimento. As mais famosas constituem hoje os depósitos de carvão-de-pedra (hulha) em ciclos (ciclotema) que são o resultado da transformação de turfeiras dos pântanos arbóreos do Carbonífero e Permiano em antracite, por uma série de processos químicos e físicos (Holmes, 1965, Stokes, 1982; Salgado-Labouriau, 2001a e outros). Geralmente são 5 a 10 camadas intercaladas de hulha e de sedimento marinho, mas em alguns casos elas chegam a mais de 50 (Stokes,1982). Esporos e pólen estão muito bem preservados nelas e têm sido muito bem estudados do ponto de vista taxonômico e bioestratigráfico, mas as informações levantadas ainda não foram interpretadas paleoecologicamente. Seguramente se forem utilizados métodos de análise de pólen desenvolvidos para o Quaternário, estes poderão dar muito mais informações paleoecológicas que as obtidas pelos métodos clássicos utilizados em paleontologia e bioestratigrafia.

O estudo paleoecológico das turfas do Quaternário mostraram, como foi dito anteriormente, que a deposição de microfósseis obedece às leis da Estratigrafia e, portanto, na hulha e nas turfas muito antigas a deposição estratigráfica é preservada. Se a amostragem dentro da camada de carvão e de turfa muito antiga é correta, pode-se reconstituir a sucessão dinâmica de vegetação que a originou. Veja Capítulo 10 para as técnicas de amostragem.

4. ESTUÁRIOS E DELTAS

Quando um rio ou riacho desemboca em um lago ou no oceano, o contato entre a corrente fluvial e a grande massa de água aonde ela chega produz a deposição das partículas em suspensão das duas massas de água. Começa então a se formar uma seqüência de deposição na confluência das águas, a qual terá maior ou menor influência do curso de água que chega.

De acordo com a massa de sedimentos depositados, a foz de um rio é denominada um estuário ou um delta. A descrição destes dois tipos de desembocadura na verdade representa os dois casos extremos e opostos, porém é preciso ter em mente que existe na natureza todas as situações intermediárias entre estuário e delta.

4.1 Estuários

Estuário é o segmento submarino do vale de um rio, quando penetra no mar. O canal é geralmente em forma de funil. Os estuários modernos começaram a existir depois da transgressão Flandriana (pós-glacial) e representam principalmente vales afogados de rio que foram retrabalhados pelos movimentos de maré, pelos movimentos tectônicos e por um desenvolvimento altamente diferenciado de estratificação e mistura de sedimentos entre o rio e o mar (Reineck & Singh, 1986). Eles podem formar fiordes que recortam a borda marítima, como é o caso da costa da Noruega de onde se origina a palavra “fjord” (fiorde), ou formar bancos-de-areia na sua parte mais distal. Exemplos típicos de estuários são as desembocaduras do Rio São Lourenço (Canadá), Rio Gironde (França), o estuário do Rio da Prata (entre Argentina e Uruguai). No Brasil os rios Itajaí e Paranaguá (Lessa et al., 1998) formam estuário.

O retrabalhamento e a mistura dos sedimentos estuarinos tornam impraticável a análise de microfósseis com fins paleoecológicos. Porém, os estudos geomorfológicos e sedimentológicos podem dar muita informação sobre a dinâmica costeira no passado.

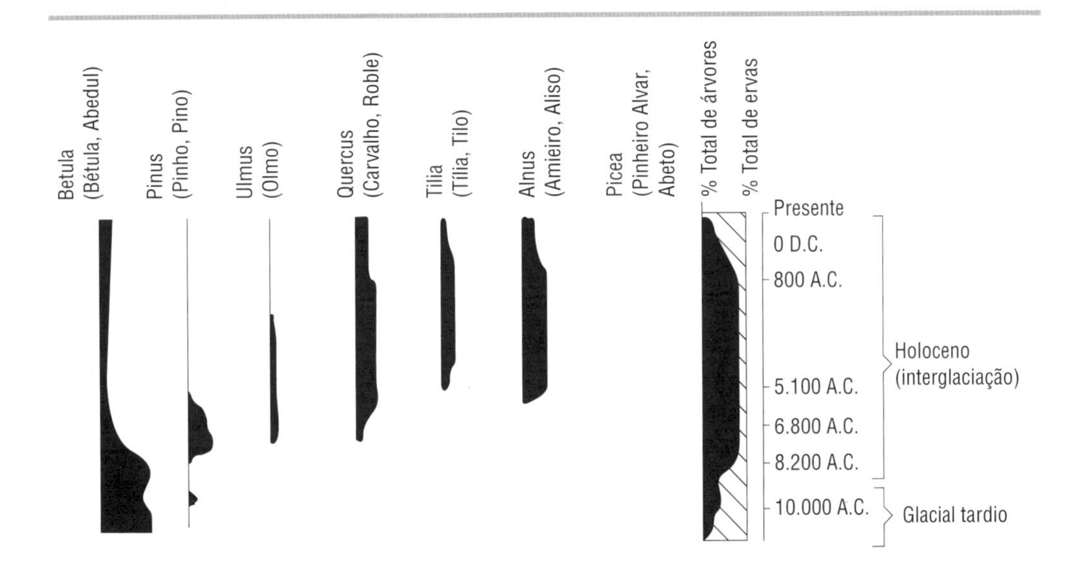

Figura 7.4 Sucessão de vegetação após a última glaciação (Würm) em um terraço fluvio-glacial na Inglaterra, segundo H. Godwin e outros. Adaptado de Salgado-Labouriau (2001a).

Se o suprimento de sedimento de um rio se torna dominante, o estuário se transforma em um delta e se produz uma seqüência deltaica em cima da seqüência transgressiva (Reineck & Singh, 1986).

4.2 Deltas

Quando um rio deságua em um lago ou no mar, a sua vazão diminui. Conseqüentemente, as partículas suspensas na água começam a se depositar ao longo do canal. Se a velocidade de deposição do sedimento fluvial excede a velocidade de remoção por ondas e correntes do mar (ou do lago), o depósito cresce e forma um **delta**. Primeiro são depositadas as partículas e areias grossas, logo na entrada do rio. Depois vai sendo depositado o resto do material em suspensão, em ordem decrescente de densidade, areia fina, silte, argila e por fim argila muito fina, cada vez mais distante da entrada do rio, até que o movimento da corrente fluvial cesse (Holmes, 1965; Bloom, 1978; Tarbuck & Lutgens, 1988, e outros).

A hidrodinâmica dos depósitos deltaicos é bastante complexa, pois depende de muitos fatores além da força da corrente fluvial e das características das partículas transportadas. A variação da descarga do rio durante o ano, a salinidade e densidade da água de ambos, rio e oceano (ou lago), são variáveis. Em um lago pequeno de água doce a corrente do rio cessa pouco depois de entrar e o material em suspensão é logo depositado. Em um lago salgado e no oceano a argila fina em contato com o sal flocula em massas muito grandes para continuar em suspensão, e depositam imediatamente. A ilita e a montmorilonita floculam a >3%o de salinidade, enquanto que a caulinita pode flocular com valores de salinidade muito menores (Reineck & Singh, 1986).

Geralmente o canal principal do rio ao desaguar no mar ou lago se subdivide em canais menores, os tributários. À medida que o processo continua, os canais tributários vão se multiplicando a partir da desembocadura, abrindo em leque e deixando material depositado entre eles. Estes canais tomam uma forma mais ou menos triangular, como a letra maiúscula grega delta (Δ), e daí vem o seu nome. Como um delta é um processo dinâmico, os canais tributários se formam ou desaparecem, mudam de posição, depositam muito ou pouco sedimento, cortam os seus depósitos e redepositam mais adiante, ao longo dos anos. Os deltas dos grandes rios, como o Nilo, o Mississipi, o Amazonas e o Ganges, estão sempre mudando. O mesmo ocorre com os rios menores e com os pequenos cursos de água, em escala menor.

O crescimento e a dinâmica dos deltas estão sendo estudados com métodos modernos (o mais bem estudado é o delta do Mississipi), e cada um tem uma hidrodinâmica característica. Dados históricos mostram que Óstia, um antigo porto marítimo da Roma antiga, fica hoje a cerca de 4 milhas (6,4 km) da desembocadura do rio Tibre. Ádria era um porto no delta do rio Pó (norte da Itália) há cerca de 1850 anos atrás; hoje está a 14 milhas (22,4 km) para o interior. A velocidade média de avanço do delta sobre o mar foi de uma milha (1,6 km) em 120 anos (Holmes, 1965) ou seja, 75 anos por quilômetro.

Os deltas atuais dos oceanos são relativamente recentes e foram formados depois do levantamento do mar durante o degelo da última glaciação, no Pleistoceno Tardio (Reineck & Singh, 1986).

Deltas são as maiores áreas de deposição de sedimentos clásticos. A espessura dos deltas oceânicos modernos varia entre alguns metros e várias dezenas de metros. Segundo Reineck & Singh o delta holocênico do rio Mississipi (EUA) tem cerca de 50 m de espessura.

A deposição de palinomorfos em deltas obedece às mesmas leis de todas as partículas que, transportadas pelos rios, são depositadas na sua desembocadura em um lago ou oceano. É sempre uma deposição diferencial que sofre influência dominante da corrente no local de deposição e depende do caudal do rio. Os grãos de pólen menores e mais leves são depositados longe da desembocadura do rio, os mais pesados, entre eles a maioria dos esporos de pteridófitas, ficam junto à entrada do rio. Entre estes dois extremos está todo um gradiente de deposição. Veja transporte por rios, Capítulo 6.

A deposição diferencial em deltas torna complexa a análise palinológica destes sedimentos. Para o levantamento de informações paleoecológicas do Quaternário, é preferível não trabalhar com material deltaico. No caso em que seja necessário o estudo de deltas marinhos modernos ou antigos, deve-se tomar todas as precauções possíveis para lidar com as distorções nos espectros de palinomorfos. Pelo mesmo motivo deve ser evitada a sondagem de lagos e lagoas em frente às desembocaduras de cursos de água. Entretanto, a amostragem da interface água/sedimento nos deltas oferece dados para distinguir entre os palinomorfos que chegam por transporte fluvial, os de origem marinha e os de transporte eólio, além de contribuir para o estudo de estratigrafia e dinâmica costeira.

5. COMPONENTES DOS DEPÓSITOS DE PALINOMORFOS

Como foi visto anteriormente, o conjunto de microfósseis depositados junto com os sedimentos inorgânicos vem de fontes diferentes de acordo com o mecanismo de transporte que os levou até o local de deposição. A discriminação destes componentes do depósito, de acordo com a proveniência, é essencial na reconstrução do ambiente.

Os materiais orgânicos ou não, que formam sedimentos e turfas, hulha ou rochas sedimentares, podem ser classificados em **autóctones**, que são os materiais originados no próprio local de depósito, e **alóctones**, que provêm de fora e são trazidos por um agente transportador ao local de depósito. Há uma outra classificação que é mais eficiente em análises com a finalidade de interpretação paleoecológica. O conjunto de palinomorfos depositado é dividido em três tipos: local, regional e de longa-distância.

5.1 Componente local

O componente local dá a informação sobre a comunidade que vive ou viveu no local de análise e sua evolução ao longo do tempo. Ele é constituído pelos microfósseis de plantas que crescem do local: pólen, esporos e algas microscópicas. Incluem-se aqui também os microfósseis do plâncton e bentos de ambientes aquáticos.

Nos lagos, as plantas aquáticas superiores estão muito bem representadas no componente local, sejam elas flutuantes, emergentes, ou as que crescem nas margens sujeitas à inundação. Entretanto, a distribuição do pólen de plantas aquáticas e semi-aquáticas lacustres é geralmente irregular.

Nos lagos profundos o componente local se concentra nas partes mais rasas, junto às margens e na lama sob as plantas emergentes e vai diminuindo em direção ao centro do lago. Espécies de ***Isoëtes***, ***Myriophyllum***, Alismatáceas, Podostemonáceas e outras plantas submersas, que crescem fixas ao fundo, somente ocorrem em partes pouco profundas e aí ficam os seus esporos e grãos de pólen (Fig. 7.1). Uma planta comum em pequenos lagos e lagoas temperados e tropicais é a taboa (***Typha spp.***), cujo pólen é muito mais abundante junto às margens. Quando seus grãos atingem valores altos em sedimentos antigos, ela indica que provavelmente naquele tempo a margem ficava perto do local de perfuração.

Esta planta e outras de borda dão dados para avaliar o tamanho do lago e suas mudanças ao longo do tempo. Ao contrário das plantas superiores, não se sabe muito sobre a distribuição dos microfósseis de fitoplâncton lacustre. Provavelmente eles têm uma distribuição relativamente homogênea nos sedimentos.

Em geral a profundidade da faixa fótica lacustre é de 2 a 3 metros e, em casos especiais, chega até 10 m. Depois disto, a luz não é mais suficiente para a fotossíntese das clorofilas **a** e **b** das plantas superiores. A presença de uma boa freqüência de pólen e esporos de plantas aquáticas submersas em sedimentos lacustres antigos indica águas rasas e ajuda a estimar a profundidade do corpo de água. No estudo dos sedimentos de uma pequena lagoa glacial nos Andes venezuelanos, a freqüência dos esporos da pteridófita submersa *Isoëtes*, que cresce no fundo de lagoas, é alta (Fig. 5.12), o que indica que esta não podia ter mais de 3 m de profundidade na época.

As algas planctônicas podem fazer fotossíntese com intensidade menor de luz, devido a outros pigmentos fotossintéticos, como a clorofila **c**, os β-carotenos e as fico-eritrinas que absorvem a energia e transferem para a clorofila (Andreo & Vallejos, 1984; Brasier, 1985). No oceano a faixa fótica é muito mais profunda e atinge a 150-200 m de profundidade (Brasier, 1985; Barnes & Hughes, 1998; Salgado-Labouriau, 2001a) e a maioria dos táxons de fitoplâncton vive até cerca de 120 m. O plâncton pode ser uma das partes dominantes do componente local, principalmente em lagos grandes e nos oceanos. Entretanto, são poucos os elementos planctônicos que resistem ao tratamento químico dado aos sedimentos para a análise palinológica.

As algas microscópicas mais representadas em lagos pertencem às Chlorococcales (Fig. 3.21), Zygnematales (Fig. 3.26) e Diatomaceae (Bacillariophyceae, Fig. 3.22). Os gêneros mais abundantes em amostras preparadas para análise palinológica são: *Botryococcus*, *Coelastrum*, *Debarya*, *Mougeotia*, *Pediastrum*, *Pseudoschizaea*, *Spirogyra*, *Tetraëdron*, e os zigósporos das Zignematáceas. Eles têm paredes de esporopolenina que resiste ao tratamento ácido do pólen e por isto são denominados palinomorfos. Outras algas, como as diatomáceas, são eliminadas durante o tratamento químico do sedimento, devido à sua carapaça (frústula) silicosa. Seus microfósseis requerem um tipo de tratamento diferente daquele empregado para os palinomorfos. Veja Capítulo 3, Parte III para maiores detalhes.

As diatomáceas não ocorrem em água corrente, mas dão ótimas informações sobre a história de um corpo de água parada. Por exemplo, no caso do Lago de Valência, as ocorrências de *Chaetoceras* e *Cyclotella* (Bradbury et al., 1981) indicam uma fase inicial de água salobra, seguida de uma fase de água doce que vem até o presente (Fig. 3.23). No Miror Lake mostram uma assemblagem pobre em diatomáceas características de litoral lacustre durante a época da glaciação e início desse pequeno lago (Fig. 7.5), seguida de uma assemblagem diferente, mais rica, quando a temperatura global sobe, por volta de 8.500 anos atrás (M. Davis et al., 1985).

Infelizmente existem poucas informações biogeográficas e ecológicas sobre a maioria das algas relacionadas acima. Quando estas informações forem disponíveis, a interpretação paleoecológica será mais precisa, principalmente em relação à história dos lagos, pântanos e buritizais.

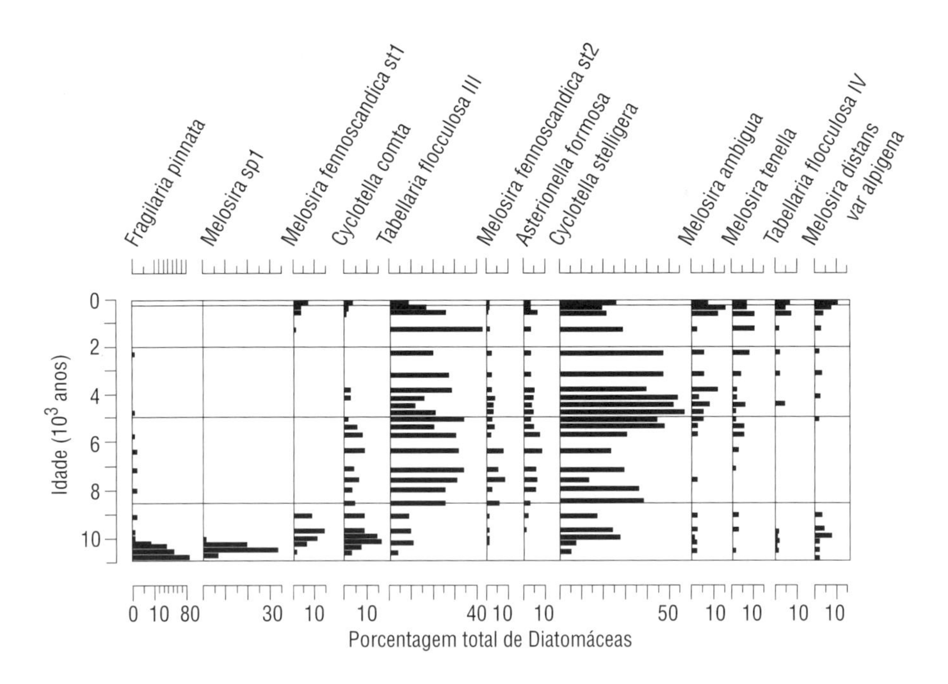

Figura 7.5 Histograma de porcentagem total de frústulas das diatomáceas mais freqüentes nos sedimentos do Miror Lake (Lago), EUA. Observe a mudança no conjunto de diatomáceas há cerca de 8.500 anos atrás. Segundo M. Davis, Moeller et al. 1985.Veja também a Fig. 3.23.

Nos pântanos e turfeiras as plantas aquáticas estão dispostas mais uniformemente que em lagos, o que resulta em uma distribuição mais homogênea do componente local. Praticamente não há o efeito de margem, como nos lagos. Esporos de pteridófitas e musgos, bem como o pólen da flora de pântanos e turfeiras estão bem representados no componente local.

Na análise de solo de floresta, o componente local é representado pelo pólen e pelos esporos das plantas do sub-bosque e pelos grãos de pólen de árvores ou de epífitas que caem por gravidade diretamente no solo, ou são arrastados pela chuva para o solo da floresta. Geralmente pertencem a plantas com polinização por animais (entomófilas, quiropteróñlas, etc.) ou com dispersão ineficiente de pólen. É muito importante analisar amostras de superfície dentro de cada tipo de floresta para determinar o componente local que será o dominante, em detrimento dos componentes regional e de longa-distância da floresta.

Uma característica do pólen local é que ele tem concentração diferente conforme o ponto analisado dentro de uma área. Em uma seqüência estratigráfica o pólen e os esporos de pteridófitas, que pertencem ao componente local, oscilam bruscamente, passando por máximos e mínimos ou a zero, sem transição. O exame de macrofósseis, quando é possível obtê-los, ajuda a determinar os elementos locais e a distinguir entre as oscilações do espectro devidas às plantas locais e as oscilações devidas às mudanças na vegetação regional.

5.2 Componente regional

Esta categoria é constituída principalmente por pólen e esporos de plantas que crescem na região em torno da área de deposição. Por exemplo, o pólen da vegetação em torno de um lago ou pântano. Estes elementos vêm de três diferentes fontes: 1. precipitação de pólen ("pollen rain") da atmosfera; 2. esporos e grãos de pólen transportados por ventos superficiais suaves (Figs. 6.3 e 6.4A); 3. arraste por água, do material polínico caído na superfície do solo (Fig. 6.4B; veja Capítulo 6).

O componente regional é distribuído mais ou menos uniformemente e a sua concentração é geralmente homogênea em toda a área de deposição. Os principais elementos são os esporos de pteridófitas e os grãos de pólen de plantas da região e raramente incluem outros esporos ou algas microscópicas. O conjunto palinológico do componente regional é importante porque permite conhecer o que se passou em toda a região do ponto de vista de vegetação e clima.

5.3 Componente de longa-distância

Nesta categoria estão incluídos principalmente os grãos de pólen. Os grãos chegam à área de deposição por transporte eólio depois de percorrer muitos quilômetros de distância e são provenientes de vegetação fora da região onde se está analisando. Geralmente vêm de um raio de até 50 ou 100 km e, excepcionalmente, de muito mais longe. No caso de montanhas, o pólen da vegetação de baixo é levado até as cimas pelos ventos ascendentes. No Capítulo 6, Parte 4, são dados vários exemplos de transporte de longa-distância pelo vento; veja por exemplo, as Tabs. 6.2 e 6.3.

É necessário conhecer quais são as espécies anemófilas, as que produzem muito pólen e as que vêm de grande distância, para reconhecê-las nos sedimentos. A análise palinológica da superfície (deposição moderna) na região ajuda a conhecer estes elementos. Eles geralmente estão super-representados nos espectros, se crescerem na região estudada. Quanto mais longe está a fonte produtora, menos grãos são depositados por cm^2. As correntes de ar e a rede hidrográfica da bacia em estudo devem ser consideradas na avaliação da distância percorrida pelo pólen.

Quando os componentes da região e do local apresentam concentração muito baixa, como é o caso de regiões com vegetação rala, o componente de longa-distância pode dominar no conjunto de pólen depositado. Isto causa uma distorção nos diagramas de pólen em que é usado o valor relativo (porcentagem). Entretanto, o cálculo do valor absoluto (concentração, grãos . cm^{-3} ou input, grãos . cm^{-2} . ano^{-1}) para cada tipo palinológico no sedimento, corrige esta distorção porque a concentração do pólen de longa-distância diminui em função da distância da fonte produtora. Na Fig. 7.6 o pólen da gramíneas atinge a mais de 75% do total de pólen nos níveis 27 a 37 (1,80 a 3,0 m profundidade), o que indicaria uma região coberta por um campo de gramíneas. Entretanto, a concentração de pólen de gramíneas e outras ervas de campo nessa seção é muito baixa nos níveis de 28 a 37 (Fig. 7.7), o que mostra que a região realmente era um deserto muito frio, com muito pouca vegetação até 11.470 anos atrás. O pouco pólen que havia deve ter chegado aí por transporte de correntes de ar vindas da vegetação paramenha que crescia mais abaixo na montanha. Somente a partir de cerca de 9.350 anos AP a concentração de pólen de gramíneas aumentou efetivamente, atingindo os valores de vegetação de campo paramenho (Salgado-Labouriau, Rull et al., 1988).

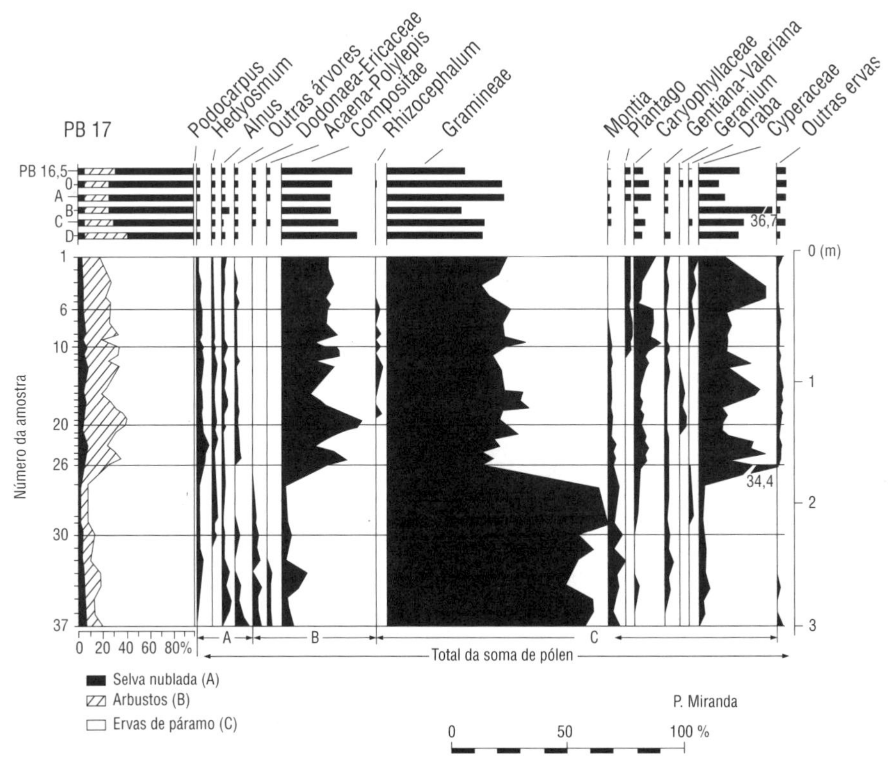

Figura 7.6 Diagrama de porcentagem de tipos selecionados de pólen do terraço de Miranda, Andes venezuelanos. Observe que a porcentagem de pólen de gramíneas é muito grande nos sedimentos das camadas basais, correspondentes aos níveis PB17-37 a -27, datados de >11. 000 anos até c. 8.500 anos AP. A porcentagem atinge a mais de 80% dos grãos depositados. Compare com o diagrama de concentração destes sedimentos (Fig. 7.7). Redesenhado em base a Salgado-Labouriau, Rull et al., 1988.

O estudo da deposição de pólen e esporos modernos nas partes mais altas dos Andes venezuelanos (Salgado-Labouriau, 1979a) mostra que a porcentagem de pólen de longa-distância aumenta nos sedimentos onde a vegetação é rala. Na Fig. 7.8 as porcentagens de pólen de *Podocarpus*, *Hedyosmum* e *Alnus* (árvores da selva nublada andina) atingem valores maiores (entre 20% e 41% do total de pólen no páramo seco, do que na zona de transição entre páramo e selva nublada. Entretanto, estes valores do páramo seco estão distorcidos e realmente têm uma concentração baixa em relação a que apresentam para a mesma altitude com uma boa cobertura vegetal.

A distorção dos espectros de porcentagem causada por conjuntos de pólen pobres é uma causa de erro na interpretação de sedimentos antigos que deve ser evitada. Para isto é necessária a comparação com os valores absolutos (concentração ou input) de cada tipo polínico.

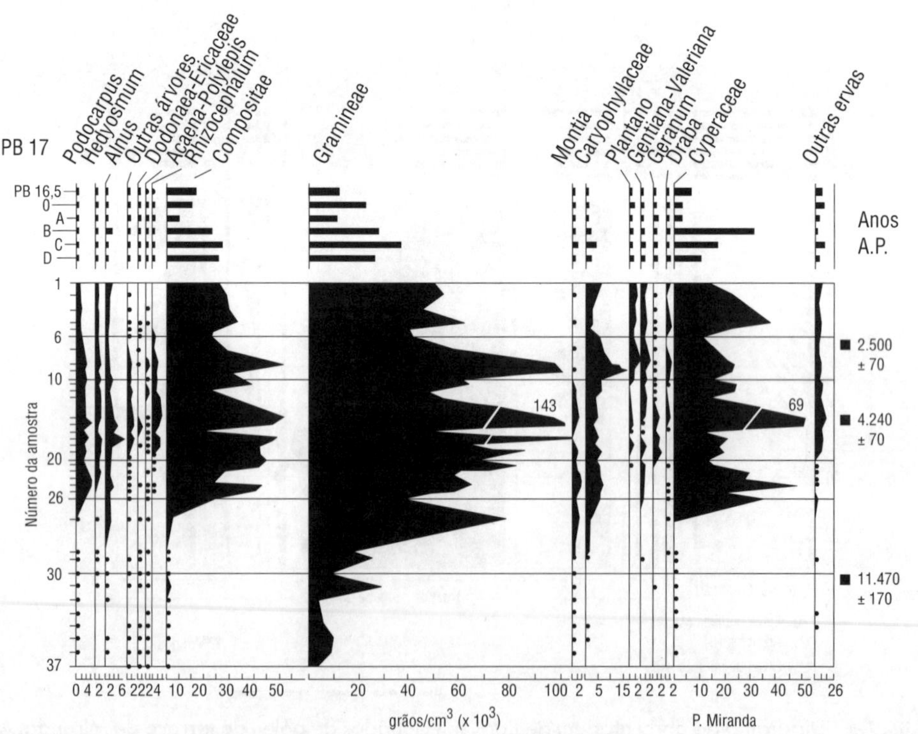

Figura 7.7 Diagrama de concentração (grãos . cm^{-3}) dos mesmos tipos selecionados de pólen da figura anterior, do terraço de Miranda, Andes venezuelanos. Observe que as gramíneas estão em concentração baixíssima antes de 10.000 anos AP e só aumentam a partir do nível PB17-27. Em cima, histograma das amostras de superfície. Redesenhado em base a Salgado-Labouriau, Rull et al., 1988.

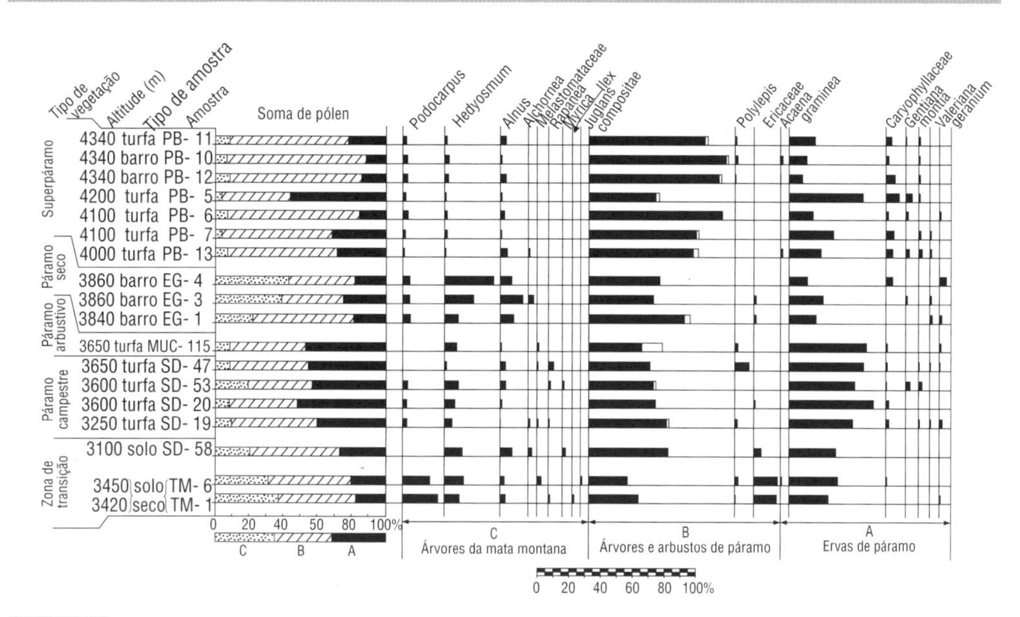

Figura 7.8 Transect da deposição moderna dos principais tipos polínicos nos altos Andes da Venezuela. Histograma de porcentagem: A = ervas de páramo; B = árvore (*Polylepis*) e arbustos dos páramos; C = árvores da selva montana. Todas as amostras foram coletadas nas faixas vegetacionais acima da selva nublada (> 3.000 m altitude). À esquerda, de baixo para cima: zona de transição entre páramo e selva montana; páramo de gramíneas; páramo arbustivo; páramo seco; superpáramo de Espelétias. Segundo Salgado-Labouriau, 1979a.

Preservação diferencial e fossilização de palinomorfos

8

1. INTRODUÇÃO

Quando os grãos de pólen, esporos e outros microrrestos estão finalmente depositados em um local de sedimentação, seja no fundo de lago ou oceano, ou em turfeiras e terrenos alagados, eles passam a ser parte do sedimento e são submetidos aos mesmos processos diagenéticos dos outros constituintes orgânicos e inorgânicos do depósito. Processos químicos, físicos e biológicos como decomposição, pressão, temperatura elevada e outros, agem sobre eles. As mudanças, modificações ou transformações vão determinar quais os microrrestos que se preservarão. Para que os palinomorfos sejam preservados, o meio deve ter certas condições que serão discutidas aqui.

Nem todos os sedimentos são apropriados para a reconstrução paleovegetacional e paleoclimática com base em pólen e esporos. Alguns sedimentos são estéreis (não contêm esporos e pólen), outros são pobres em palinomorfos e refletem uma vegetação rala, pobre em espécies e em indivíduos, característica de deserto ou região semi-árida. A ausência ou a pouca quantidade de microfósseis também pode ser o resultado de preservação diferencial. Estas duas possibilidades têm de ser bem caracterizadas em uma análise palinológica.

2. CARACTERÍSTICAS PALEOECOLÓGICAS DOS SEDIMENTOS RICOS EM MICROFÓSSEIS

Os sedimentos lacustres geralmente contêm uma grande quantidade de palinomorfos. Eles têm algumas vantagens sobre os depósitos de turfeiras. Os lagos podem existir por centenas de milhares de anos e os seus sedimentos podem registrar uma história contínua dentro de um intervalo de tempo muito grande. Muitos lagos e lagoas atuais são jovens e datam dos últimos milênios, mas sempre é possível encontrar lagos modernos com uma história longa. Alguns destes lagos estão sendo estudados, como o Lago de Biwa, no Japão, cujos sedimentos chegam a centenas de metros de profundidade. O Lago de Valência, na Venezuela, com sedimentos de mais de 100 m (Schubert & Laredo, 1979), dos quais somente os primeiros 7,50 m foram analisados, e o Lago Victoria, na África (Livingstone, 1975). Sedimentos antigos de lagos que não existem mais podem ter centenas de metros de profundidade e conter a história de milhões de anos. Um caso muito conhecido é o do antigo lago na Sabana de Bogotá, Colômbia, que se iniciou no Plioceno e chegou até cerca de 30.000 anos atrás (van der Hammen & Gonzales, 1960; Hooghiemtra, 1984).

Uma perfuração para retirar cilindros de sondagem em sedimentos muito espessos é difícil e muito cara. A palinologia e a geoquímica destes cilindros de sondagem ("cores") levam muitos anos para serem analisadas mas, em compensação, trazem uma história longa e contínua do lago e da região à sua volta. Devido ao preço, poucas análises de cilindros de sondagem longos foram feitas até hoje.

As turfeiras, ao contrário, têm uma duração curta do ponto de vista geológico. Geralmente se limitam a algumas dezenas de milênios. Turfeiras modernas têm sido uma fonte de informação preciosa para o Holoceno. Além de preservar bem os esporos e o pólen, uma perfuração em turfeira atual é relativamente fácil e barata.

Como os últimos milênios contêm a história da agricultura e da pecuária, e os ecossistemas naturais em muitas regiões foram bastante perturbados pelo homem, o estudo detalhado de turfeiras modernas traz informações valiosas sobre estes pontos. Além disto, existem dados históricos e arqueológicos para os últimos milênios, escritos ou de tradição oral, que tornam possível a avaliação e a calibração das informações obtidas com os microfósseis. Este ajuste serve de modelo para a interpretação de turfas antigas durante o Quaternário, como, por exemplo, as que foram depositadas durante os interglaciais da Europa.

Nos terraços fluviais ou fluvio-glaciais, é possível encontrar camadas de turfa intercaladas com camadas de argila, de areia, ou de conglomerado (Figs. 8.1 e 10.1). Este tipo de depósito se estende por um número de anos muito maior que as seções retiradas das turfeiras superficiais. As partes de turfa contêm palinomorfos muito bem preservados e podem ser analisadas. As camadas de argila fina dos terraços também podem conter palinomorfos que são analisados da mesma maneira que nas turfas. Entretanto, as camadas de areia e de conglomerado não podem ser analisadas. O pólen e os esporos que caem sobre a areia superficial percolam facilmente entre as partículas ao longo de toda a espessura da camada e se acumulam na base da seção. Com muito mais razão, eles percolam pelos interstícios dos conglomerados. O material acumulado na base da camada representa uma mistura de tantos quanto forem os anos em que esta areia existiu na superfície. Além disto, os palinomorfos estarão em concentração baixa porque são o resultado de uma destruição diferencial (veja a seguir na parte 3) que eliminou parte dos microfósseis por oxidação. Nestas camadas de areia, não há acumulação de palinomorfos em estratos e não é possível fazer uma reconstrução cronológica.

Uma estratificação com camadas tão diversas, como as da Fig. 8.1, terá vazios de informação nas camadas de areia e de conglomerado. A informação não é contínua mas, pela lei de superposição estratigráfica, as informações das camadas de turfa e da argila fina estarão em ordem cronológica.

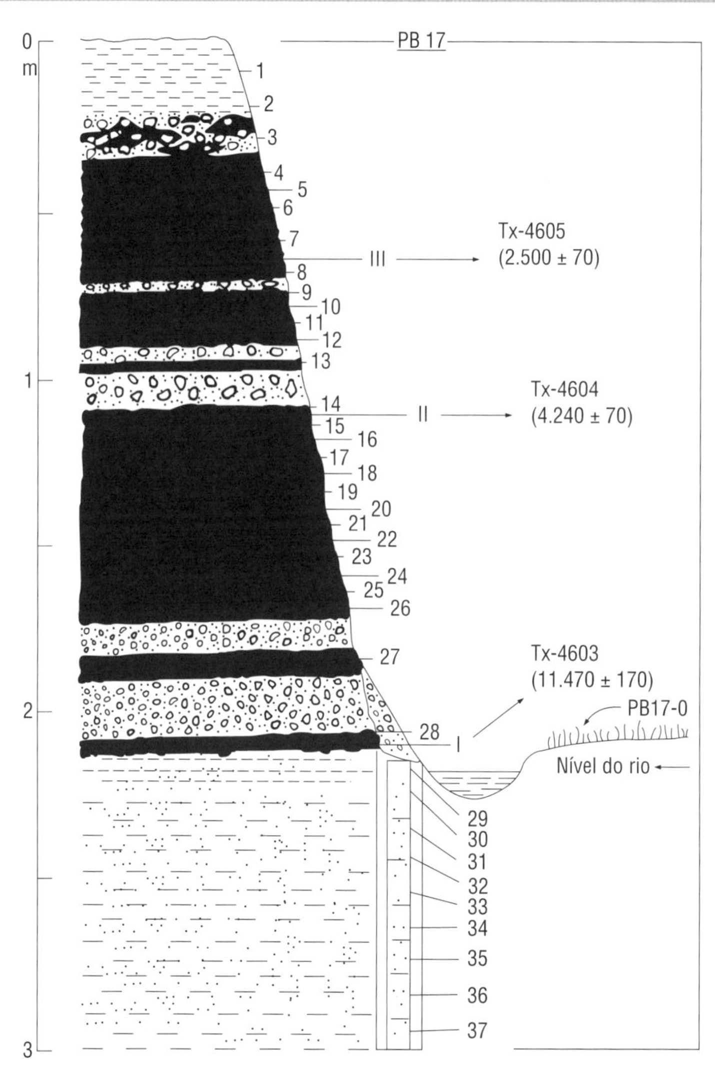

Figura 8.1 Estratigrafia do terraço de Miranda, Andes venezuelanos, a 3.920 m de altitude. Em negro, camadas ricas em matéria orgânica com a localização das amostras analisadas; em tracejado, camadas de argila e localização de amostras analisadas. As camadas de conglomerado não foram analisadas. I,II,III, datações com ^{14}C. Salgado-Labouriau, Rull et al., 1988.

3. PRESERVAÇÃO DIFERENCIAL

A membrana dos grãos de pólen (exina) é muito resistente (Capítulo 4, Parte 3) e pode se preservar intacta por milhões de anos. A exina é constituída principalmente de esporopolenina (Zetzsche, 1932) que é um complexo de polímeros e ésteres de carotenóide (Brooks & Shaw, 1978). Entretanto, os carotenóides são componentes muito comuns em plantas e existem em abundância em frutos e raízes com cores amarelas e vermelhas, como o tomate, a abóbora, o açafrão e a cenoura. Mas estes carotenóides não se preservam em sedimentos. As razões pelas quais a exina da maioria das plantas resiste à corrosão química e ao ataque de microorganismos ainda não estão bem conhecidas. Porém, o fato existe e já se conhece alguma coisa sobre as condições de preservação em sedimentos e em turfeiras, principalmente com relação aos grãos de pólen.

Nem todos os palinomorfos se preservam bem e muitos tipos são destruídos nos depósitos onde se acumularam. Esta preservação diferencial faz com que o conjunto de palinomorfos não seja a informação completa dos ecossistemas, mas sim um reflexo da vegetação e do fitoplâncton que existiu na região. O conhecimento das causas de destruição, corrosão, deformação, dobramento e outros, que causam a preservação diferencial de palinomorfos é necessário na interpretação das análises de sedimentos e turfas.

3.1 Características da exina para a boa preservação

Os estudos e as observações sobre preservação diferencial da exina foram feitos principalmente com grãos de pólen e a aplicação destes conhecimentos nos outros palinomorfos é feita por extensão. Nem todos os tipos de pólen, se preservam bem, mesmo quando em condições ideais. A composição da esporopolenina e a sua resistência à corrosão e pressão variam de táxon para táxon. É preciso conhecer as características das espécies para interpretar os espectros de pólen, pois a destruição diferencial do pólen faz com que os menos resistentes estejam sub-representados ou ausentes e os mais resistentes passam a ser a maioria dos grãos dentro de um conjunto de pólen antigo. Segundo Faegri e colaboradores (1989) e eu concordo com eles, este fato constitui "um erro clássico" em muitas análises de pólen no passado.

Pouco depois de liberado pela planta-mãe, o citoplasma dos grãos de pólen morre e começa a se decompor. O que resta é o envoltório externo (exina) que na maioria dos táxons resiste ao ataque químico e microbiológico, e que se fossiliza. No tratamento por acetólise do pólen moderno o citoplasma e a membrana de celulose (intina) são eliminados e os grãos ficam com o aspecto dos que são fossilizados. A observação do comportamento da exina de plantas modernas após a preparação rotineira de acetólise (Capítulos 11 e 12) para o estudo da morfologia dos grãos, assim como o seu comportamento em lâminas de referência lacradas, forneceram e fornecem muitas informações quanto às possibilidades de preservação do pólen de um táxon em condições normais. Destas observações resultaram muitas das explicações sobre a ausência ou sub-representação do pólen de táxons com uma boa freqüência na vegetação.

Algumas plantas submersas têm pólen desprovido de exina (Capítulo 4). Estes tipos de pólen têm probabilidade muito baixa de preservação e não são encontrados em análise de pólen em sedimentos e turfeiras. Entre as plantas atuais, quando a exina é muito delicada, ela não resiste ao tratamento de acetólise. Exinas muito finas, como as do pólen da maioria das Lauráceas, Musáceas, Zingiberáceas e do gênero ***Macrosiphonia*** (Apocináceas), são destruídas por este tratamento (Veloso & Barth, 1962; Salgado-Labouriau, 1973; Traverse, 1988 p. 376) e só podem ser estudadas se o pólen for recém-retirado da flor e preparado por métodos mais suaves, como o de Wodehouse (Capítulo 11). Estes tipos de exina dificilmente aparecem em análise de palinomorfos e representam as "espécies silenciosas" da vegetação (Capítulo 4).

Exinas finas, como as de ***Araucaria*** e de algumas espécies de Apocináceas e Gramíneas freqüentemente são amassadas durante a preparação rotineira do pólen para exame ao microscópio (Barth, 1962; Salgado-Labouriau, 1973) e é necessário utilizar métodos quimicamente menos drásticos para que se mantenham sem deformação. O mesmo acontece com a maioria dos esporos dos musgos. As lâminas de referência dos tipos com exina fina apresentam poucos grãos perfeitos, a maioria está dobrada ou amassada. Estes tipos podem ser parcialmente destruídos no processo de fossilização e ficarem sub-representados nas assemblagens de palinomorfos.

O estudo do pólen moderno mostrou que os grãos de pólen e os esporos de paredes espessas não se deformam. Entretanto, a condição da exina de ser espessa não é a única necessária para a boa preservação. Os grãos de pólen de Gramíneas, por exemplo, tem exina relativamente fina, entre 1,4 e 2,4 μm de espessura (Salgado-Labouriau & Rinaldi, 1990b) em comparação com outras famílias, e é comum que uma parte dos grãos fique amassada nas lâminas de referência. Entretanto, seu pólen se preserva muito bem. Isto mostra que há condições ainda desconhecidas nos ambientes deposicionais que possibilitam a preservação dos grãos com exina fina.

Durante o processo de fossilização o meio onde se encontra o conjunto de palinomorfos age sobre as exinas, o que resulta em uma preservação diferencial dos microfósseis como se discutirá a seguir, na Parte 3.3.

3.2 Grãos deteriorados ou deformados em sedimentos

Um conjunto de pólen e esporos bem preservados pode conter um certo número de grãos que não estão perfeitos. Estes grãos podem estar com a superfície externa desgastada, ou apresentar orifícios, ou podem estar dobrados, amassados ou quebrados (Fig. 8.2). É comum encontrar-se os sacos aéreos de ***Podocarpus*** destacados do corpo do grão. Muitas vezes, estes grãos deformados ou quebrados podem ser identificados apesar da deterioração que sofreram, mas estes grãos não devem ser incluídos na soma de pólen.

Cushing (1967) criou uma classificação detalhada para os grãos deteriorados, sem se preocupar com os mecanismos que pudessem danificar o pólen. As categorias em ordem crescente são: 1. perfeitos; 2. corroídos (com a superfície, "ektexina", desgastada);

3. degradados (com mudanças estruturais onde os elementos da exina estão fundidos e borrados, "como uma bola de cera que foi aquecida"); 4. quebrados (divididos em dois ou mais pedaços); 5. Amassados (dobrados, enrugados ou colapsados). Esta classificação foi utilizada, nesta ordem, por ele e outros autores nos Estados Unidos e Grã-Bretanha, em diagramas de pólen. Ainda que à primeira vista esta classificação pareça lógica, é muito difícil aplicá-la com segurança porque as gradações entre as classes não são nítidas e existem nuanças dentro de cada classe que tornam a classificação subjetiva. Segundo Faegri e colaboradores (1989), e concordo com eles, uma classificação tão detalhada não tem muito sentido porque os fatores causais não estão bem compreendidos. Uma classificação como esta ajuda em descrições gerais, mas não pode ser usada quantitativamente em um diagrama de pólen, como sugerem Cushing (1967) e Birks & Birks (1980, p.187).

É freqüente nas análises de sedimentos encontrar alguns grãos amassados (Fig. 8.2). Quando o número de grãos deteriorados é grande deve-se procurar estabelecer a causa ou pelo menos procurar uma explicação plausível.

Grãos com a estrutura degradada ou com superfície corroída podem ter diferentes origens e mecanismos de deterioração e/ou deformação. Se bem que o problema ainda está em aberto, pode-se alistar algumas possíveis causas. 1. Ser o produto de erosão de sedimentos antigos que foram ressuspensos, transportados e redepositados por correntes de água no local em que se está analisando. Os grãos redepositados pertencem a uma época diferente do resto do depósito. 2. O local de deposição tenha secado por algum tempo. 3. A espécie tenha pólen frágil. No terceiro caso, são sempre os mesmos tipos polínicos que são encontrados com deformação. No primeiro caso, encontram-se grãos deformados em praticamente todos os tipos e o sedimento é fluvial, argiloso e geralmente contém uma quantidade pequena de matéria orgânica. No segundo caso os sedimentos são palustres e além de apresentarem a grande maioria dos grãos deformados, os elementos planctônicos e os outros aquáticos diminuem drasticamente ou desaparecem. Turfeiras, planícies de inundação, margens de lagoas ou mesmo lagoas rasas podem apresentar palinomorfos com estas características em certos níveis, sugerindo que o local secou por um certo tempo. Isto ocorreu na Laguna (lagoa) Victoria, nos Andes (Salgado-Labouriau & Schubert, 1977) em que a lagoa diminuiu nos últimos 380 anos AP; o mesmo ocorreu na vereda (buritizal) perto de Cromínia (Ferraz-Vicentini & Salgado-Labouriau, 1996), onde o pântano do tipo vereda deve ter secado muitas vezes entre c. 10.500 e c. 7.700 anos AP e, a seguir, se restabeleceu. O diagrama de concentração (Fig. 8.3) mostra que na fase V os grãos de pólen estão em uma concentração mínima. Nessa fase há muitos fragmentos de carvão, pedaços grandes de plantas queimadas e a maioria dos grãos estão dobrados, amassados ou quebrados. A má preservação do material polínico e a presença de grande quantidade de carvão sugerem que o local freqüentemente secava e eventualmente era queimado (Ferraz-Vicentini & Salgado-Labouriau, 1996).

Os grãos dobrados, amassados ou achatados que se encontram em sedimentos podem ser o resultado de efeitos mecânicos de pressão das camadas superiores. Nos sedimentos mais antigos e em rochas sedimentares, todos os grãos podem estar achatados, como um disco, devido à pressão das camadas superiores ou ao processo de consolidação do sedimento. Nos casos em que a deformação é uniforme, os grãos são identificáveis e podem ser utilizados para a interpretação paleoecológica. Isto é comum em rochas sedimentares, porém pode ocorrer em sedimentos quaternários, inclusive dos últimos milênios do Holoceno. Conjuntos de pólen com todos os grãos uniformemente achatados como um

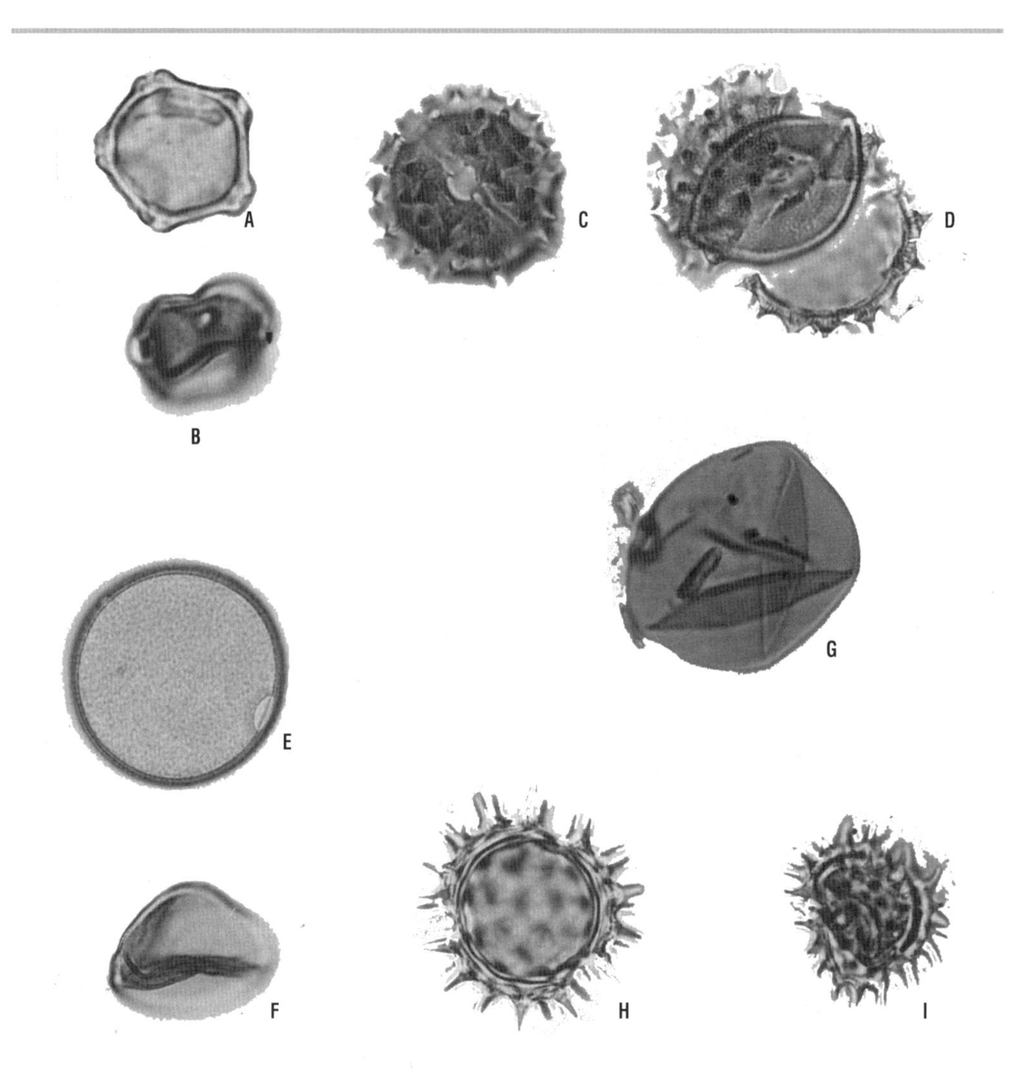

Figura 8.2 Fotografias em microscópio óptico (objetiva de 40X) de grãos de pólen intactos comparados com os grãos deformados que aparecem em sedimentos. **A** =*Alnus jorulescens,* grão intacto; **B** = idem, amassado. **C** = *Werneria pygmaea,* grão intacto; **D** = idem, quebrado; **E** = *Melinis minutiflora,* Gramínea, grão intacto; **F** = Gramínea, grão amassado; **G** = idem, dobrado; **H** = *Montanoa quadrangularis,* grão intacto; **I** = idem, dobrado.

disco foram encontrados em sedimentos de um canal de irrigação em campos de cultivo de povos pré-hispânicos nos Llanos Ocidentais da Venezuela (Salgado-Labouriau, 1979c). Estes grãos foram depositados no tempo em que os canais estavam sendo utilizados para irrigação (Fig. 8.4) e, depois que os campos de cultivo foram abandonados, as depressões foram sendo rapidamente assoreadas até encher todos os canais e, desta forma, os palinomorfos foram preservados.

Grãos desgastados podem ter sido sujeitos à abrasão durante o transporte por rios. Grãos desgastados, quebrados ou com perfurações também podem ser o produto de processos químicos ou biológicos que os deformaram ou modificaram dentro do depósito e representariam táxons com exina mais frágil ou ambientes deposicionais mais ricos em oxigênio, como se verá a seguir.

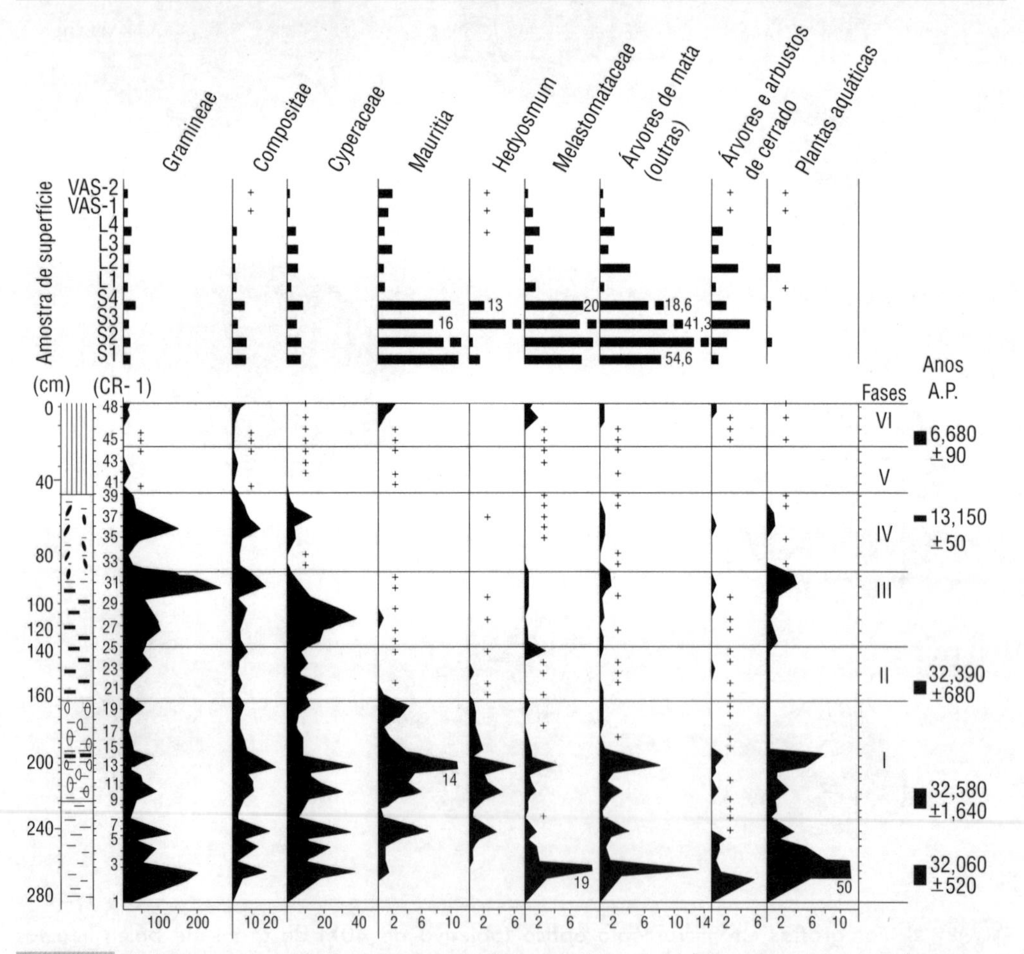

Figura 8.3 Embaixo : diagrama de concentração (grãos . cm^{-3} . 10^{3}) dos tipos mais freqüentes de pólen em Cromínia. Na fase V e início da fase VI os grãos se encontram muito amassados e em concentração mínima, o que sugere que o pântano secou nessa fase. Em cima: histogramas da análise em sedimentos de superfície dos mesmos elementos. Baseado em Ferraz-Vicentini & Salgado-Labouriau, 1996. Compare com a Fig. 7.3.

Todos os autores concordam que grãos com exina mais espessas resistem muito mais e sofrem menos desgastes, como é o caso dos esporos de ***Cyathea***, ***Jamesonia***, ***Lycopodium*** e ***Polypodium*** e o pólen de ***Ilex***, ***Trixis***, ***Alchornea***, ***Tilia*** e outros. Daí se deduz que os grãos mais resistentes são os que têm maior quantidade de esporopolenina na exina. Entretanto, cada vez mais se evidencia que, além das diferenças de espessura de parede e quantidade de esporopolenina na exina, existem muitos tipos de esporopolenina com proporções diferentes dos monômeros e vários graus de polimerização que tornam um tipo de grão mais ou menos resistente. Porém, ainda falta muito trabalho químico sobre este grupo de substâncias (veja exina, Capítulo 4). A verdade é que o pouco que se sabe foi deduzido de observações, com muito pouca verificação experimental e análise química que, provavelmente, esclareceriam muitos dos casos encontrados na natureza.

A cor dos palinomorfos varia nos sedimentos. Quanto mais antigo é o esporo ou o grão de pólen, mais escuro ele se torna. Este é um processo de fossilização cujas causas não são bem conhecidas, mas estes grãos escuros são denominados por alguns autores em paleopalinologia como "grãos carbonizados". A presença de grãos muito mais escuros que a maior parte dos grãos em um conjunto de microfósseis sugere que a seção estratigráfica contém sedimentos mais antigos que foram retrabalhados e redepositados junto com os grãos daquele tempo. Porém, grãos escuros podem ocorrer normalmente em espécies modernas e, portanto, é necessário verificar se os grãos encontrados são normalmente escuros ou se isto é o resultado do processo de fossilização e redeposição. Deve-se preparar pólen moderno do gênero em questão utilizando a técnica de acetólise. Os grãos modernos, depois

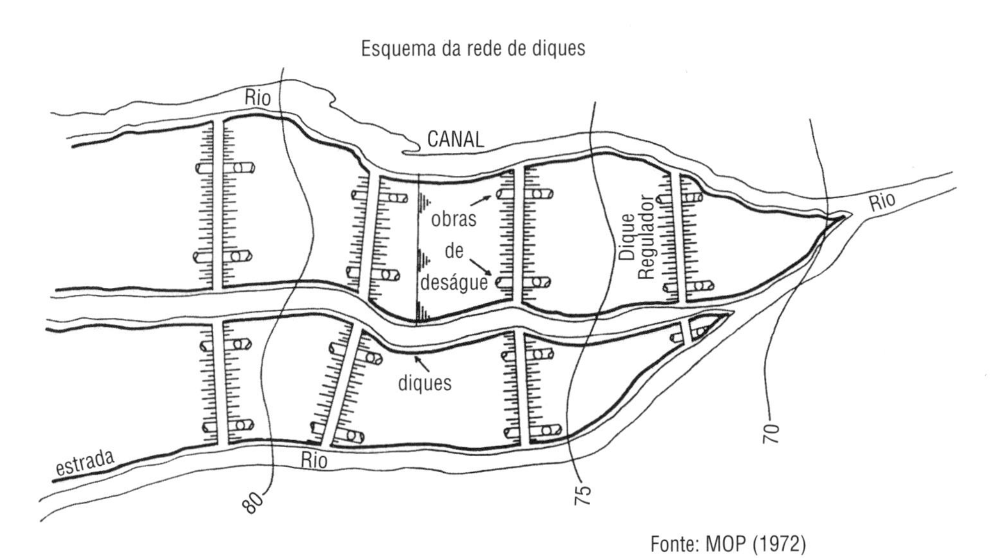

Figura 8.4 Esquema da rede de diques e canais de irrigação pré-hispânicos nos Llanos venezuelanos, segundo Zucchi & Denevan (1979).

de acetolisados em laboratório, geralmente são diáfanos ou têm um tom marrom claro. Somente em alguns casos o pólen moderno tem cor escura e esta coloração é característica do táxon. Este é o caso, por exemplo da tribo Mutisieae (Compositae). Os grãos de *Trixis verbasciformis* (dos cerrados; Salgado-Labouriau, 1973) e os de *Chaptalia meridensis* (dos páramos andinos, Salgado-Labouriau, 1982) tiveram que ser diafanizados para se proceder ao estudo morfológico.

3.3 Caracterização do ambiente deposicional para a boa preservação dos palinomorfos

As causas finais da degradação da exina não estão bem conhecidas. Um tipo de grão pode ser relativamente resistente em um caso e ser parcialmente corroído, oxidado ou atacado por microorganismos em um outro caso. Várias razões são apontadas, mas não há consenso entre os pesquisadores. Porém, há situações do ambiente deposicional já conhecidas que contribuem para estas deteriorações.

Os processos oxidantes sem dúvida, destroem os palinomorfos. Grãos modernos ou grãos em sedimentos fervidos durante muito tempo em KOH-10%, ou deixados em ácido clorídrico ou ácido nítrico (que são oxidantes) são atacados quimicamente e acabam por ser destruídos. Este fato, bem conhecido por causa dos métodos de preparação de sedimentos para a análise palinológica (Capítulo 12), mostra que os ambientes oxidantes destroem a esporopolenina. Por outro lado, grãos de pólen podem ser guardados indefinidamente em ácido acético puro (Erdtman, 1952) e também podem ser submetidos a tratamentos redutores drásticos, como serem fervidos em ácido fluorídrico concentrado, sem que se altere visualmente a esporopolenina. O grãos mantêm a sua forma e ornamentação.

Estas observações indicam que uma das condições de preservação é que o ambiente onde se depositou o pólen seja redutor e explica a boa preservação em turfeiras e fundos de lagos onde o ambiente é parcial ou totalmente anaeróbio. Quanto menos oxigênio disponível no meio, melhor a preservação. Portanto, os sedimentos que se vão compactando debaixo de uma camada de água são ideais para a preservação da exina.

Faegri e colaboradores (1989) verificaram que as partes das turfeiras modernas que ficam acima do nível da água apresentam muitos grãos corroídos, que eles interpretaram como sendo o resultado da oxidação parcial do material orgânico. Corrosões também foram observadas em solos aerados.

A temperatura muito alta também destrói a exina. Entretanto, a temperatura máxima tolerada depende do grau de umidade em que estão os grãos. Geralmente eles são destruídos acima de 150-200°C. Depende também da quantidade de oxigênio. Em 1929 F. Zetzsche (em Faegri et al., 1989) mostrou que os grãos de pólen modernos podem ser aquecidos até 300°C em atmosfera pobre em oxigênio, sem afetar a exina.

Acredita-se que microorganismos do solo podem corroer os grãos. Mas não se sabe exatamente quais são esses organismos, nem o mecanismo de corrosão. Alguns autores sugerem que a corrosão é devida em parte à oxidação biológica da superfície do grãos causada por bactérias, fungos, leveduras e outros microorganismos do solo; e em parte também por oxidação aeróbia do sedimento (Cushing, 1967; Tschudy & Scott, 1969; Birks & Birks, 1980).

Há condições ambientais que favorecem a preservação dos grãos. Segundo Faegri e colaboradores (1989), o ácido húmico das turfeiras deve ter um efeito bacteriostático e talvez fungistático e que isto seria o principal fator da boa preservação do pólen em turfas modernas. Nas antigas turfeiras como as formadoras de hulha do Carbonífero e Permiano também seria o ácido húmico o principal responsável pela preservação dos grãos.

Grãos com a superfície externa desgastada ocorrem mais freqüentemente em turfeiras (Birks & Birks, 1980), mas os grãos podem estar também desgastados por atrito durante o transporte por correntes de água. Grãos quebrados ou degradados, segundo os mesmos autores, aparecem mais freqüentemente em sedimentos de lagos (gyttja) e em silte. Parece também que há um adelgaçamento da exina em turfeiras, o que não ocorreria em lagos.

A maioria dos livros e artigos que tratam de análise de pólen insiste que solos e sedimentos com pH maior que 5,5 não preservam pólen e esporos, a não ser aqueles com exina muito grossa (veja, por exemplo, Tschudy & Scott, 1969; Birks & Birks, 1980; Traverse, 1988; Faegri et al., 1989). Insistem também em que a boa preservação está relacionada com depósitos ácidos. Entretanto, os sedimentos do Lago de Valência, na Venezuela, contêm pólen e esporos muito bem preservados e com grande diversidade de tipos (Salgado-Labouriau, 1980; Bradbury et al., 1981). O pH das águas do lago está em volta de 7,0. Grãos de exina fina, como certas gramíneas, estão perfeitos e abundantes (Fig. 8.5). É necessário

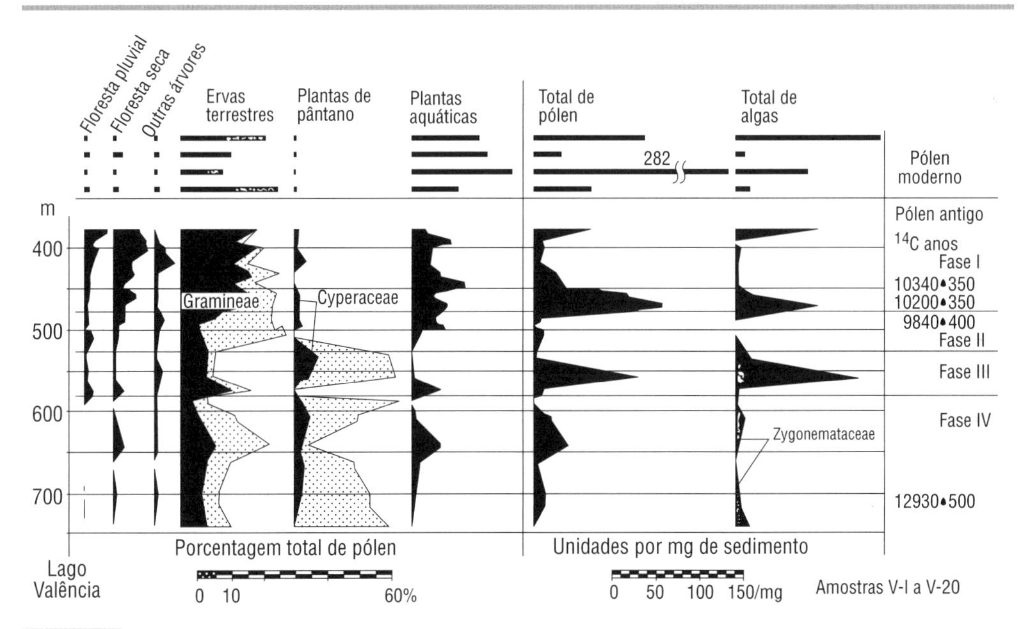

Figura 8.5 Análise palinológica dos sedimentos do Lago de Valência onde o pH está em torno de 7. Em cima, histograma da deposição atual de palinomorfos na interface água/sedimento. Embaixo e à esquerda, diagrama resumido de porcentagem dos principais tipos polínicos agrupados por tipo de vegetação. À direita, concentração (unidades/mg de sedimento) do total de pólen e de algas nos sedimentos do Lago de Valência. Dados retirados de Salgado-Labouriau, 1980.

um estudo rigoroso, e não simples observações de turfeiras e lagos ácidos para verificar se realmente existe uma correlação entre o pH do meio e a preservação de palinomorfos. Este ponto está em aberto.

As análises que fizemos de sedimentos de lagoas rasas das savanas da Venezuela e de paleossolos na região dos Llanos venezuelanos mostraram que não havia palinomorfos. Muitos solos tropicais analisados por outros autores também se mostraram estéreis. Entretanto, não é correta a afirmação de que a ausência de pólen em solos tropicais de clima quente seria devida à alta temperatura dos solos e à ausência de plantas anemófilas nestas zonas quentes tropicais, onde as plantas seriam principalmente entomófilas como afirmavam anteriormente (Faegri, 1966; Whitehead, 1969). As savanas, as clareiras em florestas, as margens das lagoas, os pântanos e planícies de inundação estão cobertos de gramíneas, sabidamente anemófilas, e de outras ervas também anemófilas.

A abundância de solos estéreis nas terras quentes tropicais provavelmente está ligada às condições ambientais do depósito, onde a oxidação e o ataque de bactérias e de fungos podem ser mais ativos, mas não à entomofilia e a temperaturas altas nos solos.

Na busca de locais para retirar cilindros de sondagem deve-se evitar lagoas intermitentes, planícies de inundação que secam periodicamente e outros locais onde o solo se seca e forma gretas por onde penetra o ar. Estes são ambientes parcialmente aeróbios e os grãos podem ser destruídos na época seca. Nos sedimentos e terrenos das terras baixas que estão permanentemente encharcados ou cobertos por água, a probabilidade de encontrar palinomorfos bem preservados é alta.

Análises feitas por Dimbleby (1957 e 1961) de alguns solos da Guiana Britânica (hoje Guiana) e as análises recentes de vários autores em sedimentos de lagos, lagoas e pântanos dos trópicos mostram que existem muitos locais com boa preservação. Porém, as afirmações de muitos autores nas décadas de 50 e 60 de que os solos de terras quentes eram estéreis atrasaram muito as análises palinológicas nas terras baixas tropicais.

3.4 Preservação de pólen em material de herbário

As plantas modernas, mantidas secas em herbário, geralmente conservam a exina perfeita por muitos anos. Preparei pólen de plantas coletadas e depositadas em herbário no século passado, que estava perfeito. Porém, o método de secagem muito rápido, utilizando temperaturas muito altas em estufa e preferido por alguns coletores de plantas, pode causar deformações nos grãos de plantas herborizadas. Este estrago ocorre muito com Gramíneas e Apocináceas de herbário, cujo pólen fica enrugado e amassado e portanto inutilizado para o estudo palinológico. No estudo do pólen de gramíneas das montanhas da Venezuela (Salgado-Labouriau & Rinaldi, 1990a, b) foi necessário preparar vários exemplares de algumas espécies para se conseguir amostras com grãos perfeitos que pudessem ser medidos. Como nestes casos se tratava de diferentes exemplares herborizados (exsicatas) de uma mesma espécie, os grãos deformados provavelmente ficaram assim por terem sido secados à alta temperatura.

O pólen das plantas conservadas em herbário está em um ambiente muito seco e pobre em oxigênio. Estes dados sugerem que a ausência de oxigênio é mais importante que a umidade na preservação de palinomorfos. Nos sedimentos, a falta de oxigênio deve ser uma das principais razões para a boa preservação de pólen.

3.5 Conclusões sobre a preservação de palinomorfos

As causas finais da degradação da exina não estão bem conhecidas. Um tipo de grão pode ser relativamente resistente em um caso e ser parcialmente corroído, oxidado ou atacado por microorganismos em outro caso. Várias razões são apontadas, mas não há consenso entre os pesquisadores. Em geral, ambientes deposicionais que são redutores preservam melhor que os oxidantes, e a sedimentação em ambiente tranqüilo é melhor que em ambientes de energia alta. A exclusão do oxigênio nos ambientes deposicionais, sem dúvida, é importante.

Independentemente de conhecermos ou não as causas da destruição diferencial da exina em sedimentos e turfas, os grãos quebrados ou amassados (mesmo quando é possível identificá-los) devem ser contados separadamente. Faegri e colaboradores (1989) aconselham que, se mais de 50% dos grãos em uma amostra estão corroídos, a amostra deve ser descartada. Se esta amostra precisa ser mantida por alguma razão, os dados obtidos devem ser tomados com cuidado. Concordo com eles e acrescento que grãos amassados e dobrados devem ser também tomados em conta com prudência.

Os grãos amassados e dobrados, como foi dito anteriormente, não devem ser contados junto com os grãos perfeitos, e com mais razão, os grãos corroídos. Se a modificação é grande, não devem ser incluídos na soma de pólen. Porém, deve-se dar a porcentagem de grãos deformados porque esta é uma indicação de que possivelmente houve destruição diferencial grande e o espectro dos palinomorfos não reflete os ecossistemas da região. Por outro lado, grãos deformados podem dar indicações sobre as condições de umidade na região, mesmo quando não podem ser utilizados para a reconstrução da vegetação. Quando em número grande, eles geralmente indicam que o local de deposição secou naquela época.

4. FOSSILIZAÇÃO DE PALINOMORFOS

Esporos, grãos de pólen, acritarcas, cistos de dinoflagelados e outros palinomorfos encontrados em rochas sedimentares e em carvão-de-pedra não estão preservados pelos métodos comuns de fossilização de organismos. Eles não sofreram mineralização nem representam moldes ou impressões dos grãos. As paredes externas dos palinomorfos estão intactas, como eram quando se depositaram na bacia de sedimentação ou na turfeira. Acritarcas do Pré-cambriano (com mais de 600 milhões de anos), *Tasmanites* do Ordoviciano (com 450 milhões de anos), esporos do Siluriano superior (com 430 milhões de anos), pólen e esporos de hulha do Carbonífero (com 350 milhões de anos), e outros palinomorfos, se forem analisados com um espectrômetro de infravermelho darão o espectro característico da esporopolenina igual à de seus similares modernos (veja Fig. 4.13). Estudos preliminares da exina feitos por Shaw & Yeadon (1964) mostraram o mesmo espectro geral para palinomorfos modernos e para os retirados de rochas muito antigas (veja Capítulo 4). Estudos recentes mostram que a esporopolenina é o nome genérico de um grupo de substâncias e sugerem a possibilidade de que cada tipo de esporopolenina sofre pequenas modificações na estrutura química de sua molécula durante o processo de fossilização que a tornam ainda mais estável quimicamente. Porém, estas modificações não alteram a morfologia (escultura e estrutura) da parede de esporopolenina dos grãos fossilizados.

No processo de fossilização dos palinomorfos, o citoplasma é o primeiro que desaparece. Em seguida, desaparece a parede interna (intina) que é constituída de celulose. Resta a parede externa (exina) que é constituída principalmente de esporopolenina, a qual, se estiver depositada em um meio redutor, na maioria dos casos poderá se preservar por milhões de anos. Se estiver em um meio rico em oxigênio será oxidada e desaparecerá, como foi comentado neste capítulo.

Esta característica de estabilidade química da parede externa é o que permite a recuperação dos palinomorfos em rochas sedimentares e sedimentos não consolidados que se faz pela destruição química da matriz (silicato, carbonato ou outra) onde eles se encontram.

Coleta e amostragem do material palinológico de deposição atual

9

1. DEPOSIÇÃO MODERNA

Para compreender e interpretar os conjuntos de microfósseis dos depósitos antigos, é necessário caracterizar o conjunto de microrrestos que está sendo depositado agora. No caso dos ambientes terrestres, é preciso conhecer a **deposição moderna**, isto é, o conjunto de palinomorfos (pólen, esporos e algas microscópicas) que cada tipo de vegetação lança atualmente na atmosfera e que eventualmente será depositado no solo. No caso de ambientes aquáticos, é necessário conhecer o conjunto de microplâncton e de restos de organismos que estão caindo atualmente no fundo dos lagos, oceanos e turfeiras e constituem a deposição moderna destes ambientes.

Os conjuntos da deposição moderna devem ser comparados com os conjuntos de microfósseis antigos para que seja feita a reconstrução do paleoambiente. Pelo princípio do atualismo, o conjunto antigo de microfósseis, que for semelhante ao conjunto de deposição moderna de uma determinada comunidade vegetal, pertencia a uma vegetação semelhante. Da mesma forma, o plâncton e o bentos antigos de lagos e oceanos que forem semelhantes a um conjunto atual depositado por organismos aquáticos, representam este ecossistema.

O conjunto de pólen, esporos e algas (assemblagem) que está sendo liberado pela comunidade vegetal pode ser caracterizado pelo estudo do material que está sendo depositado em terrenos encharcados e no fundo de lagos. Pode também ser caracterizado pelo estudo do material que se encontra suspenso na atmosfera. Neste capítulo, serão discutidos os critérios e os métodos para o estudo deste material moderno com aplicação à paleoecologia e paleoclima do Quaternário.

Existem duas formas de coletar o pólen e os esporos que estão sendo lançados na atmosfera pela vegetação atual, por volumetria e por gravimetria. A forma de coleta volumétrica analisa a quantidade de partículas (pólen, esporos, fungos, poluentes, etc.) em suspensão na atmosfera (Tab. 6.1) e dá o resultado por metro cúbico de ar. Este método é utilizado principalmente em estudos de aerobiologia (Capítulo 6, Parte 4) e para o estudo do conjunto de pólen anemófilo liberado pela vegetação. Para isto desenvolveram-se vários tipos de técnicas que são descritas a seguir.

A forma de coleta gravimétrica é empregada principalmente em análise de sedimentos porque representa o que está sendo depositado agora e, portanto, pode ser comparado diretamente com o material depositado em sedimento, no passado. Os métodos mais utilizados são descritos neste capítulo.

2. COLETA VOLUMÉTRICA DE PARTÍCULAS DA ATMOSFERA

As técnicas de coleta volumétrica de partículas em suspensão na atmosfera foram criadas para atender as demandas de prevenção de doenças respiratórias. Os aparelhos utilizados medem a quantidade de partículas por volume de ar utilizando sucção ou impacto. Os aparelhos são vendidos no comércio e o tipo escolhido depende das informações que se desejem.

Alguns destes aparelhos podem ser utilizados para estimar os componentes da precipitação polínica em lagos, pântanos e oceano. Porém, eles são voltados principalmente para estabelecer os tipos e a quantidade de partículas alergênicas que uma pessoa pode inalar por dia e para estabelecer o calendário polínico, tão importante na prevenção da asma e de outras doenças respiratórias. Os princípios gerais destes instrumentos são dados a seguir.

2.1 Coletores por impacto

Existem muitos aparelhos de coleta que captam as partículas suspensas na atmosfera por impacto do vento sobre uma superfície (Fig. 9.2A). Estes tipos de coletores são para partículas grandes , como pólen e esporos. Os mais eficientes têm dois bastões finos de plástico cobertos por adesivo que são girados por um motor a cerca de 2.400 rotações por minuto. O mais comum é o coletor Rotorod (Fig. 9.1), vendido no comércio, que pode ser programado para coletar em intervalos regulares durante 24 horas, amostrando, por exemplo, a cada 10 minutos ou cada meia hora. O uso contínuo por 24 horas resulta em uma densidade muito grande de partículas coletadas, o que torna muito difícil e, às vezes, impossível de se identificar e contar o pólen e os esporos. Por isto é melhor utilizá-lo durante intervalos menores ou, principalmente, de manhã cedo e ao entardecer, quando ocorre a antese da maioria das plantas. Os bastões são colocados em um suporte especialmente feito para eles e são observados diretamente no microscópio (Ogden et al. 1974).

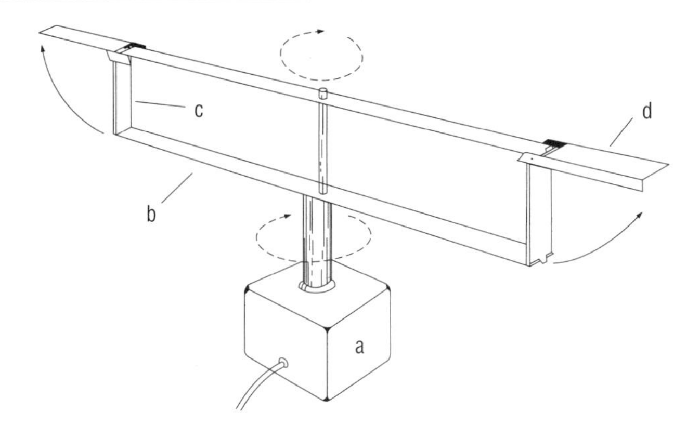

Figura 9.1 Coletor tipo Rotorod – os bastonetes são presos aos braços laterais (b) e protegidos por um escudo (d) de cada lado, quando não estão girando. Ao girar o aparelho, os escudos se levantam e expõem a superfície coberta por uma substância adesiva. Adaptado de Ogden et al. (1974).

Este tipo de coletor tem a vantagem de ser leve para transportar e pode ser levado a vários pontos dentro da área que se quer estudar. Porém, como outros coletores de uso contínuo, necessita de uma fonte de eletricidade, o que limita o seu uso a centros urbanos ou a ser adaptado a pequenos motores geradores de eletricidade. A principal desvantagem é que os bastões de coleta, por serem pequenos, são difíceis de manusear para serem uniformemente cobertos por adesivo e não podem ser marcados para armazenamento para futuros exames.

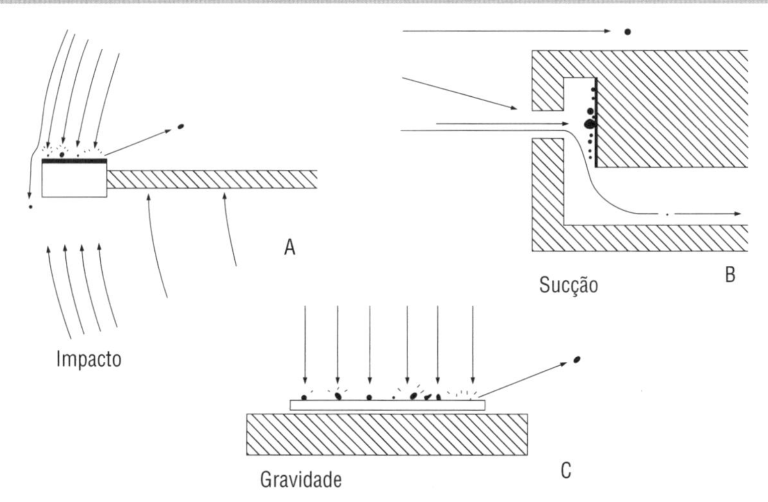

Figura 9.2 Coleta de partículas atmosféricas por impacto (A), por sucção (B) e por gravidade (C). Ogden et al. 1974.

2.2 Coletores por sucção

Os trabalhos preliminares utilizando sucção para amostrar partículas em suspensão na atmosfera foram feitos por Erdtman (1937). Ele usou um aspirador de pó para coletar pólen em um navio transatlântico com esta técnica e demonstrou que o pólen vindo da África pode chegar até o meio do oceano Atlântico. Mais tarde, a necessidade de conhecer a quantidade de partículas alergênicas por volume de ar que uma pessoa inala, estimulou a invenção de aparelhos de operação contínua, que succionam quantidades conhecidas de ar. Vários aparelhos foram inventados a partir da década de 1950. Alguns deles, como o Hirst, o Burkard e o Andersen, são vendidos comercialmente e amplamente utilizados. Eles dão o número de partículas por metro cúbico de ar em um determinado intervalo de tempo.

Estes aparelhos consistem em uma bomba de vácuo que succiona o ar e faz passar um volume exato de ar por um orifício (Fig. 9.2B) e sopra este ar contra uma lâmina de microscópio (**Hirst**) ou uma fita coletora (**Burkard**) com a superfície coberta por uma pasta adesiva (fórmula na Parte 3.2). As partículas (grãos de pólen, esporos de pteridófita e de fungo, algas microscópicas, partículas de poeira e outras) que estão em suspensão no ar aderem à superfície coletora. Um mecanismo de relógio vai movendo a superfície coletora por um tempo programado, por exemplo, 2 mm/hora durante 24 horas. Hoje, estes aparelhos podem ser programados para coletas contínuas ou intermitentes, por hora, por dia, por semana, etc.

A eficiência destes aparelhos é relativamente alta e a lâmina coletora ou a fita pode ser retirada facilmente para identificação e contagem ao microscópio. A desvantagem destes aparelhos é que a eficiência de captação depende do tamanho da partícula e da direção e velocidade do vento (Ogden et al., 1974). As desvantagens para se avaliar o pólen e os esporos produzidos por um tipo de vegetação é que estes são aparelhos pesados, grandes, o que dificulta o transporte para o campo. Além disto, eles têm que ser ligados à corrente elétrica e, portanto, o local de coleta é restrito a centros urbanos. Em geral, são colocados no teto de edifícios.

O coletor **Andersen** foi concebido para amostrar fungos do ar. Ele tem o mesmo sistema dos aparelhos descritos anteriormente, mas, em vez de fita ou lâmina coletora, o ar é forçado através de uma série de 6 discos perfurados cujos orifícios decrescem em diâmetro (Fig. 9.3). Placas de petri com meio de cultura para fungos recolhem, em cada disco perfurado, os esporos de fungo de acordo com o seu tamanho. A exposição, como em todas as coletas de fungos aéreos, é curta, de 30 segundos a um minuto. As placas de petri são em seguida tampadas e deixadas encubando à temperatura ambiente. Após alguns dias, as colônias de fungo se desenvolvem a partir dos esporos e conídios, e podem ser identificadas a nível de espécie. As desvantagens são as mesmas dos coletores descritos acima.

Estes aparelhos (ou uma forma modificada deles) são vendidos no comércio. As descrições em detalhe e sua operação são encontradas nos livros e artigos de aerobiologia e de alergia clínica (Hyde, 1972; Ogden, et al., 1974; Quel, 1984, Nilsson, 1992, entre outros) e em publicações de muitas Sociedades de Alergia e Imunologia.

3. COLETA GRAVIMÉTRICA DE PARTÍCULAS DA ATMOSFERA

A coleta do pólen que está sendo liberada pela vegetação atual foi feita desde o início dos estudos paleoecológicos pela captação do pólen atmosférico, que está caindo constantemente, como uma chuva, sobre a superfície da terra (Fig. 9.2C). Constitui o que se denomina **precipitação polínica** ("pollen rain"). Lâminas de microscopia cobertas com vaselina, lanolina ou outra substância aderente, são expostas ao ar e o pólen que cai por gravidade fica retido nelas e é analisado diretamente ao microscópio. Uma variação do método consiste em usar placas de petri com papel de filtro embebido em glicerina (Faegri & Iversen, 1950), o que me parece uma complicação desnecessária, pois é preciso fazer lâminas a partir daí. O método de placas de petri serve principalmente para detectar fungos.

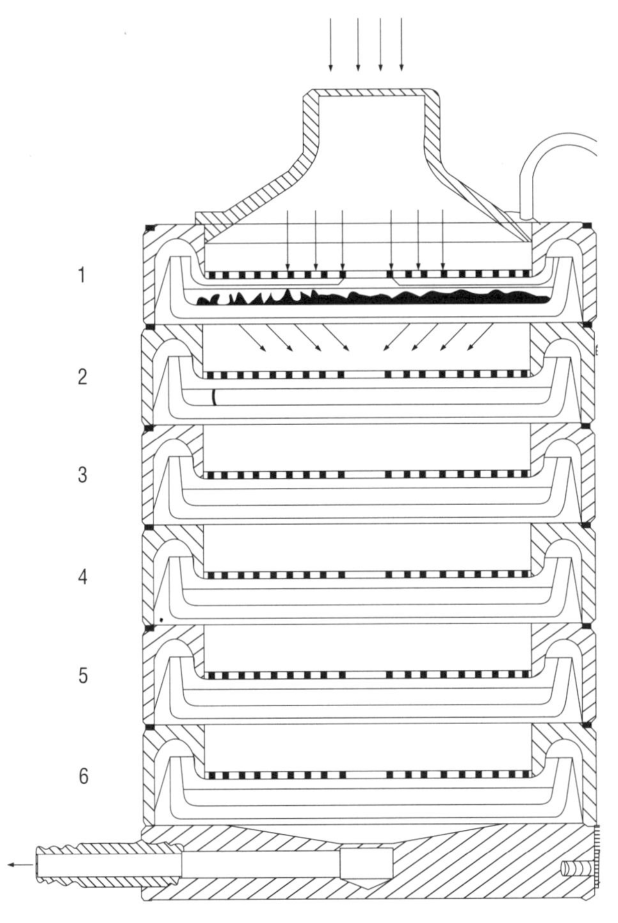

Figura 9.3 Esquema do coletor Andersen para fungos – o ar penetra por sucção pela parte de cima e circula por todas as bandejas que contêm placas com meio de cultura para fungos.

Hoje em dia, alguns melhoramentos foram introduzidos no método, como a proteção das lâminas contra o sol e a neblina (coletor de Tauber, veja adiante) e a utilização de um adesivo mais eficiente. Estas técnicas são descritas, a seguir.

3.1 Técnica de coleta por meio de lâminas de microscopia

Com esta técnica simples foram estabelecidos muitos dos conceitos básicos de transporte de pólen de longa e curta distância pelo vento, bem como determinação das espécies que dispersam muita ou pouca quantidade de pólen e aquelas de dispersão restrita.

Uma forma simples de coleta foi citada no Capítulo 6 (Parte 3) e consiste em coletar o matéria que cai por gravidade (precipitação polínica) em lâminas de microscopia cobertas com um adesivo. Hoje em dia, esta técnica é utilizada da seguinte forma:

1. Uma das superfícies de várias lâminas de microscopia é recoberta por uma camada fina de vaselina, óleo de silicone ou adesivo especial (fórmula na Parte 3.2).
2. Coloca-se um jogo de lâminas a diferentes distâncias da fonte produtora de pólen que se quer estudar. Se possível, uma lâmina em posição horizontal , para receber o pólen que cai por gravidade, e outra vertical, na direção do vento predominante, para receber o pólen por impacto (Fig. 9.2 A,C).
3. Expõem-se as lâminas do nascer ao pôr-do-sol ou, quando o tempo permite e que é melhor, por 24 horas.
4. Estas lâminas, devidamente identificadas, são levadas ao laboratório em caixas fechadas.
5. Põem-se algumas gotas de solução aquosa de safranina ou fucsina básica (bem diluída) sobre a lâmina para corar os grãos e facilitar a sua contagem.
6. Cobre-se cada lâmina com uma lamínula de área padrão (por exemplo, 24x36 mm) e contam-se todos os grãos dentro da área coberta.

Esta técnica e algumas variantes da mesma estão descritas nos livros de Faegri & Iversen (1950), Wodehouse (1935; 1971) e em livros que tratam de pólen alergênico.

Observações – A coleta de pólen em lâminas tem a vantagem de ser simples e de utilizar material de fácil obtenção. Esta técnica dá uma boa idéia dos tipos de pólen que estão na atmosfera e da quantidade relativa de cada tipo. Os resultados são expressos em porcentagem de grãos por cm^2. Este método serve como uma primeira aproximação para o estudo de uma flora, da qual não se conhece nada. Entretanto, este tipo de coleta só pode ser feito quando não chove, não há garoa ou névoa. Mesmo quando as lâminas coletoras são postas ao abrigo do sol, parte do pólen depositado pode ser removida por vento ou por água. Além disto, uma lâmina só pode ficar exposta por um tempo muito curto, no máximo, por 24 horas. O método é, portanto, muito limitado. Veja adiante outros métodos de coleta gravimétrica.

3.2 Adesivo para lâminas e fitas de coleta de partículas atmosféricas:

- 9 g de vaselina
- 1 g de óleo de parafina, nujol ou similar
- 100 ml de tolueno

Misturar muito bem os ingredientes. É preferível preparar este adesivo 24 horas antes de usá-lo. Coloca-se a mistura adesiva em um vidro de boca larga com tampa (S. Nilsson, comunicação pessoal).

Aplica-se o adesivo com uma brocha da largura igual à da lâmina de microscopia. A área coberta pelo adesivo deve ser igual à da lamínula utilizada (geralmente 32x24 mm). Esta lâmina é exposta para coletar. Depois da coleta, põe-se um pouco de glicerina com água (1:1) ou gelatina glicerinada, corada com safranina diluída, e cobre-se a área com uma lamínula. A preparação está pronta para ser examinada ao microscópio.

Este adesivo é também utilizado sobre a fita coletora do aparelho de Burkard (Parte 2.2).

3.3 Coletor gravimétrico de Durham

O coletor **Durham** consiste em dois discos horizontais de 9 polegadas (23 cm) de diâmetro, separados por três suportes cilíndricos de 8 cm altura (Fig. 9.4). Entre os discos há um suporte para colocar uma lâmina de microscopia com adesivo para coletar, por gravidade (Fig. 9.2C), as partículas da atmosfera ou uma placa de petri com meio de cultura para fungos. O aparelho é colocado em cima de um poste de metal ou um cano, bem

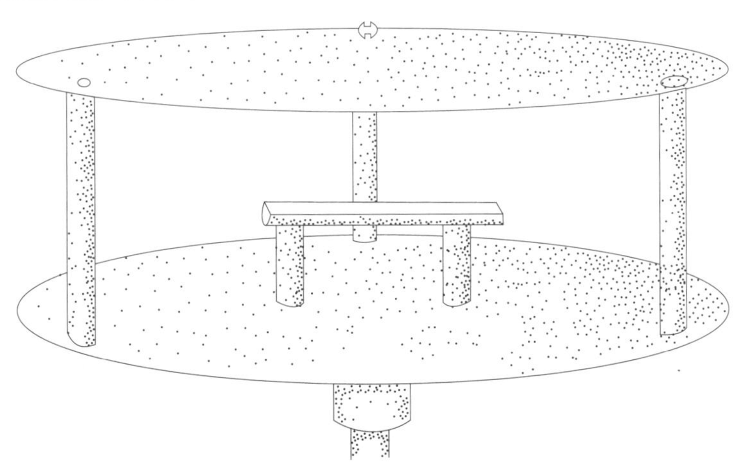

Figura 9.4 Coletor gravimétrico de Durham, segundo Ogden et al. (1974).

acima da superfície do solo (geralmente 2 metros). Foi inventado por Oren C. Durham (detalhes em manuais de aerobiologia como, por exemplo, Ogden et al. (1974) e pode ser adquirido comercialmente. As lâminas de microscopia geralmente são expostas por 24 horas e depois são examinadas ao microscópio. As placas de petri para fungos são expostas por 10 a 60 minutos, fechadas e deixadas incubando por 4 a 7 dias para que se desenvolvam os fungos.

O coletor Durham é de fácil construção e barato. As desvantagens são que: 1. não é possível estabelecer o volume de ar analisado, o que é um inconveniente para estudos de asma e enfermidades respiratórias; 2. a quantidade de partículas captadas é pequena quando comparada com o Rotorod e o Burkard; 3. não é possível estabelecer a concentração nem a contagem quantitativa de partículas no ar. Realmente, só serve para estabelecer a presença e abundância relativa do conteúdo atmosférico. Entretanto, este aparelho tem a vantagem de proteger do sol a superfície coletora.

3.4 Técnica do frasco coletor

Para evitar o problema da chuva e do orvalho que retiram parte dos grãos já depositados nas lâminas de coleta atmosférica e para poder coletar por um espaço maior de tempo (como uma semana ou um mês), o pólen pode ser recolhido em frascos em vez de lâminas. A técnica é simples e consiste em (Salgado-Labouriau & Rizzo, 1969; Salgado-Labouriau, 1973):

1. Escolhe-se uma lata ou frasco de plástico com cerca de meio litro a um litro de capacidade e põe-se dentro dele uma camada de glicerina anidra de cerca de meio centímetro de espessura. A glicerina tem a finalidade de reter o pólen atmosférico e evitar que se resseque ao sol. No estudo de pólen atmosférico a 15 km de Goiânia, Brasil, Salgado-Labouriau & Rizzo (1969) utilizaram como frasco coletor uma lata vazia de óleo de automóvel com 1.000 ml de capacidade e com superfície coletora (boca do vaso) de 78,54 cm^2. A boca do frasco coletor deve ser coberta com gaze para evitar, o mais possível, a entrada de insetos.

2. Prende-se este frasco por meio de parafusos em um poste a 2 metros acima da superfície do solo (Fig. 9.5) e deixa-se coletando pelo número de dias que se deseje. Em geral os intervalos de tempo são de um mês ou sete dias. Durante a estação de seca ou de pouca chuva, o coletor pode ficar até um mês. Na época das chuvas, ele tem que ser esvaziado mais freqüentemente para evitar que a água dentro do frasco transborde e retire pólen em suspensão. Entretanto, o período total de coleta analisado deve ser o mesmo no ciclo de um ano e os resultados das estações com muita chuva e freqüente retirada de coleta devem ser a soma das subcoletas que totalizam os mesmos dias na estação seca.

3. Retira-se o conteúdo do frasco coletor para um frasco rotulado com tampa de rosca tendo o cuidado de lavar o coletor diversas vezes, com água destilada, e juntar esta água de lavagem ao material coletado. A lavagem deve ser feita com

jorros de água, utilizando pisseta (jorradeira), de forma a retirar todo o pólen que foi coletado.

4. O volume coletado mais a água de lavagem são centrifugados a cerca de 1.800 rpm (rotações por minuto). O sobrenadante é jogado fora e o sedimento é reduzido a cerca de 5 ml. Para isto proceda da seguinte forma: o material coletado mais a água de lavagem são distribuídos por quantos tubos de centrífuga forem necessários, centrifugados a cerca de 1.800 rpm e decantados. Com pisseta contendo água destilada, suspende-se o sedimento do fundo de cada tubo em um pouco de água e transferem-se todos para um único tubo. É preciso ter cuidado de remover, com jato de água destilada por meio de uma pisseta (jorradeira), todo o material que ficou nas paredes dos tubos. Se for necessário, esta parte é feita em etapas, reduzindo pouco a pouco o número de tubos até que todo o material seja transferido para um tubo de centrífuga de 10-12 ml. É preciso lembrar que os esporos e os grãos de pólen não são visíveis a olho nu e todos os que foram coletados precisam ser

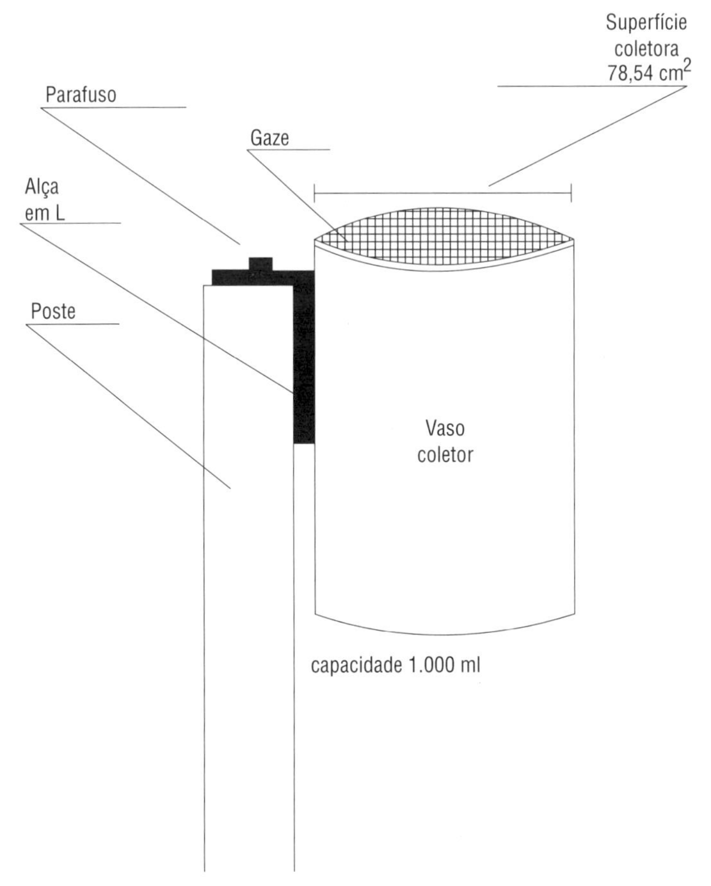

Figura 9.5 Frasco coletor, segundo Salgado-Labouriau & Rizzo (1969).

concentrados em um único tubo. Portanto, a lavagem dos tubos e a transferência do material tem que ser cuidadosa. Veja observações 1,2, e 3, no Capítulo 11 para os cuidados que devem ser tomados durante este procedimento.

5. O material decantado é transferido com ácido acético glacial para um frasco de armazenagem com tampa de rosca. Este material polínico em solução fraca de ácido acético pode ficar guardado por meses, antes de ser processado para análise ao microscópio.

6. Lava-se o coletor muito bem em água corrente e depois em água destilada para ser utilizado novamente. Junta-se um pouco de glicerina ao coletor, como está descrito no Item 1 e ele está pronto para ser novamente utilizado e fixado ao poste para receber a coleta do período seguinte. É mais prático ter dois ou três coletores que se intercalam.

   O material polínico armazenado em ácido acético glacial está pronto para ser preparado para análise palinológica. Entretanto ,é melhor reunir 4 ou 8 amostras para serem processadas juntas. A preparação do material para análise é feita da seguinte forma:

7. Utiliza-se o mesmo procedimento das amostras de sedimento: ao material armazenado em ácido acético glacial junta-se pólen exótico em quantidade conhecida (Capítulo 14, Parte 4), em seguida acetolisam-se e deixam-se os grãos em glicerina (Capítulo 12, Item 3). Montam-se as lâminas e conta-se da mesma maneira que em sedimentos (Capítulo 13, Parte 7).

   No caso de não ser possível a introdução de pólen exótico para obter valores quantitativos na análise, há uma técnica alternativa que foi utilizada na análise de pólen atmosférico nas proximidades de Goiânia (Salgado-Labouriau, 1973, p. 209; e 1979b), descrita a seguir.

8. O tubo de centrífuga contendo o material polínico já acetolisado é centrifugado e o sobrenadante é decantado. Uma lâmina de microscopia contendo um pequeno pedaço de gelatina glicerinada (1 a 2 mm de diâmetro) é pesada (P_1). Uma agulha de dissecção é introduzida no tubo de centrífuga e com ela remove-se um pouco de material. Este é colocado sobre o pedaço de gelatina glicerinada (meio de montagem) que está na lâmina. Aquece-se ligeiramente à chama de uma lamparina de álcool e mexe-se com a agulha o material com o meio de montagem para misturar bem. O conjunto é pesado (P_2). A diferença entre este peso e o anterior ($P_2 - P_1$) dá a quantidade de material colocado na lâmina (A_1). Junta-se uma gota de safranina aquosa bem diluída, leva-se à chama da lamparina de álcool para derreter ligeiramente a gelatina glicerinada. Com a agulha de dissecção mistura-se bem o sedimento e o corante no meio de montagem.

9. Prepara-se uma segunda lâmina do mesmo material usando a mesma técnica de transferência, **porém o material é tirado de dentro do sedimento** (A_2) e não da

superfície. Uma terceira lâmina é preparada, com material do fundo do tubo (A_3). Desta forma, evita-se uma amostra diferencial, pois os esporos e os grãos de pólen têm densidades diferentes e, portanto, decantam na centrífuga de acordo com sua densidade, os mais pesados no fundo. A contagem é baseada em três alíquotas.

10. Todos os grãos são contados em cada lâmina (n_1, n_2, n_3). O número absoluto de grãos por miligrama de sedimento coletado é dado por:

$$N = (n_1 + n_2 + n_3) \,.\, (A_1 + A_2 + A_3)^{-1}$$

Em que $A_1 + A_2 + A_3$ representam o peso total do sedimento analisado, em miligrama. O número de grãos por miligrama **N** é considerado como representativo da coleta.

O número de grãos/mg (concentração) de um determinado tipo polínico (T) é dado por:

$$\frac{\text{Número total de grãos contados do tipo T}}{\text{Soma dos pesos em mg das três subamostras}}$$

A técnica do frasco coletor tem várias vantagens: 1. é uma coleta quantitativa; 2. pode coletar continuamente por uma semana ou um mês; 3. além do pólen que cai por gravidade, coleta também o que é lavado da atmosfera pela chuva; 4. o vento e água da chuva não retiram o pólen já depositado. Entretanto, é necessário que o recipiente coletor seja profundo para evitar respingos da chuva que jogue para fora do coletor os grãos menos densos.

Observação – Para diminuir a distorção causada por fontes produtoras de pólen muito perto do coletor, seria melhor colocar três postes coletores afastados uns dos outros, mas dentro do mesmo tipo de vegetação. A coleta de cada poste é analisada separadamente. O resultado é dado em valores absolutos (*grãos . cm*$^{-2}$. *tempo*$^{-1}$, ou *grãos . mg* de sedimento . tempo^{-1}) e em porcentagem do pólen total coletado naquele intervalo de tempo.

Existem algumas variações deste método que permitem amostragens em outros locais. M. Davis (1968) utilizou frascos de um galão (galão americano 3,78 litros) e 90 cm^2 de boca para o estudo de deposição moderna em lagos. Um galão é suspenso por arames a dois metros do nível da água, na parte central do lago, e outro galão é submergido lentamente até o fundo do lago. Ambos ficam expostos durante o período que se quer coletar continuamente (geralmente um mês).

Um outro tipo de coletor foi desenvolvido por J.R. Flenley e modificado por M.B. Bush (1992) para coleta dentro de uma floresta tropical. Consiste em um funil de plástico com um filtro de fibra de vidro (Whatman GF/D) no fundo. O funil é enchido com fibra de rayon, encontrada no comércio, que é o substrato para reter os grãos de pólen. O funil é amarrado a um recipiente para acumular a água de chuva que tem dois furos na parte de cima que servem de ladrão de água (Fig. 9.6). A parte de baixo do coletor é enterrada no chão da floresta deixando livres o funil e os ladrões do frasco de água. Terminado o tempo de coleta, a fibra de rayon e o filtro de vidro são lavados no laboratório para recuperar o pólen coletado. Existe uma porcentagem de perda de material nesta lavagem.

Para diminuir o efeito do respingo, H. Tauber (1974) desenvolveu um coletor com um colar que diminui a turbulência na boca do coletor e evita a saída dos respingos. O **coletor Tauber** tem sido muito utilizado e consiste em um cilindro de cerca de 10 cm de altura e 10 cm de diâmetro que é fechado em cima por um colar de forma aerodinâmica com uma abertura circular de 5 cm de diâmetro. O pólen pode entrar pela abertura do coletor e ficar retido aí por uma camada fina de glicerina. Experiências feitas por Krzywinski (em Faegri, Kalen & Krzywinsk, 1989, p.19) mostraram que um simples cilindro de vidro é mais eficiente que o coletor de Tauber.

Este coletor, como o de Salgado-Labouriau & Rizzo, o de Bush e o de Davis, descritos acima, têm a mesma eficiência nos dias de chuva como nos dias secos; eles captam o pólen e outras partículas que são arrastados pela chuva ou caem da atmosfera, por gravidade; captam também as partículas levadas pelos ventos de todas as direções, sendo que, neste caso, o coletor Tauber é o mais eficiente, porém o número de partículas coletadas varia com a velocidade do vento. Todos eles podem ser utilizado sobre um poste, em cima de um edifício, no chão ou sobre uma jangada flutuando sobre um lago.

Estes coletores podem ser protegidos com um teto de uns 45 cm de diâmetro, colocado a uns 12,5 cm acima da boca e sustentado por três varas finas. Neste caso, é necessário ter dois coletores, um protegido por um teto e outro sem teto, um ao lado do outro, porque o pólen precipitado da atmosfera ou arrastado pela chuva não entrará no coletor com teto. Ele só coletará o pólen levado pelo vento.

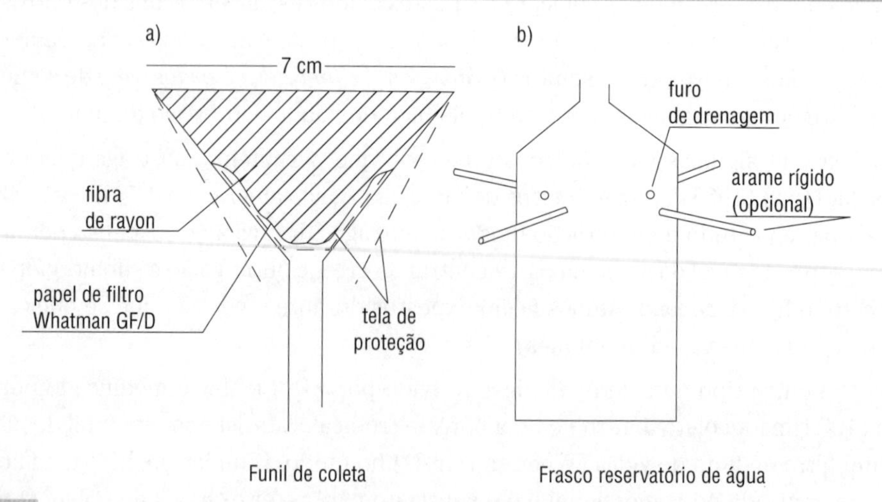

Figura 9.6 Coletor de Bush (1992) para pólen caindo por gravidade.

4. COLETA DE SUPERFÍCIE

As técnicas de coleta de pólen e outras partículas suspensas na atmosfera são um complemento importante na análise paleoecológica do Quaternário, porque informam qual é o conjunto de pólen (ou outra partícula) que é transportado por correntes aéreas em contraste com o pólen transportado por água e o pólen produzido localmente. Porém, o conjunto de pólen atmosférico não contém todos os elementos encontrados em um sedimento. Nenhum dos métodos descritos anteriormente inclui o pólen, os esporos e as algas microscópicas de origem local, nem inclui o pólen e os esporos transportados por correntes de água. Para conhecer a deposição total da vegetação que se encontra nos sedimentos, é necessário tomar as amostras diretamente do solo.

O estudo comparativo entre os palinomorfos captados pelo coletor Tauber (que mais se aproxima do sedimento) e a coleta direta do solo, mostrou que esta inclui muito mais elementos que o coletor (Krzywinski, 1977). Além disto, o pólen encontrado em um nível estratigráfico não é somente o conjunto de grãos depositado dia a dia, nem sequer, ano a ano, mas uma mistura dos palinomorfos depositados dentro de um intervalo maior de tempo. Como o sedimento superficial não está compactado, seja nos solos, nos musgos ou na interface água/sedimento, os palinomorfos que se depositam em um dado momento são misturados por percolação com os que foram depositados antes. Um outro tipo de mistura se dá por movimentação do depósito provocada por animais pequenos e grandes dos solos: insetos, larvas, minhocas e outros animais escavadores, furadores e saprófitos (R. Davis, 1967). A tudo isto se acrescenta o fato de que nem todos os restos orgânicos do depósito se preservam (Capítulo 9). Uma parte não resiste ao ataque químico e microbiológico. Somente os palinomorfos e os fragmentos de carvão de queimadas que resistem são fossilizados e ficam como testemunho da vegetação.

A comparação entre o conjunto de palinomorfos de um nível estratigráfico e a amostra de superfície do solo é direta. Entretanto, é necessário lembrar que 1 cm^3 de sedimento compactado representa muito mais tempo de deposição que 1 cm^3 de sedimento de superfície (Capítulo 7) e é natural que a concentração de palinomorfos modernos seja menor que a concentração no sedimento. Os métodos de coleta de superfície de solo e de interface água/sedimento se descrevem a seguir.

4.1 Coleta de sedimentos terrestres superficiais

Esta técnica se aplica para turfeiras, pântanos, veredas, brejos e outros solos permanentemente úmidos.

1. Prepare um cilindro de PVC ou de alumínio com 10 cm de comprimento e cerca de 6 cm de diâmetro. A escolha entre os dois materiais é feita pela resistência do sedimento à penetração do tubo. Pode-se utilizar também uma lata, da qual se tirou o fundo. O cilindro tem que ser padronizado para todas as coletas e o diâmetro interno do cilindro tem que ser medido precisamente para cálculo da área coletada.

2. Retire com uma espátula ou colher de pedreiro a vegetação superficial de uma área de cerca de 20 cm de diâmetro. Nas localidades em que há árvores ou arbustos, escolha uma área entre duas plantas, nunca ao pé da planta.
3. Enfie o cilindro no local previamente limpo, penetrando no solo até um centímetro (1 cm) de profundidade.
4. Cave em volta do cilindro e enfie uma colher de pedreiro ou espátula por baixo do cilindro coletor e retire tudo junto.
5. Ponha o conteúdo total da amostra de solo em um saquinho de plástico e rotule a amostra com um marcador (pincel atômico). Não use papel de alumínio porque o ácido húmico vai reagir com o alumínio e na preparação subseqüente a amostra ficará cheia de cristais de sais de alumínio que dificultarão a análise palinológica. O melhor é retirar pelo menos três amostras de solo dentro da área a ser estudada.

   O material é levado para o laboratório e processado da seguinte forma:
6. Retire uma subamostra de 1 cm^3 da mesma forma que em um sedimento moderno. Prepare com a mesma técnica usada na preparação de sedimentos (Capítulo 12).

Ao amostrar o solo superficial, deve-se sempre retirar uma amostra bem maior que 1 cm^3 porque é necessário ter bastante material para poder repetir a preparação ou aumentar o volume da subamostra, caso seja necessário. O material palinológico estará em menor concentração que nos sedimentos antigos e talvez a subamostra deva ser aumentada para 2 ou 3 cm^3 para que apareçam os elementos em concentração baixa. O aumento de volume de uma amostra superficial tem que ser feito por extensão horizontal da amostragem e não por aumento em profundidade. A profundidade de 1 cm deve ser mantida, para que a subamostra realmente represente 1 cm^3 da superfície coletada.

Cálculo da área coletada (A):

$$A = \pi R^2$$

em que $\pi = 3{,}1416$ e R é o raio do tubo coletor (medida interna).

Uma maneira alternativa (mas não tão precisa) de coletar é enterrar o cilindro coletor até a profundidade de 1 cm e, com uma colher, retirar pela boca do cilindro todo o solo contido dentro.

4.2 Coleta na interface água/sedimento

A coleta de deposição moderna no fundo de lagos e outras coleções de água não é tão simples como na superfície do solo. A interface água/sedimento contém um gradiente que vai desde detritos soltos, suspensos em água, até uma lama ou vasa mais ou menos compacta. As sondas de perfuração utilizadas para sedimentos não retêm a parte superior, não compactada, do sedimento. Dependendo da velocidade de sedimentação, o primeiro centímetro do topo do sedimento pode representar mais de 500 anos de depósito. Desta forma, os últimos séculos e a deposição atual não são retidos em uma sondagem porque escorrem para fora. Para evitar isto foram inventados outros tipos de sonda de amostragem e outras técnicas.

Técnica 1

Uma forma de coleta é utilizar um perfurador, cuja parte que penetra no sedimento é constituída por um cilindro de plástico de cerca de um metro de comprimento, removível, e que sirva de depósito para o sedimento. Os diferentes perfuradores são descritos no capítulo seguinte.

Uma vez retirado o cilindro contendo o sedimento, ele deve ser mantido em posição vertical e, no próprio local de coleta, retira-se com uma pipeta volumétrica a parte líquida que está em cima e que contém material orgânico em suspensão. Esta fração é colocada em um frasco à parte e, no laboratório, é processada da mesma maneira que os sedimentos. Se os primeiros 10 ou 20 cm de sedimento contêm uma lama ou vasa frouxa, o cilindro de amostragem deve ser guardado em posição vertical até ser amostrado. Ambos, o líquido de cima e os primeiros centímetros de vasa não compactadas, representam a deposição moderna de palinomorfos e restos de animais. Entretanto, a parte líquida contém os palinomorfos que estão sendo depositados no momento, ao passo que os primeiros centímetros do cilindro de sondagem ("core") representam os últimos anos (quantos, não se sabe) que foram misturados por bioperturbação. As duas frações devem ser processadas, em separado, no laboratório, com a mesma técnica de preparação de sedimento moderno (Capítulo 12).

Técnica 2

O sedimento na interface água/sedimento de lagos rasos com bastante lama pode ser coletado por meio de uma garrafa. Utiliza-se uma garrafa pequena, de vidro grosso, de refrigerante. Nela se amarra uma corda. Enche-se a garrafa até 1/3 com a água do lago e tampa-se frouxamente. Atira-se a garrafa o mais longe possível da margem. Quando a garrafa cair no fundo, dá-se uma sacudidela forte na corda para que a garrafa seja destampada. Sabe-se que ela destampou porque o ar que estava dentro da garrafa chega à superfície do lago em borbulhas. Puxa-se então a garrafa para que ela se arraste no fundo e recolha a lama. Em seguida, recolhe-se a garrafa por meio da corda. Após algumas tentativas, consegue-se tirar boas amostras. Este material é preparado em laboratório, da mesma maneira que os sedimentos modernos (Capítulo 12).

Esta técnica não pode ser utilizada para lagos com pedras no fundo, como é o caso dos lagos glaciais. Nestes só se pode amostrar à mão, retirando os sedimentos entre as rochas, na parte mais rasa, onde dá pé (Fig. 9.7) ou então, mergulhando no lago e retirando à mão.

Técnica 3

Outra maneira de amostrar a deposição moderna consiste em congelar com neve carbônica o cilindro de coleta com sedimento, no próprio local de sondagem. Esta técnica, mais precisa que as outras duas, é descrita no capítulo seguinte, na parte que se refere à amostragem fina de "cores" (Capítulo 10, Parte 4).

5. COLETA EM MUSGOS, LÍQUENS E BROMÉLIAS

Os **musgos** que crescem sobre rochas, árvores e solos, formam coxins que servem para captação do pólen que precipita da atmosfera. Como foi tratado no Capítulo 8, este pólen percola pela parte viva do musgo e se acumula na base do coxim. Há muito tempo os musgos têm sido utilizados para estudar a deposição de pólen. Tradicionalmente se faz a extração do pólen fervendo o material em KOH – 10% que desagrega e diafaniza o coxim, o que permite a observação do pólen retido na trama do musgo. Entretanto, é melhor eliminar a maior parte possível da matéria orgânica não polínica, concentrando os grãos de pólen com seguinte seqüência de procedimentos (para detalhes das técnicas consulte o Capítulo 12):

1. corte fora a parte viva do musgo;

Figura 9.7 Coleta de sedimentos lacustres em lago glacial no páramo de Piedras Blancas.

2. pese cerca de 6 gramas da parte basal do coxim e coloque em uma cápsula de porcelana. Acrescente KOH–10% até que a solução cubra a amostra. Ferva por 5 minutos; centrifugue e decante o sobrenadante, lave em água por centrifugação. Para maiores detalhes veja a técnica de KOH, Capítulo 11, Parte 2. O material já pode ser observado, porém, para uma preparação melhor, siga para a Parte 3;
3. em seguida lave em ácido acético glacial por centrifugação. Prepare a mistura de acetólise e junte ao material. Ferva em banho-maria por 5 minutos. Lave em água destilada por centrifugação. Para maiores detalhes, consulte os procedimentos de acetólise para turfeira e sedimentos (Capítulo 12, Parte 3).
4. Monte as lâminas como no Capítulo 11.

Os musgos de turfeira e de terrenos que estão sempre encharcados de água são bons substratos para coletar o que está sendo depositado. Porém, eles retêm os grãos em uma seqüência de densidade maior para menor, da base para cima. Portanto, a amostra para ser analisada deve ser espessa. Os musgos aéreos, sobre árvores e rochas, assim como os que estão em terrenos que secam periodicamente, não são bons captadores porque o meio é parcialmente oxidativo, o que causa a destruição diferencial dos palinomorfos. Neste caso, somente ficam preservados os grãos com exinas mais resistentes. O mesmo ocorre com os **líquens** nos quais o pólen é representado somente pelos grãos mais resistentes.

Qualquer concavidade onde a água pode ficar retida por muito tempo serve para captura de precipitação de pólen atmosférico. Na América tropical existem **bromélias**, cujas folhas formam uma taça. O pólen que cai nessas taças fica preservado e acumula aí. É um conjunto pequeno de pólen no qual a maioria dos grãos pertence à planta que os contém. Um estudo sistemático do conteúdo polínico da água de bromélia das florestas tropicais está ainda por ser feito.

Coleta e amostragem de sedimentos do Quaternário para análise palinológica

10

1. INTRODUÇÃO

O método de coleta de material palinológico para reconstrução do ambiente depende do tipo de depósito e da acessibilidade aos diferentes estratos. Em alguns casos é possível coletar diretamente as camadas de sedimentos, mas freqüentemente é necessário retirar um cilindro de sondagem ("core"), o qual é submetido à análise palinológica.

A coleta do material mais recente, referente aos últimos 20-30 mil anos, é relativamente fácil e barata. Isto fez com que a reconstrução do ambiente durante o Quaternário Tardio, e mais especialmente, o intervalo de tempo pós-glacial, esteja muito mais desenvolvida. Existe muito mais informação paleoecológica para os últimos milênios do que para todo o resto da história da Terra. Por isto, os exemplos e a avaliação dos métodos descritos neste capítulo e nos seguintes se referem principalmente ao final do Pleistoceno e ao Holoceno. Entretanto, estes mesmos métodos podem ser adaptados e usados para tempos mais antigos. É realmente uma pena que a maioria das sondagens em sedimentos profundos, as quais são extremamente caras, tenham sido utilizadas quase que exclusivamente para bioestratigrafia e não tenham sido também amostradas para o estudo paleoecológico.

Uma vez decidido qual o tipo de coleta que será utilizado, é necessário retirar as amostras em seqüência estratigráfica. Esta amostragem do material é fundamental na interpretação paleoecológica. A seqüência estratigráfica é necessariamente cronológica, pela Lei Fundamental da Superposição de camadas. A camada mais antiga está embaixo de todas e vai sendo coberta pela camada seguinte e assim sucessivamente até a camada do topo, que é a mais moderna. A seqüência cronológica dá a idade relativa e o máximo de informação paleoecológica, mas não pode ultrapassar a margem de erro do método com uma descrição inutilmente detalhada e de interpretação impossível. Se a amostragem for defeituosa e não evitar a contaminação durante a retirada das amostras, as conclusões podem ser falsas.

No caso específico dos tipos polínicos com freqüência baixa é necessário ter a certeza de que não se trata de contaminação de grãos modernos ou de outras camadas, porque o perigo é alto devido ao tamanho diminuto das partículas a serem analisadas (entre 6 e 100 μm). É necessário estarmos certos de que tais freqüências não são devidas a restos de amostras de outros lugares que ficaram aderidas ao coletor.

Os diferentes tipos de sonda e de coletores, bem como a técnica de amostragem, serão discutidos a seguir, de acordo com o tipo de depósito. Neste capítulo, serão discutidas as coletas de material exposto em cortes, deslizamentos e outros, bem como de sondagens pouco profundas, com até 6 metros. Coleta de sedimentos profundos e mais antigos exige técnicas industriais, mas deve seguir os mesmos critérios e cuidados descritos aqui.

2. COLETA E AMOSTRAGEM DE SEDIMENTOS EM TERRAÇOS E CORTES

Cortes naturais ou artificiais através de sedimentos são locais de amostragem direta e de fácil acesso. Entre eles estão, principalmente, os cortes feitos pelos rios que formam terraços fluviais ou fluvio-glaciais (veja Figs. 8.1 e 10.1) e os cortes de estradas construídas pelo homem. Às vezes, um deslizamento em uma montanha deixa a descoberto toda uma seção estratigráfica, como aconteceu no terraço fluvial de Tuñame, nos Andes venezuelanos (Fig. 10.2), que deixou exposta uma seqüência de camadas do Quaternário Tardio (Fig. 10.1).

Dentro de uma seção estratigráfica, as camadas que são constituídas por turfa ou argila e às vezes, silte, se não estão oxidadas, geralmente contêm palinomorfos bem preservados. As camadas de areia e de conglomerados geralmente não contêm palinomorfos (Capítulo 7). Em alguns casos, porém, a sedimentação foi muito rápida e muitos metros cúbicos de sedimento inorgânico foram depositados em pouco tempo. No terraço fluvial de El Caballo, nos Andes Venezuelanos, a datação de ^{14}C mostrou uma seqüência com cerca de 19 m de espessura de sedimentos que foi acumulada em cerca de 1.500 anos (uma média de 1,3 cm/ano), o que é muito rápido. Nestes casos, os palinomorfos ficam diluídos em uma grande quantidade de material inorgânico e será necessário usar amostras muito grandes (de 50g ou mais) para conseguir concentrar uma quantidade de palinomorfos suficiente para a análise paleoambiental. Amostras tão grandes devem ser evitadas, porque são muito trabalhosas e gastam grande quantidade de reagentes. Elas só devem ser estudadas em casos especiais, como é o caso dos sedimentos de regiões áridas e semi-áridas, onde esta situação é comum.

Nas camadas de turfa e de argila rica em matéria orgânica a concentração de palinomorfos geralmente é grande e 1 a 3 cm^3 são suficientes para análise.

2.1 Amostragem de cortes, terraços e deslizamentos

Os cortes e terraços são amostrados diretamente, mas são necessárias precauções para não haver contaminação das amostras. As precauções que tomamos em vários trabalhos é a seguinte (Salgado-Labouriau & Schubert, 1976; Salgado-Labouriau, Schubert & Valastro, 1977, e outros):

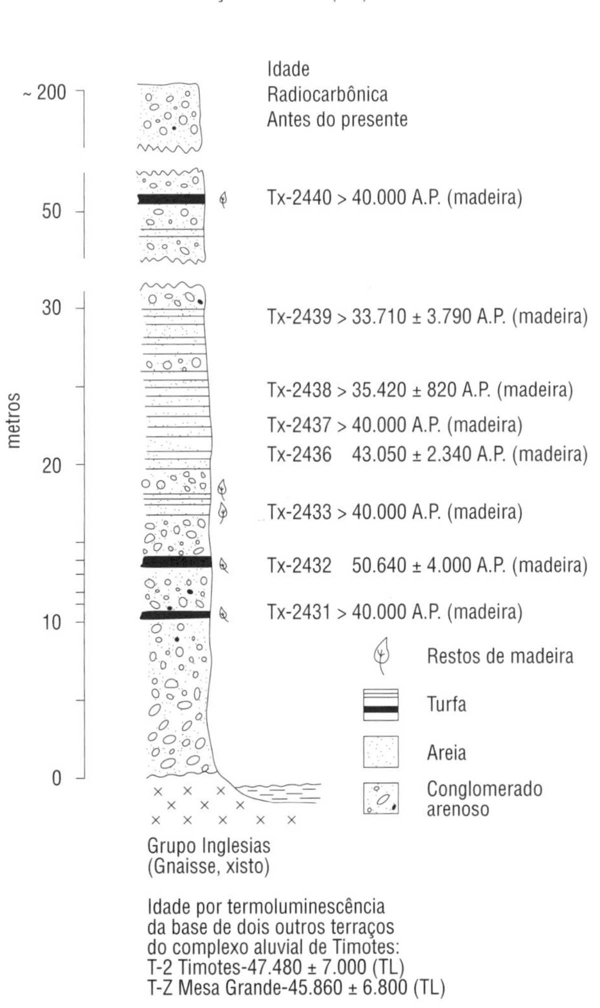

Figura 10.1 Estratigrafia do Terraço de Tuñame, Venezuela, com datações de ^{14}C dos restos de madeira dentro das camadas de turfa e por termoluminescência. Adaptado de Schubert & Valastro (1980).

1. Antes de retirar as amostras é necessário remover pelo menos uns 2 a 3 cm da superfície exposta. As finalidades desta remoção são evitar contaminação de pólen moderno, expor mais claramente os limites dos estratos e retirar a parte exposta que já começou a oxidar.
2. As amostras devem ser tomadas em intervalos regulares (o mais comum é de 10 em 10 centímetros) e nunca a olho, usando o "critério" de amostrar somente quando houver uma mudança na estratigrafia. Deve-se evitar cuidadosamente tirar amostras no limite de duas camadas. Não se deve amostrar as camadas de areia ou conglomerado, por causa da percolação e destruição diferencial dos palinomorfos que nelas ocorrem. A Fig. 10.3 ilustra, à esquerda, como devem ser tiradas as amostras em um terraço ou qualquer outro tipo de seção estratigráfica e, à direita, os erros comuns de amostragem.
3. Para retirar as amostras utiliza-se uma espátula de aço ou uma colher de pedreiro (prefiro a segunda). Começa-se a amostrar na base da seção. Dá-se um corte horizontal no sedimento, com a colher de pedreiro e, em seguida, outro corte de 1 cm abaixo em forma de cunha. O sedimento entre os dois cortes cai sobre a colher de pedreiro quando é feito o segundo corte. Este material é colocado em um saquinho plástico, no qual se anotou, com um marcador indelével, o nível coletado. Marca-se a segunda amostra 10 cm acima e procede-se da mesma

Figura 10.2 Deslizamento de terra em Tuñame, Venezuela, que expôs o terraço, cuja estratigrafia está na Fig. 10.1 e a análise palinológica na Fig. 5.1. Foto de C. Schubert.

maneira. A amostragem da base para o topo evita que o material amostrado caia na parte que vai ser amostrada em seguida.

Nos níveis em que se queira fazer datações com ^{14}C, retira-se horizontalmente, com a mesma técnica, um volume maior de sedimentos, sempre se mantendo dentro do mesmo nível estratigráfico e próximo de 1 cm de espessura.

4. Deve-se retirar o maior número possível de amostras no campo. É preferível deixar de usar algumas amostras do que ter que voltar ao local de coleta para amostrar nos intervalos entre as primeiras amostras. Com o sistema de colher de pedreiro descrito acima, não é possível retirar amostras com intervalo menor que 5 cm. Se for necessário obter amostras mais próximas, deve-se utilizar uma espátula. Intervalos muito pequenos devem ser evitados, porque podem causar um erro de amostragem (veja Parte 4.2).

2.2 Coleta em trincheira

Outra maneira da coletar é por meio da abertura de uma trincheira ou um buraco retangular. Amostram-se as paredes da trincheira, da mesma forma que em terraços e cortes. Este

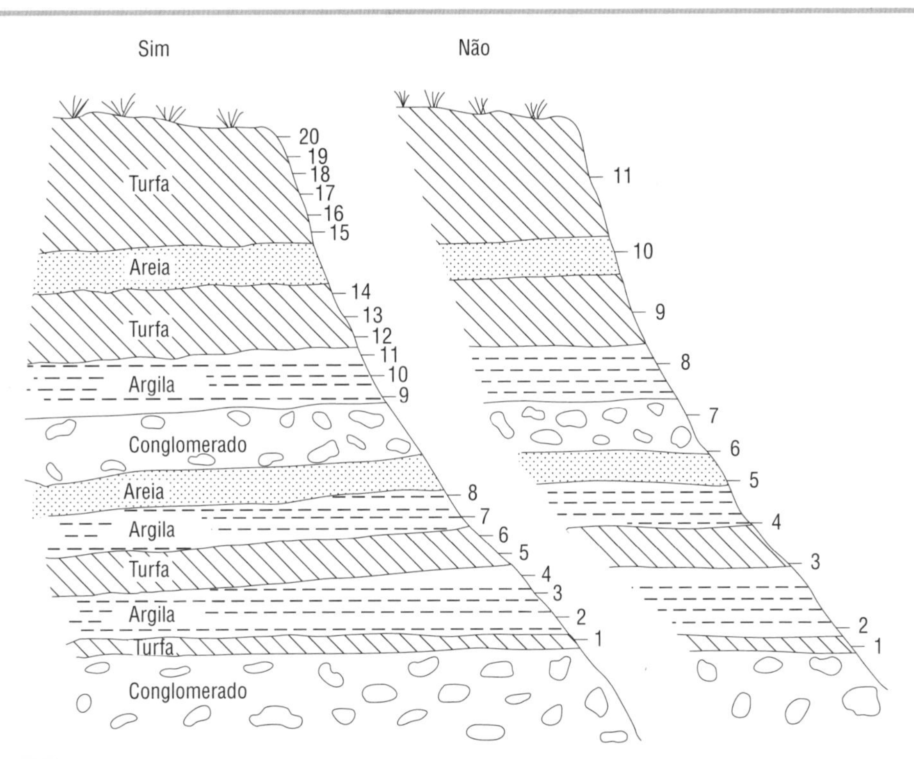

Figura 10.3 Esquema da coleta de amostras em terraços e outras seções estratigráficas. À esquerda, coleta de amostras nas camadas potencialmente ricas em palinomorfos, e à direita, como não se deve amostrar. Detalhes no texto.

método exige mão-de-obra para abrir a trincheira, o que em muitas regiões não é possível conseguir. No caso de turfeiras e terrenos encharcados, a principal dificuldade dessa técnica é que a água das camadas superficiais inunda o buraco. Este não pode ser muito profundo e as amostras têm que ser tiradas rapidamente, antes que o local seja inundado. Este método é melhor para terrenos não encharcados.

2.3 Outros métodos de amostragem

Outro sistema de amostrar cortes, que foi utilizado em turfeiras dos Andes colombianos, consiste em preparar caixas de lata ou outro metal, retangulares e de bordas cortantes. As caixas podem ter 50 cm de comprimento por 6 cm de largura e 6 cm de profundidade. Cada caixa é enfiada transversalmente à seção estratigráfica, de forma que inclua 50 cm da estratigrafia. Retira-se a caixa coletora com a respectiva amostra e tampa-se hermeticamente com plástico ou uma tampa de lata (van der Hammen, comunicação pessoal). As subamostras para análise são retiradas no laboratório. Em sedimentos com baixo teor de umidade é difícil retirar uma seção perfeita, sem perturbação dos estratos. Este método só serve para sedimentos muito úmidos, mas tem a vantagem de poder ser amostrado em intervalos curtos. Ele é geralmente utilizado nas paredes de trincheiras abertas para este tipo de amostragem.

Outra maneira da amostrar consiste em combinar as duas técnicas, sonda e trincheira. Cava-se um buraco e vão-se retirando amostras até onde a água não prejudicar. Desta forma é possível obter amostras grandes de 1 kg ou mais, para datar com carbono-14. Destas amostras tiram-se subamostras de 2 a 6 cm^3 para análise palinológica. Ao lado da trincheira faz-se uma perfuração com sonda. A parte superior do cilindro de sondagem pode ser facilmente correlacionada, por meio de microfósseis, com as subamostras da trincheira e, portanto, passam a ter datação absoluta.

2.4 Comentários

Os cortes têm a desvantagem de representar um intervalo de tempo ao acaso, que às vezes é muito curto ou que não chega até o presente. O terraço de Mucubaji representa entre 12.650 anos AP até aproximadamente 9.000 AP (Salgado-Labouriau, Schubert & Valastro, 1977); o de Tuñame (Fig. 10.1) vai de >50.640 AP a 33.710 AP (Schubert e Valastro, 1980); o de Miranda (Fig. 8.1) vai de >11.470 AP até o presente (Salgado-Labouriau, Rull et al. 1988). Uma vantagem deste tipo de amostragem em cortes é que permite retirar amostras grandes sem dificuldade, o que diminui o erro de datação.

Em terraços, cortes e deslizamentos também é possível retirar fósseis grandes, como troncos de árvores, galhos, ossos, artefatos de culturas humanas e outros, quando os há. Em um cilindro de sondagem raramente se encontram estes itens inteiros.

A preparação das amostras para a análise ao microscópio requer uma série de etapas que serão discutidas no Capítulo 12.

3. COLETA DE SEDIMENTOS POR MEIO DE SONDAGEM

O estudo paleoecológico se baseia principalmente em **cilindros de sondagem ("cores")** obtidos por meio de sondas especiais. Estas sondas retiram um cilindro intacto de sedimento onde a seqüência estratigráfica está a mais completa possível. As sondas de manejo manual são chamadas **perfuradoras**. No Brasil, o cilindro de sondagem de material do Quaternário também é chamado de "testemunho de sondagem".

3.1 Sondagem pouco profunda

Para retirar cilindros de sondagem até alguns metros abaixo da superfície foram inventados aparelhos que variam de acordo com o que se quer perfurar. O local escolhido para a sondagem, seja em pântano, turfeira ou lago, deve ser a parte mais profunda do depósito, que muitas vezes fica na parte central da bacia de sedimentação. O ideal é fazer uma série de sondagens preliminares para a reconstrução tridimensional da área, o que permite selecionar o local mais apropriado para a retirada de um cilindro para paleoecologia que represente uma estratigrafia a mais longa possível. Reconstruções em três dimensões da estratigrafia de turfeiras e lagoas foram feitas extensamente na Grã-Bretanha e Estados Unidos e mostraram que não há uma estratigrafia simples de camadas homogeneamente superpostas.

É mais fácil reconstruir a estratigrafia de lagos pelo uso de um aparelho de micro-ondas tipo Rayton ou similar que faz o perfil acústico e grafica a posição, a espessura das camadas de sedimento debaixo da água e localiza os deltas antigos e a extensão dos deltas modernos. Mas, em turfeiras e lagoas pequenas, é necessário fazer numerosas perfurações manuais. Nos terrenos onde a penetração da sonda não oferece resistência, como na maioria das turfeiras e pântanos, pode-se sondar com uma vara à procura dos locais mais profundos. A busca dos locais mais profundos resulta na obtenção de um registro de tempo mais longo.

3.1.1 Sondas para turfeiras e terrenos alagados

Estas sondas são de operação manual e são introduzidas diretamente no terreno desde a superfície até o nível desejado, ou até que o coletor esteja todo mergulhado na turfa (Fig. 10.4). Geralmente o coletor tem o comprimento de 50 cm. Para coletar a maiores profundidades vão sendo acrescentadas extensões de meio metro cada.

As sondas (perfuradores) mais conhecidas para turfas e pântanos são as de Hiller (sueca, Faegri & Iversen, 1950) e a D-section (inglesa, Jowsey, 1966). Hoje existem modificações dos modelos originais que tornam mais prático o uso e mais fácil a penetração na turfa ou no sedimento.

O **perfurador Hiller** (Faegri & Iversen, 1950) é o mais usado, porque é leve e de fácil transporte. Ele é enfiado na turfa com o coletor fechado. Ao atingir a profundidade desejada, a sonda é girada para abrir o coletor e retirar a amostra (Fig. 10.5.1). Em seguida

Figura 10.4 Perfuração de uma turfeira no páramo de Piedras Blancas, Andes Venezuelanos, com perfurador Hiller, altitude de 4.080 m.

o coletor é fechado e o perfurador é retirado. Dentro do coletor está uma seção de turfa com comprimento igual ao do coletor (50 cm). Uma vez fora, o coletor é aberto e as amostras são retiradas *in situ*. O coletor deve ser cuidadosamente limpo, uma extensão é acrescentada à sonda e esta é introduzida no furo da coleta anterior para retirar uma nova seção. A limpeza completa do coletor Hiller é fundamental nesse tipo de sonda (e em outras que usam sempre o mesmo coletor) para que não haja contaminação de palinomorfos dos níveis anteriores.

No **perfurador D-section** o coletor também é aberto e amostrado no campo como o perfurador Hiller. O **perfurador Dachnowsky** (Fig. 10.5.2) tem um pistão que retrai, à medida que o sedimento entra no coletor. Este êmbolo é usado para retirar intacto o cilindro coletado. Isto representa uma vantagem porque a amostragem por nível pode ser feita com todo o cuidado, no laboratório, o que elimina uma fonte de contaminação. Porém, esta técnica causa muita compressão do sedimento.

O diâmetro destas sondas é pequeno (diâmetro interno entre 2,5 e 5 cm), mas permite perfeitamente a amostragem para a análise palinológica (amostras de 1 a 2 cm^3). Entretanto, o tamanho da amostra não é suficiente para a datação com carbono-14 pelas técnicas correntes, mas pela técnica de acelerador de partículas (AMS) o tamanho da amostra não é limitante. Em geral, são necessárias várias sondagens, uma ao lado da outra, para obter uma quantidade suficiente de turfa ou de sedimento para a datação comum. Isto limita a datação aos níveis onde se possa ver claramente, a olho nu, uma mudança na estratigrafia, o que não é comum em turfa. Geralmente só é possível datar a parte mais profunda, onde a turfa termina e abaixo da qual há argila, areia ou rocha. As datações que determinaram o início da formação de turfeiras no topo das montanhas tabulares do Maciço Guianês (tepuyes) são uma aplicação desta técnica. Amostras foram colhidas com o perfurador Hiller. A turfa foi perfurada até onde ela está em contacto com a rocha pré-cambriana. A base dos vários cilindros de sondagem foi datada com ^{14}C e desta

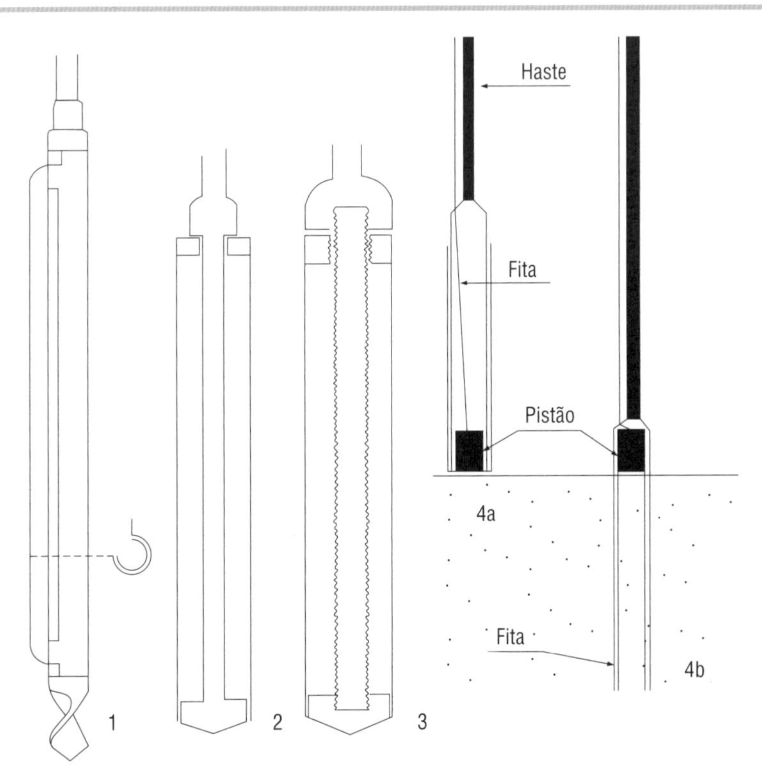

Figura 10.5 Vários tipos de perfurador: 1. Hiller; 2. Dachnowsky; 3. Reissinger; 4a e 4b. Livingstone.

Figura 10.6 Sonda Vibro-testemunhador de Martin & Flexor (1989) perfurando um pântano perto da Lagoa D. Helvecio, Parque do Rio Doce, MG.

forma foi possível determinar que são turfeiras muito recentes, começadas a depositar no Holoceno, entre cerca de 6.000 e 3.000 anos AP (Schubert & Salgado-Labouriau, 1987; Schubert et al. 1994).

O **Vibro-testemunhador** é baseado na sonda de Lanesky e colaboradores, com modificações posteriores (L. Martin & Flexor, 1980; L. Martin et al., 1995). Consiste em um tubo de alumínio de cerca de 6 metros de comprimento, 7,5 cm de diâmetro e parede de 1,1 a 2,0 mm de espessura, montado sobre uma torre (Figs. 10.6 e 10.8). O tubo é posto para vibrar por meio de um vibrador para homogeneização de concreto armado, utilizado em construção civil que faz a penetração do tubo no sedimento. Em casos especiais, pode-se utilizar tubos mais longos.

Este perfurador é de fácil construção e é transportável por um veículo leve (Fig. 10.7). Ao contrário das sondas anteriormente descritas, ele coleta um cilindro contínuo tanto em pântanos como em lagos. Isto elimina a divisão da seqüência em seções e o perigo de perda de partes da estratigrafia, e evita contaminação no campo. Além disto, o diâmetro do coletor é maior que nas sodas descritas acima e permite a retirada de boas amostras para datação. A descrição em detalhe da fabricação do perfurador e sua operação está no artigo de Louis Martin e colaboradores (1995).

3.1.2 *Sondas de lagos*

Os lagos e coleções de água apresentam uma dificuldade a mais em comparação com os terrenos de terra firme. A seqüência estratigráfica tem que ser retirada debaixo de uma coluna de água. Para isto foram desenvolvidas sondas especiais.

A escolha do local de sondagem para retirar uma seqüência a mais completa possível deve ser cuidadosa. A parte mais profunda do lago é geralmente a mais indicada. Sondagens perto da margem podem dar informações complementares, mas não totais (veja deposição e sedimentação em lagos, Capítulo 7). Para encontrar a área onde os sedimentos são mais profundos e, portanto, registram uma história mais longa, a melhor técnica é a de usar um aparelho de sonar. Ele dá a profundidade e também as mudanças na estratigrafia.

As perfurações em lagos são feitas a partir de uma pequena plataforma flutuante construída especialmente para isto (Fig. 10.8). Ela pode ser apoiada entre dois botes de borracha e ancorada por três pontos na margem do lago (Yuretich, 1991, e outros) ou sobre tubos de PVC com as extremidades vedadas, que servem de flutuadores (L. Martin et al., 1995). A plataforma pode ser construída de madeira leve ou de alumínio (veja descrição em Martin e colaboradores) e deve ter um orifício no centro para que por aí passe o coletor do cilindro de sondagem. Como há detalhes e cuidados especiais em toda a operação, o pesquisador deve recorrer a pessoas já experimentadas em fazer este tipo de sondagem ou obter a colaboração de uma equipe que tenha experiência no assunto.

As sondas para lagos se dividem em dois tipos gerais. Um deles tem um êmbolo que se retrai, à medida em que o sedimento penetra no coletor. O cilindro de sondagem é retirado por extrusão utilizando o êmbolo para empurrá-lo para fora. O coletor é lavado e novamente introduzido no furo para retirar a seção seguinte. O outro tipo de sonda tem um

Figura 10.7 Transporte do vibro-testemunhador em carreta.

coletor removível, geralmente de plástico, que penetra no sedimento e recolhe a amostra. Esta fica guardada dentro do coletor que é retirado da sonda. Um novo coletor é posto na sonda para continuar a perfuração. Este segundo tipo evita a contaminação resultante de uma lavagem mal feita do coletor e protege melhor as seções do core para o transporte até o laboratório.

Há muitos modelos de sonda para lagos. A mais comum das que utilizam êmbolos (Fig. 10.5.4) é o **perfurador Livingstone** (Livingstone, 1955) que depois foi modificado e aperfeiçoado por outros pesquisadores, como Rowley & Dahl (1956), Cushing & Wright (1965), Wright e colaboradores (1965) e Colinvaux-Vohnout (1993). Em todas estas sondas, o coletor só abre ao atingir a profundidade desejada e fecha-se antes de ser subido com a amostra. Estas sondas são vendidas comercialmente e a pessoa interessada deve contactar o autor das modificações.

O perfurador Livingstone pesa entre 10 e 20 kg e pode ser operado por uma só pessoa em um bote. Ele retira sedimentos macios a até cerca de 20 m de profundidade em lagos ou no oceano (Wright, Cushing & Livingstone, 1965). O coletor tem um pouco mais de um metro (c. 4 pés) de comprimento por c. 4 cm (1,5 polegadas) de diâmetro. A eficiência da coleta depende da força de fricção entre a amostra de sedimento e o tubo onde é coletada. Por isto, o pistão tem que estar hermeticamente ajustado, o que faz com

Figura 10.8 Vibro-testemunhador sobre plataforma preparando-se para entrar na Lagoa D. Helvecio e retirar amostras do sedimento.

que nas coletas em águas profundas, onde a pressão hidrostática é grande, este perfurador seja mais eficiente que em águas rasas.

O principal problema da coleta com o perfurador tipo Livingstone é que cada vez que se retira uma seção é necessário enfiar novamente a sonda no mesmo furo, com uma nova extensão, para retirar a seção seguinte. Mesmo utilizando um tubo-guia, esta operação é feita debaixo de vários metros de água, o que não é fácil e pode empurrar sedimento da interface água/sedimento ou das paredes do furo para o fundo, o que resulta em contaminação do topo da seção seguinte com material fora da seqüência. Além disto, o coletor às vezes não coleta o total do sedimento e pode deixar falhas na estratigrafia. Cada seção que é retirada deve ser cuidadosamente examinada para observar se a estratigrafia está contínua e perfeita. Se há falhas irremediáveis, deve-se parar a coleta e começar novamente a perfuração em um lugar próximo ao primeiro.

O topo de cada seção pode estar contaminado com material caído das paredes ou levado pela água que penetra no furo quando se puxa para fora o coletor para retirar a amostra. Por isto, deve-se retirar a primeira amostra da seção a pelo menos 3 ou 4 cm abaixo do topo e nunca no início. Birks & Birks (1980) aconselham que se retirem dois cilindros de sondagem paralelos, de forma que os lugares de interrupção na sedimentologia de um sejam cobertos pelas seções do outro. Infelizmente, nas regiões de acesso difícil, muitas vezes não é possível permanecer no local o tempo suficiente para tirar mais um cilindro.

O **vibro-testemunhador** (Martin & Flexor, 1989; Martin et al., 1995), descrito na parte que se refere à perfuração em terrenos alagados (Parte 3.1.1) também é utilizado em lagos, com bom resultado. O perfurador é montado sobre uma plataforma flutuante (Fig. 10.8), cuja construção está descrita em detalhe pelos autores (Martin et al., 1995). Ele tem a vantagem de retirar uma amostra contínua e, portanto, evita a contaminação do topo de cada seção e as pequenas interrupções na estratigrafia que podem ocorrer nas sondas tipo Livingstone. A desvantagem do vibro-testemunhador é que só pode ser utilizado para lagos e lagoas pouco profundos, ao passo que a sonda Livingstone retira cilindros de sondagem debaixo de 30 a 40 m de coluna de água. O registro estratigráfico de 7,43 m do Lago de Valência foi retirado com uma sonda Livingstone debaixo de 40 m de água (Bradbury et al., 1981), o que não seria possível com o vibro-testemunhador.

Para sondagens curtas, do primeiro metro de sedimento, a **sonda Davis-Doyle** (1969) é muito prática. Ela é de uso fácil e rápido. Consiste em atirar o coletor e fazê-lo penetrar no fundo do lago por meio de um motor ou mesmo pelo seu próprio peso (Yuretich, 1991). Sua principal aplicação é a de levantar informação paleoambiental dos últimos séculos, conhecer a ação antrópica sobre os ecossistemas e comparar a deposição moderna com a antiga analisando vários lagos de uma região. Bradley e colaboradores (1985) utilizaram esta sonda para um levantamento do registro paleoecológico e geoquímico de sedimentos de 9 lagoas dos Andes venezuelanos entre 1.100 e 3.700 m de altitude (Tab. 10.1) e mostraram flutuações climáticas e de vegetação nos últimos milênios.

Os perfuradores descritos nesta parte estão à venda no comércio.

3.2 Sondagens profundas

As sondagens feitas com perfuradores manuais só podem atingir a alguns metros de profundidade no sedimento. Geralmente elas chegam até 6-8 metros. Nos locais onde os sedimentos são mais espessos, com dezenas ou mesmo centenas de metros, a retirada dos cilindros de sondagem tem que ser feita por uma equipe especializada. Existem companhias de perfuração que podem ser contratadas para fazer estas sondagens e que trabalham principalmente em prospecção de petróleo.

Geralmente, a abertura de um poço de petróleo é feita com sondas que vão perfurando e jogando para fora os sedimentos. A retirada de cilindros de sondagem completos e sem perturbação da estratigrafia é mais lenta e trabalhosa e, portanto, muito mais cara. Somente em casos especiais eles são retirados. As companhias de petróleo têm alguns destes cilindros de sondagem e os que incluem o Quaternário podem ser utilizados para o estudo paleoecológico, principalmente se contiverem pólen e esporos em abundância. Porém, o material do Quaternário e do Neógeno que é tirado solto para fora do poço, assim como o material retirado das paredes dos poços de petróleo (material de calha), se bem que são analisados em bioestratigrafia, não podem ser utilizados na reconstrução de paleovegetação e paleoclima, porque há uma mistura de sedimentos e perde-se a estratigrafia fina

Em cilindros de sondagem longos, de 200 m ou mais, a retirada de amostras para análise de palinomorfos ou outros microfósseis deve ser feita da mesma forma que nos cilindros de sondagem curtos. Em primeira aproximação, analisa-se cada 10 m, porque o tempo requerido seria muito grande para intervalos menores. Entretanto nestes, como em todas as amostragens descritas anteriormente, não se deve somente tirar material

Tabela 10.1 Conteúdo médio de matéria orgânica em sedimentos lacustres há cerca de mil anos antes do presente (AP), determinada por perda de ignição a 450°C (Weingarten et al., 1990, Yuretich, 1991, p.23)

Lagoas	Altitude (m)	Profundid. da amostra (m)	Mat. Org. % máxima por peso	Mat. Org. % mínima por peso	Mat. Org. % média por peso
Montón	3.700	0,56	41,9	36,8	38,9
Saisay	3.700	0,54	47.3	43,1	45,2
Mucubají	3.540	0,56	38,2	33,0	36,6
Negra (A)	3.460	0,32	40,3	30,4	38,0
Brava	2.380	0,50	74,5	72,4	73,1
Lírios	2.300	0,15	79,1	77,9	78,4
Negra (M)	1.700	0,89	58,0	20,4	42,7
Blanca	1.620	0,50	59,0	33,1	50,6
Urao	1.100	0,45	17,6	7,0	13,3

Profundid = profundidade; Mat. Org. = matéria orgânica

para análise onde o sedimento muda. Os intervalos devem ser constantes e, se ocorrer uma mudança na estratigrafia entre duas amostras analisadas, sempre se pode estudar as amostras junto ao limite da mudança. Da mesma forma, quando se encontra uma mudança no conjunto de palinomorfos ou de outros microfósseis, o intervalo entre os dois conjuntos diferentes deve ser analisado para detalhar o ponto em que se deu a mudança.

Há poucos estudos paleoecológicos utilizando "cores" longos, porque a sondagem é muito cara. Um bom exemplo das informações dadas por "cores" longos é o estudo de um registro contínuo dos últimos 3,5 milhões de anos publicados por Hooghiemstra (1984), com 357 m de comprimento, em que foram detectados 23 ciclos climáticos nos Andes colombianos.

3.3 Sondagens em deltas e estuários

Os deltas e estuários modernos são muito recentes e começaram a se formar depois da última glaciação, há cerca de 14 mil anos atrás durante a última grande regressão marinha. Em geral, eles não são locais ideais para o levantamento de paleovegetação e paleoclima. Os estuários sofrem o efeito da maré e recebem material marinho que se mistura com o depósito trazido pelo rio e os deltas apresentam uma deposição diferencial de partículas, entre elas, grãos de pólen e esporos.

O estudo da distribuição de pólen e esporos nos deltas modernos de lagos e do oceano mostrou que há uma deposição diferencial por densidade de grão (Capítulo 7, Parte 4). Esta condição natural de deposição faz com que o conjunto de pólen e de esporos de pteridófitas seja diferente desde a desembocadura até onde avança a corrente do rio. Além da densidade, a deposição das partículas depende da vazão da corrente de água fluvial, a qual varia ao longo da história do rio. Suponhamos que uma seqüência de grãos a, b, c... d se deposite, em um tempo dado, a 10, 20, 30 ....60 m da desembocadura. Se a vazão aumenta, a deposição de a, b, c ....d se deslocará para frente e onde se depositava, por exemplo, "c" passa a se depositar "a". Nestas condições, o conjunto acumulado em um determinado ponto pode ser diferente ao longo do tempo sem que a vegetação tenha mudado. A reconstrução da vegetação torna-se então complexa e a interpretação paleoecológica fica intrinsecamente ligada à granulometria e hidrologia.

Os rios de planície, ao desembocarem no oceano, sofrem a influência da maré. É de todos conhecido o fenômeno da pororoca no rio Amazonas e as reversões de corrente que fazem os rios da Inglaterra correrem para cima na maré alta. Este fenômeno inclusive é utilizado para tocar moinhos de cereais, porque a corrente fica muito forte na vazante e na enchente da maré. Esta reversão da corrente em um rio causa a movimentação do sedimento de superfície, para trás e para frente na foz do rio e, portanto, perturba a estratificação. A deposição em deltas e estuários é discutida em detalhe no Capítulo 7, Parte 4.

Os deltas antigos são facilmente identificados em geomorfologia e como é comum encontrar neles fósseis grandes (osso, dentes, troncos, folhas, etc.) em abundância, são lugares tradicionais de estudo paleontológico. Entretanto, o estudo de microfósseis em um delta antigo, quando é utilizado para reconstrução paleoecológica, deve ser cercado de cuidados, pelas mesmas razões expostas acima para os deltas modernos.

Realmente é preferível evitar deltas e estuários nos estudos paleoecológicos com base em análise de microfósseis. Entretanto, como uma sondagem em sedimentos profundos é muito cara, às vezes o único material acessível para o estudo do Quaternário inferior ou de períodos mais antigos de uma região foi retirado na desembocadura antiga de um rio. Nestes casos, a amostragem deve ser feita em intervalos de tempo maiores e os dados levantados só informarão sobre grandes mudanças no ambiente.

4. AMOSTRAGEM FINA DE SEDIMENTOS

Às vezes, é necessário estudar detalhadamente um intervalo curto de tempo e para isto é necessário retirar amostras muito próximas umas das outras. Isto é freqüente principalmente nos últimos milênios, onde é possível comparar resultados da paleoecologia com a arqueologia ou com a história escrita de um povo.

Guerras, invernos rigorosos, queimadas extensas, desmatamento, inundações e outras calamidades; início da agricultura em uma região, anos de fartura na colheita e outros eventos naturais ou provocados pelo homem podem deixar marcas nítidas no conjunto de microfósseis. Uma vez detectada uma mudança na assemblagem, ela pode ser comparada com os documentos históricos ou de tradição oral da região. Estas comparações permitem calibrar as datações de C-14 ou outro método físico de datação e para servir de modelo em tempos mais antigos, onde as calamidades naturais ou o efeito antrópico sobre os ecossistemas não está documentado por documentos, como no caso das civilizações Tolteca e Tiwanaco (nas Américas), que tinham boa agricultura, e muitos povos antigos do Oriente Médio.

Quando se estuda a parte mais recente do Holoceno, trabalha-se com sedimento e turfa muito soltos e com alto teor de água. Para essas seções, emprega-se uma técnica especial de amostragem fina.

A amostragem fina, com alguns centímetros ou milímetros de intervalo entre amostras, requer uma técnica distinta das que foram descritas acima. Neste caso a melhor técnica é a que congela o sedimento. Há dois métodos de congelar os cilindros de sondagem. Um deles consiste em retirar o "core" e congelá-lo no campo com neve carbônica. Esta técnica foi utilizada, por exemplo, por Davis, Brubaker e Beiswenger (1971). O cilindro de sondagem é retirado com muito cuidado com uma sonda na qual o sedimento fica dentro do tubo coletor, como a de Davis-Doyle. Mantém-se o tubo na posição vertical até que se possa levá-lo a um congelador ou se acondiciona primeiro, no campo, em pé, dentro de uma caixa com neve carbônica e se transporta assim ao laboratório, onde ele é colocado em um congelador ou freezer.

Uma vez solidificado, o cilindro de sondagem pode ser serrado em fatias muito finas, com alguns milímetros de espessura. Os cilindros congelados desta forma têm que ser amostrados com cuidado porque há uma tendência de distorção das camadas. Elas podem ficar abauladas pelo congelamento, principalmente nas extremidades do cilindro.

Para o caso específico dos lagos, desenvolveu-se uma outra técnica que consiste em congelar *in situ* a amostra, antes de retirá-la do sedimento no lago. Desta forma mantém-se a posição estratigráfica do depósito sem o perigo de mistura quando a amostra é retirada ou durante o transporte ao laboratório. A técnica é simples e o coletor empregado pode ser feito em qualquer oficina mecânica. A técnica, criada por Shapiro (1958), foi aperfeiçoada por Swain (1973) e por Saarnisto (1975). Ela é conhecida como **"freezing sampler"** (**coletor de congelação**) e é descrita a seguir.

4.1 Construção e operação do coletor de congelamento "Freezing sampler"

Construção

1. Um tubo de alumínio (cobre ou ferro) de seção quadrada com cerca de 8 cm de diâmetro e cerca de 2 mm de espessura, é cortado com 2 m de comprimento, quando se quer preparar um coletor grosso. Para um coletor fino utiliza-se um tubo de c. 4 cm de diâmetro e 1 metro de comprimento, porém o grosso é mais usado. Uma das extremidades do tubo é perfurada com dois furos, opostos, para passar uma corda que puxa o coletor para fora da água e a outra extremidade é perfurada para encaixar a cabeça do coletor (Fig. 10.9).
2. Fazer uma "cabeça", de seção quadrada e em forma de cunha (Fig. 10.9), com dois furos para que possa ser aparafusada ao tubo. A cabeça deve ser enchida com chumbo para ficar bem pesada.

   Operação do coletor de congelação

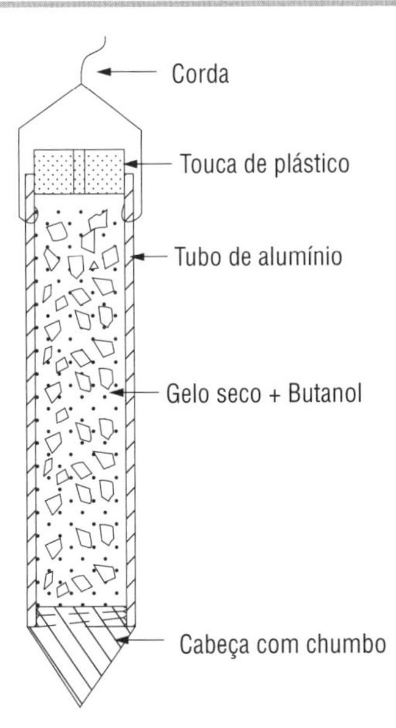

Figura 10.9 Coletor de congelamento "Freezing Sampler", segundo Saarnisto, 1975.

3. Encaixar e aparafusar a cabeça ao coletor.
4. Encher o tubo com gelo seco e depois colocar cerca de meio litro de tri-cloro-etileno (ou butanol). O tri-cloro-etileno é posto para homogeneizar a temperatura dentro do tubo. É uma substância refrigerante, encontrada no comércio.
5. Tampar a boca em cima do coletor com uma touca de borracha (ou plástico) com um pequeno orifício. O orifício é para deixar sair o CO_2, à medida que a mistura refrigerante esquenta.
6. Colocar o coletor a prumo sobre a superfície da água e deixar cair no fundo do lago. O coletor deve penetrar na lama ou vasa do fundo até mais ou menos a metade de seu comprimento. Para isto a cabeça deve ser bem pesada.
7. Deixar 6 minutos (segundo R. Moeller, comunicação pessoal) ou 10-20 minutos (Saarnisto, 1975). Durante este tempo deve se formar uma crosta de sedimento congelado de 1 a 3 cm de espessura em volta da parede externa do coletor, mas não na cabeça (que não está congelada). Este tipo de amostragem pode ser feito em qualquer estação, inclusive no verão.
8. Puxar o coletor para fora, bem depressa, para não haver condensamento de sedimento enquanto está sendo retirado.
9. Lavar rapidmente o coletor mais sedimento congelado na água do lago para retirar lama que tenha grudado nele na hora em que o tubo está saindo. Deve então aparecer nitidamente, sobre a superfície congelada, a laminação do sedimento.
10. Remover a cabeça do coletor e por aí retirar toda a mistura refrigerante.
11. Jogar água morna dentro do tubo para soltar a amostra congelada na parede externa.
12. Puxar toda a amostra para fora do tubo, como se fosse uma luva.
13. Encher com gelo seco a parte de dentro da amostra congelada; enrolar a amostra em plástico e depois com várias camadas de jornal. Guardar em uma caixa.

Uma alternativa para a extração da amostra congelada é a de parar na etapa 10 e passar para a etapa 14, a seguir.

14. Encher o tubo coletor (contendo a amostra) com gelo seco. Enrolar em papel de alumínio e depois com jornal. Deixar para extrair a amostra (Etapas 11 e 12) no laboratório.

Esta alternativa é melhor porque evita que a amostra se quebre durante o transporte ao laboratório. Porém, se quiser tirar várias amostras é preciso utilizar o mesmo tubo ou então ter vários tubos que se encaixem na cabeça do perfurador.

15. No laboratório, corta-se a amostra (que já foi extraída) apoiando-a sobre um bloco de gelo seco e conservando o gelo seco dentro dela. Corta-se com uma serra fina de um em um centímetro, ou com espátula afiada de 3 em 3 mm de espessura.

4.2 Comentários sobre a amostragem fina

A amostragem fina só é possível em locais onde o material se acumulou estratigraficamente sem perturbação. Se ela é feita em turfeiras ou pântanos (veredas, brejos, e outros), onde houve transporte horizontal e/ou vertical de material enquanto o material foi acumulado, as análises poderão apresentar oscilações e mudanças artificiais nos espectros ou contradições entre espectros diferentes de uma mesma área, devido à contaminação de material de fora.

No caso específico de turfeiras européias, existe uma outra dificuldade para a amostragem fina, além dos fatores naturais. É um costume milenar dos povos que viviam e que vivem junto a turfeiras de retirarem pedaços de turfa para utilizar como combustível no inverno (veja, por exemplo, Godwin, 1978). Como este hábito é muito antigo, não se sabe onde já foi retirada a turfa e que, portanto, a estratigrafia fina foi perturbada.

A incoerência dos resultados de amostragem fina em locais perturbados está bem documentada em estudos dos últimos centímetros junto à superfície em turfeiras na Grã-Bretanha, onde os diagramas de uma mesma área não apresentavam os mesmos espectros (X Congresso Internacional INQUA, Resumos, Birmingham, 1977).

Claro está que a compactação posterior de camadas naturalmente perturbadas não afetará a amostragem grossa a cada 10 cm, com perfuradores tipo Livingstone. Nela cada nível representa um intervalo de tempo maior que algumas gerações de homens. Neste locais perturbados, não é possível fazer amostragem fina. Este tipo de amostragem por congelamento é utilizado principalmente para analisar sedimentos de lagos.

5. TRANSPORTE E ARMAZENAMENTO DE CILINDROS DE SONDAGEM

A maior parte dos paleoecólogos evita retirar no campo as amostras para análise paleoecológica. Efetivamente, no laboratório pode-se amostrar em melhores condições e evitar eficazmente a contaminação entre amostras.

Para amostrar no laboratório é necessário transportar os cilindros de sondagem intactos até lá. As sondas do tipo Dashnowski e Livingstone permitem a extração do cilindro de sondagem inteiro. Nestes casos, a melhor forma de embalagem para transporte consiste em preparar um suporte que se faz cortando longitudinalmente um tubo de PVC ou similar, de modo a formar um berço para colocar o cilindro. O tubo deve ter o diâmetro um pouco maior que o cilindro de sondagem. Envolve-se a seção retirada em folhas de plástico de polietileno e coloca-se dentro de uma das metades do tubo e tampa-se com a outra metade. Prendem-se as duas partes e veda-se muito bem com fita gomada resistente à água. Marca-se o topo do sedimento, o número da seção e o da sondagem na parte externa do tubo. Estes tubos de plástico rígido são encontrados facilmente no comércio.

Em alguns perfuradores, o tubo coletor é removível e a seção amostrada fica retida dentro dele. Neste caso o core já está embalado para a viagem e o armazenamento. As únicas precauções são: 1. verificar se não ficou um espaço sem sedimento na ponta; neste caso é necessário calçar o espaço vazio para que o cilindro de sondagem não se movimente dentro do tubo durante o transporte, o que causaria quebra e mistura do material; 2. vedar bem as duas extremidades do tubo de coleta com rolha ou outro sistema.

Cada seção do cilindro de sondagem que é retirada durante a perfuração deve ser imediatamente anotada com marcador indelével na parte externa do coletor ou tubo de armazenagem. A primeira anotação é marcar a parte superior da coluna estratigráfica com a palavra TOPO. Algumas vezes, os paleoecólogos recebem cilindros de sondagem para análise que foram retirados por pessoas bem intencionadas, mas que, não sabendo disto, não marcam o topo do core. Estas amostras, é lógico, não podem ser estudadas porque não se sabe o sentido direcional de deposição.

Em cada seção retirada pelo perfurador marca-se o tubo com tinta indelével, além do topo, o local, o número da sondagem, a profundidade em centímetros e a data, mesmo que toda esta informação se encontre na caderneta de campo.

6. RETIRADA DE AMOSTRAS EM CILINDROS DE SONDAGEM PARA ANÁLISE DE PALINOMORFOS

A coleta estratigráfica de amostras de um cilindro de sondagem depende da sonda utilizada. Nos perfuradores, como o Dachnowsky, o vibro-testemunhador e o Livingstone, as seções são levadas ao laboratório e amostradas ali. Nos tipos de sonda em que a coleta de amostras para análise é feita no campo (Hiller, D-section) é necessário amostrar a cada 5 ou 10 cm de profundidade, mesmo que se pense analisar em intervalos maiores. É sempre melhor ter mais amostras do que se pretende utilizar.

Cada amostra para análise palinológica deve ter 1 cm de profundidade para que seja possível retirar posteriormente um volume que efetivamente só contenha 1 cm^3. Se a amostra contiver mais de 1 cm de profundidade na seção, a amostra retirada para análise não representará um cm^3 de depósito e os cálculos posteriores da concentração (*grãos . cm^{-3}*) e de influxo (*grãos . cm^{-2} . ano^{-1}*) conterão uma margem de erro que pode ser impossível de calcular.

O material retirado de cada nível é colocado em uma bolsa de plástico e rotulado. Não utilize papel de alumínio para envolver as amostras porque o alumínio poderá reagir com o ácido húmico da amostra. No laboratório retira-se a subamostra para ser preparada para análise. Quando a concentração de pólen é muito grande, como é o caso da maioria das turfas, bastam 1 a 2 cm^3 ou 2 a 6 gramas de material para cada subamostra.

6.1 Cuidados na amostragem dos cilindros de sondagem

A amostragem de uma seqüência estratigráfica para estudos paleoecológicos não pode ser feita somente nos pontos em que se observa, a olho nu, uma mudança na cor ou na textura do sedimento. É necessário lembrar que a vegetação necessita de um certo tempo para reagir às modificações do ambiente físico. A demora nas respostas às mudanças é diferente de uma vegetação para a outra e em circunstâncias diversas. Os sedimentos do Lago de Valência no final do Pleistoceno passaram abruptamente de argila laminada e compacta à "gyttja" (lama lacustre muito rica em matéria orgânica) (Fig. 7.3) que indicou o início da formação do lago (Bradbury et al., 1981). Entretanto, somente um pouco acima do limite destes dois tipos de sedimentos, o conjunto de pólen depositado mostrou um aumento de pólen de árvores, o desaparecimento ou diminuição dos tipos polínicos de plantas palustres e o aparecimento de microorganismos lacustres plânctônicos, ostracodes e diatomáceas (Figs. 3.11 e 3.23) que sugeriram o início do lago de Valência.

A análise de pólen mostrou que a mudança de uma vegetação para outra é progressiva na maioria dos casos. Nos Estados Unidos, M. Davis (1983 a,b) mostrou a entrada progressiva de novas espécies de árvores colonizando o solo pós-glacial. Estudos das partes mais altas das montanhas andinas mostraram que nas regiões recém-deglaciadas os diferentes tipos de pólen foram chegando progressivamente (van der Hammen, 1979; Salgado-Labouriau, 1988). Nos Andes venezuelanos foram precisos cerca de 6.000 anos para que todos os tipos de pólen e de esporos, que hoje fazem parte do conjunto palinológico destas altas montanhas, atingissem a diversidade atual (Fig. 10.10). Tanto o exemplo dos lagos do nordeste dos Estados Unidos, como o dos páramos andinos, mostram a necessidade de alguns milhares de anos para o estabelecimento da vegetação atual em zonas onde houve uma grande mudança climática.

As espécies não chegam juntas nem se estabelecem todas, de uma só vez, em um determinado lugar. Este resultado é o esperado, porque o poder de dispersão das sementes, as condições ambientais para sua germinação e crescimento e a capacidade de sobrevivência das plantas jovens não é igual nas diferentes espécies. Além disto há os fatores edáficos a considerar. Nas grandes mudanças climáticas é preciso um certo tempo para que as plantas colonizem o novo ambiente que se formou. Isto é realmente marcante nas regiões onde houve glaciação e, portanto, é preciso primeiro formar o solo com matéria orgânica. Por conseguinte, é necessário fazer uma amostragem estratigráfica contínua para descrever como e quando a vegetação começa a mudar.

Ao longo de todos os tempos existem oscilações climáticas com pequenas modificações, nas quais a composição da vegetação e a densidade da cobertura variam. A paleoecologia tem mostrado que os ecossistemas, inclusive nos trópicos, não são estáticos. Existe uma relação dinâmica entre as comunidades vegetais, o solo e o clima, de forma que quando um dos fatores muda os outros também mudam. Se a amostragem do sedimento é descontínua e arbitrária, não é possível avaliar essas modificações. Pode-se saltar de um

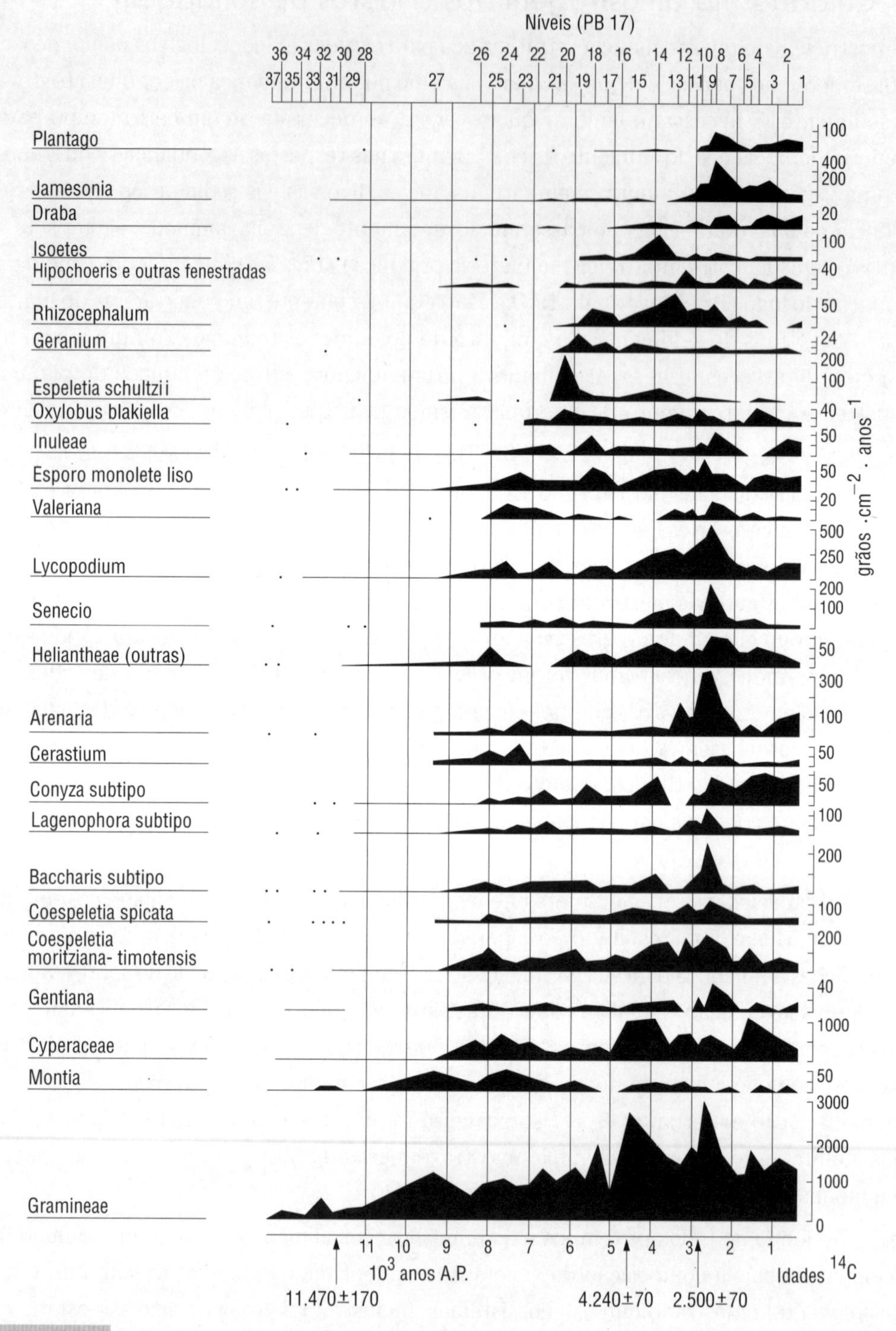

Figura 10.10 Seqüência da entrada de cada elemento de páramo a 4.000 m de altitude no Páramo de Miranda, após o degelo da última glaciação (Würm – Mérida). Segundo Salgado-Labouriau, 1988.

extremo ao outro, o que dá a impressão de uma mudança climática abrupta, quando muitas vezes ela foi suave e contínua porque as etapas intermediárias que levaram de um ambiente ao outro não foram examinadas. Isto não quer dizer que não existem mudanças abruptas, mas estas também são detectadas em uma amostragem contínua.

No estudo de turfeiras e sedimentos lacustres, é necessário ter em conta a migração vertical e horizontal do pólen e de outros microfósseis já depositados, a qual ocorre durante o tempo em que o depósito ainda está se compactando (Capítulo 7). Isto faz com que 1 cm de sedimento compactado represente muitos anos que foram misturados.

À medida que mais detritos se acumulam em cima, o depósito vai sendo comprimido. Processos químicos e microbiológicos ocorrem no depósito e vão eliminando parte da matéria orgânica e o depósito vai se compactando. O resultado é que os ciclos anuais de floração vão perdendo sua identidade e se aproximando cada vez mais no espaço físico do sedimento.

Em uma sondagem curta, de alguns poucos metros de profundidade, a amostragem deve ser feita com intervalos de 5 a 10 cm. Amostragens com intervalos menores que 5 cm são difíceis de serem retiradas e podem trazer uma precisão ilusória, a não ser em casos especiais que utilizam núcleos congelados (veja Parte 4).

A amostragem das camadas superiores de um cilindro de sondagem que representa os últimos séculos pode ser feita em fatias muito finas de sedimento ou turfa como, por exemplo, com 2 ou 3 mm de espessura. Porém, ela só representará uma seqüência cronológica com uns poucos anos de intervalo se a acumulação dos detritos orgânicos e inorgânicos não for perturbada por fatores físicos ou biológicos. Poucas localidades preenchem estas condições como foi discutido na Parte 4.

Ao retirar uma amostra em cilindro de sondagem, o espaço ocupado pela amostra deve ser cuidadosamente preenchido com folhas de plástico amassadas (jamais com folhas de alumínio). Desta forma, é possível movimentar o core sem que as partes que ficaram se desloquem durante o manuseio ou o armazenamento. Como a profundidade é função da idade do sedimento, o cilindro de sondagem se manterá na posição estratigráfica e poderá ser amostrado outras vezes.

Os resultados obtidos na análise de palinomorfos mostram onde houve mudança significativa no conjunto de fósseis e indicam a posição entre duas amostras, onde se deve retirar outro material para analisar. Vão-se, desta forma, afinando os resultados da análise e verificando como e onde a mudança foi encontrada. Muitas vezes a mudança é brusca, mas às vezes é gradual. Este tipo de amostragem reduz o tempo de análise, o que pode representar uma economia de anos de trabalho.

É fundamental ter a idade absoluta (anos radiocarbônicos ou outro método) em alguns pontos da coluna estratigráfica. Quanto mais pontos, melhor. Entretanto, como os métodos de datação são caros e, às vezes, é necessário muito tempo para obter a resposta, tem-se que fazer um compromisso quanto ao número de pontos datados. As datações não somente dão a época em que se depositou o sedimento, como permitem estimar a velocidade de sedimentação e as mudanças desta velocidade que podem dar informações paleoecológicas valiosas.

11

Métodos de preparação de pólen e esporos modernos

Para a identificação e interpretação de palinomorfos em sedimentos, turfas, atmosfera ou outro meio, é preciso compará-los com o material moderno. Por isto um laboratório de análise palinológica deve ter lâminas e coleções de referência de pólen e esporos de plantas atuais que sejam preparadas de forma que os grãos fiquem com as mesmas características dos esporos e dos grãos de pólen encontrados em sedimentos. Para isto, o material de referência moderno deve ser acetolisado. A finalidade deste tratamento é eliminar o citoplasma e a intina que, é claro, não se preservam nos grãos fossilizados.

A acetólise é o melhor método de preparação de pólen e de esporos modernos para o estudo da morfologia da parede externa dos grãos. A exina é transparente ou translúcida (dependendo da espécie) e, portanto, é necessário eliminar o citoplasma cuja presença dentro do grão dificulta a observação de detalhes morfológicos da exina.

Neste capítulo, além da técnica de acetólise, serão dadas outras técnicas de preparação de pólen moderno utilizadas para outros fins. As técnicas para preparação de sedimentos serão discutidas no capítulo seguinte.

As técnicas descritas aqui são numeradas sucessivamente neste capítulo e no seguinte. Quando um passo se repete em outra técnica, indica-se o número da(s) etapa(s) onde ele está descrito em detalhe. Isto evita a repetição desnecessária de todos os passos de certas rotinas, como as de lavagem, centrifugação, decantação, etc. Pelas mesmas razões, as observações no final de cada técnica são numeradas sucessivamente em ambos os capítulos.

1. ACETÓLISE DE PLANTAS MODERNAS

Esta técnica pode ser utilizada para preparação dos grãos de pólen de flores frescas ou secas de herbário. A acetólise consiste na acetilação da exina. É uma operação simples mas delicada e que necessita de cuidados especiais. O material de flores frescas tem que ser desidratado inteiramente com ácido acético antes do tratamento por acetólise. As etapas deste processo são dadas a seguir.

1. Cortar, com uma tesoura, pequenos quadrados de tela de latão com 5 cm de lado. A tela (tamis) deve ter cerca de 300 malhas por cm^2 (número 50, no comércio). É necessário ter um número grande de quadrados porque usa-se um para cada espécie de planta que se deseja preparar. Colocar uma tela quadrada na boca do tubo de centrífuga (pirex) numerado que vai ser utilizado na acetólise. Anotar no caderno de protocolo de laboratório o nome da espécie que está neste tubo.
2. Retirar as anteras de pelo menos 3 botões florais, ou no caso de flores muito pequenas, utilizar os botões inteiros, prontos para abrir. Triturar com um bastonete o material botânico contra o tamis de latão de modo que ele caia pulverizado dentro do tubo de centrífuga. Tubo de centrífuga pirex de 15 ml ou 10 ml.

   Terminada a tamisação, a tela é segurada com uma pinça e aquecida ao rubro na chama de uma lamparina de álcool (ou um bico de Bunsen) para destruir todo o pólen (e a matéria orgânica) que ficou aderido à tela e para poder utilizá-la outra vez. Os estiletes de dissecção, pinças e qualquer outro instrumento usado para a preparação das anteras, flores, etc., de uma espécie, devem ser também passados ao rubro, pelo mesmo motivo, antes de serem guardados ou utilizados para a preparação de uma nova espécie. Marque o tubo e inicie a preparação da espécie seguinte. Procure sempre preparar simultaneamente 4 ou 8 espécies.
3. Lavar o material de seguinte forma: acrescentar 2 ml de ácido acético glacial em cada tubo contendo a amostra. Agitar e centrifugar a 1.800 – 2.000 r.p.m. (rotações por minuto) durante 2 minutos. Veja Observação 1, no final desta técnica. Decantar (Observação 2, no final desta técnica). Se está trabalhando com flores frescas, repita duas vezes a lavagem em ácido acético para desidratar bem o material; deixe o material em ácido acético pelo menos por uma hora antes da segunda centrifugação. Para material de herbário, basta uma lavagem em ácido acético.

   O material botânico pode ficar em ácido acético por dias, meses, sem prejudicar os grãos de pólen.
4. Preparar a mistura de acetólise e distribuir, em capela de extração, 2 ml em cada tubo. Para isto proceder com as Etapas de 6 a 10 descritas na técnica, de acetólise (a seguir), tendo o cuidado de ler a introdução da técnica, antes de iniciá-la.

5. Terminada a acetólise, junte 5 ml de água + glicerina, em partes iguais, a cada tubo e deixe descansando por no mínimo meia hora. Inicie a montagem do material em lâmina de microscopia (Etapas de 17 a 26, mais adiante).

   Esta técnica está descrita em detalhe por Erdtman (1960b) e por Salgado-Labouriau (1973).

1.2 A técnica da acetólise

Esta técnica tem por objetivo a eliminação da celulose e do conteúdo citoplasmático dos grãos de pólen e dos esporos. Foi criada por G. Erdtman em 1949 e melhorada por ele mais tarde (Erdtman, 1952, 1960b). Foi idealizada para material moderno. Hoje em dia, é também utilizada como parte da preparação de pólen de turfa e de sedimentos com muita matéria orgânica.

Atenção!

A mistura de acetólise (etapa 6) é explosiva em contato com a água (reação exotérmica violenta). Toda a vidraria deve ser de pirex ou similar e deve estar seca e perfeita. Não pode ter rachaduras ou bordas quebradas. O material a tratar tem que ser inteiramente desidratado. A acetólise tem que ser feita dentro de capela de extração de gases, porque os vapores são irritantes aos olhos e ao aparelho respiratório. As etapas da técnica são dadas a seguir.

6. Preparar a mistura de acetólise dentro de capela de extração de gases.

   Distribuir 2 ml (material moderno) ou 5 ml (sedimento) da mistura em cada tubo de centrifugação contendo amostra. Trabalhe com 4 ou 8 amostras de cada vez.

   Mistura de acetólise – Em um béquer pirex juntar uma parte de ácido sulfúrico, pouco a pouco, a nove partes de anidrido acético p.a., agitando lentamente. O anidrido acético tem que ser de muito boa qualidade. A reação é fortemente exotérmica. Esta mistura deve ser feita na hora de ser usada. O que sobrar não pode ser utilizado mais tarde ou no outro dia, porque não reagirá com o material botânico ou o sedimento. A vidraria utilizada deve estar absolutamente seca.

   Nota: O anidrido acético é um líquido incolor e inflamável. Tem um odor forte e seu vapor é muito irritante para o sistema respiratório e os olhos. Evite inalar. O líquido em contato com a pele pode queimar. O anidrido acético reage lentamente com a água da atmosfera formando ácido acético, que é ineficaz na acetólise. O frasco de anidrido acético deve ser bem arrolhado, quando não está sendo utilizado. Só use o material "pró análise" (p.a.). Consulte Bretherick (1981) e o Merck Index (Budavari et al. 1989).

7. Colocar uma toalha de papel dobrada no fundo de um béquer pirex ou similar onde possam caber os tubos de centrifugação, em pé. Geralmente usa-se um béquer de 250 ml. Às vezes, é necessário dividir os tubos entre dois béqueres. Colocar um

pouco de água, até uns 2 cm de altura, no fundo do béquer e levar à fervura sobre uma placa aquecedora dentro de uma capela de extração de gases. Colocar em pé, em banho-maria neste béquer, os tubos contendo as amostras com mistura de acetólise. A água do banho-maria só deve chegar até um pouco acima do nível da mistura de acetólise nos tubos, nunca chegar perto da borda. Se a mistura de acetólise entrar em contato com a água do banho-maria, pode ocorrer uma reação violenta, com perda do material para estudo. Colocar um bastonete de vidro em cada tubo. Levar a água do banho a ferver. Manter o banho fervendo lentamente por 2 minutos para material moderno e 4 minutos para sedimento e turfa. A temperatura da mistura em banho-maria ficará a cerca de 70°C, que é a ideal para a acetilação da exina. Agitar constantemente as amostras dos tubos para que a mistura de acetólise entre em contato com todo o material que está sendo tratado.

Reitsma (1969) depois de um estudo do comportamento de grãos recentes observou que eles resistem muito bem entre 4 e 8 minutos de fervura, e recomendam 4 minutos de fervura como procedimento de rotina.

8. Centrifugar a 1.800 – 2.000 r.p.m. (rotações por minuto) durante 5 minutos. Decantar a mistura de acetólise de cada tubo para um béquer à parte (veja Observação 2, no final desta técnica). Esta mistura decantada e o que sobrar da mistura preparada não devem ser jogados no esgoto da pia. Depois de terminada a acetólise, jogue a mistura na terra, em algum terreno próximo ao laboratório ou neutralize o reagente com um pouco de soda cáustica antes de jogar fora. Se for necessário tarar os tubos para a centrifugação, use a mistura que sobrou.
9. Lavar as amostras duas vezes em ácido acético glacial, por centrifugação (veja Observação 4, no fim desta técnica). Esta etapa é importante para retirar os resíduos orgânicos antes de colocar água, porque em água eles tendem a se aglomerar novamente e fica difícil a sua remoção.
10. Lavar duas vezes em água destilada (Observação 3, no final desta técnica). Para isto, encha cada tubo com água destilada, agite bem. Coloque algumas gotas de etanol, agite novamente. O etanol diminui a tensão superficial, o que permite uma lavagem mais eficiente. Centrifugue a 1.800 – 2.000 r.p.m. Decante.

Observação 1 – Todas as centrifugações devem ser feitas com 1.800 – 2.000 r.p.m. (rotações por minuto) porque velocidades maiores podem quebrar os grãos. O tempo de centrifugação deve ser de aproximadamente 5 minutos. Se o material não ficou bem sedimentado no fundo do tubo, aumentar o tempo de centrifugação, porém nunca colocar maior velocidade na centrifugação.

Observação 2 – A decantação do sobrenadante em todas as centrifugações deve ser feita da seguinte forma: retire o tubo de dentro da centrífuga com cuidado para que o sedimento que ficou depositado no fundo do tubo não se mova. Decante o tubo, virando-o de boca para baixo (sobre um béquer e não na pia) com um movimento lento e contínuo para que o sobrenadante flua para fora sem perturbar o sedimento. Jamais volte o tubo para trás durante uma decantação. Se isto acontecer, pare imediatamente a decantação, complete o volume do tubo com o líquido que está sendo utilizado e centrifugue novamente; decante. Se o sedimento depositado no fundo do tubo é perturbado durante a eliminação do sobrenadante, parte do material é resuspendido e jogado fora na decantação.

Observação 3 – Não use água de torneira em nenhuma etapa porque ela pode conter impurezas em suspensão, que podem afetar a reação. No caso de sedimentos e turfas, a água de torneira pode conter pólen em suspensão que, por menor quantidade que seja, vai acumulando no sedimento a cada lavagem.

Observação 4 – Chama-se "lavar" o procedimento de juntar 10 ml ou mais de um solvente, geralmente água, ácido acético glacial ou etanol, ao material em preparação, agitar bem, centrifugar e decantar. No caso de água, ela tem que ser destilada e a ela são acrescentadas 2 ou 3 gotas de álcool (etanol) para diminuir a tensão superficial e lavar melhor.

2. MÉTODOS DE PREPARAÇÃO DE PÓLEN FRÁGIL

Os grãos de pólen de algumas plantas de espécies atuais não resistem à acetólise. Para preparar lâminas de referência destes táxons pode-se utilizar a técnica da potassa ou a preparação de Wodehouse. Entretanto, estes métodos não eliminam o conteúdo citoplasmático dos grãos e não devem ser utilizados como rotina para a preparação de lâminas de referência.

Se, depois de acetolisados, os grãos de pólen de uma espécie estiverem amassados ou enrugados, é possível que um tratamento menos drástico, como o de KOH, possa ser empregado. Entretanto, é preciso lembrar que o pólen de plantas guardadas em herbário muitas vezes está em péssimas condições, porque as flores foram secadas muito depressa e à alta temperatura. Antes de utilizar o método da potassa examine em água o pólen retirado diretamente da antera para verificar se ele já estava deformado. Neste caso, faça a acetólise de pólen de outro espécime de herbário ou de flores frescas.

Reistma (1969) aconselha que se coloque o material polínico, antes de qualquer tratamento, inclusive acetólise, em uma solução aquosa a 1% de um "agente molhador" (wetting agent, detergente), como por exemplo, Tween 80 (Polyoxyethylene Sorbitan), para distender os grãos amassados e dobrados. Detergente líquido comercial, como o líquido para lavar louças, também serve porque tem um agente molhador.

2.1 Técnica de Wodehouse

Esta técnica é muito simples e rápida e é útil para uma observação preliminar da morfologia de pólen. Ela pode ser empregada também para grãos de pólen frágeis. A técnica foi criada por R.P. Wodehouse na década de 1930 e utilizada para descrever os tipos de pólen de plantas que causam alergia respiratória. A superfície dos grãos fica limpa pela eliminação de óleos e resinas que os envolvem naturalmente, mas o conteúdo citoplasmático não é eliminado e por isto obscurece um pouco a observação da morfologia fina da exina. A técnica (Wodehouse, 1935, página 106) é dada a seguir.

11. Uma pequena quantidade de pólen que, por exemplo, possa ser apanhada com a parte chata de um palito de dente, ou menos, é colocada no centro de uma lâmina de microscopia.
12. Uma gota de álcool (etanol) comercial é pingada sobre o material e deixada evaporar parcialmente. Uma segunda gota, terceira ou quarta gota são acrescentadas, se necessário. O álcool se espalha à medida que evapora e deixa as substâncias oleaginosas e resinosas do pólen depositadas em um anel em volta do material.
13. Limpe os anéis de óleo com algodão embebido em álcool.
14. Antes que o material seque completamente, colocar sobre ele uma gota de gelatina glicerinada quente (veja a seguir, montagem) com verde de metila (ou outro corante, como safranina, bem diluída). Agitar o material polínico com uma agulha para distribuir homogeneamente a gelatina glicerinada no material. Durante este procedimento a gelatina glicerinada é mantida quente passando a lâmina sobre uma pequena chama, aquecendo somente até derreter, mas não ferver, o material. Em vez de gelatina glicerinada pode-se utilizar bálsamo do Canadá, entellan ou outro meio.
15. Aquecer ligeiramente na chama uma lamínula fina (número zero), segurando-a com uma pinça e colocar gentilmente sobre o material na lâmina aquecida. Se a quantidade de gelatina glicerinada foi calculada corretamente, a gelatina glicerinada chegará até a periferia de lamínula sem ultrapassá-la. Esta quantidade de gelatina glicerinada terá que ser aprendida por experiência. É importante não deixar o meio de montagem ferver porque formam-se bolhas de ar que vão dificultar a observação do pólen ou esporo ao microscópio.
16. Depois que a lâmina estiver fria, selar as bordas da lamínula com esmalte de unha incolor.

    Segundo Wodehouse, as anteras ou pequenas flores, como no caso das Compostas, podem ser esmagadas diretamente na lâmina para retirar o pólen. Os fragmentos de material de flor podem ser removidos com pinça sob uma lupa.

2.2 Técnica de hidróxido de potássio (KOH) e de ácido lático

Este método foi empregado por von Post no início do século 20 para análise de turfeiras e foi modificado por Firbas em 1937. Consiste em ferver anteras, botões florais ou turfa em uma solução aquosa de KOH a 10%, durante 10 minutos. Lavar em água pelo menos duas vezes para retirar todo o KOH (veja Observação 4), corar e montar em glicerina ou gelatina glicerinada (Salgado-Labouriau, 1973). O KOH remove a intina e o conteúdo celular sem atacar a exina. Ele pode ser substituído sem problemas por fervura em ácido lático (Reistma, 1969). Verificou-se que ambos os reagentes apresentam bons resultados para a preparação de grãos frágeis, como os de Cannaceae, Juncaceae, Lauraceae, Marantaceae, Musaceae e Zingiberaceae (Erdtman, 1952; Reistma, 1969; Salgado-Labouriau, 1973, entre outros).

Alguns palinólogos, como Andersen e Reitsma, preparam o pólen das lâminas de referência por KOH-10% seguido de acetólise. Isto seria para que o pólen moderno de referência tivesse o mesmo tratamento do pólen fóssil, depositado em turfeiras, pântanos ou fundo de lagos e mares, a fim de que os grãos antigos fossem identificados com segurança. Esta idéia é uma falácia porque não se trata apenas das técnicas de preparação e montagem de grãos. Seria muito difícil, quando não impossível, reproduzir com os grãos modernos todas as condições físicas e químicas submetidas normalmente aos grãos de pólen e aos esporos durante o tempo que ficaram depositados em um sedimento ou turfa. É preciso lembrar que ornamentação e aberturas não são afetadas, em geral, pelo tratamento ou condições ambientais a que foram submetidas. É somente a forma, dentro de certos limites, e o tamanho que são afetados.

3. TÉCNICAS DE INCLUSÃO E MONTAGEM

Os grãos de pólen e os esporos devem ser incluídos em um meio cujo índice de refração seja conveniente para contraste dos palinomorfos em observação ao microscópio óptico. Bálsamo do Canadá, entellan, gelatina glicerinada e óleo de silicone são os mais comuns. A escolha depende do objetivo da montagem para observação ao microscópio.

A exina mantém sua elasticidade depois dos tratamentos descritos anteriormente. Isto quer dizer que os grãos de pólen continuam com a propriedade de modificar tamanho e forma de acordo com o grau de hidratação do meio de montagem. Os grãos guardados em óleo de silicone ou bálsamo do Canadá são previamente desidratados e ficam retraídos, portanto menores que os grãos frescos de sua espécie. Os grãos incluídos em glicerina ou gelatina glicerinada estão hidratados e ficam com o tamanho próximo do real. Esta diferença está bem demonstrada na Tab. 11.1 que compara o tamanho médio dos grãos de pólen de aveleira. Grãos de pólen de aveleira (*Corylus avellana*) fervidos em KOH e depois acetolisados foram guardados em meios diferentes. Após um dia, os grãos em glicerina estavam significativamente maiores que os grãos em óleo de silicone (Andersen, 1960). Após 56 dias os grãos em óleo de silicone mediam em média 26,70 ± 1,36 µm, ao passo que os grãos incluídos em glicerina mediam em média 33,11 ± 2,05 µm (Tab. 11.1). No armazenamento em glicerina, os grãos podem se expandir muito porque a glicerina anidra pode hidratar-se com o vapor de água retirado na atmosfera. Não se conseguiu até hoje um meio de montagem que mantenha os grãos com o volume constante e próximo do tamanho dos grãos frescos. Veja Parte 4 para maiores detalhes.

O meio mais utilizado para montar lâminas de referência permanentes é a gelatina glicerinada. As montagens são permanentes e o meio pode ser utilizado diretamente após a acetólise ou qualquer outra técnica de preparação. Além disto, a gelatina glicerinada pode ser facilmente corada com fucsina, safranina ou verde de metila que são solúveis em água. Como os grãos ficam imóveis dentro deste meio, é possível observá-los ao microscópio com grande aumento (objetivas de imersão a óleo de 60x e 100x) e fotografá-los ou desenhá-los com câmara clara. Qualquer que seja o meio de montagem, as lâminas permanentes devem ser seladas, de preferência, com parafina (veja adiante) para evitar trocas com a atmosfera.

3.1 Montagem do material em lâminas permanentes

O material moderno de referência, seja pólen ou esporos, é montado em gelatina glicerinada, cuja técnica é descrita a seguir. É necessário preparar antes o meio de montagem. Evite usar gelatina glicerinada comercial, porque os grãos tendem a inchar nela. Esta técnica pode ser utilizada também para sedimentos que se queira guardar permanentemente, em lâmina de referência.

Meio de montagem de gelatina glicerinada (Salgado-Labouriau, 1973):

- 50 g de gelatina em pó ou em folha
- 175 ml de água destilada
- 150 ml de glicerina anidra (glicerol, 99%), p.a.
- 7 g de fenol

Esquente a água em um béquer pirex ou similar, junte a glicerina, agite, e quando estiver bem quente junte a gelatina em pó. Se utilizar gelatina em folha, parta em pedaços pequenos e umedeça em um pouco da água fria (que está medida), antes de juntá-la à preparação. Não deixe ferver porque formam-se bolhas de ar dentro do meio. Retire do fogo e junte o fenol. Distribua a quente a gelatina glicerinada em pequenos frascos de 10 ml, com tampa. Deixe esfriar.

Nota: O fenol (C_6H_6O), ou ácido fênico, é uma substância cristalina branca com odor característico. Os cristais vendidos no comércio devem ser dissolvidos em água(1g para 15 ml de água) para serem utilizados como fungicida. É venenoso e cáustico e portanto deve ser

Tabela 11.1 Comparação do comportamento de grãos de pólen modernos de *Corylus avellana* preparados por KOH + acetólise e armazenados em dois meios diferentes. Dados retirados da tabela 3, Andersen, 1960.

Glicerina			Óleo de silicone**		
N. Dias armazen.*	Tamanho médio (µ m)	Desvio padrão (µm)	N. dias armazen.*	Tamanho médio (µm)	Desvio padrão (µm)
1	30,14	± 1,85	5	26,64	± 1,34
35	32,76	± 1,98	32	26,86	± 1,24
56	33,11	± 2,05	56	26,70	± 1,36
109	34,15	± 1,99	110	25,94	± 1,43
185	34,86	± 2,21	185	26,03	± 1,34

* número de dias armazenados no meio.

** viscosidade cs 2000.

manuseado com cuidado. Prepare a solução aquosa de fenol em capela de gás, evite inalar, pois é irritante ao aparelho respiratório e aos olhos . Use luvas durante a diluição dos cristais. A solução aquosa pode ser manuseada sem problemas (Merck Index, Budavari et al., 1989).

Alguns palinólogos preparam a gelatina glicerinada mais diluída, com 300 ml de água destilada em vez de 175 ml. Acho que quanto menos água é posta no meio, menor é a probabilidade de os grãos se estirarem muito.

Se os frascos que armazenam o meio são pequenos e guardados bem fechados podem durar muitos anos. Tivemos meio de montagem perfeito no nosso laboratório que foi preparado em 1971 e foi utilizado até 1990, quando acabou. Evite colocar todo o meio em um só frasco ou placa de petri. Ao abrir para ser utilizada, a gelatina glicerinada pode ser contaminada com pólen e esporos da atmosfera ou de outras formas e perde-se todo o meio. A contaminação com esporos de fungo é comum, se o meio é deixado aberto por algum tempo. Se houver qualquer problema de contaminação, o frasco pequeno é jogado fora sem grande prejuízo.

A técnica de montagem de lâminas de referência em gelatina glicerinada é a seguinte (Erdtman, 1952; Salgado-Labouriau, 1973):

17. O material polínico, depois de acetolisado, deve ser deixado em glicerina mais água (em partes iguais) por meia hora, no mínimo. Durante este tempo a glicerina penetra nos grãos e começa a inclusão.

18. Centrifugar os tubos e decantar cada um, conservando-o de boca para baixo (veja Observação 2). Colocar cada tubo, de boca para baixo, dentro de um béquer com uma toalha de papel dobrada no fundo.

19. Com um estilete previamente aquecido ao rubro (Observação 5, no final desta técnica), retirar um pedaço de gelatina glicerinada de mais ou menos 1 cm de diâmetro e colocar sobre uma lâmina de microscopia limpa. Tampar e guardar o frasco que contém a gelatina glicerinada. O meio de montagem que ficou na lâmina é o que deve ser usado. Jogar fora o que sobrar, após a montagem. Comece a montagem.

20. Um pedaço de gelatina glicerinada de mais ou menos 4 mm de lado é retirado com um estilete limpo, isto é, previamente aquecido ao rubro (Observação 5).

21. O tubo contendo o pólen é retirado do béquer, sempre de boca para baixo, e nele é introduzido o estilete com gelatina glicerinada. Tocar ou mergulhar a gelatina glicerinada no sedimento, de modo que o material polínico fique aderido a ela.

22. O meio de montagem contendo o material que se aderiu a ele é posto em uma lâmina e dividido em pequenos pedaços. Cada pedaço é colocado sobre uma lâmina fina de microscopia, preparando-se no mínimo 3 lâminas. A lâmina de microscopia deve ter entre 0,96 e 1,06 mm de espessura. Lâminas mais grossas prejudicam a observação de detalhes finos.

23. Levar a lâmina à chama de uma lamparina de álcool (ou placa de Malassé) para fundir a gelatina glicerinada. Não deixar ferver, senão formam-se bolhas de ar que são muito difíceis de remover. É preciso que o fragmento de gelatina glicerinada seja muito pequeno para que, depois de aplicada a lamínula sobre ele, forme uma mancha circular que diste cerca de 4 mm, no mínimo, da margem da lamínula.
24. Colocar uma lamínula bem fina em cima da preparação. De preferência use lamínulas circulares n. 1, de 22 mm de diâmetro. Colocar uma etiqueta na lâmina com a identificação da espécie e o número da acetólise. Iniciar a montagem da espécie seguinte. Terminada a montagem, iniciar a lutagem das lâminas.
25. Colocar parafina para fundir em um cadinho de cerca de 22 mm de boca, sobre uma placa de Malassé (Fig. 11.1). Mergulhar um estilete em forma de L na parafina fundida e em seguida encostar a dois lados consecutivos da lamínula (veja fabricação do estilete mais adiante). Manter a lâmina ligeiramente quente na placa de Malassé ou levando-a constantemente à chama de uma lamparina de álcool. A parafina se espalha rapidamente entre lâmina e lamínula, em todo o espaço não ocupado pela gelatina glicerinada. A mesma técnica é utilizada com outros meios de montagem como, por exemplo, entellan ou o óleo de silicone.

    Para fazer um estilete em forma de L basta dobrar a 90° um arame, de 100 mm de comprimento por 2 mm de espessura, a 25 mm de uma das pontas e embutir a outra ponta em um cabo de madeira (Fig. 11.2).
26. Virar a lâmina com a lamínula para baixo sobre uma folha branca de papel. Os grãos se depositarão na lamínula, enquanto a gelatina glicerinada e a parafina endurecem. Para grãos muito grandes (maiores que 60 µm) e para material em óleo de silicone, é necessário colocar a lâmina virada para baixo, no canto de uma caixa ou entre dois palitos (a lamínula fica no ar, sem tocar em nada) até o endurecimento da parafina e do meio de montagem. Desta forma, os grãos não são comprimidos entre lâmina e lamínula. Também pode-se colocar 4 bolinhas de massa de moldar entre as duas, o que evita a compressão dos grãos muito grandes (técnica utilizada por W. Punt, comunicação pessoal, 1976). Veja Parte 4, neste capítulo para maiores detalhes.

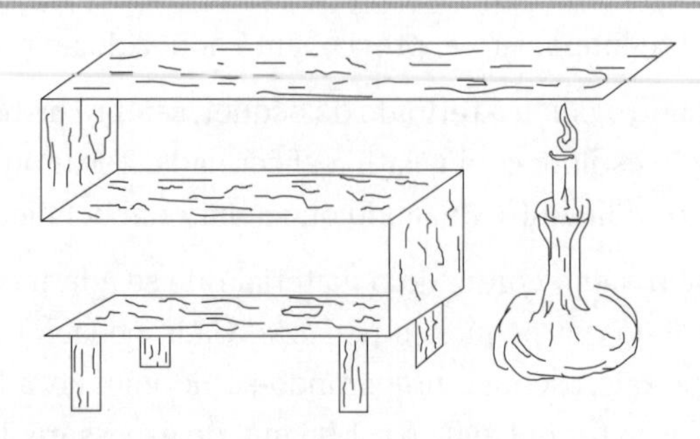

Figura 11.1 Placa de Malassé.

A placa de Malassé é de fácil construção. Ela é feita com uma chapa grossa de cobre (cerca de 1,5 mm de espessura) que é dobrada como mostra a Fig. 11.1. Neste tipo de placa, o aquecimento é feito por lamparina de álcool na extremidade superior. A temperatura da chapa vai diminuindo à medida que se afasta da ponta aquecida. Desta forma é fácil encontrar um ponto em que a lâmina se mantém aquecida sem ferver o meio de montagem. Existem placas aquecedoras elétricas para montagem de lâminas, com temperatura controlada, que podem ser utilizadas em vez da placa de Malassé.

Observação 5 – Os estiletes utilizados na montagem devem ser previamente aquecidos ao rubro na chama do bico de bunsen ou lamparina de álcool. Depois são deixados a esfriar sobre uma folha de papel branco para serem utilizados novamente. É melhor trabalhar com dois estiletes, enquanto um esfria, utiliza-se o outro. Isto elimina a contaminação de um material para o outro. Todo material de dissecção utilizado na preparação de uma espécie tem que ser passado na chama, ao rubro, para destruir o pólen que ficou aderido nele e assim evitar contaminação de um tipo de polínico na preparação do seguinte.

3.2 Diafanização de grãos

Quando os esporos e os grãos de pólen ficam muito escuros depois da acetólise, deve-se diafanizar parte deles com cloro nascente. Utiliza-se um terço do material polínico. Não se deve diafanizar todo o material porque a diafanização fragiliza os grãos e também modifica o tamanho dos mesmos (Capítulo 6, medições). Grãos diafanizados não podem ser usados para medições. Eles só são utilizados para observação da estrutura e escultura final dos grãos.

27. Agite o tubo contendo o material botânico acetolisado + ácido acético (que veio da etapa 9) e transfira um terço do sedimento para outro tubo de centrífuga. Se o material está em água, decante e acrescente mais ou menos 5 ml de ácido acético glacial.
28. Ao sedimento + ácido acético glacial junte 1 ou 2 gotas de solução saturada de clorato de potássio ou de sódio, agite. O clorato de potássio é mais reativo. Aparece imediatamente cloro nascente formando bolhas no líquido. O material fica descorado em menos de meio minuto.
29. Centrifugue e decante (Observações 1 e 2).

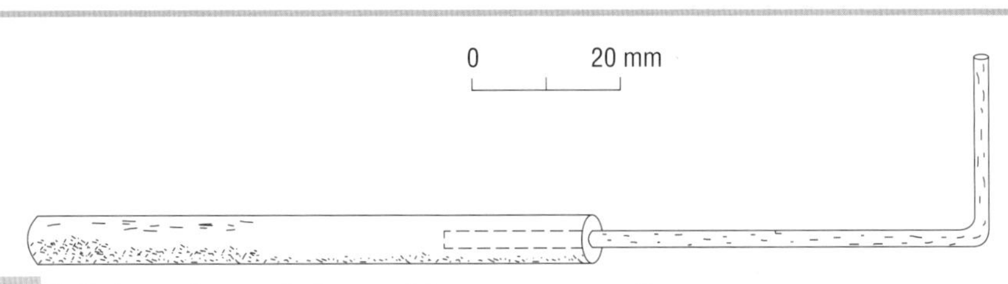

Figura 11.2 Estilete em forma de L para lutagem com parafina.

30. Lave em água destilada, depois em água com glicerina, monte e lute.

Esta técnica está descrita em Erdtman (1952) e Salgado-Labouriau (1973). Ela pode ser utilizada para material de grãos modernos e também para grãos antigos em sedimentos não consolidados, turfas e rochas sedimentares e que se apresentem muito escuros.

3.3 Coloração de grãos

É mais fácil observar os tipos de abertura e a escultura da exina dos esporos e dos grãos de pólen se eles estão corados. A técnica de corar os grãos frescos de Faegri & Iversen foi modificada por Salgado-Labouriau (1973). Ela consiste em ferver em banho-maria o material botânico pulverizado (Etapas 1 e 2) com 10 ml de KOH-10%. Lavar em água destilada (Observação 4), juntar 3 ou 4 gotas de um corante à água, aquecer sobre a chama por 15 a 30 segundos, centrifugar, montar em lâmina e lutar a preparação. Esta técnica é para montagem em série de grãos delicados.

Para observação de uma espécie ou de um nível de sedimento, há um método mais rápido. Consiste em colocar uma gota de corante em solução aquosa ou alcoólica (dependendo do meio em que os grãos estão suspensos) no centro de uma lâmina de microscopia. Sobre a gota colocar um pouco do material a ser corado (pólen ou sedimento). Misturar bem com um bastonete e colocar em cima a lamínula. Seja qual for o corante, manter a lâmina quente passando-a sobre a chama de uma lamparina de álcool ou deixar no mínimo descansando por 12 horas para que os grãos corem. Em análise de sedimentos esta é a técnica mais empregada porque os palinomorfos se coram, mas os restos orgânicos e outros microfósseis não se coram, o que facilita a identificação e contagem dos grãos.

Os corantes utilizados para palinomorfos são: safranina, fucsina básica e verde de metila. Prepara-se uma solução aquosa bem diluída do corante. Para verificar se a concentração está boa, pingue uma gota da solução sobre toalha de papel. A cor deve ficar bem clara. Os dois primeiros corantes são permanentes, mas o verde de metila vai clareando até desaparecer, entre 9 meses e 2 anos, segundo Wodehouse (1935).

Faegri (1956; Faegri et al., 1989, p. 223) desenvolveu um método de coloração em que se distingue bem entre as camadas da exina (Fig. 4.11). Consiste em corar com fucsina básica. Utiliza-se a técnica descrita acima ou goteja-se o corante em solução aquosa diretamente na lâmina aquecida, onde está o material botânico. No caso de gotejar diretamente sobre o material na lâmina de microscopia é necessário manter a lâmina quente, passando-a sobre a chama de uma lamparina de álcool ou mantê-la em placa de Malassé, para que a reação se processe. A camada externa da exina (sexina + nexina 1 ou ectexina) ficará intensamente corada em um tom de vermelho e a camada interna (nexina 2 ou endexina) ficará levemente corada (Figs. 4.10 e 4.11).

É possível fazer uma coloração diferencial do grão de pólen fresco, não acetolisado, utilizando dois corantes, verde de metila que vai corar de verde somente a exina, e eosina aquosa que vai corar a intina e o citoplasma de vermelho claro (Wodehouse, 1935). O contraste de cores é forte e brilhante e a preparação é ótima para fins demonstrativos, mas não oferece nenhuma outra vantagem.

Os grãos de pólen corados não podem ser utilizados para medições de grãos porque o tamanho é modificado ao corá-los. Somente devem ser utilizados para observação da ornamentação e das aberturas. A técnica de corá-los na própria lâmina é muito útil na contagem dos tipos polínicos em turfas antigas e sedimentos, porque a safranina e a fucsina básica só coram os palinomorfos, deixando incolores os outros elementos encontrados na lâmina (tais como algas, fungos e outros).

3.4 Inclusão em óleo de silicone

O óleo de silicone é um meio muito empregado para a análise rotineira de sedimentos. Este método de montagem foi criado por Andersen (1960). Entretanto, o solvente utilizado por ele é o benzeno e não o butanol terciário da técnica descrita abaixo. É preferível usar o butanol terciário que é menos tóxico que o solvente da técnica original (M.B. Davis, comunicação pessoal, 1980; consulte sobre benzeno no Merck Index).

O óleo de silicone não é utilizado para estudos de morfologia de pólen, porque os grãos são desidratados e ficam retraídos ao passo que em glicerina ou gelatina glicerinada os grãos estão hidratados e distendidos, sendo por isto mais fácil para observar as estruturas e esculturas. A comparação dos diâmetros, como, por exemplo, os de ***Corylus avellana*** da Tab. 11.1 mostra que as diferenças de tamanho dos grãos são significativas, de acordo com o meio de montagem. Além disto, em um meio líquido, como o óleo de silicone, os grãos ficam soltos na lâmina e não podem ser observados com aumentos grandes, com objetiva de imersão. A objetiva mais alta que pode ser empregada é a de 40x seca ou, o que é difícil encontrar no mercado, 60x seca.

Na técnica original, descrita por S.T. Andersen (1960), é usado o óleo de silicone de viscosidade 2.000 cs (centistokes) e o solvente é benzeno. Hoje utiliza-se um óleo mais espesso, de viscosidade 12.500 cs e o solvente é álcool butílico terciário (ABT). Se o pesquisador utilizar óleo de silicone para analisar sedimentos, é útil ter material moderno de referência incluído neste meio para poder comparar o tamanho e aspecto dos grãos modernos com os antigos. A técnica descrita abaixo é a de Andersen, com pequenas modificações, e pode ser utilizada para pólen moderno e antigo:

31. Juntar 5 ml de etanol em cada tubo contendo o material polínico ou o sedimento já preparado e concentrado. Agitar, centrifugar e decantar.
32. Juntar 2 ml de butanol terciário (ABT, álcool butílico terciário), agitar e transferir o material para um frasco pequeno, de fundo chato. O número da amostra é gravado antes, no fundo do frasco, do lado de fora. Gravar com caneta de diamante. Repetir a operação, até que todo o material tenha sido transferido para o frasco de fundo chato. Centrifugue e elimine o excesso de ABT deixando somente c. 2 ml.

33. Juntar em cada tubo algumas gotas de óleo de silicone (Dimethylpolysiloxane, viscosidade 12.500 centistokes), dissolvido em ABT (3 partes de silicone para uma parte de ABT). O material deve ficar todo incluído no óleo. Agitar bem em movimentos lentos e circulares com um bastonete de madeira. Repetir as etapas 31 e 32 para cada amostra. Colocar um lenço de papel aberto sobre os frascos e deixar em capela por 24 horas para que o butanol evapore todo. Se quiser corar os grãos, junte umas gotas de corante (safranina ou fucsina básica em solução alcoólica) ao material. Para acelerar o processo de coloração, aqueça os tubos em banho-maria por uns 5 minutos.

    Nota: O butanol terciário ou álcool butílico terciário (ABT) solidifica a 24°C. Se a temperatura ambiente é mais baixa, torna-se necessário aquecê-lo um pouco em banho-maria, em chapa aquecedora elétrica. Conservar longe da chama porque o ABT é inflamável.

34. No dia seguinte, tampar cada vidro e o material estará armazenado. Quando for necessário estudá-lo, agitar com um bastonete de madeira pelo menos durante um minuto até que o material esteja distribuído uniformemente no meio. Deixe o bastonete dentro do tubo até terminar o estudo do material.

    Esta etapa é importante porque o meio é muito viscoso e quando deixado em descanso, o material mais denso tende a ficar concentrado no fundo.

35. Com o mesmo bastonete, retirar um pouco do material e colocar no centro de uma lâmina de microscopia. Com um conta-gotas, juntar uma gota de óleo de silicone à amostra e mexer em círculo. Puxar, com o bastonete, o material para fora do centro formando uma estrela. Este procedimento é necessário, porque o óleo de silicone é muito viscoso e desta forma ele se espalha por toda a área. Colocar a lamínula. É necessário fazer algumas provas com o óleo de silicone para conhecer a quantidade que deve ser colocada na lâmina. Quando o material está em excesso, uma parte sai fora da lamínula. Geralmente são os grãos mais leves, ficando na lâmina uma amostra viciada, que não corresponde ao conjunto de pólen.

36. A lamínula pode ser selada com esmalte de unhas incolor ou com parafina. Para lutar com parafina, seguir as instruções do Item 25 ao 26. S. T. Andersen (1978) prefere a selagem com parafina.

    Nota: O bastonete utilizado para agitar e retirar a amostra em óleo de silicone deve ser preferencialmente de madeira e descartável. Não utilizar bastonetes de plástico, porque parte do plástico pode ser dissolvido pelo solvente (principalmente se for benzeno) e alterar a preparação e o tamanho dos grãos (Andersen, 1960 e 1978). As firmas de material de laboratório e farmácias têm à venda pacotes de 50 ou mais bastonetes ou espátulas de manicure. O bastonete fica enfiado na amostra durante todo o tempo em que ela está sendo estudada e depois é jogado fora.

O estudo do comportamento dos grãos embebidos em óleo de silicone e montados em lâmina mostra que uma evaporação incompleta do solvente (neste caso, benzeno) modifica o tamanho do grão quando comparado com preparações onde o solvente foi inteiramente evaporado (Andersen 1960). Este estudo não foi feito para ATP, mas é possível que este solvente também afete o tamanho dos grãos. Como meio de montagem, o óleo de silicone mantém o tamanho dos grãos melhor que a gelatina glicerinada (Tab. 11.1). Estudos estatísticos com grãos de pólen de *Corylus avellana* e de cereais (Andersen, 1978) mostraram que eles sofreram poucas modificações após 17 anos de armazenamento (Tab.11.2).

É muito difícil lavar e limpar vidraria e lâminas que foram usadas com óleo de silicone. O ABT é muito caro e os outros solventes como o benzeno são tóxicos. É melhor utilizar, sempre que possível, material descartável e colocar o óleo de silicone diretamente no material, que já está no tubo de armazenagem. No caso de se precisar lavar a vidraria e as lâminas usadas, deixar primeiro de molho em detergente líquido concentrado para tirar o excesso de óleo e depois lavar com ABT ou benzeno.

Ainda que as lâminas de referência em óleo de silicone possam ser seladas com esmalte de unhas ou parafina, o armazenamento oferece problemas. As desvantagens de se guardar o material montado em lâmina de microscopia são que a preparação tem que ser guardada em posição horizontal, deve ser movimentada com cuidado para que não saia parte do material porque o selo quebra facilmente e é difícil remover a poeira que se acumula em cima da lamínula durante o armazenamento, pois os grãos estão soltos no meio. O melhor é manter o material em óleo de silicone armazenado em um pequeno frasco e montar uma lâmina cada vez que for necessário observá-lo. A grande vantagem do óleo de silicone é poder girar os grãos facilmente para estudá-los em todas as posições, portanto é preferível, para sedimentos, não selar as lâminas.

Tabela 11.2 Grãos de *Corylus avellana* modernos preparados por KOH + acetólise, montados em gelatina glicerinada em anos diferentes. Medições feitas em 100 grãos para cada amostra, em janeiro de 1959. Resultados de Andersen (1960, tabela 1), adaptados.

N. Amostra	Ano de preparação	Tamanho médio (µm)	Desvio padrão (µm)	N. de anos decorridos
661	1946	36,42	± 1,51	13
1163	1948	31,87	± 1,51	11
1101	1950	44,64	± 2,24	9
1201	1951	37,49	± 2,08	8
2042	1952	43,19	± 2,18	7
539	1955	40,92	± 2,15	4
H 4092*	1950	37,54	± 3,92	9

* - pólen fóssil, tabela 2, Andersen, 1960.

4. O COMPORTAMENTO DOS GRÃOS DE PÓLEN EM DIFERENTES TRATAMENTOS E MEIOS DE MONTAGEM

Quando se iniciaram os estudos de morfologia de pólen, os grãos eram preparados na própria lâmina de microscopia. Desidratava-se com álcool etílico seguido de xilol e montava-se em bálsamo do Canadá. Hoje, com exceção da técnica de Wodehouse para observações rápidas, não se utiliza mais esta técnica, nem a montagem em bálsamo. As técnicas mais utilizadas são as descritas na primeira parte deste capítulo e os meios mais utilizados atualmente são a glicerina e a gelatina glicerinada, que são mais práticas por serem solúveis em água. Porém, como se tratou antes, o tamanho e a forma dos grãos de pólen variam dentro de um certo limite de acordo com as técnicas de preparação e montagem e esta variação tem que ser levada em conta pelos palinólogos durante suas pesquisas.

Trabalhos publicados por volta dos anos 60 por Erdtman e Praglowski (1959), Faegri & Deuse (1960), Salgado-Labouriau, Vanzolini & Melhem (1965), Reistma (1969) e outros, mostraram que os grãos de pólen modificam de tamanho, de acordo com o meio em que estão armazenados. Andersen (1960) foi mais adiante e demonstrou que "o estiramento dos grãos de pólen nas lâminas de referência pode ocorrer em um grau imprevisível" (Tab. 12.2). Reistma (1969) mostrou que não só o meio, mas o tipo de tratamento a que foram submetidos os grãos previamente à montagem em lâmina, influenciam no tamanho final. Bolbochan & Salgado-Labouriau mostraram que o pólen da palmeira *Scheelea macrolepis* aumenta rapidamente nos dez primeiros dias depois da montagem em lâmina de referência e depois continua muito lentamente a se estirar (Fig. 11.4).

Com estes fatos em mente, Salgado-Labouriau, Vanzolini & Melhem (1965) utilizaram uma técnica padrão e um intervalo de tempo constante entre preparação e medida, para comparar estatisticamente o tamanho dos grãos de pólen dentro e entre anteras da mesma flor, de flores diferentes e de plantas diferentes em *Cassia cathatica*. A análise da variância mostrou que para o diâmetro polar não há diferença significativa "entre plantas" testada contra "entre flores". "Entre flores " testada contra "entre anteras" é significante. Isto significa que existe variabilidade dentro de uma planta, porém o que realmente importa é a amostragem entre flores de uma mesma planta. A diferença é compensada quando se considera a soma de pelo menos três flores. (Tab. 11.3). Um outro exemplo do uso de uma técnica padrão é a comparação do tamanho do diâmetro polar de gramíneas das montanhas da Venezuela (Fig. 4.12).

Como a esporopolenina, de que é composta a exina dos esporos, grãos de pólen, cistos de dinoflagelados e outros palinomorfos, mantém-se elástica, ela responde retraindo-se ou expandindo-se de acordo com o grau de umidade da atmosfera e do meio de montagem. No caso específico do pólen, as aberturas também agem como um fator de modificação principalmente da forma. Nas aberturas a exina é mais delgada e se dobra para dentro, como uma prega quando a umidade é baixa e se estira em meio aquoso. Este reajuste de volume

Tabela 11.3 Análise de variância do pólen de *Cassia cathartica*. Adaptado de Salgado-Labouriau, Vanzolini & Melhem, 1965.

Origem de variância	Graus de liberdade	Soma dos quadrados	Quadrado médio	F
Diâmetro equatorial				
Entre plantas	3	957,73	319,24	
Entre flores	4	532,37	133,09	2,40
Entre anteras	16	302,52	18,91	7,04**
Dentro de anteras	216	795,41	3,68	5,14***
Total	239	2588,03		
Eixo polar				
Entre plantas	3	1217,46	405,82	
Entre flores	4	448,40	112,11	3,62
Entre anteras	16	134,84	8,43	13,30***
Dentro de anteras	216	1108,52	5,13	1,64
Total	239	2909,22		

** significante ao nível de 1% *** significante ao nível de 0,1%

a partir das aberturas já é conhecido há muito tempo e foi denominado por Wodehouse (1935, glossário) harmomegatia ("harmomegathy"). Esta característica é muito adaptativa na polinização por vento porque com as aberturas fechadas o citoplasma não se desidrata e, portanto, não morre durante o transporte.

Deve haver outros fatores, além do teor de água e do ajuste de volume pelas aberturas, que causam modificações no tamanho e na forma dos grãos. Entre estes fatores provavelmente estão as pequenas modificações químicas da esperopolenina. Reistma (1969) mostrou que o tempo de fervura em mistura de acetólise modifica o tamanho dos grãos. Além disto, é muito conhecido, entre os palinólogos, o fato de que às vezes, os grãos montados em gelatina glicerinada podem se expandir em um lâmina e chegar às vezes até a arrebentar.

A pressão da lamínula sobre grãos montados em lâminas de microscópio pode causar a deformação dos mesmos e por isto são necessários cuidados especiais na técnica de preparação, principalmente em grãos acima de 40 µm de diâmetro. Em material no qual a distância entre lâmina e lamínula é menor que o diâmetro dos grãos, eles tendem a se achatar e deformar. Este fato, ainda que óbvio por causa da elasticidade da exina, foi verificado experimentalmente por Cushing (1961), Reitsma (1969) e Whitehead & Sheeham (1971). Este ponto só é realmente importante para grãos muito grandes e os que não têm exina forte e espessa. Na maioria dos grãos, com diâmetro abaixo de 40 µm, a distância

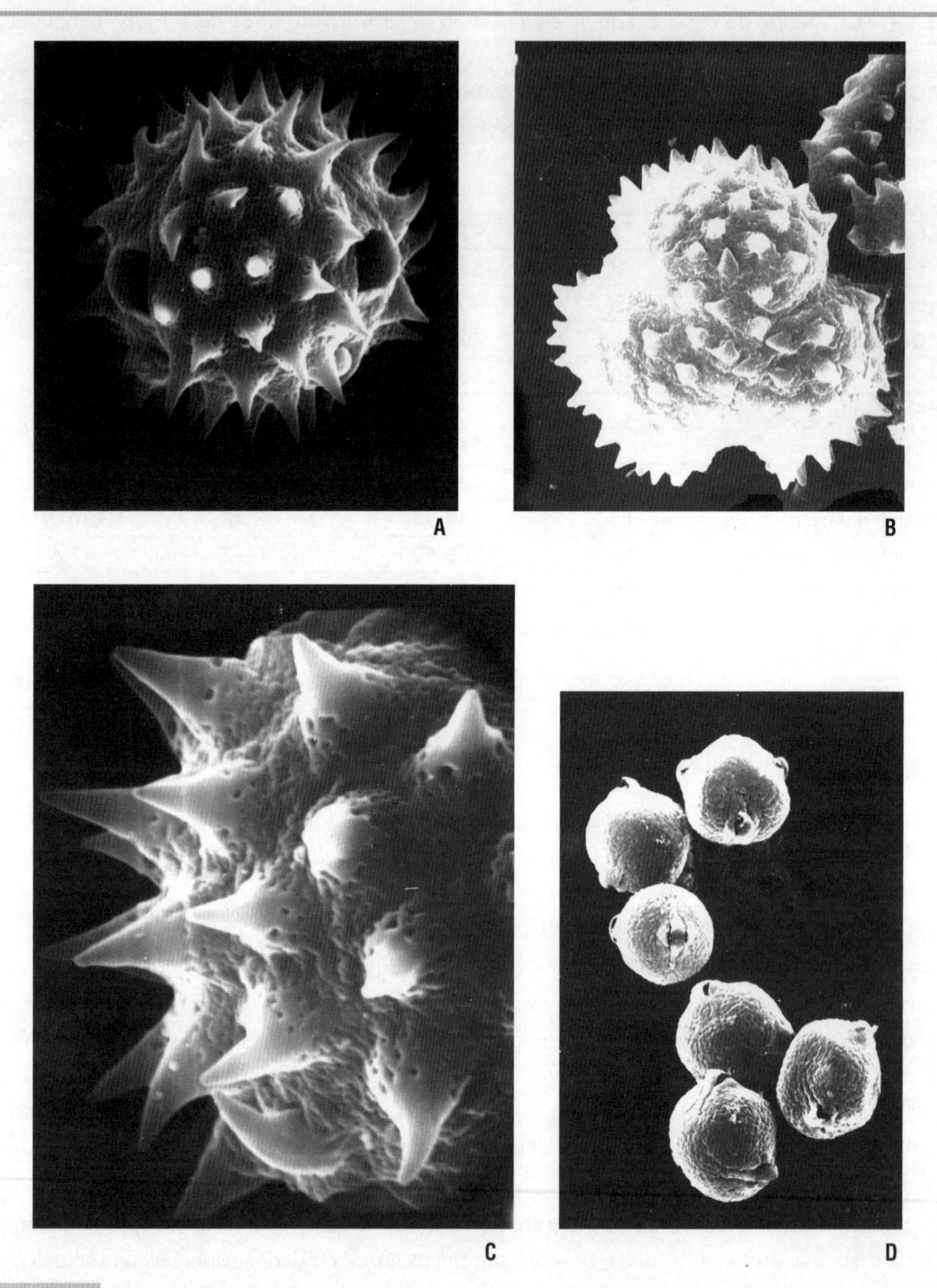

Figura 11.3 Fotografias de grãos de pólen em microscópio de varredura (SEM): **A** = *Espeletia grandiflora*, 2500x aumento; **C** = idem, 6000x; **B** = *Lasiocephalus longipenicillatus*, 2500x; **D** = *Polylepis incana*, 700x.

entre lâmina e lamínula, devido à viscosidade do meio, se mantém maior que o diâmetro dos grãos e não causa deformações. Por isto é necessário virar a lâmina com a lamínula para baixo antes de a gelatina glicerinada solidificar, para que todos os grãos fiquem depositados sobre a superfície interna da lamínula e se tornem mais visíveis.

Um cuidado importante é a lutagem bem feita das lâminas com parafina. Se a preparação não está bem selada, com o passar dos tempos o meio de montagem começa a secar e entra ar formando uma série de canais dentro da preparação, o que faz com que os grãos se juntem em pequenas áreas onde ficam comprimidos.

Apesar de todos os estudos feitos, ainda não se conhecem todas as causas de expansão dos grãos. Entretanto, este fato ocorre mais freqüentemente com gelatina glicerinada comercial ou com aquelas preparadas com mais água do que a fórmula dada anteriormente (Parte 3.1). Também ocorre freqüentemente com pólen vendido comercialmente. É raro acontecer com pólen extraído pelo pesquisador a partir de flores frescas ou de herbário. A coleção de lâminas de referência de plantas dos Cerrados de Salgado-Labouriau e colaboradores, feita entre 1959 e 1973 ainda está boa e poucas lâminas se perderam. O mesmo acontece com a coleção de G. Erdtman no Laboratório de Palinologia, em Stockholm (Erdtman & Praglowski, 1959).

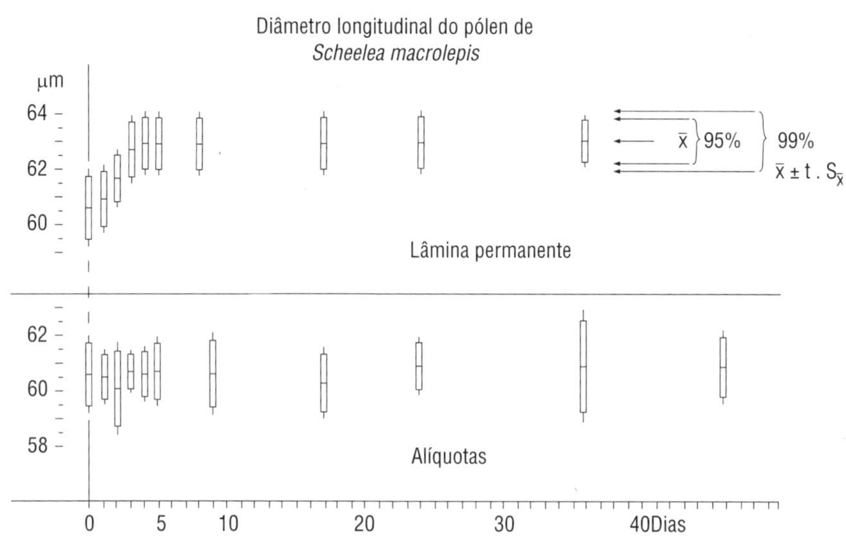

Figura 11.4 Aumento, ao longo do tempo, do tamanho dos grãos de *Scheelea macrolepis*. **Em cima:** medição de grãos em lâmina montada em gelatina glicerinada e selada com parafina. **Embaixo:** medições de alíquotas retiradas de grãos de pólen armazenados em glicerina. Dados de Bolbochan & Salgado-Labouriau (1983, VII Congreso Venezolano de Botánica, 1982).

5. PREPARAÇÃO DE AMOSTRAS PARA EXAME EM MICROSCÓPIO ELETRÔNICO DE VARREDURA

Os microscópios eletrônicos de varredura (SEM = Scanning Electron Microscope) e de transmissão (TEM = Transmission Electron Microscope) trouxeram uma nova dimensão ao estudo da morfologia de pólen e esporos. Existem tratados modernos e artigos recentes sobre as técnicas de preparação que, para o TEM, são delicadas e complexas (Stone & Kress, 1992) e não vão ser descritas aqui.

O SEM dá uma observação excelente da superfície dos grãos e é possível aumentar a imagem em três dimensões, com ótima resolução desde aumentos muito pequenos até mais de 20.000x (e o TEM também). Desta forma, pode-se estudar a superfície dos grãos em detalhe utilizando aumentos acima da resolução do microscópio óptico (Fig. 11.4). Neste livro só daremos as técnicas que empregamos, mas existem muitos livros que descrevem estas e outras técnicas de preparação para SEM, entre elas o livro de Hayat (1978) e artigos como o de Blackmore (1992).

A preparação de esporos e grãos de pólen para observação em SEM é fácil. Os grãos frescos geralmente estão envolvidos em óleo, mucilagem e/ou restos de substâncias da antera e da atmosfera. Para observar a superfície é necessário limpá-los. Eles podem ser lavados (veja Observação 4, no início deste capítulo) em água quente ou etanol. Esta é uma técnica simples, entretanto, a melhor técnica para que a superfície dos grãos fique bem limpa e se elimine o citoplasma é utilizar a técnica de acetólise antes de observá-los em SEM (Parte 1.2, neste capítulo).

Uma vez que os grãos estão limpos eles são montados em stubs. Nós empregamos a técnica usada no Smithsonian Institution, EUA (J.W. Nowicke, comunicação pessoal, 1978; Salgado-Labouriau, 1982), a seguir.

37. Colocar os "stubs" no suporte e limpá-los bem com etanol (não tocar com os dedos). Marcar o suporte dos "stubs" com um talho junto ao primeiro stub, feito com navalha. Uma vez marcado o primeiro os outros estarão automaticamente numerados por posição.

38. Limpar com etanol uma lamínula circular para cada "stub". O diâmetro do "stub" e sua lamínula varia segundo o modelo do SEM. Cada lamínula é limpa segurando-a com uma pinça e depois deixando-a sobre um lenço de papel (não tocar com os dedos).

39. Colocar com pincel duas gotas de cola à base de carvão, uma oposta à outra, na superfície do "stub". Com uma pinça colocar uma lamínula sobre a cola. Um pouco de cola tem que sair para fora da lamínula de forma que ela fique ancorada pela cola sobre dois pontos de sua borda. Este procedimento permite fazer terra com o metal que cobrirá o material polínico. Firme a ancoragem com uma pinça. Prepare dois "stubs" de cada vez, mas trabalhe rápido, porque a cola seca muito rapidamente.

40. Seguir ancorando duas lamínulas de cada vez. Quando terminar, fechar a caixa que contém os suportes e deixar secar no mínimo 4 horas. O melhor é deixar 24 horas. Os "stubs" devem ficar dentro de uma caixa fechada para evitar que caia poeira sobre a superfície da lamínula.
41. Centrifugar e decantar o material polínico previamente acetolisado. Juntar etanol 95% em cada tubo de forma que fique com cerca de 3 cm de altura no tubo. Deixar pelo menos duas horas.
42. Centrifugar para manter o material todo no fundo do tubo. Não decantar. Introduzir uma pipeta Pasteur "fechada", isto é, com o dedo tampando a abertura de cima da pipeta. Introduzir até o fundo do tubo de centrífuga. "Abrir" a pipeta (tirar o dedo de cima) deixando que o material que está concentrado no fundo do tubo penetre por capilaridade na pipeta.
43. Retirar a pipeta fechada de dentro do tubo e gotejar cuidadosamente 2 ou 3 gotas, uma de cada vez, sobre a lamínula que está colada no "stub". Observar na lupa, com o maior aumento, enquanto o álcool não seca. Pode-se ver os pequenos grãos se agitando no álcool, à medida que secam. Se não há pólen suficiente, deixar secar e pingar mais no "stub".
44. Prepare o material seguinte. Todo o material deve ficar secando dentro da caixa de suporte dos "stubs" por até 2 dias.
45. Prosseguir com a cobertura de metal segundo as instruções do SEM que está sendo utilizado. O melhor metal para cobrir grãos de pólen é o ouro ou a combinação ouro-paládio.

Grãos observados em SEM só mostram a superfície externa (exemplos na Fig. 11.3) e não a parte interior. Entretanto, é possível quebrar os grãos de pólen (ou esporos) mecanicamente, usando uma navalha contra os grãos em uma lâmina de microscopia. Também podem ser quebrados com ultra-som durante um tempo curto. Estes grãos quebrados ao acaso podem mostrar a estrutura interna. Porém, para o estudo em detalhe da estrutura das membranas de pólen (exina e intina) a técnica indiscutível é a de microscópio eletrônico de transmissão (TEM).

Métodos de preparação de pólen e esporos em sedimentos

12

1. INTRODUÇÃO

O pólen, os esporos e outros palinomorfos contidos em turfas, sedimentos e rochas sedimentares estão diluídos em um substrato. Para que seja possível identificá-los e contá-los facilmente, é necessário concentrá-los em uma quantidade pequena de substrato.

Devido à grande resistência da esporopolenina ao ataque de reagentes químicos é possível eliminar total ou parcialmente o substrato que contém pólen e esporos em um sedimento, turfa ou rocha sedimentar. Desta forma, obtém-se uma amostra na qual os palinomorfos ficam em concentração muito maior do que a encontrada na natureza, o que torna mais fácil a sua análise e contagem para fins estatísticos. Simultaneamente a exina, que contém as características morfológicas do pólen (e esporos) de cada espécie de planta, fica limpa e translúcida para ser examinada ao microscópio.

É impossível, com os métodos de que dispomos atualmente, eliminar em sua totalidade tudo o que não é palinomorfo. Tem que haver um compromisso entre eliminar a maior parte possível do substrato sem destruir diferencialmente os palinomorfos. Se o tratamento químico é muito drástico, os grãos mais delicados são corroídos ou destruídos. Se os métodos físicos de separação por tamis ou densidade se aproximam muito da faixa de variação de tamanho, os palinomorfos muito pequenos ou muito grandes são eliminados. Se a separação é por densidade, os grãos pouco ou muito densos podem ser excluídos. Em todos estes casos o resultado final da preparação será, então, uma amostra viciada e não uma amostra real do conjunto de palinomorfos.

Vários métodos foram desenvolvidos especialmente para preparar esporos de pteridófitas e pólen de sedimentos e turfas, entre eles os descritos por Faegri & Iversen

(1950; 1975), Faegri & colaboradores (1989), Kummel & Raup (1965). Jane Gray discute detalhadamente em dois artigos (1965a e 1965b) algumas das técnicas descritas neste capítulo para a recuperação de microfósseis insolúveis em ácido (pólen, esporos, cistos de dinoflagelados, etc.) em rochas sedimentares e sedimentos não consolidados pré-Quaternários; em seguida analisa as vantagens e desvantagens de cada técnica, bem como os perigos que devem ser evitados ao lidar com ácidos fortes.

Muitas algas microscópicas e esporos de fungos que ocorrem em sedimentos resistem bem a alguns dos tratamentos químicos empregados para pólen e esporos de pteridófitas o que permite que sejam incluídos entre os palinomorfos.

Para concentrar os palinomorfos é necessário uma seqüência de tratamentos químicos e físicos que permitem eliminar ou reduzir muito os outros componentes do sedimento tais como silicatos, carbonatos, lignina, celulose e outros. Entretanto, não há uma técnica única para recuperar estes microfósseis, pois sedimentos e rochas sedimentares apresentam uma grande variedade de composição e de ambientes deposicionais. Felizmente, a técnica para remover um mineral ou composto orgânico específico é sempre essencialmente a mesma, seja qual for a composição da rocha ou do sedimento (Gray, 1965b). A seqüência dos tratamentos e o tempo que a amostra passa em um determinado tratamento são diferentes segundo se trata de uma turfa (onde a quantidade de matéria orgânica é muito grande), vasa, gyttja, argila, silte ou rocha sedimentar (onde geralmente predominam os silicatos ou carbonatos). A escolha dos tratamentos se aprende com a prática e com ensaios em amostras extras do sedimento ou turfa que se quer analisar. Na seção 6 deste capítulo, são dadas sugestões de seqüência de tratamentos para os tipos mais comuns de sedimento do Quaternário. Entretanto, todas as vezes em que se mudar de região geográfica, é necessário trazer do campo algumas amostras extras que devem ser usadas como teste para a escolha do melhor método de concentração e separação.

Os compostos orgânicos de plantas que são encontrados nas turfas, pântanos e sedimentos lacustres ou marinhos, são essencialmente os mesmos ao longo da História Geológica. Deixando à parte a exina dos esporos e grãos de pólen, que são praticamente inertes, esta matéria orgânica, segundo D. White (1913, em Gray, 1965b) e outros pesquisadores, inclui: resinas, ceras, proteínas, carboidratos (açucares e amido), polissacarídeos (hemicelulose e celulose) e ligninas. A ocorrência, abundância, estrutura e química destes compostos não serão tratadas aqui, mas há um bom resumo feito por Gray (1965b).

Neste capítulo são descritas as técnicas que considero mais eficientes para a preparação de palinomorfos com o objetivo de fazer a análise palinológica de sedimentos e turfas do Quaternário. Alguns métodos alternativos para rochas sedimentares e hulha são também descritos.

As técnicas apresentadas aqui são descritas em etapas numeradas sucessivamente a partir do último item descrito no capítulo anterior. Neste capítulo, estas etapas começam com o item número 46. Isto evita a repetição desnecessária de todos os passos de certas rotinas como as de lavagem, centrifugação, decantação, etc. e a repetição de técnicas que já foram descritas no capítulo anterior e que servem tanto para preparação de palinomorfos modernos como de fósseis. Pelo mesmo motivo, as **observações** ao final das técnicas são numeradas em seguida.

As técnicas para a preparação de pólen e outros palinomorfos contidos em sedimentos e turfas envolvem o uso de reagentes muito fortes que são corrosivos, de odor pungente e cujos vapores são irritantes à pele, aos olhos e ao sistema respiratório do preparador. Se são tomados os cuidados necessários, estas substâncias podem ser manipuladas com segurança. Em cada uma das técnicas descritas neste capítulo são dadas informações e precauções necessárias durante as preparações. Informações adicionais relevantes para cada reagente são encontradas em publicações de química que devem ser consultadas para maiores detalhes, tais como, por exemplo, "Hazards in Chemical Laboratory" (Bretherick, 1981) publicado pela Real Sociedade de Química de Londres, o "Merck Index" (Budavari et al., 1989) publicado pelas Indústrias Merck e o Handbook of Chemistry and Physics (Weast 1989-1990).

2. TRATAMENTO DE SEDIMENTOS COM POTASSA (KOH)

É uma técnica clássica em botânica para a desagregação e a maceração de tecidos vegetais e é empregada com estas finalidades desde o século 19 (Dop & Gautié, 1909). Foi utilizada desde o começo do século 20 para a análise de pólen em turfeiras por von Post (1916, re-publicado em 1967) e outros pesquisadores como, por exemplo, Dimbleby (1957), Faegri & Deuse (1960). Segundo Faegri (in Faegri & Iversen, 1950; Faegri et al., 1989) foi von Post quem iniciou a análise de pólen em sedimentos: fervia um pouco de turfa em uma lâmina de microscopia diretamente sobre a chama de uma lamparina de álcool. H. Godwin utilizava NaOH em vez de potassa para a preparação de turfas (in Faegri & Iversen, 1950; Faegri et al., 1989).

Hoje esta técnica é utilizada para eliminar o ácido húmico e a lignina e dissociar os restos orgânicos, antes dos outros tratamentos, o que facilita o ataque químico subseqüente. A desagregação do material vegetal, principalmente fibras, torna mais fácil também a separação do pólen por flotação, centrifugação e tamisação. Uma forma simplificada desta técnica é dada no capítulo anterior (Parte 2.2, técnica de KOH e de ácido lático), porém aqui está descrita a seqüência para turfeiras e sedimentos ricos em matéria orgânica com o objetivo de preparar amostras para análise de pólen.

O tratamento com a potassa (KOH) deve ser a primeira etapa para qualquer depósito rico em matéria orgânica como a gyttja do fundo dos lagos e a turfa. É uma reação oxidativa, portanto, o pólen e os esporos não podem ficar por muito tempo em potassa. A técnica envolve os passos a seguir.

46. Tarar uma cápsula de evaporação de porcelana com 75 mm de diâmetro interno. Colocar dentro dela uma amostra (1 cm^3 ou mais) de turfa ou sedimento e pesar. Anotar o peso da amostra.

47. Juntar KOH-10%, solução aquosa, até que cubra a amostra.
48. Aquecer sobre uma placa elétrica até que comece a ferver. Deixar fervendo (sem turbulência) por cerca de 5 minutos. Ir juntando água destilada pouco a pouco para que o volume não diminua, o que faria aumentar a concentração do reagente (Observação 3, no final desta técnica). Agitar várias vezes com um bastonete de vidro em cada cápsula (Observação 5). Não aumentar a concentração acima de 10% para a proteção dos grãos de pólen (Faegri & Iversen, 1950). Se for necessário ferver por mais tempo, como nos casos especiais em que se ferve até por 12 horas, utilizar um condensador para manter constante a concentração da solução. Entretanto, na grande maioria dos casos, basta uma fervura de 5 a 10 minutos para dissociar as fibras e eliminar boa parte da lignina.
49. Terminado o tempo de fervura, juntar um pouco de água destilada utilizando uma pisseta (jorradeira) de plástico. Segurar com a mão e agitar a cápsula com um movimento rotatório (batear) e transferir a amostra lentamente para um tubo de vidro (pirex ou similar) de centrifugação, de 50 ml. Juntar um pouco mais de água e repetir a operação, sempre bateando e transferindo lentamente a amostra para o tubo, de forma que a maior parte da areia fique na cápsula. Jogue fora a areia.
50. Preparar a amostra seguinte da mesma forma. Preparar 4 ou 8 amostras antes de iniciar a etapa seguinte. Cada amostra deve ter um número que é anotado no caderno de laboratório, contendo todos os detalhes de identificação da amostra (local, nível, volume utilizado, peso, etc.). Este número é marcado na cápsula e no tubo de centrifugação. Para cada amostra utilizar uma cápsula e um bastonete limpos (Observação 5, no fim desta técnica).
51. Centrifugar os tubos a 1.800-2.000 r.p.m. (veja Observação 1 no fim desta técnica). Decantar o sobrenadante (veja Observação 2). Se quiser que seja feita a análise dos macrorrestos da amostra, guarde o sobrenadante em um frasco à parte.
52. Lavar com água destilada (Observação 4) até que esta saia limpa (umas 5 vezes). Coloque uma gota do material lavado sobre uma lâmina de microscopia, junte uma gota de glicerina e examine ao microscópio para controle do tratamento e verificação se contém pólen e esporos. A lavagem em água é importante para remover totalmente o reagente e os compostos solúveis.
53. Tamisar em rede fina de náilon com malhas de 0,15 a 0,20 mm, para eliminar os restos orgânicos grandes que porventura ainda existam. Para isto, coloque um quadrado de rede dentro de um funil de vidro, cuja haste está dentro de um tubo de centrífuga. Transfira a amostra utilizando um pouco de água destilada, para a rede; com uma pisseta, esguiche água na rede para ajudar o material polínico a passar pela rede. Centrifugue e decante.

    A rede deve ser de náilon (nylon). Ela é vendida no comércio de tecidos com o nome de filó ou tule. Guardar à parte, em um pequeno frasco, estes resíduos que ficaram na rede, se quiser analisar os macrorrestos. Não reutilizar a rede. Alguns pesquisadores utilizam tamises finos que são muito caros e, portanto, são lavados com muito cuidado para serem reutilizados. Se a lavagem não for perfeita, o pólen de uma amostra pode contaminar a outra amostra. A vantagem do uso de uma rede fina de náilon é que ela é barata e, portanto, descartável.

54. Lavar por duas vezes o filtrado em ácido acético glacial, com duas vezes o volume do sedimento (Observação 4). Proceda com muito cuidado na primeira lavagem no caso de amostras com calcário, porque a reação com o ácido desprende CO_2. Se houver muito desprendimento de gás, pare de colocar o ácido acético, junte água, centrifugue e decante. Em seguida passe para a técnica de eliminação de carbonatos (Parte 4, deste capítulo). Se não houver desprendimento de gás, siga para a etapa seguinte.

55. Deixar as amostras em ácido acético glacial até o dia seguinte ou no mínimo por 4 horas, para que desidrate totalmente a amostra. Tapar os tubos de centrífuga com "parafilm" ou chumaço de papel-toalha. O material pode ficar assim por dias sem nenhum problema, até começar a etapa seguinte da preparação.

    Nota: O ácido acético glacial é um líquido incolor, inflamável, de odor pungente. Ele é miscível com água e cristaliza em ambiente com temperatura baixa. O vapor é um pouco irritante para o sistema respiratório e os olhos. Trabalhe em capela de extração de gases ou em ambiente bem ventilado. O líquido em contato prolongado com a pele pode queimar. Se cair na pele, lave imediatamente a área atingida (geralmente os dedos) com água corrente em abundância.

Nas análises de pólen do início do século 20, esta era a única preparação utilizada para turfas. O material depois de lavado em água era incluído em glicerina para exame ao microscópio. Entretanto, é possível concentrar mais o material se ele é acetolisado a seguir.

Para análise de macrofósseis, reúna em becher todos os sobrenadantes de uma amostra e volte a passar em um tamis (rede ou tela) com cerca de 40 malhas por cm^2 e junte ao material que ficou retido no tamis (Etapa 53). Este material é utilizado para o estudo de macrorrestos, como está descrito no Capítulo 3, Parte III 2).

Observação 1 – Todas as centrifugações devem ser feitas com 1.800 – 2.000 r.p.m. (rotações por minuto) porque velocidades maiores podem quebrar os grãos. O tempo de centrifugação deve ser de aproximadamente 5 minutos. Se o material não ficou bem sedimentado no fundo do tubo, aumentar o tempo de centrifugação, porém, nunca colocar maior velocidade na centrifugação porque pode romper os grãos mais frágeis. No caso de sedimentos pesados, o tubo de centrifugação pode ser rompido com velocidades acima de 2.500 rpm.

Observação 2 – A decantação do sobrenadante em todas as centrifugações deve ser feita da seguinte forma: retire o tubo de dentro da centrífuga com cuidado para que o sedimento que ficou depositado no fundo do tubo não se mova. Decante o tubo virando-o de boca para baixo (sobre um béquer e não na pia) com um movimento lento e contínuo para que o sobrenadante flua para fora sem perturbar o sedimento. Jamais volte o tubo para trás durante uma decantação. Se isto acontecer pare imediatamente a decantação, complete o volume do tubo com o líquido que está sendo utilizado e centrifugue novamente; decante. Se o sedimento depositado no fundo do tubo é perturbado durante a eliminação do sobrenadante, parte do material é ressuspendido e jogado fora na decantação. Geralmente perdem-se os grãos pequenos ou leves nesse processo. Em cada decantação, secar a superfície externa do tubo de centrifugação com um pedaço de papel-toalha que deve ser jogado fora em seguida. Esta etapa é importante para manter as caçambas de centrifugação limpas e evitar contaminação de uma amostra pela outra. As caçambas devem estar bem limpas.

Observação 3 – Não use água de torneira em nenhuma etapa, porque ela pode conter impurezas em suspensão que podem afetar a reação. No caso de sedimentos e turfas, a água de torneira pode conter pólen em suspensão que, por menor quantidade que seja, vai acumulando no sedimento a cada lavagem e o enriquecendo com pólen exótico.

Observação 4 – Chama-se "lavar" o procedimento de juntar 10 ml ou mais de um solvente, geralmente água, ácido acético glacial ou etanol, ao material em preparação, agitar bem, centrifugar e decantar. No caso de água, ela tem que ser destilada e a ela são acrescentadas 2 ou 3 gotas de álcool (etanol) para diminuir a tensão superficial e lavar melhor.

Observação 5 – Cada amostra deve ser tratada com muito cuidado para não contaminar as outras amostras. Os bastonetes de agitação devem ser individuais a cada amostra. Após o uso, retirá-los e usar outra série de bastonetes. Os grãos de pólen são muito pequenos (tamanho de 5 –120 μm) e, se um bastonete for usado no tubo seguinte, ele levará grãos de uma para a outra amostra. Qualquer possibilidade de contaminação deve ser eliminada das preparações, para que se tenha a certeza, quando um tipo de pólen aparece em baixa freqüência na análise, que ele realmente é parte do sedimento analisado.

3. ACETÓLISE DE SEDIMENTOS E TURFAS

Esta técnica, consiste em atacar o material com 9 partes de anidrido acético, $(CH_3CO)_2O$, mais 1 parte de ácido sulfúrico (H_2SO_4) que age como catalisador. O procedimento, designado acetólise pelos palinólogos, está descrito em detalhe no Capítulo 11, Etapas de 6 a 10. Entretanto, há certos cuidados que não são necessários quando se está acetolisando pólen moderno extraído de flores. Porém, devem ser considerados na análise de sedimentos, na qual a quantidade de celulose a ser retirada é muito grande. Em sedimentos palustres, gitjas ("gyttjas") e turfas, a celulose constitui a maior parte da matéria orgânica do depósito (Faegri & Iversen, 1950; Faegri et al., 1989). Esta técnica é uma acetilação e constitui o melhor processo para solubilizar a celulose e eliminá-la (Gray, 1965 a e b). Para que o ataque à celulose seja o mais completo possível, é necessário aumentar o tempo de reação para 4 ou 6 minutos (em banho-maria) e aumentar a quantidade de reagente para 5ml ou mais, dependendo da quantidade de restos de plantas. A acetilação da celulose não produz compostos solúveis em água e tem que ser seguida imediatamente por um tratamento (lavagem) em ácido acético glacial (CH_3COOH) (Etapa 9, Capítulo 11) para manter os ésteres de celulose em solução e com isto eliminá-los (Faegri & Iversen, 1950, p. 63; Gray, 1965, p.544). Só depois disto o material é lavado em água.

As amostras de sedimentos ricos em pólen para análise são geralmente de 1 cm^3 (1,5 a 2,0 g/cm^2 sedimento). Para amostras de regiões áridas ou semi-áridas e para rochas sedimentares a quantidade utilizada é muito maior (10 g ou mais) e a acetólise deve ser a última etapa da série de tratamentos.

Para iniciar o tratamento de acetólise, as amostras devem estar desidratadas e em ácido acético porque a mistura de acetólise reage com a água e pode ser explosiva. Leia com atenção as instruções da técnica (Capítulo 11, Parte 1.2) antes de iniciar o tratamento.

Terminada a acetólise, retirar uma gota da amostra e colocar em uma lâmina de microscopia. Juntar uma gota de glicerina. Examinar ao microscópio para ver se há grãos e se há muitos cristais. Desta observação depende a intensidade do tratamento seguinte que se dará à amostra. Na maior parte dos sedimentos do Quaternário, a acetólise é seguida pelo tratamento com HF. Os grãos de pólen geralmente não são muito abundantes depois da acetólise, porque não estão suficientemente concentrados.

4. REMOÇÃO DE CARBONATOS

Os moluscos, foraminíferos e muitos outros animais planctônicos, bentônicos ou terrestres têm conchas de carbonato de cálcio. O calcário (uma forma de carbonato muito comum na natureza) é encontrado em rochas sedimentares, em sedimentos não consolidados e em recifes coralinos recentes ou pré-quaternários. Grande quantidade de carbonato, principalmente nas formas de calcita, aragonita e dolomita, pode ser depositada em lagos com bacias fechadas (endorréicos) durante as fases áridas e semi-áridas, quando a evaporação de água é maior que a precipitação de chuva (Gray, 1965a,b; Birks & Birks, 1980; e outros).

As amostras, que contêm carbonato sob qualquer forma, têm que ser tratadas com ácidos fracos ou muito diluídos antes de se proceder com o tratamento de ácidos fortes porque a reação é fortemente exotérmica e há muito desprendimento de CO_2. Este desprendimento de gases, quando é grande, pode jogar uma parte do material para fora do tubo. Além disto, os carbonatos têm que ser totalmente removidos da amostra que vai ser tratada com HF, porque os sais de cálcio reagem com o HF e formam fluoreto de cálcio (CaF_2), que precipita e é de remoção difícil (Gray, 1965b).

Nesta parte são dadas duas técnicas diferentes, uma para amostras ricas e outra para pobres em carbonatos. Trabalhar em capela de exaustão de gases.

56. As conchas, visíveis a olho nu ou em lupa (microscópio estereoscópico), devem ser retiradas antes de pesar ou medir as amostras a serem processadas para análise de pólen. Da mesma forma, o sedimento deve ser tamisado para retirar microconchas ou fragmentos grandes. Porém, o tamis (peneira) não pode ter

malhas menores que 200 μm para que os esporos e grãos de pólen grandes não sejam retirados da amostra. A amostra é colocada no tamis e lavada diretamente em água corrente. A amostra é filtrada em tamis e o material tamisado é colocado em um tubo de centrifugação. O material retido no tamis pode ser enviado aos especialistas nestes animais, porque a informação complementa a interpretação paleoecológica do local (lago, oceano, pântano). Para material com pouco calcário passar para a Etapa 57, e para o que é constituído principalmente de calcário passar para a Etapa 58.

57. **Para material com pouco calcário** (gyttja, vasa e rochas sedimentares não calcárias) colocar o material em tubo de centrifugação de 50 ml. Rochas sedimentares devem ser primeiro trituradas em um almofariz (Observação 6, no final desta técnica). Juntar lentamente ácido clorídrico a 10% (HCl-10%) até o dobro do volume do sedimento e observar o desprendimento de gás. A velocidade de reação é controlada pelo desprendimento de gás e pela temperatura do tubo, tocando-o com a mão. Se há muito desprendimento de gás ou a temperatura sobe muito, pare de acrescentar o ácido, junte água destilada, centrifugue e decante. Coloque mais HCl-10%, repita o procedimento até que não haja mais desprendimento de gás. Passar para a Etapa 62.

Atenção! não utilizar esta etapa para calcário e sim a seguinte.

58. **Para rochas calcárias** triturar a rocha em um almofariz com um movimento de percussão, para cima e para baixo, de leve (Observação 6, no fim desta técnica). Colocar o pó em um béquer de 250 ml, pirex.

59. Juntar lentamente HCl-10% até o dobro do volume do sedimento, trabalhando em capela de extração de gases. Agitar com bastonete de vidro (Observação 5, no início deste capítulo). Se o desprendimento de gases for muito forte, juntar algumas gotas de acetona para diminuir a tensão superficial. Deixar de lado até que não desprenda mais gases

60. Distribuir em tubos de centrifugação de 50 ml todo o material. Centrifugar os tubos e decantar o sobrenadante (Observações 1 e 2). Reunir todo o sedimento em um único tubo utilizando água destilada (Observação 3) para arrastar o material para dentro do tubo.

61. Preparar as amostras seguintes da mesma maneira. Procure trabalhar com o número total que caiba na centrífuga, em geral 4 ou 8 tubos de 50 ml.

62. Lavar por centrifugação cada amostra com água destilada conforme Observações 1, 2 e 4). Lavar até que o pH da água de lavagem fique igual ao da água destilada utilizada (cerca de 6 lavagens). Esta lavagem repetida é muito importante não só para eliminar o ácido clorídrico em excesso, como para retirar o cloreto de cálcio resultante que é solúvel em água e se forma na reação dos carbonatos com o HCl.

Nota: O ácido clorídrico (HCl) é um ácido fumegante, com odor pungente. Ele é miscível com água e geralmente é fornecido no comércio nas concentrações de 32% ou 36%. A "solução de 10%" em água é feita a partir daí e realmente tem uma concentração muito mais baixa, mas que é suficiente para a eliminação de carbonatos. Por tradição, chama-se HCl-10% a esta solução. Concentrações mais altas produzem uma reação muito rápida que pode jogar parte do material para fora do frasco. Abra o frasco de HCl em capela de extração de gases quando for preparar a solução a 10%, porque o ácido clorídrico é um líquido fumegante. Seus vapores são muito irritantes ao sistema respiratório. Evite aspirá-los. Em contato com a pele pode causar queimaduras. Depois de preparada a solução, pode usá-la fora da capela.

Observação 6 – A trituração de rochas sedimentares se faz em almofariz. Primeiro, lava-se muito bem a rocha em água corrente, utilizando uma escova para retirar toda a sujeira que se acumulou na superfície. Coloca-se um pedaço limpo de rocha no almofariz e bate-se de leve com a mão do almofariz (pistilo) até reduzi-lo a pó. Não faça movimentos circulares, porque podem destruir o pólen e sim de percussão, para cima e para baixo, de leve, com o pistilo, até reduzir a rocha a um pó fino.

5. REMOÇÃO DE SILICATOS

O silício é extremamente abundante na litosfera, na forma principalmente de silicatos. Tanto o silte como a argila podem ter uma grande quantidade de silicatos. As turfeiras das regiões temperadas têm pouca argila, porém as turfeiras das altas montanhas tropicais e os depósitos palustres e lacustres das terras baixas tropicais têm uma certa quantidade de argila e areia. A maior parte possível deve ser eliminada das preparações para aumentar a concentração de palinomorfos e evitar cristais que dificultam a observação dos mesmos.

O reagente mais efetivo para remover os silicatos é o ácido fluorídrico (HF) concentrado (Faegri & Iversen, 1950; Gray, 1965b). Deve-se ter um cuidado especial para trabalhar com ácido fluorídrico. O líquido produz queimaduras graves em contato com a pele, que não são imediatamente detectadas e que cicatrizam muito lentamente. Seus vapores são extremamente irritantes aos olhos e ao aparelho respiratório e podem ser venenosos. O HF só pode ser manipulado em capela de extração de gases. O preparador tem que usar luvas de borracha grossas e deve colocar um avental de borracha, polietileno ou polipropileno. Seus olhos devem estar bem protegidos com óculos. O HF corrói o vidro, portanto, todos os recipientes utilizados durante este tratamento têm que ser de plástico resistente à fervura e ao HF (polietileno, polipropileno ou teflon). Se o pesquisador ou técnico não tem experiência desta técnica, deve primeiro fazer um estágio em um laboratório que trabalhe com HF.

O ácido fluorídrico é um líquido incolor e miscível com água. É vendido em várias concentrações. Em preparações palinológicas utiliza-se o HF de 40% ou 48%. Não use o

HF-60% ou 90%, ele é muito perigoso para o preparador e pode danificar os grãos de pólen mais frágeis. Elimine todos os carbonatos (Etapas de 56 a 60) antes de colocar HF nas amostras para evitar a formação de fluoreto de cálcio (CaF_2), que é de difícil remoção.

O tempo necessário para dissolver os silicatos, de minutos a horas, depende de sua abundância na amostra e da temperatura (procedimento a frio ou a quente). A técnica dada a seguir é para turfas e sedimentos com pouco silicato. Técnicas alternativas são dadas ao final e na Seção 8, deste capítulo.

63. Transferir com água destilada (Observação 3) cada amostra para um tubo de centrifugação de polipropileno ou teflon, de 50 ml. Centrifugar e decantar (Observações 1 e 2). Se o material tem muita sílica, seguir para a etapa seguinte (64), se tem pouca sílica, passar diretamente para a Etapa 67.

    Atenção! A técnica de extração a quente é mais rápida e mais eficiente para eliminação de sílica. Porém, se não tiver tubos de centrífuga resistentes à fervura, não usar a técnica de extração a quente (Etapas 64 a 66) e começar diretamente na Etapa 67 (extração a frio).

64. Em capela de extração de gases, juntar 5 ml de HF concentrado de 40-48% em cada tubo. Para colocar o HF nos tubos deve-se utilizar pisseta ou repipetador resistente ao ácido. Reação exotérmica. Agitar com bastonete de teflon ou polipropileno. Proceder com a extração a quente, Etapa 65.

65. Ferver por 15 minutos em banho-maria da seguinte forma: Colocar uma toalha de papel dobrada no fundo de um béquer pirex ou similar onde possam caber os tubos de centrifugação, em pé. Geralmente utiliza-se um béquer de 250 ml. Às vezes é necessário dividir os tubos entre dois béqueres. Colocar um pouco de água, até uns 2 cm de altura, no fundo do béquer e levar à fervura sobre uma placa aquecedora dentro de uma capela de extração de gases. Colocar em pé, em banho-maria neste béquer, os tubos contendo as amostras com HF. A água do banho-maria só deve chegar até um pouco acima do nível das preparações nos tubos, nunca chegar perto da borda. Colocar um bastonete de polipropileno ou polietileno em cada tubo. Manter o banho fervendo lentamente por 15 minutos. Agitar constantemente as amostras dos tubos, para que o HF entre em contato com todo o material que está sendo tratado.

    Faegri e Iversen fervem o material em HF por 3 minutos. Eu fervo o material por 15 minutos. J. Gray comenta que ferveu amostras entre 10 e 20 minutos sem prejudicar os palinomorfos.

66. Centrifugar e decantar o sobrenadante para um béquer de polipropileno ou teflon de 500 ml, à parte. O HF decantado de todos os tubos deve ser posto neste béquer. A operação descrita acima geralmente é suficiente para sedimentos com pouca quantidade de sílica, neste caso, passe para a Etapa 70. No caso de sedimentos argilosos e para silte e rochas sedimentares, passe para o item seguinte, 67.

Observação 7 – Para jogar fora o HF decantado que está no béquer à parte, junte soda cáustica comercial para neutralizar o HF e depois junte bastante água de torneira ao béquer. Abra a torneira e derrame lentamente o ácido pelo ralo da pia (ou tanque) para que ele seja jogado fora em forma bem diluída pela água que corre da torneira.

67. Transferir cada amostra para um béquer de polipropileno ou teflon de 250 ml, usando HF para a transferência. Usar pisseta de polipropileno com HF para lavar bem as paredes dos tubos durante a transferência e com isto evitar perda de material. Juntar mais HF até pelo menos o dobro do volume do sedimento. Não esquecer que a reação pode parar por falta de reagente sem que a maior parte dos silicatos tenha sido dissolvida. Deixe dentro da capela até o dia seguinte (ou por uma noite).

68. Decantar, para béquer (de polipropileno) à parte, o excesso do HF, com muito cuidado (Observação 7). Não decantar todo o ácido para não haver perda de sedimento e porque o material ainda deve ficar em HF diluído. Juntar água destilada aos poucos, com pisseta, para transferir a amostra para um tubo de centrifugação de polipropileno, de 50 ml. Utilizar pouca água.

69. Centrifugar e decantar o sobrenadante para um béquer de polipropileno, à parte. Juntar HCl-10% no dobro do volume do sedimento. Agitar com bastonete de polipropileno e deixar por, no mínimo, uma hora (pode ficar na solução de HCl até o dia seguinte). Esta etapa elimina sais e outros compostos, tais como silicofluoreto de alumínio, fluoretos de cálcio, de magnésio, de potássio, de sódio e sílica coloidal. O HCl-10% mantém estes compostos em suspensão, o que permite retirá-los por decantação.

70. Lavar em água destilada (Observação 4) até que o pH do sobrenadante fique igual ao da água. Para isto usar um papel indicador de pH. Colocar um pouco do material em uma lâmina de microscopia e examinar ao microscópio . Se ainda houver muitos cristais que dificultem a observação do pólen ao microscópio, repetir as etapas de extração a quente (64 e 66) ou a frio (67 a 70).

71. Separar a amostra em duas partes. Cada parte é transferida com água destilada para um tubo de pirex de 10 ou 12 ml. Uma metade da amostra vai ser incluída em glicerina e a outra em óleo de silicone. Se não quiser incluir nos dois meios de montagem, salte esta parte e passe para a inclusão em glicerina (Etapa 72) ou para a técnica de inclusão em óleo de silicone (Etapas de 31 a 35 no Capítulo 13).

72. Decantar a água e juntar cerca de 1 ml de glicerina anidra (glicerol, $C_3H_8O_3$) ao sedimento. O material está pronto para a análise.

Alguns pesquisadores preferem incluir o material em entellan, uma resina sintética. Para isto é necessário desidratar o material. Ao decantar a água na Etapa 72, junte etanol, centrifugue e decante. Acrescente um pouco de entellan ao material e transfira para um tubo pequeno (ca. 10 ml) de fundo chato. O material está pronto para a análise.

Com relação ao uso do tratamento em HF a frio ou a quente, a escolha não só depende do material, como também da preferência do preparador. Para material com argila e/ou areia, prefiro fazer a extração da sílica a quente, seguida da extração a frio, em vez de repetir a mesma técnica.

Uma técnica alternativa consiste em fazer o tratamento com HF a quente, em banho-de-areia. Esta técnica é utilizada principalmente para rochas sedimentares, das quais se quer extrair toda a sílica. Para palinologia, as amostras de rocha antes devem ser lavadas e esfregadas em água corrente e depois deixadas um pouco em HCl-10% ou HNO_3-10% para eliminar qualquer contaminação com material moderno ou trazido do campo. Em seguida, pulverizar a rocha em almofariz (Observação 6) e eliminar todos os carbonatos (Etapas de 56 a 60). Transferir o material pulverizado para um béquer de teflon de 250 ml, ou para cadinho ou béquer de platina ou de chumbo. Juntar HF e deixar em banho-de-areia por 24 horas ou mais. Esta técnica é muito drástica e é preferível não utilizá-la para análise de pólen. Para procedimentos da técnica de HF utilizados para material mais antigo consulte Funkhouser & Evitt (1959), Gray (1965b), Traverse (1988).

Existe uma diferença entre uma preparação para o estudo da paleovegetação (paleoecologia), e uma preparação para bioestratigrafia. Em bioestratigrafia o objetivo é encontrar o conjunto (assemblagem) de fósseis-guia que caracteriza uma idade geológica ou uma fácies. Em paleoecologia é necessário ter, de preferência, todos os tipos polínicos que se preservaram e tê-los na proporção correta. Não pode haver destruição seletiva de grãos durante a preparação porque prejudicará a interpretação paleoecológica e é necessário ter grãos em abundância para que os cálculos estatísticos sejam confiáveis. Técnicas drásticas que possam destruir os grãos mais delicados devem ser evitadas, mesmo que isto signifique que a amostra fique suja.

6. SEQÜÊNCIA DE TRATAMENTOS PARA PREPARAÇÃO DE SEDIMENTOS QUATERNÁRIOS

A seqüência na qual se usam os tratamentos descritos anteriormente, nem sempre é usada na ordem apresentada porque ela pode variar de acordo com o sedimento. A seguir, são dadas as seqüências dos procedimentos que utilizamos para preparar material de pântano e fundo de lago na região do Brasil Central e para turfeiras e lagoas glaciais da parte alta dos Andes venezuelanos da zona tropical, e que considero mais eficientes para a zona tropical. Algumas alternativas, utilizadas por outros palinólogos, são também apresentadas.

6.1 Turfas e sedimentos com muita matéria orgânica

Para turfeiras, veredas, pântanos e sedimentos lacustres da zona tropical utilizar amostras de 1 a 2 cm^2. Começar com o tratamento por KOH-10%, seguido de desidratação por ácido acético glacial, seguido da acetólise; uma lavagem em HCl-10%, seguida da eliminação dos silicatos (HF-40% a frio por uma noite).

O método descrito de Faegri & Iversen (1950) para as turfeiras do norte da Europa é um pouco diferente: tratamento por KOH-10%, seguido de HCl-10%, seguido de HF-60% a quente por uma hora ou a frio por 24 horas, seguido de acetólise. Entretanto, sugiro que não se use HF em concentração tão alta, que é muito perigoso.

Margareth Davis (comunicação pessoal, 1980) usa para sedimentos lacustres do leste dos Estados Unidos: HCl-10%, seguido de HF-40% a frio por uma noite, seguido de uma lavagem em HCl- 10%; depois KOH-10% por 6 minutos, seguido de acetólise, por 1 minuto, seguida de inclusão em óleo de silicone.

6.2 Sedimentos com carbonatos e sedimentos de regiões semi-áridas

Comece com uma amostra de, no mínimo 50 g. Trate por KHO-10%, seguido da eliminação de carbonatos e depois de silicatos, seguida de acetólise.

Woosley (1978) fez um estudo comparativo de diversas técnicas para sedimentos de regiões semi-áridas e concluiu que o uso de ácidos fortes (HCl, HF, HNO_3) e potassa, é muito corrosivo para o pólen que já foi submetido na natureza a um certo grau de oxidação. Ela sugere que sejam evitados e que só se use a técnica de filtração (veja mais adiante).

7. TÉCNICAS DE PREPARAÇÃO DE MATERIAL PRÉ-QUATERNÁRIO

Nesta parte só daremos as técnicas para rochas sedimentares ricas em matéria orgânica. Para sedimentos não consolidados do Plioceno, proceder como nas técnicas assinaladas na Parte 6.1, deste capítulo. Para preparação de palinomorfos em outros tipos de rocha consultar Funkhouser & Evitt (1959), Gray (1965b) e Traverse (1988).

7.1 Rochas sedimentares com muita matéria orgânica

Lavar a rocha e esfregar a superfície com escova, em água corrente e depois triturá-la em almofariz, como descrito na Observação 6. Eliminar os carbonatos com HCl-10% e depois os silicatos com HF. Juntar ácido nítrico (HNO_3-65%, densidade 1,4) em volume igual ao da amostra, deixar por 3 minutos, lavar duas vezes em água destilada. Se os grãos se apresentarem muito escuros, diafanizá-los juntando a cada tubo 10 ml de amônia (NH_4OH) diluída em 30 ml de água destilada, deixar por 10 minutos; lavar em água por centrifugação, pelo menos 4 vezes (leia as Observações 1, 2, 3, 4, no início deste capítulo). Cuidado com o ácido nítrico e a amônia, que são substâncias muito oxidantes; a amostra não deve ficar mais que alguns minutos em contato com estes reagentes. Veja também as técnicas sugeridas por Funkhouse & Evitt (1959) e Traverse (1988, apêndice, p. 458 em diante).

Nota: o ácido nítrico (HNO_3), também chamado "água forte", é um líquido incolor, fumegante. Ele é muito corrosivo e os vapores são irritantes para os olhos e aparelho respiratório. O ácido nítrico vendido no comércio é uma solução aquosa, em várias concentrações. As concentrações utilizadas em palinologia são de 60% ou 70% (densidade de cerca de 1,4). Trabalhe em capela de extração de gases.

7.2 Preparação de rocha sedimentar sem utilização de ácidos

Uma técnica recente desenvolvida por Riding e Kyffin-Hughes (2004) para material do Cenozóico e Mesozóico não utiliza ácidos. O material é previamente limpo e pulverizado como na técnica corriqueira para rochas sedimentares. Em seguida é tratado com detergente mais $(NaPO_3)_6$ (hexametafosfato de sódio). O material de argila em suspensão é tamisado e eliminado, enquanto a fração filtrada é centrifugada, tratada com peróxido de hidrogênio (H_2O_2) e preparada para a análise.

7.3 Preparação de carvão-de-pedra (hulha)

O **carvão-de-pedra** ou **hulha** (coal em inglês, houille em francês) é um carvão especial, resultante de um processo muito lento de carbonificação por pressão e temperatura. O carvão-de-pedra, utilizado como combustível, é principalmente do Período Carbonífero do hemisfério norte e do Período Permiano, no Brasil. Ele é formado por restos de madeira, caules, raízes, etc., carbonificados, bem como esporos de pteridófitas, pólen e algas. É necessário triturar a amostra de carvão-de-pedra em um almofariz e depois macerá-la para destruir as fibras e soltar os esporos e outros palinomorfos. A maceração é uma técnica de dissociação de células por um tratamento químico. Para carvão utiliza-se o método de maceração de Schulze (Dop & Gautier, 1909; Gray, 1965b) onde a concentração dos reagentes e o tempo de reação dependem do grau de carbonificação do carvão.

Os troncos carbonizados e fragmentos de carvão (charcoal em inglês, charbon em francês) encontrados em sedimentos do Quaternário não são hulha e sim o resultado da queima rápida da vegetação por ação do fogo natural ou provocada pelo homem. Estes carvões, bem como os encontrados em fogueiras antigas de sítios arqueológicos e os preparados em carvoarias, não contêm palinomorfos e as técnicas descritas neste capítulo não se aplicam a eles.

Alguns autores, entre eles Tyson (1995), insistem em denominar fitoclastos ("phytoclasts") os fragmentos de carvão encontrados no Quaternário. Esta é uma palavra infeliz, mistura de latim e grego, e que etimologicamente significa fragmento de planta e não especifica se está carbonizado ou não. Entretanto, no material do Quaternário, sempre são encontrados restos não carbonizados de plantas e eles têm de ser perfeitamente distinguidos do carvão resultado de queima porque têm um significado ecológico diferente. Neste livro é adotado o termo carvão para todo o material carbonificado ou carbonizado, sendo que se qualifica o tipo: carvão-de-pedra e carvão comum, resultante da queima da vegetação. Os outros tipos de fragmentos encontrados nas preparações palinológicas são denominados restos de plantas ou restos orgânicos, conforme o caso.

Aqui são dados três tipos de tratamento utilizando solução de Schulze. O primeiro (A) é o tratamento clássico para macerar fibras de material moderno (Dop & Gautier, 1909) e que também é utilizado para preparar turfa em pequena quantidade. O segundo (B) é o tratamento de rotina para carvão-de-pedra de alto grau de carbonificação, inclusive antracito. O terceiro (C) é um tratamento mais leve para oxidação de matéria orgânica antiga em qualquer tipo de matriz.

Nota: a solução de Schulze consiste na mistura de ácido nítrico (HNO_3) com clorato de sódio (ClO_3Na) ou potássio (ClO_3K). Estes reagentes são oxidantes fortes, mas a mistura dos dois forma ácido clorídrico ($HClO_3$) que, provavelmente, é um oxidante mais poderoso que cada um dos outros dois (Gray, 1965b). A solução de Schulze é altamente exotérmica. Se for necessário esfriá-la, ponha o recipiente em banho de água fria ou junte um pouco de água destilada à amostra para tornar a reação mais lenta.

A. Técnica para turfa: Colocar uma pequena quantidade de turfa em um cadinho de porcelana, juntar alguns cristais de clorato de potássio (ClO_3K) e cobrir o material com ácido nítrico (HNO_3). Agitar e deixar por alguns minutos, enquanto há o desprendimento de gases. Em seguida, lavar a amostra em água por centrifugação (Observação 4, no início deste capítulo) para eliminar a mistura de Schulze. Este tratamento é fortemente oxidante e destrói a lignina, portanto o material não pode ficar muito tempo nele (máximo de 5 minutos). Tamisar para retirar restos grandes de plantas. Em seguida, tratar por HF (Parte 5, deste capítulo). Para a observação de macrorrestos do material botânico, tais como pedaços de caule, raiz ou casca, que ficaram retidos no tamis, é necessário lavá-los bem em água antes da observação para não danificar as objetivas do microscópio. Veja também a técnica da potassa para turfeiras na Parte 2, deste capítulo.

B. Técnica para lignito, carvão-de-pedra e antracito.

   Esta técnica consiste em pulverizar em almofariz os pedaços de carvão; juntar uma solução aquosa, saturada, de $KClO_3$ ou $NaClO_3$ à amostra. Em seguida, acrescentar, pouco a pouco, ácido nítrico concentrado. Deixar 24 horas e, depois, lavar em água (Gray, 1965b).

No estudo de esporos e pólen de carvão-de-pedra do Permiano do sul do Brasil, a técnica utilizada (Marques-Toigo, comunicação pessoal, 2001) está a seguir.

73. Pulverizar em almofariz os pedaços de hulha (Observação 6, no início deste capítulo) até reduzi-los a um pó fino, com granulometria inferior a 2,5 cm. Peneirar em água corrente com peneira de malhas de 0,5 mm para eliminar a fração mais fina. Colocar a amostra em pó em um erlenmeyer.

74. Em capela de extração de gases, preparar uma mistura de 28 ml de ácido nítrico concentrado com 4 g de clorato de potássio ($KClO_3$) (solução de Schulze). Em seguida acrescentar a solução, pouco a pouco, à amostra. Reação fortemente exotérmica. Esfriar em um banho de água fria, se necessário. Se a reação for muito forte, água destilada pode ser acrescentada para torná-la mais lenta. Observar a preparação a cada 15 minutos para conferir o processo de oxidação que se vê pelo desprendimento de gases. O tempo de reação varia de acordo com o material. Para carvão-de-pedra do sul do Brasil, são necessárias umas 4 horas.

    Nota: Pode-se preparar uma quantidade maior de solução de Schulze e guardar em estoque.

75. Decantar o excesso da solução. Juntar água destilada às mostras e transferi-las, com água destilada, para tubos de centrifugação de 50 ml.
76. Lavar em água (Observações 1, 2 e 4) até a água ficar limpa.
77. Neutralizar com KOH-10% por 15 minutos. A água deve ficar escura.
78. Lavar em água até a água ficar limpa.

O material é em seguida tratado com HF (Etapas de 67 a 70) e depois desidratado, sendo lavado duas vezes em etanol comercial e uma vez em etanol absoluto. Em seguida montar em bálsamo do Canadá ou em entellan (resina sintética). O material também pode ser incluído em glicerina em vez de bálsamo. Neste caso, seguir o tratamento com HF até o fim (Etapa 72). A vantagem de usar glicerina em vez de bálsamo é que os palinomorfos ficam soltos na lâmina de microscopia e podem ser girados para serem observados em qualquer posição.

Para maiores detalhes e outras alternativas, consulte Funkhouser & Evitt (1959) e Gray (1965b).

C. Técnica de solução de Schulze diluída para a extração de esporos e pólen em carvão com pouco grau de carbonificação ou para solubilizar detritos fenólicos e resíduos orgânicos.

A diluição da solução de Schulze é feita de acordo com a idade da rocha. Acredita-se que, com o aumento de idade da amostra, mais maduro e menos reativo é o resíduo orgânico. Desta forma, foi criada uma tabela para diluição do ácido nítrico em água, que torna a solução de Schulze mais diluída (Gray, 1965b):

- Amostras do Pliocene e Mioceno 35% de HNO_3
- Amostras do Eoceno 40% de HNO_3
- Amostras do Cretáceo 45% de HNO_3

79. Pulverizar em almofariz os pedaços de carvão até reduzi-los a um pó fino (Observação 6). Colocar o material em um tubo de centrífuga de 50 ou 100 ml.
80. Juntar cerca de 1 g de $KClO_3$ ou $NaClO_3$ e depois acrescentar, pouco a pouco, ácido nítrico diluído, na concentração desejada. Reação fortemente exotérmica. Cobrir os tubos, de leve, com uma folha de papel e deixar por 18 a 24 horas.
81. Lavar em água (Observação 4) várias vezes até o sobrenadante sair claro.
82. Juntar uma solução aquosa, alcalina fraca (carbonato de potássio, K_2CO_3-5% ou hidróxido de amônio, NH_4OH-5%) e deixar por 30 minutos. Centrifugar e decantar. Lavar em água destilada, várias vezes.

Vários pesquisadores consideram o carbonato de potássio (K_2CO_3) como um tratamento melhor que os hidróxidos, pois tem menor possibilidade de corroer os esporos e outros palinomorfos. Para outras alternativas veja Gray (1965b) e para a técnica de maceração de material e destruição de lignina do Quaternário veja técnica da potassa na Parte 2, deste capítulo, e técnica de KOH e ácido lático (Capítulo 11, Parte 2.2)

8. TÉCNICA DE CONCENTRAÇÃO DE PALINOMORFOS POR FILTRAÇÃO

A técnica de filtração é utilizada para aumentar a concentração do material polínico e ter uma amostra mais limpa de restos orgânicos. Alguns palinólogos preferem diminuir ou mesmo eliminar o uso de ácidos fortes (HF, HCl) no tratamento de turfas e sedimentos recentes, na esperança de que não sejam destruídos os grãos delicados que ainda não sofreram o processo de eliminação no depósito.

Esta técnica é utilizada também para sedimentos de regiões semi-áridas e rochas sedimentares pobres em palinomorfos, para concentrá-los em uma amostra (Funkhouse & Evitt, 1959; Vidal, 1988) e para rochas que contêm cistos de dinoflagelados (Caratini, 1980).

Seja qual for o tipo de sedimento ou rocha sedimentar, primeiro se efetua a desagregação do material por meio químico ou físico, antes de iniciar a filtração. Uma vez desagregado, o material passa mais facilmente pelo filtro.

Para rochas sedimentares é necessário pulverizar a rocha em almofariz (Observação 6) e tratar por HCl-10% (Etapas de 54 a 60), seguido de HF (Etapas de 61 a 70). O procedimento para a filtragem de cada tipo de rocha está descrito por G. Vidal (1988).

Para sedimentos e turfas do Quaternário Superior é necessário primeiro macerar o material em KOH-10% (Etapas de 46 a 52) e, em seguida, filtrar ou seguir o tratamento normal (acetólise + HCl-10% + HF), e depois filtrar. No segundo caso, o material não necessita ficar muito tempo no HF.

A técnica de filtração consiste em passar o material desagregado por uma série de filtros com poros de 5, 10 ou mais de 100 micrômetros (μm). Estes filtros são postos em um aparelho de vácuo para succionar rapidamente o filtrado. O material é suspenso em água destilada e filtrado com água destilada (veja Observação 3, no início deste capítulo). Primeiro, o material passa por um filtro grosso de poros maiores que 100 μm para retirar restos orgânicos grandes. Em seguida, o filtrado é passado por um filtro fino de 5 ou 10 μm, onde os palinomorfos ficam retidos.

A escolha do tamanho da malha é muito importante. Filtros de 10 μm deixam passar material indesejável com certa velocidade, mas os filtros de 5 μm são muito lentos, mesmo utilizando um aparelho de vácuo. Por outro lado, é necessário escolher um filtro grosso para que as macroesporas e tétrades grandes não sejam eliminadas.

Em vez de filtros, que são muito caros (cerca de US$ 500,00 cada) e têm de ser muito bem limpos antes de serem reutilizados, Vidal (1988) usa uma membrana filtrante Sartorius que, depois de utilizada, é descartada.

Caratini (1980) combina a filtração com um aparelho gerador de ultra-som que emite uma freqüência mínima de 80 kHz para movimentar as partículas e permitir uma passagem mais rápida pelos filtros. Ele afirma que esta freqüência não quebra os grãos de pólen. O aparelho, chamado "Ultrasonic Microfilter", está patenteado por Labo-Moderne, Paris. O ultra-som vendido comercialmente para limpar vidraria não serve neste caso. Ao contrário, ele é de grande utilidade para destruir o material polínico na lavagem de vidraria, evitando a contaminação de uma amostra para a outra.

Os aparelhos de filtração sem ultra-som podem ser montados no laboratório. Considero o uso de ultra-som na filtragem muito perigoso. Ele pode eliminar os grãos muito delicados (Gray, 1965b) deixando somente um conjunto selecionado de grãos com exina forte.

O inconveniente da filtração é que há sempre o perigo de se eliminar grãos muito pequenos (como o pólen de algumas Moráceas, Mirtáceas, Cunoniáceas, etc.) e grãos muito grandes (como as macroesporas e algumas tétrades).

9. SEPARAÇÃO DE PALINOMORFOS POR DENSIDADE

Faegri & Iversen (1950) recomendam que se retire a maior parte do material pesado utilizando centrifugação. Pela lei de Stoke, o tempo de sedimentação dos grãos depende da viscosidade do meio (água, neste caso), do tamanho e densidade dos esporos e grãos de pólen e da velocidade de centrifugação (Gray, 1965b, p. 569 e Capítulo 7). Baseando-se na Lei de Stoke, calcula-se a velocidade de deposição dos grãos de pólen e depois de uma centrifugação rápida, cujo tempo é calculado, eles são retirados com pipeta antes de decantarem. Funkhouser & Evitt (1959) usam centrifugações rápidas de 45 segundos a 1.500 r.p.m para retirar as partículas muito pequenas. Se bem que a base teórica deste procedimento é válida, na prática, é muito difícil de ser calibrado.

Um método muito utilizado para separação entre palinomorfos e a fração inorgânica de rochas sedimentares é a flotação. Consiste em suspender a amostra depois de pulverizada e desagregada em líquidos pesados, como bromofórmio e cloreto de zinco ($ZnCl_2$). Pólen, esporos e a matéria orgânica ficam flutuando no líquido e a matéria inorgânica pesada decanta no fundo do recipiente. Há uma variedade de líquidos pesados, ou misturas de dois líquidos, que podem ser diluídos para ficarem com uma densidade entre 1,5 e 2,5 (geralmente, 2,0). Os mais utilizados são bromofórmio/etanol, bromofórmio/acetona e cloreto de zinco/água. A densidade desejada é determinada com picnômetro, hidrômetro ou outro meio. A maior parte dos líquidos pesados é tóxicas e como é necessário um certo tempo para se efetuar a separação, deve-se tomar precauções.

O cloreto de zinco/água é hoje o mais utilizado por ser menos tóxico e ser em solução em água. A técnica, criada por Funkhouser & Evitt (1959), consiste essencialmente em: 1. o material pulverizado e desagregado é disperso em uma solução concentrada de $ZnCl_2$ (densidade específica de 1,96). Agitar bem e centrifugar; 2. decantar o sobrenadante (que deve conter os palinomorfos) em um béquer com água destilada e umas gotas de HCl, para evitar a precipitação de $Zn(OH)_2$. Centrifugar e lavar em água. Para maiores detalhes e outras técnicas de flotação consulte Funkhouser & Evitt (1959) e Gray (1965b).

A técnica de flotação é utilizada principalmente por petrógrafos e mineralogistas e considero perigosa para estudos de paleoecologia, pois é difícil, se não impossível, calibrar a técnica de forma a incluir todos os grãos pouco e muito densos para que não sejam eliminados. As amostras do Quaternário utilizadas para análise palinológica não contêm grande quantidade de material inorgânico pesado que deva ser eliminado, como é o caso de rochas sedimentares pré-Quaternárias. Segundo Faegri e colaboradores (1989), e concordo com eles, o método de flotação só deve ser utilizado em último caso, quando os métodos tradicionais falham ou são contra-indicados.

Identificação de palinomorfos 13

1. INTRODUÇÃO

A identificação dos grãos de pólen, dos esporos e outros palinomorfos contidos em sedimentos, em musgos, na atmosfera e em outros meios, é feita por comparação com seus equivalentes modernos, produzidos pelas plantas atuais. Como não houve extinção de plantas no Quaternário e todas as famílias e gêneros modernos existiam desde o seu início, a identificação é direta. A reconstrução da vegetação e do ambiente físico é, portanto, também direta.

Devido ao processo de extinção através dos tempos geológicos, a identificação com gêneros e espécies modernas vai diminuindo e limitando-se cada vez mais à identidade com categorias taxonômicas mais elevadas, como família, ordem ou classe. Criou-se então um outro critério de identificação para os períodos anteriores ao Quaternário. O microfóssil encontrado é descrito morfologicamente e dado um nome àquela forma. Os microfósseis subseqüentes são comparados aos que já foram descritos e são classificados em unidades morfológicas sem nenhuma referência às plantas modernas. Estes "gêneros-forma" não são homólogos aos táxons modernos e não podem ser utilizados na interpretação paleoecológica. Limitam-se somente ao uso em bioestratigrafia e paleontologia (Bold, 1967; Traverse, 1988).

É possível que a classificação artificial de espécie-forma, gênero-forma e família-forma, etc., tenha sido a única maneira de classificar as formas extintas. Porém, esta classificação artificial e isolada dos microfósseis foi somente uma etapa necessária da bioestratigrafia para definir unidades estratigráficas. Hoje em dia, é necessário desenvolver a segunda etapa que constitui na colocação desses microfósseis dentro da classificação das plantas, para que seja possível levantar os dados sobre a evolução das plantas nos diferentes períodos Geológicos

(Fig. 13.1) e a paleoecologia dos períodos pré-Quaternários. Um exemplo de que se pode obter muito mais informação quando se colocam os microfósseis dentro da classificação taxonômica das plantas é o artigo de J. Muller (1970) que mostra o surgimento dos gêneros modernos de Angiospermas ao longo do Terciário utilizando grãos de pólen encontrados em sedimentos. Veja a Fig. 13.2 baseada nesses dados. Infelizmente a preocupação pragmatista da bioestratigrafia fez com que não se buscasse a identidade e/ou a afinidade dos microfósseis com as categorias taxonômicas e muita informação está escondida por trás das espécies-forma. Esta tendências agora está começando lentamente a ser modificada.

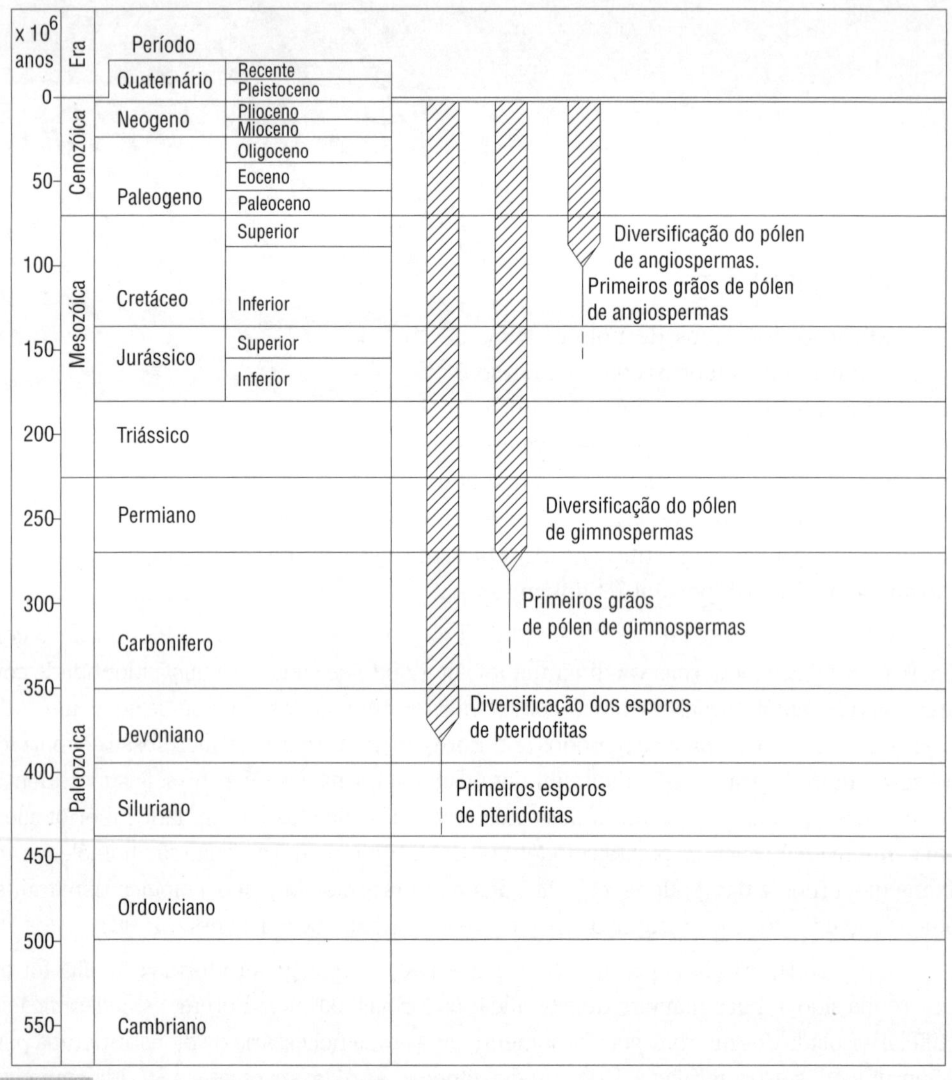

Figura 13.1 Início dos grandes grupos de plantas e de sua diversidade e expansão, obtidos por análise palinológica de sedimento, em Salgado-Labouriau, 1984a.

Toda espécie ou gênero que sobreviveu até o presente é denominada vivente, em contraste com as espécies extintas. A identificação do pólen e dos esporos antigos, seja de plantas viventes ou extintas é fundamental na interpretação paleoecológica. O objetivo é sempre chegar à categoria taxonômica mais baixa possível (espécie), mas geralmente é muito difícil abaixar além do nível de gênero. Uma identificação de confiança depende de uma série de fatores que serão analisados a seguir.

2. MATERIAL DE REFERÊNCIA PARA IDENTIFICAÇÃO DE PALINOMORFOS

Para identificar os microfósseis de plantas viventes ou extintas é necessário ter uma coleção de referência a mais completa possível. A coleção deve conter lâminas de microscopia, fotomicrografias, desenhos e descrições detalhadas dos grãos de pólen, dos esporos e das algas microscópicas.

Para microfósseis de plantas extintas, é necessário isolar alguns exemplares em lâminas de microscopia. Esses exemplares passam a ser tipo da espécie-forma. Na descrição da espécie-forma devem constar também as fotografias, os desenhos, a localidade e a posição

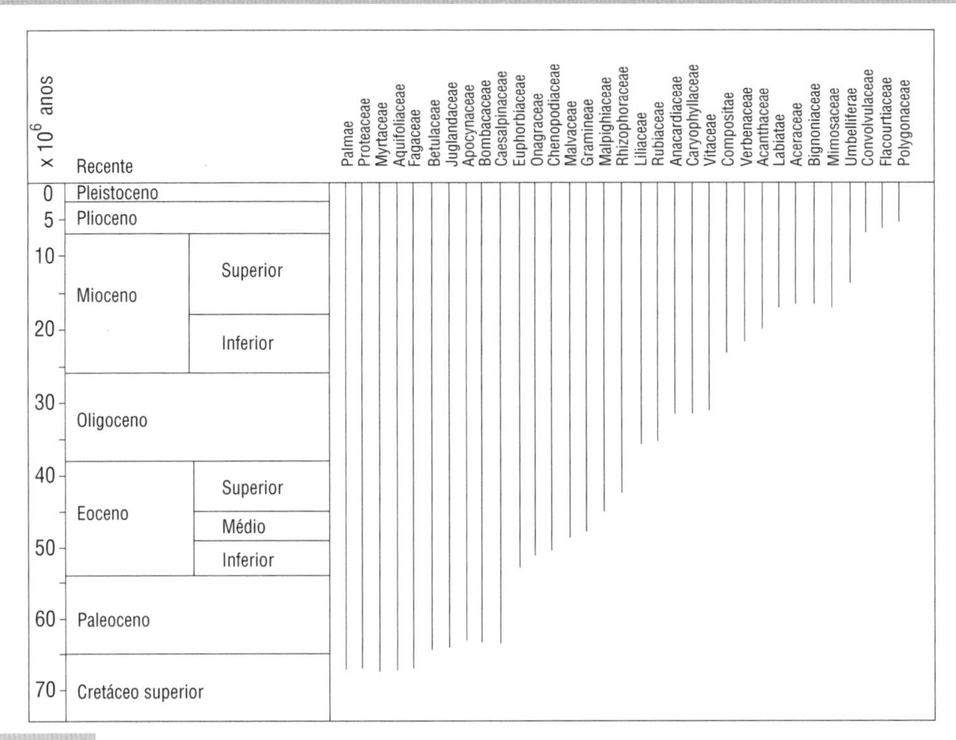

Figura 13.2 Início de algumas famílias selecionadas de Angiospermas, baseado nos estudos de pólen de J. Muller (em Salgado-Labouriau, 1984a).

estratigráfica correspondente. À medida que se acumulam as informações elas devem ser referidas ao grupo taxonômico a que pertencem.

A preparação de lâminas de referência de pólen e esporos de plantas viventes foi descrita no Capítulo 11. O material de referência deve pertencer a espécimes de herbário, devidamente identificados por especialista. O coletor, número de coleta, data e local onde a planta foi coletada têm que constar na descrição.

O material de referência deve ser o mais completo possível. Felizmente as famílias mais freqüentes da maioria dos ecossistemas modernos já foram mais ou menos extensamente estudadas em palinologia e um analista experimentado reconhece os grãos encontrados ao nível de pelo menos família, na maioria dos casos. Isto permite avaliar para uma região nova quais são os táxons mais representados e quais os que necessitam de estudos morfológicos mais profundos.

Para as plantas da América do Sul já existem alguns catálogos de consulta para a identificação de pólen e dos esporos de pteridófitas, tais como, Erdtman (1952; 57; 65; 71), Heusser (1971), Salgado-Labouriau (1973; 1992), Markgraf e D'Antoni (1978), Wingenroth e Heusser (1984), Roubik e Moreno (1991), Lorscheitter e colaboradores (1998, 1999), Colinvaux, De Oliveira & Patiño (1999); Correia & Barth (2003).

Algumas teses de doutoramento também incluem descrições de pólen e esporos, como Hooghiemstra (1984), Kuhry (1988), de Oliveira (1992). Para mais informações veja o Capítulo 4.

3. VARIABILIDADE DENTRO DE UMA ESPÉCIE

É preciso ter em mente que as espécies não são morfologicamente fixas e que existe maior ou menor variabilidade dentro do pólen (ou esporo) de uma espécie. Na maior parte dos tipos polínicos esta variabilidade é muito pequena, porém esta variação tem que ser conhecida e o material de referência deve ser suficientemente amplo para incluí-la.

Um tipo de variabilidade muito comum se refere ao número de aberturas dos grãos de pólen em uma mesma flor ou em uma espécie, quando estas aberturas forem em número maior que três. Por exemplo, as espécies do gênero *Alnus* podem apresentar 3, 4, 5, 6 ou 7 poros, sendo mais frequentes os grãos de 4 ou 5 poros. No gênero *Clarisia* podem ocorrer 4 ou 5 poros. Na espécie *Bredemeyera floribunda*, o número de cólporos varia entre 7 e 11 (Salgado-Labouriau, 1973).

Uma espécie com grãos estatisticamente esféricos (diâmetro polar igual ao diâmetro equatorial) sempre haverá alguns grãos mais alongados e outros mais achatados, como mostra o gráfico para *Alchornea triplinervia* (Fig. 4.5). Em outras espécies, como por exemplo *Antonia ovata* e *Erithroxylum tortuosum*, existe realmente um polimorfismo de forma que fica evidente quando se faz o gráfico da relação P/E, que caracteriza a forma do grão (Figuras 4.6 e 13.3).

A maneira mais direta para distinguir entre dimorfismo e amplitude de forma é fazer o gráfico de P/E como nas figuras citadas acima, em que **P** é o diâmetro polar e **E** é o diâmetro equatorial em vista equatorial. Nas espécies com polimorfismo aparece mais de um pico. Em casos especiais ou quando é necessário um estudo mais profundo tem-se que utilizar uma regra estatística de classificação. Nesses casos é preciso ter uma amostragem maior que inclua vários espécimes daquela espécie, sejam eles da mesma população ou de populações diferentes. Quando a espécie é uniforme quanto à forma o gráfico de P/E mostra bem, apresentando um único pico (Fig. 4.5).

Em análise de pólen, os grãos de uma mesma espécie estão separados uns dos outros e misturados com grãos de outras espécies. Se o analista não está prevenido, a variabilidade dentro da espécie não é levada em conta e os grãos cujas características são diferentes da média podem ser tomados como se fossem de outra espécie. O exemplo mais marcante é o caso de tipos polínicos 3,4-porados como o tipo Clarisia (Moraceae), no qual os grãos 3-porados podem ser contados como pertencentes a um outro tipo.

4. SEMELHANÇAS E DIFERENÇAS MORFOLÓGICAS

O pólen de um gênero de plantas pode se caracterizar por ter uma morfologia homogênea e distinta de outros gêneros próximos. Por exemplo, o gênero *Althernanthera* das Amarantáceas. Um gênero pode ter pólen com a mesma morfologia de outro ou vários outros gêneros. Por exemplo, o gênero *Cassia* tem pólen igual a pelo menos três outros gêneros de Leguminosas da subfamília Caesalpinoideae (Salgado-Labouriau, 1973). Há casos em que uma família tem todos, ou praticamente todos os gêneros com a mesma morfologia. O exemplo clássico são as gramíneas (Poaceae), mas existe outros casos, como as Ericaceae, Polygalaceae, e outras.

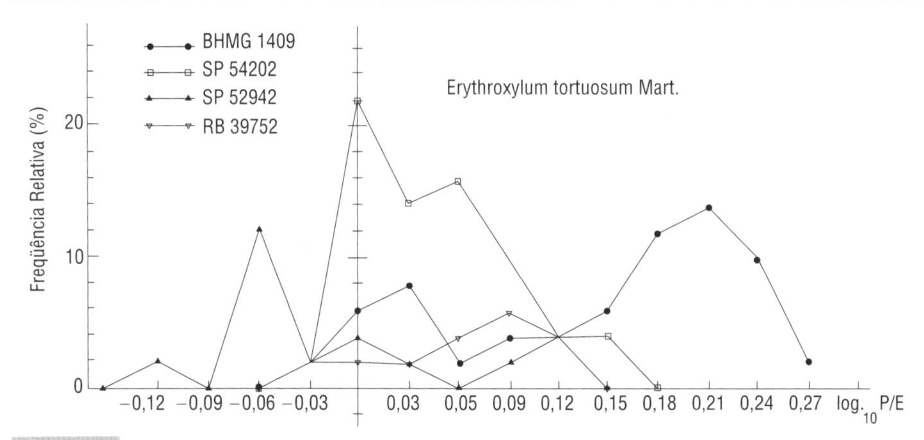

Figura 13.3 Polimorfismo de forma dos grãos de *Erythroxylum tortuosum*. Representação gráfica do $\log_{10}$ P/E de 4 espécimes diferentes, em função da freqüência. **P** = diâmetro polar; **E** = diâmetro equatorial em vista equatorial. Segundo Salgado-Labouriau, 1973, fig. 520.

Há alguns casos em que duas famílias têm em comum a mesma morfologia de pólen, como as Combretaceae e as Melastomataceae.

A procura de caracteres diferenciais entre dois tipos de pólen semelhantes é fundamental para que se possa identificar os grãos na categoria taxonômica mais baixa possível. A morfologia desses dois ou mais táxons deve ser cuidadosamente estudada para procurar a distinção entre eles. Porém, é fundamental também conhecer a fundo quais são os táxons que têm a mesma morfologia polínica. Neste ponto é importante introduzir o conceito de "tipo polínico".

O **tipo polínico** (pollen type) é uma categoria morfológica de pólen que inclui os grãos de pólen de táxons com a mesma morfologia e que podem ser distinguidos por um ou mais caracteres de outros grãos de pólen. O tipo polínico é fundamentado na descrição morfológica do pólen de uma espécie, a qual reúne em si os caracteres distintivos de uma categoria. Quando se descreve pela primeira vez uma forma morfológica de pólen atual ou antigo, extinto ou vivente, esta descrição constitui o modelo para comparação. Daí por diante, todas as espécies cujos grãos apresentam esta morfologia pertencem a este tipo (Erdtman, 1952; Salgado-Labouriau, 1973; Traverse, 1988, e outros). Esta definição é mais abrangente que a que é dada no glossário de pólen de Punt e colaboradores (1994).

Deve-se escolher para o nome do tipo o gênero (em casos especiais, a espécie) cujo pólen foi descrito primeiro (exemplo, tipo Alnus, sem itálico). No caso em que vários gêneros com a mesma morfologia foram descritos juntos, escolhe-se o gênero mais freqüente (exemplo, tipo Cassia) para designar aquele tipo polínico. Quando, mais tarde, se encontra outro gênero (ou espécie) com pólen da mesma morfologia, ele é incluído dentro do tipo. Por exemplo, o pólen de espécies dos gêneros ***Hymenaea***, ***Indigofera***, ***Tephrosia*** e ***Cassia*** das Leguminosas, Caesalpinoideae pertencem ao tipo Cassia. O tipo Gomphrena inclui várias espécies dos gêneros ***Gomphrena*** e ***Froelichia***, ao passo que o tipo Alternanthera, até o presente, só inclui espécies deste gênero (Salgado-Labouriau, 1973).

Em análise de pólen, quando um gênero é precedido da palavra "tipo" e é escrito sem itálico isto significa uma de duas alternativas: ou o autor não sabe qual é o gênero (dentro daquele tipo) que está representado naquela análise, ou é impossível distinguir entre os gêneros incluídos nesse tipo. A alternativa desse caso particular deve ser explicitada no texto do trabalho original.

O conceito de tipo polínico é recente. Nos primeiros trabalhos de análise de pólen, quando não havia a massa de dados morfológicos que temos hoje, usava-se uma outra designação para dois táxons com a mesma morfologia polínica. Todos os grãos daquele tipo eram contados juntos na análise como um elemento e eram denominados pela combinação dos dois nomes genéricos. Assim encontram-se nos diagramas: Ostrya-Carpinus, Acaena-Polylepis, Chenopodium-Amaranthus. Este sistema continua em uso quando se quer enfatizar os casos em que dois gêneros com a mesma morfologia de pólen pertencem a vegetações diferentes dentro da região estudada ou pertencem a plantas com hábitos diferentes (árvore x erva).

À medida que foram surgindo mais trabalhos de morfologia de pólen de plantas modernas esta forma de designação começou a se complicar. Sabe-se hoje, por exemplo, que o tipo Chenopodium-Amaranthus inclui todos os gêneros das Chenopodiáceas e somente o gênero *Amaranthus* das Amarantáceas. Nos trópicos isto se torna mais complexo porque existe maior diversidade de espécies e são muitos os casos em que mais de dois gêneros têm o mesmo tipo polínico. Assim, o tipo Acaena-Polylepis (das montanhas Andinas) inclui não somente todas as espécies sul-americanas destes dois gêneros, como também as do gênero *Margyricarpus*, todas elas da Tribo Sanguisorbeae, das Rosáceas (Simpson, 1979; Salgado-Labouriau, 1984). O exemplo extremo é o tipo Aspilia que inclui 9 gêneros de Compostas nos Cerrados (Salgado-Labouriau, 1973).

Do ponto de vista da análise palinológica algumas dessas semelhanças morfológicas podem ser resolvidas facilmente porque os gêneros (ou espécies) em questão ocorrem em regiões geográficas diferentes. Nas análises de sedimentos do Quaternário Tardio da parte mais alta dos Andes, o gênero *Margyricarpus* pode ser excluído do tipo Acaena-Polylepis porque suas espécies não crescem em altitudes acima de 2.000 m (Simpson, 1979). Pelo mesmo motivo as Combretáceas, com o mesmo tipo polínico das Melastomatáceas, podem ser excluídas das análises de terras altas andinas, mas não podem sê-lo no Brasil Central, onde ambas ocorrem no cerrado e na mata da mesma região. No caso do gênero *Amaranthus* e a família Chenopodiaceae, ambos podem ocorrer no mesmo tipo de vegetação e só é possível distinguir entre eles em casos especiais.

Os casos mais difíceis em análise palinológica são quando um tipo palinológico ocorre em táxons de ecossistemas diferentes dentro de uma mesma região ou quando incluem ervas e árvores com hábitats diferentes. *Acaena* e *Polylepis* apresentam as duas dificuldades. Ambos os gêneros ocorrem na vegetação acima da linha das árvores, nos Andes. *Polylepis* é um gênero que inclui 15 espécies (B. Simpson, 1979) de árvores pequenas, cada espécie forma bosques de pouca extensão (Fig. 13.4) cercados por uma vegetação aberta, nas partes altas dos Andes, desde o norte do Chile e da Argentina até a Venezuela e Colômbia. A habilidade de crescer acima da faixa altitudinal de floresta, em solos que se congelam quase todas as noites e sua ocorrência em pequenos bosques é um problema ainda aberto para ecologistas e fisiologistas. *Acaena* inclui várias espécies herbáceas e subarbustivas dos páramos e punas onde ocorrem os bosques de *Polylepis* (Salgado-Labouriau, 1979a, 1984b). Para casos como este é necessário fazer um estudo morfológico detalhado do pólen das espécies da região a fim de tentar separar os gêneros. Smit (1978) procurou separar os dois gêneros utilizando microscopia eletrônica para as espécies da Colômbia. A Tab. 6.2, no Capítulo 6, mostra que os grãos de pólen de 10 espécies de *Polylepis* são estatisticamente maiores do que os de três espécies de *Acaena* que ocorrem no Andes. Mas nem sempre uma distinção como esta pode ser aplicada para grãos mais antigos que o Quaternário Tardio.

A necessidade de distinção depende do objetivo da análise. A separação entre o pólen das espécies de Chenopodiaceae e o gênero *Amaranthus* é necessária no estudo do pólen atmosférico para controle de enfermidades respiratórias de fundo alérgico. Em paleoecologia esses dois táxons indicam uma vegetação aberta com domínio das herbáceas e, em primeira aproximação, podem ser considerados juntos, sem necessidade de distinção. Entretanto, cada vez que se quer afinar as conclusões de uma análise a existência de dois ou mais táxons com a mesma morfologia polínica apresenta problemas para os quais é necessário buscar solução.

À medida que se recua no tempo geológico, estas identidades têm que ser levadas em conta pelo analista porque a distribuição das espécies, os acidentes geográficos e o clima podem ter sido outros no passado da região estudada e onde hoje é montanha pode ter sido terra baixa ou litoral; pode ter sido muito mais quente ou mais frio que no presente.

Figura 13.4 Um pequeno bosque de *Polylepis sericea* acima de uma lagoa glacial na Estação de Loma Redonda do Teleférico de Mérida, nos páramos andinos da Venezuela. Observe a lagoa glacial no fundo do vale.

5. CHAVES DE IDENTIFICAÇÃO

Quando se inicia a análise palinológica de uma região é necessário fazer o levantamento das descrições morfológicas já publicadas para cada tipo de vegetação. Com base nas descrições e nas lâminas de referência constrói-se uma chave de identificação do tipo tradicional ou colocam-se as informações em um programa de computador. O método utilizado depende do analista, porém é necessário que este material esteja à mão para consulta da maneira mais rápida e eficiente possível.

Uma chave para identificação, seja ela da forma convencional ou um programa de computador nunca é totalmente aplicável fora da região para a qual foi feita. As chaves são necessariamente artificiais e analíticas e incluem somente as espécies da vegetação regional. Quando um grupo de gêneros (ou espécies) têm a mesma morfologia polínica, a chave só dará o gênero (ou espécie) que ocorre na região, geralmente sem citar as alternativas. Entretanto, na análise de sedimentos de outras regiões ou que são mais antigos que o Holoceno, a probabilidade de haverem outros táxons com a mesma morfologia aumenta, e isto tem que ser levado em conta.

Entre as chaves para diferentes regiões pode-se citar a do nordeste europeu (Faegri e Iversen, 1950, 1975; Faegri et al., 1989), a da Grã-Bretanha (Moore e Webb, 1978; Moore et al. 1991), do Havaí (Selling, 1946, 1947). Para as Américas, a dos Grandes Lagos da América do Norte (McAndrews e colaboradores, 1973) e outras, da América Central (Roubik e Moreno, 1991), da Amazônia (Colinvaux et al., 1999), dos cerrados do Brasil Central (Salgado-Labouriau, 1973), do Chile (Heusser, 1971), da Argentina (Markgraf e D'Antoni, 1978; Wingenroth e Heusser, 1984).

Geralmente nas chaves analíticas de pólen a primeira escolha é entre grãos isolados e associados em dois (díade), quatro (tétrade), ou mais de quatro grãos (políade). Segue-se com a escolha quanto ao número de aberturas do grão: inaperturado (não-aperturado), monoaperturado, di-aperturado, tri-aperturado, tetra-aperturado, mais de 4 aberturas (poliaperturado). A terceira distinção é quanto ao tipo de abertura: poro, colpo ou cólporo. Em seguida vêm os caracteres de ornamentação da exina, a posição das aberturas e sua morfologia. Esta seqüência permite identificar a maior parte dos táxons com o uso de aumentos pequenos no microscópio óptico (objetivas de 20x e 40x). Ficam de fora alguns grupos para os quais é necessário entrar em detalhes e utilizar aumentos maiores. Os grandes aumentos do microscópio óptico (ML, microscópio de luz) requerem a imersão da lente objetiva em um líquido de índice de refração igual ao do vidro da lâmina e da lamínula para que não haja aberrações de imagem e ela apareça clara e nítida no campo visual. O uso constante da objetiva de 100x (imersão a óleo) é muito cansativa aos olhos e os grãos têm que estar fixos na lâmina. Por isto o seu uso deve ser limitado a estes grupos de grãos que não puderam ser separados com aumentos menores. Para esses casos é necessário usar os caracteres de estrutura da exina, tamanho e forma dos grãos ou utilizar microscópio eletrônico de varredura (SEM).

Os caracteres de abertura (número, posição e forma) não mudam no sedimento ou na rocha sedimentar, mesmo que o grão tenha sido deformado, estirado ou retraído. Esta é a classe de caracteres morfológicos mais confiável para a identificação de grãos antigos. A ornamentação pode ser parcialmente desgastada por atrito, ou por ataque químico ou microbiológico dentro do sedimento ou no transporte até as bacias de deposição. Porém, se o grão está perfeito, a ornamentação é um bom caracter discriminante. A estrutura da exina (estratificação, columelas, etc.), ainda que confiável, é difícil de observar, exige geralmente grandes aumentos, e os grãos devem estar transparentes ou translúcidos. O tamanho e a forma podem mudar e só devem ser considerados em uma análise de rotina de grãos antigos se as diferenças entre dois táxons forem muito grandes porque durante o tempo em que os grãos ficam depositados nos sedimentos eles sofrem a ação de forças físicas e químicas que podem deformar, o que afeta a forma e o tamanho, dentro de um certo âmbito. Alem disto os grãos podem estar mais distendidos ou retraídos conforme o meio de montagem utilizado na observação e assim, variar um pouco a forma (veja Capítulo 11, Parte 4).

Os esporos de pteridófita são divididos primeiro em monoletes, triletes e esporos sem estas marcas (aletes). A seqüência seguinte é a mesma do pólen e os comentários feitos acima para o pólen se aplicam aos esporos também.

Quando uma flora tem um grande número de espécies que se preservam em sedimentos, a chave analítica pode ficar muito extensa e complicada. Walker e colaboradores (1968) desenvolveram um sistema de armazenamento de dados morfológicos em computador para a flora polínica da Austrália e mais tarde outros programas foram desenvolvidos para diferentes regiões. Hoje existe data-pólen para diferentes tipos de vegetação. Em todos estes sistemas computarizados, o analisador deve comparar a lista de possíveis espécies com lâminas de referência de pólen da região em questão. Um programa de computador, mesmo os que têm boas fotografias dos palinomorfos, nunca substituirá inteiramente uma coleção de lâminas de referência, mas sem dúvida ajuda muito. Em todos os casos, com chave ou computador, a identificação correta dependerá da experiência do analista e de uma boa coleção de lâminas de referência.

6. ALGUNS FATORES QUE INFLUENCIAM A QUALIDADE DA IDENTIFICAÇÃO

Na identificação dos grãos fósseis, um fator importante é o estado de preservação do microfóssil. Quando o pólen e os esporos estão deteriorados em um determinado nível ou mesmo ao longo de toda uma seção, não é possível interpretá-los do ponto de vista paleoecológico, mesmo que alguns tipos possam ser identificados. Se a preservação é má, somente os tipos mais fortes ou com caracteres muito marcantes são identificáveis e a contagem do conjunto de pólen (ou de outros palinomorfos) é uma contagem viciada, e não representa a vegetação daquela época.

Outro fator importante é a experiência e o conhecimento do analista. Sobre isto já se falou na parte em que se refere às chaves de identificação. Diz-se que um analista experimentado é capaz de se lembrar de cerca de 2.000 tipos de pólen.

A etapa da identificação de cada palinomorfo é essencial porque dela depende a interpretação paleoecológica. O conjunto de pólen e esporos depositados por uma vegetação não contém todos os elementos que compõem esta vegetação, ele é simplesmente um reflexo dela. Se, por um lado, isto oferece uma séria dificuldade que tem que ser superada (e será tratada mais adiante), por outro lado oferece a vantagem de que os elementos encontrados na análise palinológica não são muito numerosos e depois de um certo tempo de trabalho sobre uma determinada região ou período geológico, é possível identificá-los rapidamente e separar os poucos elementos novos que surgem, para os quais será necessário um estudo mais detalhado.

Em um diagrama de pólen do Quaternário Tardio da Europa Ocidental, por exemplo, os gêneros de árvores, cujo pólen é freqüente nos sedimentos, são doze: ***Pinus***, ***Betula***, ***Alnus***, ***Salix***, ***Quercus***, ***Fagus***, ***Tilia***, ***Ulmus***, ***Carpinus***, ***Fraxinus***, ***Corylus*** e ***Taxus***. No estudo de uma região nem sempre aparecem todos eles, porque os tipos de florestas onde eles crescem podem não ter ocupado aquela região.

Em uma região tropical, onde sabe-se que a diversidade de espécies é muito maior, geralmente o diagrama de pólen tem cerca de 30 a 40 elementos entre árvores e ervas. Entretanto, muitos elementos não aparecem sempre e outros têm freqüência muito baixa.

Uma das causas do pequeno número de tipos em uma análise quando comparado com a lista florística da região é que o pólen de plantas autofecundantes e das polinizadas exclusivamente por animais, praticamente não aparece. Outra causa é que pólen e esporos são identificados geralmente ao nível de gênero e não alcançam o nível de espécie, o que diminui o número de elementos no diagrama. Além disto, tem-se que considerar também o caso de táxons como as gramíneas, com numerosos gêneros e espécies que coabitam uma mesma área e que geralmente são identificados somente ao nível de família.

7. CONTAGEM DE PALINOMORFOS

A contagem de pólen, esporos e outros palinomorfos, deve ser feita de tal maneira que não haja possibilidade de seleção involuntária do analisador, nem a contagem repetida do mesmo palinomorfo. Retira-se uma alíquota do sedimento, já preparado e incluído em glicerina ou óleo de silicone. Coloca-se entre lâmina e lamínula e conta-se incluindo todos os palinomorfos seguindo um caminho determinado, com objetiva de 40x.

O caminho percorrido se faz começando do lado esquerdo e de cima para baixo, do campo (visto pelo observador e não do campo real), porque este é o sentido normal de leitura nos países ocidentais. Para outros tipos de escrita como o árabe, chinês, e outros, o ponto de partida poderá ser outro. O campo deve ser percorrido no sentido vertical (Fig.13.5A). Desta forma o que se está "lendo" é uma coluna estreita como uma coluna de jornal e os olhos, habituados à leitura, varrem o campo da esquerda para a direita sem se fatigar, sem perder grãos ou contá-los duas vezes.

É necessário ter sempre em mente que o erro de contar um grão duas vezes é muito maior que o de deixar de contar um grão. Por isto, se um palinomorfo se encontra nas bordas da coluna, com uma parte fora do campo visual, só se deve contar os de uma margem, sempre a mesma; por exemplo, a esquerda. Os da outra margem não são contados.

Terminada a contagem da coluna, marca-se um fragmento ou sujeira ou outro detalhe qualquer que seja fácil de ser identificado e que fique junto à extremidade direita do campo. Move-se a lâmina por meio de Charriot até que esta marca fique na extrema esquerda; continua-se a mover o Charriot até que a marca saia do campo. Inicia-se a contagem da nova coluna movendo agora de baixo para cima, e assim o campo total é percorrido em zigue-zague (Fig. 13.5A).

Quando é necessário medir grãos tem-se que movimentar um pouco o campo visual. Com isto os lados e as margens da coluna não ficam bem delimitadas porque nunca se consegue voltar exatamente para a posição inicial. O mesmo acontece quando é necessário girar um grão para identifica-lo, o que faz com que **toda a preparação** se mova. Nestes dois casos a coluna seguinte a ser analisada deve ficar bem afastada da coluna anterior, para que o mesmo campo visual não seja analisado duas vezes (13.5B). Percorre-se e conta-se a lâmina inteira desta maneira.

O método de contagem descrito acima é muito prático para sedimentos que não são muito ricos em palinomorfos ou para preparações que foram bem diluídas no meio de montagem. Um outro sistema de contagem é utilizado principalmente em sedimentos com grande abundância de pólen. O caminho percorrido durante a contagem é o mesmo zigue-zague descrito acima. Entretanto, começa-se no meio da lâmina e todos os palinomorfos são contados até chegar perto da margem direita da lamínula, onde se para (Fig.13.5C). Desta forma são contados os grãos das duas bordas, superior e inferior, e não são contadas as bordas laterais.

O efeito de borda é muito sério. Os grãos muito pequenos como os de *Mimosa* e os grãos leves como os de *Pinus* e *Podocarpus*, tendem a correr e se concentrar nas bordas da lamínula no momento em que esta é colocada sobre a preparação. Por outro lado, os grãos grandes e densos tendem a ficar onde caíram. Portanto, quando todos os grãos são contados dentro da lamínula, deve-se incluir as quatro bordas, mas quando só a metade do campo é contada, incluem-se somente duas bordas. Antes de iniciar a contagem é necessário observar se a alíquota é muito grande e a amostra extravasou para fora da lamínula. Neste caso, deve-se descartar a preparação e montar outra, com menos material.

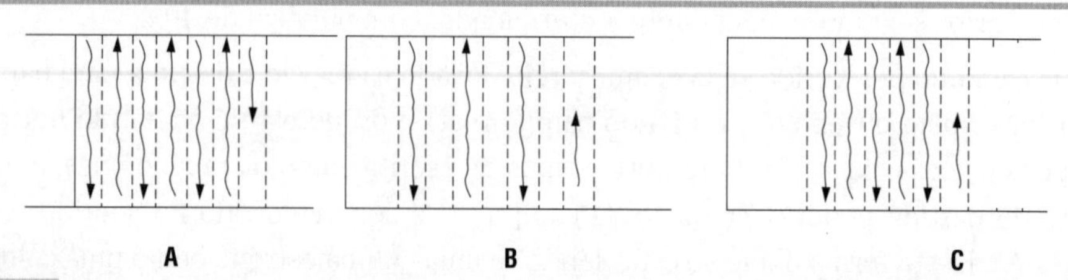

Figura 13.5 Esquema da leitura de uma lâmina de microscopia para análise palinológica. **A**, leitura normal; **B**, leitura de preparação com a lamínula solta para observação do grão em diferentes posições; **C**, sedimento com grande abundância de pólen. Veja texto para detalhes.

A contagem dos palinomorfos pode ser feita em um microscópio acoplado a um computador, o que torna a tarefa mais fácil, porque pode-se tirar fotografias digitais dos tipos à medida que vão surgindo. Pode ser feita também manualmente.

Para este tipo de contagem de grãos utiliza-se uma folha de contagem preparada para isto (Tab. 13.2) e contadores mecânicos. O mais prático é contar os tipos mais freqüentes com contadores de contagem simultânea, para 5 ou 8 elementos, que existem no comércio. Terminada a contagem, colocar a quantidade total na folha de contagem. Os grãos menos freqüentes e aqueles que não foram ainda identificados são contados nas folhas de contagem, onde é possível desenhar, fazer esquemas e anotar as características dos mesmos. Os grãos de pólen exótico ou as microesferas acrescentados à preparação para cálculo de concentração e influxo, é claro que são contados simultaneamente com os palinomorfos do sedimento. Eu organizo a folha de contagem na mesma seqüência das chaves de identificação: sem abertura – 1 abertura – 3 poros – 3 colpos – 3 cólporos – 4 aberturas – poliaperturado.

Não se deve analisar uma única lâmina por nível. A amostragem deve ser aleatória e geralmente um mínimo de três lâminas deve ser contado. Para as amostras ricas em pólen o afastamento entre as colunas de contagem pode ser maior.

Alguns autores, arbitrariamente, fixaram o número total de pólen contado. Nas análises de sedimentos da Europa e Estados Unidos é comum que se conte o pólen até atingir 200 ou 300 grãos. Nos países tropicais geralmente este número tem que ser maior para que haja oportunidade do aparecimento de espécies ecologicamente importantes mas que estão sub-representadas. O número de grãos contados por nível deve constar no trabalho publicado, seja em uma tabela à parte ou, o que é mais prático, do lado direito do diagrama de porcentagem (Ybert et al., 1992). Observe a coluna com o total de grãos contados à direita das Figs. 13.6 e 5.3.

Tabela 13.1 Contagem dos tipos polínicos em função do número de grãos de pólen encontrados. Amostras selecionadas dos sedimentos do Lago de Valência: V-6 e V-7. Dados de Salgado-Labouriau, 1980.

V-7		V-6	
N. de pólen	**N. de tipos**	**N. de pólen**	**N. de tipos**
29	9	89	16
51	15	143	21
168	28	214	24
233	29	285	27
338	31	319	28
403	33	340	29
490	36	382	34
543	39	424	36
666	39	519	36

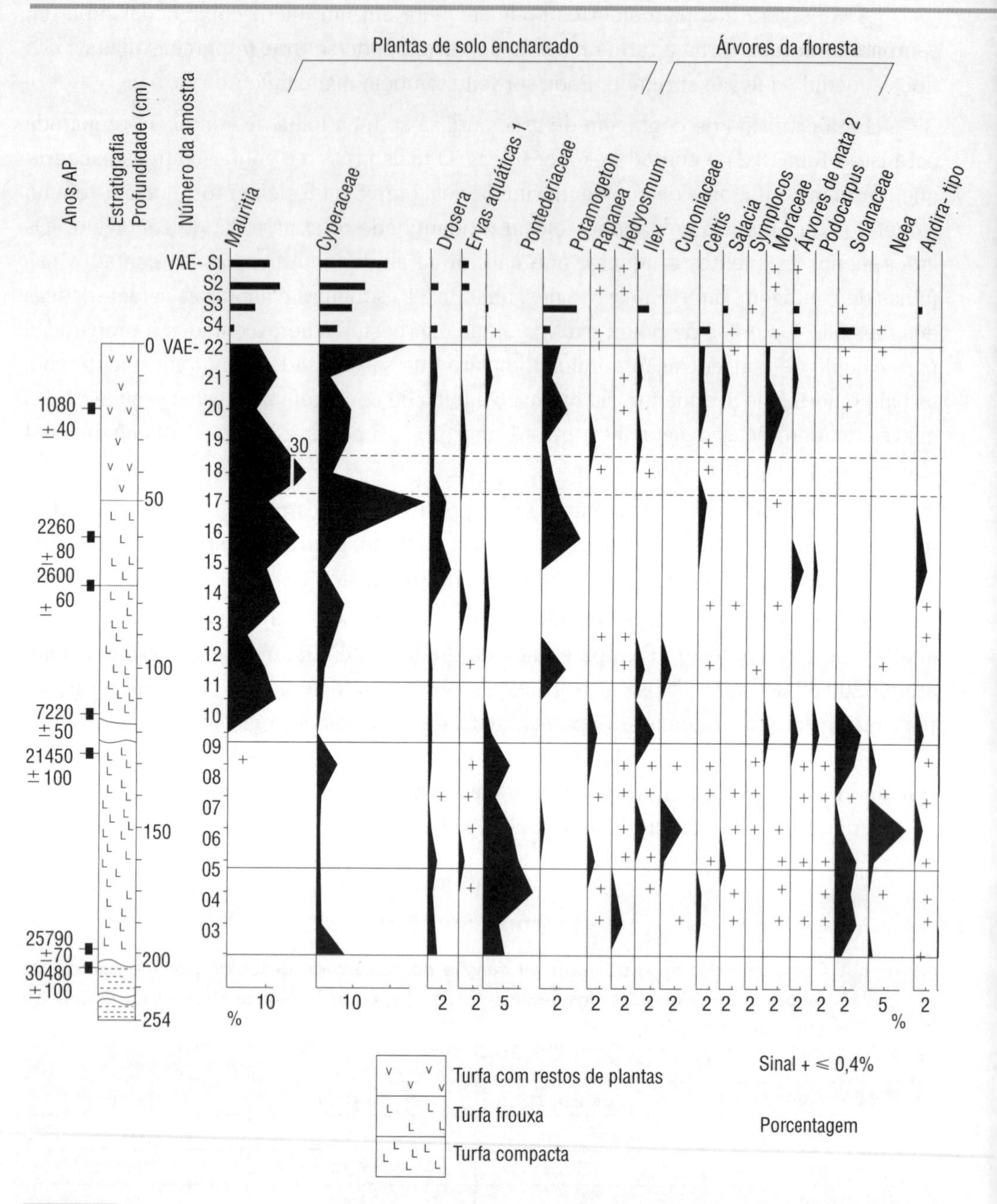

Figura 13.6 Diagrama de porcentagem de pólen em Águas Emendadas. Os elementos foram separados de acordo com o tipo de hábitat onde ocorrem: plantas de solo encharcado; árvores da mata; plantas lenhosas da savana (cerrado); ervas e pequenos arbustos da savana (cerrado) e campo; esporos de pteridófitas. À direita do diagrama, o número total de grãos de pólen contados por nível que é utilizado na soma de pólen para o cálculo de porcentagem. À esquerda, coluna estratigráfica com datações de ^{14}C. Barberi et al. (2000). (continua)

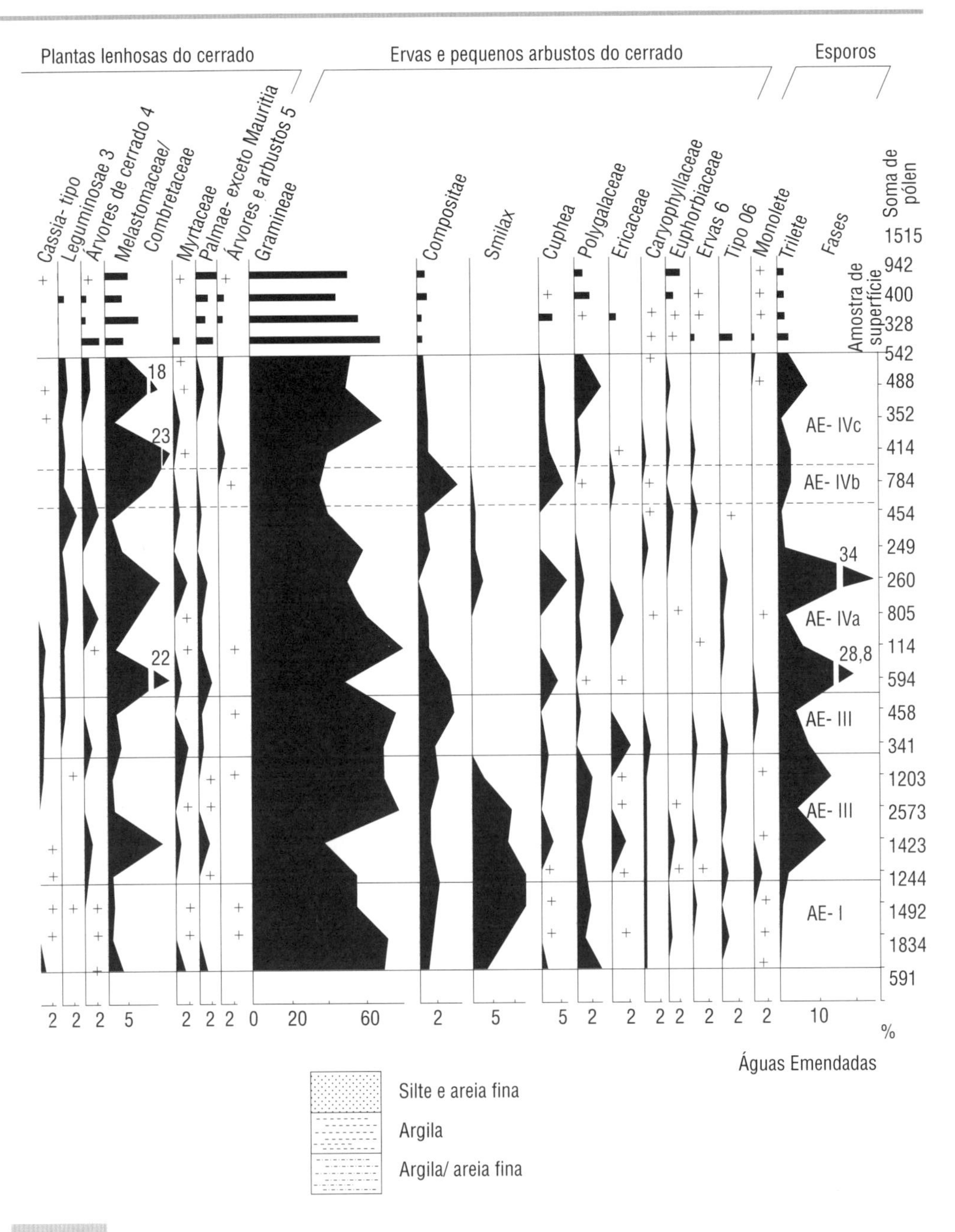

Figura 13.6 (continuação)

A maneira mais racional de determinar o número de grãos que devem ser contados é relaciona-lo com o número de tipos que surgem durante a contagem, como mostra a Tab. 13.1. A quantidade de tipos aumenta rapidamente no início da contagem e vai diminuindo gradualmente até a saturação (Fig. 13.7). A contagem é parada quando a curva está saturada (Salgado-Labouriau & Schubert 1976, Salgado-Labouriau 1979a) que geralmente ocorre quando se contam cerca de 70 grãos sem que apareça um novo tipo.

A necessidade de discriminar as espécies dentro de um tipo polínico tem levado ao uso de outros tipos de microscópio, além do microscópio óptico. Todavia, não é ainda possível utilizar os microscópios eletrônicos de varredura (SEM) e de transmissão (TEM) como rotina na análise de pólen. A contagem tem de ser feita em um mínimo de 300 grãos, e geralmente conta-se muito mais que isto por nível de sedimento para ter uma base sólida de dados.

Atualmente se está procurando um método de acoplar o microscópio de varredura a um computador,de forma que os tipos morfológicos sejam contados automaticamente. Esta técnica ainda está muito no começo mas sem dúvida representará um progresso quando for desenvolvida. Hoje, as observações em SEM e TEM são utilizadas com muito bons resultados para estudos morfológicos e de discriminação de táxons de pólen semelhante, mas ainda não podem ser utilizadas para contagem de rotina que resultará nos diagramas de freqüência.

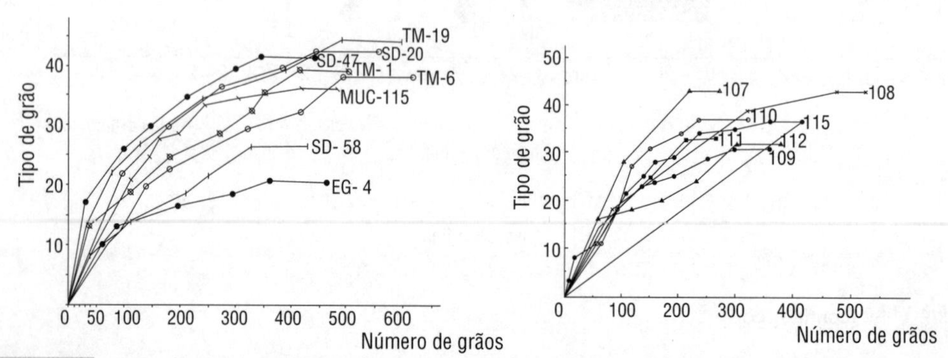

Figura 13.7 Curvas de saturação para contagem de pólen. Em abscissa, o número de grãos contados; em ordenada, o número de tipos polínicos encontrados, por amostra. Á esquerda, deposição moderna nos páramos, acima de 3.000 metros de altitude (Salgado-Labouriau, 1979a); à direita, sedimentos de um pântano em Águas Emendadas, DF, Brasil Central (Barberi et al., 2000).

Tabela 13.2

Contagem de Pólen
Local:
Amostra N. Lâmina N.

Tipo	Contagem	N. Total

Contagem de Esporos
Local:
Amostra N. Lâmina N.

Tipo	Contagem	N. Total

Apresentação dos dados da análise palinológica

14

1. INTRODUÇÃO

Uma vez identificados e contados os esporos, grãos de pólen e outros palinomorfos dos diferentes níveis estratigráficos ou de amostras da atmosfera, mel ou outras (Capítulo 13), é necessário preparar os dados obtidos para apresentá-los de uma maneira clara a fim de tirar o máximo de informação destes dados.

Em análise palinológica os dados são apresentados em porcentagem ou concentração dos tipos de pólen e outros palinomorfos que foram encontrados. Estes dados são organizados em diagramas que colocam estes resultados em ordem cronológica. Desta forma, a representação apresenta o reflexo da vegetação que existiu no passado e as mudanças que ocorreram ao longo do tempo de deposição.

No início das análises de pólen os dados eram apresentados como porcentagem de uma soma de pólen arbitrária em um gráfico denominado diagrama de pólen (von Post, 1967; Faegri et al., 1989). Com o tempo, foram criados outros cálculos e apresentações de diagramas. Estas formas de apresentar os resultados da contagem de palinomorfos serão descritas neste capítulo e suas vantagens e limitações serão discutidas. Os diagramas são discutidos no capítulo seguinte.

2. REPRESENTAÇÃO POR PORCENTAGEM

A representação dos palinomorfos em diagramas de pólen é feita tradicionalmente por porcentagem. O valor relativo de cada tipo é calculado pela **soma de pólen** ("pollen sum") que reúne o total dos grãos de pólen que se deseja destacar e ao qual se dá o valor de 100.

Até os anos 1970 na Europa, tomava-se por base de cálculo o total dos grãos de pólen de árvores (AP = "arboreal pollen"). O pólen das plantas herbáceas (NAP = "non arboreal pollen") e os esporos eram calculados em relação ao total de árvores. Portanto, a porcentagem de um elemento B, seja ele arbóreo ou não, neste cálculo é:

$$f = \frac{B \times 100}{\Sigma A}$$

Sendo ΣA o total dos grãos de pólen arbóreo e f a freqüência do tipo B expressa em porcentagem.

Este tipo de cálculo foi utilizado para o estudo dos períodos interglaciais da Europa e do Holoceno e está bem exemplificado pelos trabalhos do grupo do Serviço Geológico da Dinamarca (Iversen, 1941, 1956; Faegri & Iversen, 1950, 1975) e do grupo da Universidade de Cambridge (Godwin, 1975; West, 1980). Desta forma, foi possível estudar e comparar a composição e o desenvolvimento das florestas da Europa Ocidental durante os diferentes interglaciais e no Holoceno (Fig. 7.4), bem como detectar as derrubadas de florestas e o início da agricultura na Europa (Fig. 14.1).

Hoje em dia, a maioria dos autores prefere incluir na soma de pólen todos os tipos polínicos encontrados na análise. Neste caso a porcentagem f de um elemento será igual a:

$$f = \frac{B \times 100}{\Sigma P}$$

Em que B é o elemento e ΣP a soma do total de pólen encontrado. Este tipo de cálculo evita a subjetividade e mostra a relação entre tipos diferentes de vegetação. Por exemplo, nas savanas, páramos, pradarias e campos, o pólen de gramíneas atinge valores acima de 50% do total de pólen depositado (Figs. 5.3, 9.6); em uma mata decídua ou aberta o pólen de gramíneas cai abaixo de 20% (Fig. 5.1); em uma mata fechada se reduz a 1 ou 2%. A representação de dois tipos de vegetação contrastante e que existem (ou existiram) em uma mesma região, fica clara neste tipo de cálculo como, por exemplo, para savana x mata decídua, savana x mata de galeria, páramo x selva nublada, tundra x taiga. A sucessão de um tipo de vegetação para outro tipo, ao longo do tempo, fica bem representada (Figs. 7.4, 7.6 e 14.1). Os esporos e outros palinomorfos são sempre excluídos da soma de pólen. Sua freqüência é calculada em relação à soma de pólen.

Seja qual for o critério que se usou para a soma de pólen, é necessário defini-lo no trabalho. Quando já existem trabalhos publicados para uma região, é preferível usar a soma de pólen já utilizada a fim de que a comparação entre as diferentes localidades seja possível. Só se deve mudar o critério quando realmente for necessário e, neste caso, é preciso dar a justificativa. Trabalhos antigos, com mais de 40 anos e que utilizaram uma soma de pólen arbitrária, é um destes casos em que é necessário mudar o critério.

Nas regiões tropicais, com grande riqueza de tipos polínicos e onde não se sabe ainda o valor de representação de cada um, ou não se conhece ainda a identificação de muitos, é preferível que a soma de pólen inclua todo o pólen encontrado. O grande problema da interpretação reside no fato de que o conjunto de pólen depositado é somente um reflexo da vegetação e não representa diretamente a proporção de cada elemento na comunidade vegetal. Mas essa dificuldade pode ser contornada pelo estudo da deposição moderna de pólen, nos tipos de vegetação da região.

Os diagramas de pólen por porcentagem representam principalmente as mudanças relativas da vegetação e para isto são muito importantes. Porém, não informam quanto à abundância independente de cada elemento dentro do conjunto (assemblagem) de pólen.

2.1 Distorções da representação por porcentagem

A representação do conjunto de pólen por porcentagem tem distorções inerentes ao cálculo que podem ser grandes em certos casos. Um tipo de distorção aparece quando um elemento é extremamente abundante, o que faz com que os valores de outros tipos diminuam relativamente. Se um elemento representa 80% ou mais em um determinado nível estratigráfico, isto fará com que todos os outros elementos tenham um mínimo neste nível. Esses mínimos podem não ser reais e representarem somente uma distorção de cálculo. Este caso é comum quando a amostra é tirada junto de uma planta que é boa produtora de pólen ou quando flores ou anteras de uma espécie caem no solo e são incorporadas ao sedimento. Este é um efeito local que é fácil de ser percebido no estudo de deposição moderna, mas não o é nos estudos de sedimentos antigos.

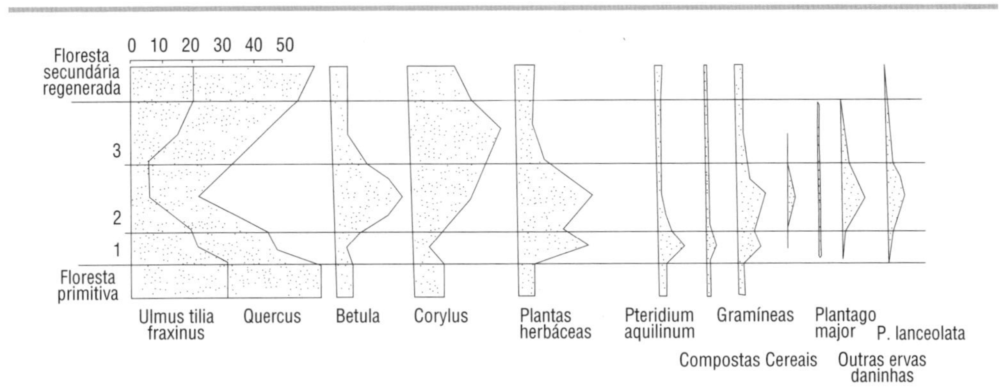

Figura 14.1 Diagrama de pólen que mostra a derrubada da floresta de carvalhos na Dinamarca entre 2500 e 2300 AC para plantar cereais (fase 2) sinalizando o início da agricultura nessa região e o abandono posterior do local, segundo J. Iversen, 1941 (tradução em Salgado-Labouriau, 1962).

Este tipo de distorção pode ser detectado na análise quando pedaços de antera cheia de pólen são encontrados dentro da preparação ou quando aparecem grupos de grãos do mesmo tipo grudados entre si. Nesses casos não há dúvida de que a grande quantidade obtida deste tipo polínico não é devida à sua grande abundância na vegetação e sim a um efeito local. Porém, o processo de preparação do sedimento com suas numerosas etapas de agitação e lavagem pode desagregar e homogeneizar esses grupos de grãos dentro da amostra e sua detecção torna-se impossível. A correção só pode ser feita pelo cálculo de valor absoluto que será tratado mais adiante. Antes, fazia-se a correção retirando da soma de pólen, este elemento muito abundante.

Quando um ou mais tipos de pólen são extremamente abundantes no conjunto de pólen, como muitas vezes ocorre na vegetação tropical, o diagrama de porcentagem sub-representa os outros tipos. São numerosos os exemplos de distorção por abundância excessiva de pólen local. Na Fig. 5.1, *Alnus* e *Podocarpus* dominam o diagrama do terraço de Tuñame indicando uma mata de galeria. Uma correção gráfica pode ser feita pela utilização de escalas diferentes para os elementos em porcentagem baixa na coordenada horizontal, abscissa (veja Fig. 5.1). Esta prática é muito freqüente e o leitor deve prestar muita atenção na escala de cada curva do diagrama de pólen para não errar na informação. O uso de fatores de correção propostos por alguns autores é desaconselhável, porque não corrige a distorção e traz uma complicação a mais.

Uma distorção muito séria da representação por porcentagem ocorre quando a vegetação local é muito pobre e contribui com pouco pólen no depósito. Neste caso, o pólen que vem de longa distância passa a ser o dominante no conjunto depositado. Este tipo de distorção ocorre em depósitos dentro de regiões semi-áridas e em desertos, mas são facilmente detectadas em diagramas de valores absolutos (concentração ou influxo).

Outro tipo de distorção é devido às gramíneas aquáticas. As análises palinológicas são geralmente feitas em depósitos antigos onde houve acúmulo de água, isto é, antigas lagoas, pântanos, brejos, turfeiras, veredas, etc., onde as gramíneas aquáticas costumam ser muito abundantes. A sua grande freqüência dentro do conjunto de pólen, nesse caso, não representa a presença de um campo, savana ou cerrado, mas sim a vegetação aquática do sítio de amostragem.

Quando a vegetação local é rala e esparsa o resultado também é distorcido e o pólen de longa-distância é super-representado. Este tipo de distorção é exemplificado pela comparação entre as Figs. 7.6 e 7.7. Ambas as figuras representam a análise dos sedimentos do Páramo de Miranda, nos altos Andes. Na Fig. 7.7 a porcentagem de pólen de gramíneas é muito alta na parte mais antiga da seção. Isto poderia sugerir que na época havia um prado de gramíneas na área. Entretanto, a observação da Fig. 7.7 que mostra os mesmos dados expressos em valores absolutos, mostra que havia muito pouco pólen sendo depositado naquela época. Isto indica que não havia plantas crescendo na área nessa época e a quantidade reduzida de pólen que aparece na análise vem da vegetação de altitudes mais baixas (Salgado-Labouriau, Rull et al., 1988).

3. REPRESENTAÇÃO POR CONCENTRAÇÃO

Os problemas de distorção das curvas de porcentagem, descritos acima, levaram alguns palinólogos, a partir dos anos de 1960, a buscarem maneiras de calcular a concentração de pólen em sedimentos e avaliar cada tipo de pólen de forma independente dos outros tipos. Estes valores seriam utilizados como complementação do diagrama tradicional de porcentagem.

A **concentração de um palinomorfo** é a quantidade de grãos de um tipo morfológico encontrada por unidade de volume ou de peso da amostra: metro cúbico (para ar atmosférico), centímetro cúbico ou miligrama (para sedimentos). A dificuldade na determinação da concentração em valores absolutos está principalmente em como retirar uma amostra que efetivamente represente o volume ou o peso que se quer. No caso da atmosfera, a cubagem de ar é utilizada em aerobiologia para fins médicos e a amostragem do ar é feita atualmente por meio de aparelhos desenvolvidos para este fim. Veja o Capítulo 8 para maiores detalhes. Neste capítulo só trataremos de concentração de palinomorfos em sedimentos.

Há várias técnicas de preparo das amostras para a contagem da freqüência de um palinomorfo expressa em valores absolutos. Duas delas serão discutidas a seguir. Uma terceira técnica que consiste em introduzir um marcador interno está descrita na Parte 4.

Neste capítulo as etapas que descrevem estas diferentes técnicas começam com o Item número 83. Desta forma, continua-se a seqüência de numeração das técnicas descritas em capítulos anteriores e evita-se a repetição desnecessária dos passos de certas rotinas como as de lavagem, centrifugação, decantação, etc. Pelo mesmo motivo, as observações ao final das técnicas são numeradas em seguida e aqui se iniciam com o Item 7.

3.1 Amostragem volumétrica

A amostragem volumétrica para o cálculo de concentração é feita de diferentes maneiras. Uma forma consiste em:

83. medir precisamente um volume de água destilada em um cilindro graduado (proveta). Juntar a esta água o sedimento até que atinja o volume desejado, medido por deslocamento da água no cilindro. Por exemplo, medir 10 ml de água, juntar sedimento até atingir 12 ml de volume total;
84. passar para um tubo de centrífuga, centrifugar e decantar a água;
85. iniciar a preparação do sedimento (Capítulo 12).

Este método seria o mais preciso se não houvesse o problema de que alguns sedimentos tem mais material solúvel em água que outros, dando portanto uma diferença pequena entre as amostras dos vários níveis do perfil estratigráfico. Além disto, é difícil medir o volume do deslocamento da água quando há muita matéria orgânica que flutua na água, o que ocorre freqüentemente com amostras de turfa. Esta técnica é mais aconselhável para estudo de microfósseis calcários e silicosos em sedimentos marinhos.

Outra técnica volumétrica, que é muito utilizada para palinomorfos de sedimentos continentais, consiste em retirar o material diretamente do sedimento utilizando uma colher volumétrica, geralmente de 1 cm^3. Esta é a técnica mais utilizada em análise de palinomorfos:

86. com uma espátula retirar o sedimento (de lago, turfeira ou pântano) no centro do cilindro de sondagem (testemunho) evitando tocar na parte externa do cilindro. Colocar este sedimento em uma colher ou cubo volumétrico. Deve-se apertar ligeiramente com a espátula o sedimento contra a colher para eliminar o mais possível bolhas de ar, espaços vazios e excesso de água. O sedimento não deve ser comprimido. Repete-se a operação até encher bem a colher volumétrica ou cubo. Com a espátula, retira-se o excesso acima do nível da colher (M.B. Davis, comunicação pessoal, 1980).

Observação 7 – Não enfie a colher ou cubo volumétrico diretamente no sedimento para retirar a amostra. Este procedimento faz com que a mostra fique menos ou mais comprimida, dependendo do sedimento, e retira volumes diferentes dependendo da força usada ou da compactação do sedimento. A técnica da espátula controla melhor a colocação do material e a sua compactação fica mais uniforme, além de que pode ser controlada visualmente, para que as diferentes amostras tenham o mesmo volume.

Alguns pesquisadores mandam fazer um cubo de metal, geralmente de alumínio ou de polietileno, com o volume que usam normalmente. Este volume para material rico em pólen é de 1 cm^3.

3.2 Método de retirada de alíquotas para cálculo de concentração

Uma vez terminada a preparação química de uma amostra ou nível estratigráfico, cujo volume ou peso é conhecido, retiram-se alíquotas para a contagem dos grãos e calcula-se a concentração da seguinte forma:

87. Pese uma lâmina de microscopia em uma balança analítica de centésimo de miligrama e anote o peso (Pv).

88. Coloque no centro da lâmina, uma pequena quantidade de sedimento já preparado e que foi lavado em água, utilizando um bastonete de vidro (ou plástico, ou madeira).

89. Deixe por algum tempo ao ar livre para evaporar o excesso de água ou leve à estufa a cerca de 50°C durante alguns minutos para secar o material, sem que fique ressecado.

90. Pese o conjunto de lâmina + sedimento (Ps) e calcule quantos miligramas de sedimento foram colocados na lâmina (Ps – Pv = peso do sedimento). Anote o peso. É melhor montar várias lâminas de uma só vez. A pesagem tem que ser feita em uma balança analítica que pese centésimo de miligrama (0,01 mg). A segunda casa decimal é usada para arredondar o número e o resultado é dado em décimo de miligrama. Anote o peso. Geralmente a quantidade de material úmido posto na lâmina fica entre 0,5 e 1,0 miligrama (por exemplo, veja Tab. 14.1).
91. Junte ao sedimento umas gotas de gelatina glicerinada corada com safranina. Coloque uma lamínula de 20 x 20 mm e lute com parafina utilizando a técnica descrita nas Etapas de 17 a 26 (Capítulo 11).
92. Conte todos os grãos debaixo da lamínula. Deve-se contar no mínimo 3 lâminas (limite das pequenas amostras em estatística), por isto a alíquota retirada deve ser pequena, ocupando menos do que 20 x 20 mm de área. Inicie a contagem da segunda lâmina.

O número final de grãos contados por mg de sedimento (N) será igual a:

$$N = \frac{n1 + n2 + n3 + \ldots\ldots n}{p1 + p2 + p3 + \ldots\ldots p}$$

sendo que n1, n2, n3.....n, são o número total de grãos contados para um tipo de pólen em cada alíquota e, p1, p2, p3.......p, os pesos respectivos das alíquotas. O total de peso examinado deve ser superior a 1 mg (Tabela 14.1). No caso de se desejar expressar o resultado em número de grãos por cm^3, é necessário pesar 1 cm^3 da amostra inicial, antes do tratamento e o número de grãos por cm^3 (N) será igual a:

$$N = \frac{(n1 + n2 + n3 + \ldots n) \times A}{p1 + p2 + p3 + \ldots\ldots p}$$

em que **A** é o peso de 1 cm^3 do sedimento úmido inicial.

Neste método gravimétrico toda a área ocupada pela amostra sob a lamínula tem que ser analisada e todos os palinomorfos têm que ser contados (Salgado-Labouriau, 1973, capítulo V, Precipitação Polínica nos Cerrados, e 1979b).

Um outro método de retirar alíquotas para cálculo da concentração foi criado por Benninhoff (1962) e modificado por M.B. Davis (1965, 1966). A técnica consiste em retirar alíquotas por volume de sedimento já preparado, da seguinte forma:

93. o sedimento já preparado é suspenso em um volume conhecido de etanol ou em TBA (álcool butílico terciário) mais óleo de silicone (veja Etapa 31 a 36, Capítulo 11);

94. a suspensão é colocada em uma placa agitadora. Enquanto está sendo agitada, retirar uma alíquota de volume constante com uma pipeta volumétrica de precisão. A agitação constante é necessária para que o pólen não decante e para que a suspensão seja homogênea, desta forma evitando erros na tomada das alíquotas;
95. colocar a alíquota sobre uma lâmina e contar todos os grãos da preparação.

Uma causa de erro neste método é que muitos grãos podem ficar aderidos na parede da pipeta (M. Davis, 1965), o que diminui o número real de grãos por volume. Outra causa de erro é que o diluente (etanol ou TBA) é volátil e o frasco contendo a mistura tem que ser bem arrolhado para evitar evaporação e portanto aumento da concentração de pólen na preparação. Mesmo com os cuidados devidos sempre haverá perda do diluente. Como é necessário multiplicar a soma das alíquotas pelo volume inicial, os dois tipos de erro acima descritos são multiplicados no resultado final. Este método tende a favorecer os grãos mais leves (que decantam mais lentamente) e com menos aderência às paredes de vidro. Por estes motivos muitos analistas abandonaram este método.

A retirada de amostras pelo método gravimétrico faz com que as amostras que contenham muita sílica (argila ou silte) tenham menor quantidade de matéria orgânica, e portanto palinomorfos, que amostras de gyttja ou turfa. Por outro lado, existe um erro inerente da amostragem por volume porque a matéria orgânica é mais compressível do que silte e argila. Desta forma, em uma seção estratigráfica, na qual as camadas de argila se intercalam com camadas de turfa ou gyttja, os volumes retirados não são estritamente comparáveis. Somente são comparáveis dentro do mesmo tipo de sedimento. Entretanto, seja qual for o método de amostragem, as amostras devem ser aproximadamente do mesmo tamanho dentro de uma seção estratigráfica pois o fato de que o perfil estratigráfico é constituído de camadas diferentes intercaladas, já é uma informação paleoecológica.

Existem pequenas variações dos métodos descritos acima que foram desenvolvidas por diferentes autores. Entre eles, o método gravimétrico é o mais preciso. Atualmente dá-se preferência a um terceiro método que consiste em colocar um marcador interno e que será descrito a seguir.

Tabela 14.1 Peso das alíquotas para o cálculo da concentração de pólen da precipitação polínica mensal em um cerrado do Brasil Central. Dados retirados da Tabela 2, p. 211, em Salgado-Labouriau (1973).

Meses		Ago.	Set.	Out.	Nov.	Dez.
Peso total do sedimento acetolisado (mg)		16,9	184,1	32,7	130,2	54,5
Peso do sedimento examinado (mg)	lâmina 1	1,0	1,1	1,6	0,6	1,0
	lâmina 2	1,2	1,0	3,4	0,9	0,5
	lâmina 3	0,6	1,3	1,1	0,9	1,3
	Total	2,8	3,4	6,1	2,4	2,8

4. MÉTODO DE INTRODUÇÃO DE UM MARCADOR INTERNO PARA CALCULAR A CONCENTRAÇÃO

Este método consiste na introdução de microesferas ou de pólen exótico dentro da amostra. A quantidade introduzida é conhecida e serve como marcador interno. As microesferas podem ser de vidro ou de plástico (Craig, 1972; Ogden, 1986) e têm que ter características especiais que não são encontradas facilmente no comércio.

A grande vantagem deste método é que o marcador é colocado antes de se iniciar a preparação do material para análise ao microscópio. Portanto, o marcador interno passa por todos os tratamentos dados à amostra. Qualquer perda de material durante o processo, tais como transferência de um frasco para o outro, decantação, filtração, ou outro, tem o mesmo efeito numérico no marcador e no pólen. Como sempre há alguma perda nesses processos, esta é uma vantagem importante.

Qualquer partícula adicionada ao sedimento como marcador interno deve ter as seguintes propriedades: 1. não fazer parte do conjunto de palinomorfos (assemblagem) do sedimento; 2. ser facilmente reconhecida durante a contagem; 3. ter aproximadamente a mesma densidade dos grãos de pólen para que se misturem bem com eles durante a preparação; 4. ser resistente a todos os tratamentos a que as amostras de sedimento são submetidas. No caso de microesferas de polietileno ou outro plástico, a etapa da acetólise não pode ser usada, porque a acetilação ataca o material plástico.

Além do que foi dito acima, as microesferas de plástico utilizadas até o presente e vendidas comercialmente (Craig, 1972; Ogden, 1986, entre outros) não possuem exatamente as características físicas do pólen, especialmente gravidade específica, e não podem ser distribuídas homogeneamente na amostra. Isto faz com que os marcadores favoritos dos palinólogos sejam os grãos de pólen de um tipo palinológico que não ocorra naturalmente na área estudada e que seja morfologicamente diferente dos que são analisados (pólen exótico).

Este método foi usado pela primeira vez em análise de pólen por Benninghoff (1962) e depois desenvolvido por muitos outros autores como Mathews (1969), Bonny (1972), Craig (1972), Peck (1974), Maher (1981) e Salgado-Labouriau e colaboradores (1988), entre outros. As diferentes formas de introdução do marcador e sua calibração são discutidas a seguir.

4.1 Calibração do pólen exótico por peso

Para introduzir qualquer tipo de pólen por peso é necessário estimar o número de grãos introduzidos por cm^3 ou miligrama de sedimento. O método foi desenvolvido por Salgado-Labouriau & Rull (1986) e consiste em pesar precisamente uma certa quantidade do pólen a ser introduzido. Neste caso, utilizou-se o pólen de ***Kochia scoparia*** (Chenopodiaceae), porém pode ser utilizado qualquer tipo de pólen (eucalipto, licopódio, ou outro) ou microesferas.

O pólen pesado é introduzido em 20 ml de uma solução aquosa de glicerol (1:1). Foram preparadas 8 amostras de 20 ml de glicerol com uma quantidade (em peso) crescente de pólen (Fig. 14.2). De cada amostra foram retiradas 20 alíquotas. Os grãos de pólen de cada alíquota foram contados em uma câmara de hemacitômetro (\para detalhes veja Salgado-Labouriau e Rull, 1986). O número médio de grãos em suspensão em cada amostra foi calculado e se encontra na Tab. 14.2. A conclusão foi que:

Um miligrama de *Kochia scoparia* contém 60.543,88 grãos de pólen; o desvio padrão é s_x = 3.574,34; coeficiente de variabilidade 5,90%; intervalo de confiança de ± 2.914 a 95% (Salgado-Labouriau & Rull, 1986).

O método de calibração descrito acima pode ser utilizado para qualquer tipo de pólen, de esporo ou de microesfera. Também pode ser utilizado para calibrar os tabletes de esporos ou pólen exótico comprados no comércio. Nesse caso calibram-se individualmente 8 ou 10 tabletes retirados ao acaso do frasco.

4.2 Introdução do marcador interno na amostra e cálculo da concentração

Uma vez que o número de grãos de *Kochia* por miligrama, ou de qualquer outro tipo de pólen é conhecido, é possível estimar o peso necessário de grãos que deve ser introduzido ao sedimento para ter uma proporção equilibrada entre o conjunto de pólen a ser analisado e o marcador. Como foi dito anteriormente, este marcador pode ser pólen exótico ou microesfera e deve representar mais de 20% do pólen esperado na análise (veja Maher, 1981 para maiores detalhes).

A quantidade desejada de pólen exótico é colocada em uma barquinha ou microfunil de pesagem e é pesada em uma balança com precisão de 0,01 mg. O pólen contido no microfunil ou em uma barquinha de pesagem é esvaziado diretamente para dentro do tubo

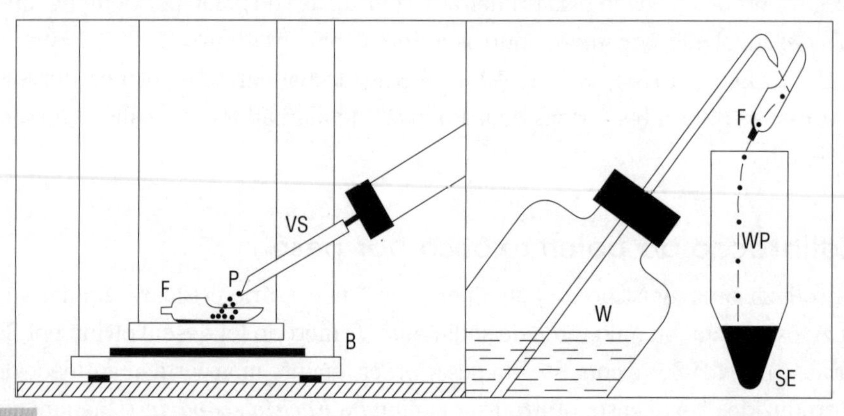

Figura 14.2 Pesagem de *Kochia scoparia* para cálculo do número de pólen por miligrama. Salgado-Labouriau & Rull, 1986. Veja texto para detalhes.

contendo o sedimento por meio de jorros de água destilada de uma pisseta (jorradeira) (Fig.14.2). Todos os grãos contidos no microfunil devem ser arrastados para dentro do sedimento.

A quantidade de pólen exótico introduzida geralmente fica em torno de 1 mg (Tab. 14.3). Nós utilizamos cerca de 0,80 a 1,10 mg para 1 cm^3 de sedimento. A vantagem deste método é a de não ser necessário pesar uma quantidade fixa para todas as amostras, o que seria muito trabalhoso levando em conta que o pólen é uma poeira muito fina. Pesa-se precisamente uma quantidade próxima de 1 mg e anota-se o peso exato. Um exemplo é dado na Tab. 14.3. Observe também a Tab. 14.2, onde o peso do pólen para as suspensões cada vez mais concentradas não é, porque não precisam ser, um número inteiro.

O número de grãos introduzidos Ni, será:

$$Ni = N \times p$$

Sendo N o número de grãos de pólen exótico por miligrama, p o peso de pólen introduzido. No caso de ***Kochia***

$$Ni = 60.543{,}88 \times \text{peso de pólen exótico introduzido por amostra}$$

O valor absoluto (concentração) de cada palinomorfo pv, contado na preparação, será:

$$pv = \frac{Ni \times \text{número contado do palinomorfo}}{\text{Número contado de pólen exótico}}$$

O marcador interno, seja ele pólen exótico ou microesferas, deve ser introduzido antes de qualquer tratamento do sedimento a ser analisado para que passe por todas as etapas de preparação que passarão os microfósseis do material. Para maiores detalhes sobre a introdução de um marcador interno, veja os artigos de Maher (1981).

O método de acréscimo de marcador por peso diminui o erro resultante da introdução do marcador, pois permite que se estime o intervalo de confiança e o erro padrão em cada nível estratigráfico onde foi introduzido. Além disto, evita o trabalhoso processo de calibração de uma solução estoque (veja a seguir) que tem que ser feita cada vez que se vai introduzir o marcador no sedimento. No método de introdução de pólen exótico por peso a calibração só necessita ser feita uma vez para o frasco de pólen puro de uma determinada espécie.

A vantagem do método descrito acima em relação ao uso de tabletes é que o tipo de pólen usado está sob o controle do pesquisador, ao passo que os tabletes só são oferecidos com esporos de um licopódio ou pólen de eucalipto. Se estes tipos são comuns na vegetação da região estudada, não é possível utilizá-los. No caso de introdução de pólen exótico por peso, existe uma escolha grande de pólen e de esporos à venda pelas empresas fornecedoras de substâncias e reagentes de laboratório. Por exemplo, a SIGMA alista para compra o pólen de 25 espécies de plantas entre árvores, gramíneas e outras ervas. Catálogos especiais para produtos alergênicos também vendem pólen puro de certas espécies. Desta forma é possível escolher o tipo que melhor se adapta às exigências da análise palinológica de cada região. Um frasco de pólen comercial geralmente tem 5 g de pólen puro e dura muitos anos.

4.3 Outros tipos de introdução do marcador interno

A introdução de um marcador interno pode ser feita por outros métodos, além do descrito na Parte 4.2.

A) método da **solução estoque** – Um dos métodos mais antigos é a introdução de pólen exótico contido em uma **solução estoque**, cujo número de grãos por mililitro

Tabela 14.2 Contagem do pólen de *Kochia scoparia* em suspensões de concentração crescente utilizando um hemacitômetro. Adaptado de Salgado-Labouriau & Rull (1986).

N. da amostra	Peso do pólen introduzido (mg)	N. médio[a] de grãos por câmara[b]	N. de grãos em suspensão[a]	Grãos por miligrama[a]
1	39,38	105,45 ± 4,83	2.365,555 ± 107,333	60.070 ± 2725
2	51,39	132,75 ± 5,53	2.950,000 ± 122,889	57.404 ± 2391
3	52,23	159,00 ± 6,05	3.533,333 ± 134,444	67.649 ± 2574
4	60,40	155,35 ± 5,83	3.452,222 ± 129,556	57.156 ± 2146
5	69,53	195,15 ± 6,54	4.336,667 ± 145,333	62.371 ± 2090
6	77,71	205,35 ± 6,88	4.563,333 ± 152,889	58.723 ± 1967
7	89,77	235,00 ± 7,17	5.222,222 ± 159,333	58,173 ± 1775
8	103,46	292,40 ± 7,80	6.497,778 ± 173,333	62.805 ± 1675

[a] = média ± intervalo de confiança (nível de significância = 0.05)

[b] = média de 20 alíquotas

N. = número

é conhecido. A solução estoque é feita a partir de uma quantidade arbitrária de pólen exótico ou microesferas mantida em suspensão aquosa de glicerol (1:1). Para verificar quantos grãos estão suspensos em um mililitro de solução aplica-se o método para cálculo da concentração (Etapas 93 a 95), utilizando para o cálculo três alíquotas no mínimo.

Uma vez calibrada a solução estoque, retira-se um volume conhecido para adicionar o número desejado de marcador ao sedimento Esta adição é feita antes de o material ser preparado para a análise. A suspensão de pólen só estará homogênea para retirada da alíquota depois de ser agitada mecanicamente durante pelo menos uma hora (Craig, 1972; Bonny, 1972, entre outros).

Esta solução estoque está sujeita a evaporar ou absorver água da atmosfera, o que faz variar a quantidade de marcador por volume de sedimento. Portanto, é necessário recalibrar a solução estoque todas as vezes que for utilizada. A solução estoque tem que ser mantida em frasco hermeticamente fechado e deve ser recalibrada de tempo em tempo. Como a calibração é trabalhosa, o método gravimétrico descrito anteriormente oferece a vantagem de que ela só é feita uma vez, para cada frasco com pólen comercial. Também, cada vez que se utiliza uma solução estoque ela tem que ser agitada pelo menos por uma hora para homogeneizar a suspensão, antes de introduzi-la.

B) Método dos **tabletes de pólen** – O pólen exótico também pode ser introduzido ao sedimento por meio de tabletes vendidos comercialmente. Estes **tabletes** são comprimidos de carbonato de cálcio contendo um número conhecido de esporos ou de grãos de pólen. Tabletes de eucalipto ou de licopódio são fabricados na Suécia por Stockmarr (1971) e por Berglund & Persson (1988). Os fabricantes dão a quantidade de grãos por tabletes. Entretanto, é prudente calibrar os ta-

Tabela 14.3 Quantidade de pólen de Kochia introduzida em alguns níveis selecionados da análise palinológica de sedimentos da perfuração da Vereda de Águas Emendadas, DF. Dados obtidos por M. Barberi (1994).

N. da amostra	Profundidade (cm)	Volume de sedimento (cm^3)	Peso de kochia introduzida (mg)	Quantidade de grãos introduzidos por cm^3
VAE-01	250 – 251	3	0,96	19374,04
VAE-02	230 – 231	3	1,02	20584,92
VAE-05	171 – 172	2	0,86	26033,87
VAE-06	161 – 162	2	0,86	26033,87
VAE-07	151 – 152	2	0,84	25428,43
VAE-08	141 – 142	2	0,82	24822,99
VAE-09	131 - 132	2	0,91	27547,47

1 mg = 60543,88 /3 = 20 181,29
/2 = 30 271,94

bletes de cada partida, antes de utilizá-los. Este método é de fácil utilização e o carbonato de cálcio é eliminado com ácido fraco ou diluído, durante a preparação do sedimento.

Uma vez introduzido um número certo de tabletes na amostra de sedimento que se deseja analisar, multiplica-se este número pela quantidade de grãos por tablete fornecida pelo fabricante. Tem-se, então, o número total de grãos exóticos introduzido na amostra. Em seguida aplica-se a fórmula para obter os valores absolutos de cada tipo contado.

O método do tablete tem algumas desvantagens. Só existem dois tipos de grãos para escolher. Se a vegetação da região analisada tiver estes tipos de grãos, não será possível utilizá-los. ***Lycopodium*** é um gênero comum, com muitas espécies em vários tipos de vegetação tropical, algumas espécies de ***Eucalyptus*** foram introduzidas na América tropical há muitos anos e podem ser cultivadas na região estudada, portanto o uso destes tabletes é muito limitado nas terras tropicais altas ou baixas. Os grãos de ambos gêneros são transportados por vento e podem atingir o local de estudo, mesmo vindos de longa distância. Outra dificuldade está em que é necessário utilizar um número inteiro de tabletes e com isto perde-se a maleabilidade de manter os grãos exóticos em uma proporção adequada à dos grãos antigos que se deseja contar. A quantidade de grãos por tabletes depende do fabricante e não do pesquisador. Se a distribuição de grãos por tablete não for homogênea, o erro padrão do número de grãos por tablete será grande e isto influirá no cálculo da concentração de cada tipo. Portanto, é necessário calibrar cada partida de tabletes.

15 Diagrama de palinomorfos e sua interpretação

1. DIAGRAMAS DE PÓLEN

Uma vez que a freqüência dos grãos de pólen e dos outros palinomorfos foi calculada (Capítulo 14) por nível, dentro de uma seqüência estratigráfica, a maneira mais simples de apresentar os dados é uma tabela. A tabela é o resultado direto da identificação e contagem dos grãos. Porém, é muito difícil visualizar em uma tabela as mudanças dos conjuntos de palinomorfos ao longo do tempo porque os dados de análise são complexos e envolvem numerosos táxons e muitos níveis estratigráficos. Criou-se então uma representação gráfica simples, **o diagrama de pólen**, que permite observação visual dos resultados. Por extensão, o mesmo tipo de representação foi mais tarde utilizado para esporos e outros microfósseis. Neste capítulo a expressão "diagrama de pólen" será utilizada para esta representação gráfica, independentemente se ela se refere a pólen ou a outro microfóssil, como é a tradição em análise de sedimentos para a interpretação paleoecológica.

O diagrama de pólen é uma técnica gráfica convencional introduzida por von Post no início de século 20 e que é utilizado até hoje com algumas adaptações e melhoramentos (Faegri & Iversen, 1950). A vantagem de mantê-lo para todos os trabalhos é que se torna possível a comparação dos dados de diferentes regiões e de diferentes autores. Nos diagramas mais antigos as curvas de pólen arbóreo (e herbáceo) eram acavaladas umas nas outras e havia toda uma simbologia para marcar cada elemento do grupo (Fig. 15.1). Hoje cada elemento é representado em curva ou histograma independente ao longo da seqüência estratigráfica. Exemplos: Figs. 15.2 (Mucubaji); 13.6 (Águas Emendadas); 7.7 (Miranda); 7.5 Diatomáceas, Miror Lake); 3.23 (diatomáceas, Lago de Valência); 3.14 (pólen e coleópteros, sul do Chile).

O eixo vertical do diagrama de pólen representa a profundidade da camada de sedimento analisada, sendo que o nível mais profundo fica embaixo. Os níveis normalmente estão eqüidistantes na coluna estratigráfica. Somente em casos especiais existe um nível menos ou mais distante quando se faz a amostragem. Cada tipo de pólen é representado por uma curva ou histograma que dá graficamente a porcentagem ou a concentração daquele tipo ao longo da seção estratigráfica. Como a profundidade do sedimento é uma função da idade, esta representação fica na ordem estratigráfica e cronológica, isto é, com o nível mais antigo na base do diagrama e o mais moderno em cima. A velocidade de sedimentação não é constante ao longo do tempo e portanto torna-se necessário obter datação absoluta (carbono-14 ou outro método) em vários níveis para ter a idade aproximada da real de cada nível. Estas datações podem ser colocadas junto ao esquema da estratigrafia. Veja as Figs. 7.3 (Valência); 8.1 (Miranda); 10.1 (Tuñame) ou os diagramas de pólen (Figs. 13.6 (Águas Emendadas); e 7.7 (Miranda).

Em alguns casos especiais, a linha vertical representa a idade e não a profundidade. Nesses casos as datações em valores absolutos têm que ser abundantes e não umas duas ou três.

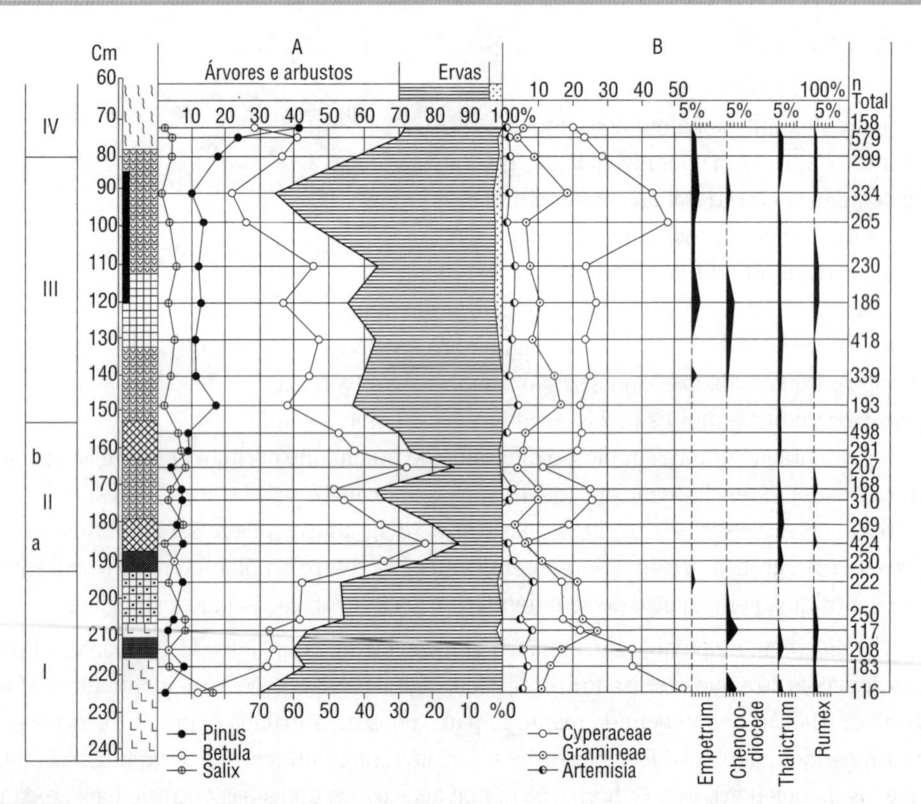

Figura 15.1 Diagrama de pólen representado por curvas acavaladas umas sobre as outras. Comparação entre a porcentagem de pólen de árvores (*Pinus, Betula,Salix*) e de pólen herbáceo (Gramíneas, Ciperáceas e *Artemisia*). À direita do diagrama: número dos grãos contados por nível. Redesenhado da fig. IX, Faegri & Iversen, 1950.

A quantidade de grãos de pólen de cada tipo é expressa no eixo horizontal. Em todos os trabalhos antes de 1960 e em alguns da atualidade, ela representa a porcentagem de pólen relativo a uma soma arbitrária de pólen. Esta soma geralmente era de pólen de elementos arbóreos (AP, "arboreal pollen") e foi criada por palinólogos europeus que estavam interessados em estudar a história das florestas e o início da agricultura na Europa (Fig.14.1). Nas regiões em que há poucas árvores, como é o caso dos campos de altitudes e páramos, as savanas e cerrados, as tundras, as regiões desmatadas e outras, os elementos arbustivos e herbáceos são muito importantes e têm de ser considerados. Alguns autores excluem da soma de pólen as plantas aquáticas e palustres porque representam a flora local e não a vegetação que o pesquisador está interessado em estudar. Mas esta exclusão diminui a quantidade de informação que se pode levantar de uma análise palinológica. Hoje, principalmente nos trópicos onde a diversidade de espécies e de tipos de vegetação é muito grande, a soma de pólen inclui todos os tipos de pólen, inclusive os de plantas herbáceas locais, de turfeira, pântano ou lago. A porcentagem de ocorrência dos outros palinomorfos (esporos, algas, fungos, etc.) é calculada sempre em função da soma de pólen.

Os diagramas de concentração e de influxo, que vieram muito mais tarde (veja Capítulo 14), seguem o mesmo padrão e a mesma seqüência de tipos dos diagramas de porcentagem.

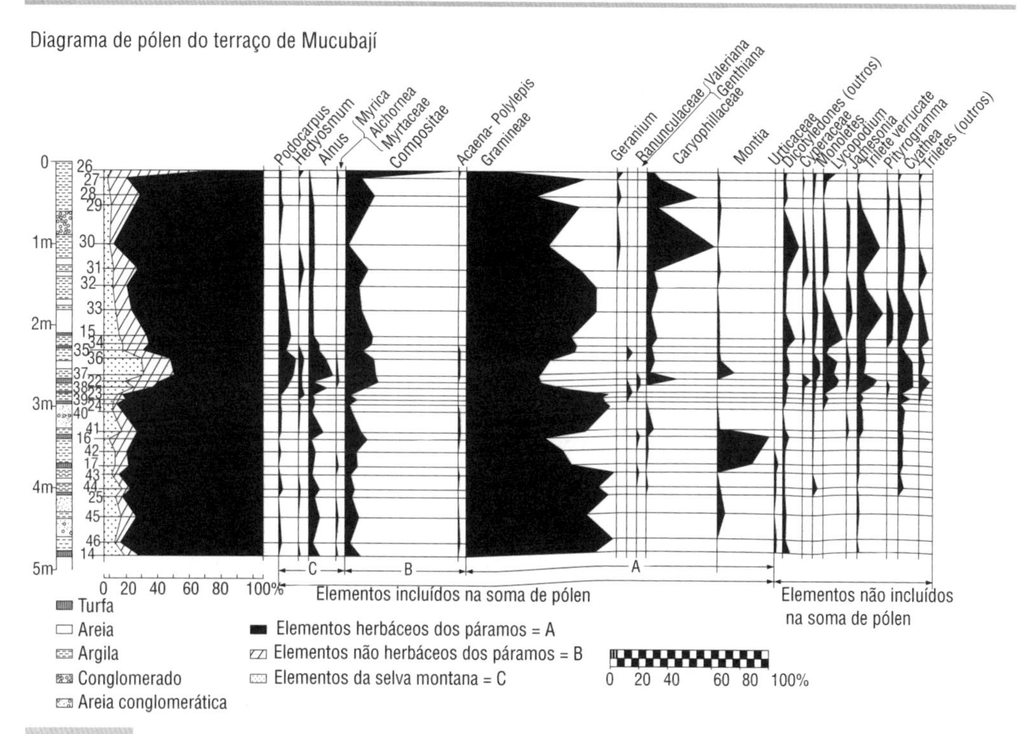

Figura 15.2 Diagrama de porcentagem de pólen e esporos de pteridófitas com curvas separadas para cada tipo de pólen. Páramo de Mucubaji, Andes venezuelanos (Salgado-Labouriau, Schubert & Valastro, 1977). Observe à esquerda no diagrama: agrupação dos elementos por tipo de vegetação.

Ambas as representações, porcentagem e concentração, devem ser feitas com os dados da mesma análise porque cada uma fornece informações diferentes e complementares.

Há muitas maneiras de fazer o diagrama de pólen, mas seja qual for a que se escolher, é preciso ter em conta que a informação deve ser apresentada o mais claramente possível para o leitor e é preciso não colocar informação demais em um único diagrama. Sem dúvida nenhuma, como comentam Faegri e colaboradores (1989, p. 91), um diagrama de um metro de largura com mais de 150 colunas é tão difícil de manejar que nega o seu próprio propósito ("a diagram of a meter's width with more than 150 columns is so unwieldy as to defy its own purpose").

Hoje existem programas de computador que podem acelerar o cálculo dos dados e fazer o desenho dos diagramas. Entre eles há os programas POLLDATA (Birks & Birks, 1980; Birks & Gordon, 1985), TILIA, CONISS (Grimm,1987), e outros, que têm sido muito utilizados. Estes programas permitem a feitura de diagramas gerais, a mudança da ordem de apresentação das curvas e a preparação de diagramas específicos, onde se combinam elementos que se deseja comparar como, por exemplo, árvores de floresta versus árvores de savana, soma de árvores versus soma de arbustos + ervas, ou outras combinações.

Os resultados de uma análise por sua natureza incluem numerosos tipos de palinomorfos. Os dados, portanto, devem ser divididos em diagramas parciais em que o bom senso prevaleça na separação. Tipos menos importantes do ponto de vista ecológico ou das comunidades vegetais podem ser agrupados em uma categoria representada por uma única curva, por exemplo, "outras ervas", "outras plantas aquáticas", etc. Neste caso a lista dos gêneros que foram agrupados deve constar no texto ou na legenda da figura. É lógico que todos os diagramas de uma análise tem de ser feitos com a mesma escala vertical. Nas análises onde aparecem elementos de dois ou mais tipos contrastantes de vegetação é muito útil acrescentar um diagrama do total de freqüência de cada um dos biomas (Fig. 13.6) ou separá-los à esquerda no diagrama (Fig. 15.2). Um outro tipo de diagrama consiste em agrupar os microfósseis por categoria, apresentando a concentração total de cada grupo: pólen, esporos de pteridófitas, algas, partículas de carvão, etc. (Figs. 15.3; 15.4; 8.5; 5.7).

Além das informações que se referem à representação dos tipos polínicos encontrados e suas freqüências, é importante dar a litografia (exemplos na coluna à esquerda das Figs. 15.1; 15.2; 15.3; 15.4), assinalar os níveis com datações absolutas e o número total de pólen contado por nível (Figs. 13.6 e 5.3). Todas estas informações não precisam estar presentes na mesma apresentação gráfica mas podem ser distribuídas por diferentes diagramas.

De um modo geral, os diagramas podem ser feitos: 1. com curvas que ligam os pontos de freqüência de um elemento em cada nível analisado, como os exemplificados acima ou, 2. por histograma que apresenta barras de freqüência do elemento em cada nível (Figs. 5.7; 7.8 ou na parte superior dos diagramas: Figs. 5.3; 7.6; 8.5; 13.6). O primeiro tipo é a forma de representação mais comum de uma seção estratigráfica e, quando a área de cada curva é preenchida de negro, dá uma visão muito clara das variações ao longo do tempo. Porém, alguns autores ponderam que esta não é a representação correta porque a ligação

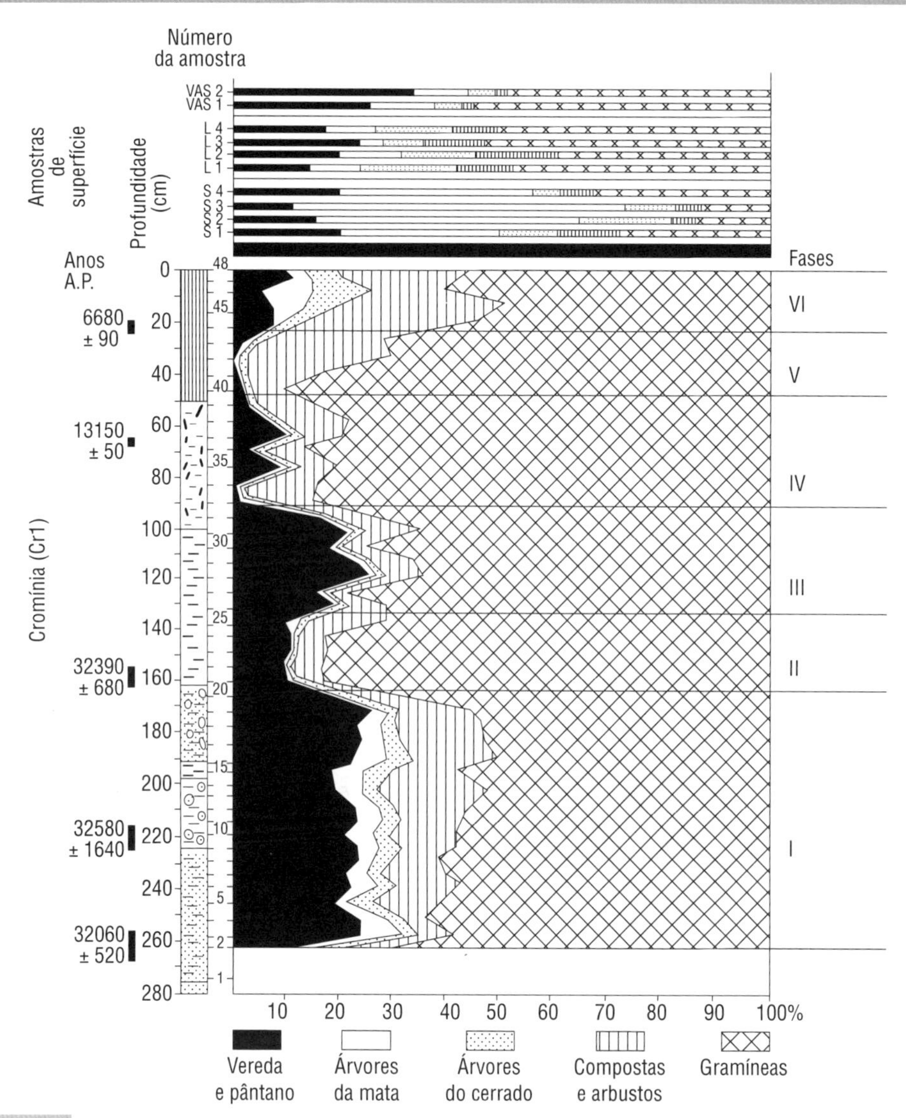

Figura 15.3 Embaixo: diagrama da distribuição total dos elementos por tipo de vegetação, encontrados na análise dos sedimentos da perfuração da vereda em Cromínia. Em cima: histograma da distribuição dos mesmos elementos em amostras superficiais (deposição moderna) retirados na região de cerrado. **VAS** = vereda de Águas Emendadas; **L** = lagoa acima da perfuração; **S** = solo da mata de galeria junto à perfuração. À esquerda do diagrama: coluna estratigráfica da perfuração, com as datações de ^{14}C. À direita, divisão da seqüência em fases paleoecológicas. Ferraz-Vicentini & Salgado-Labouriau, 1996.

por uma linha contínua entre dois pontos descontínuos pode não representar a realidade e a representação por barras seria mais precisa, pois não assume quais são os valores entre dois pontos. A apresentação por histograma é a única possível para dar os resultados de análises de amostras de superfície e amostras de mel e a melhor para conteúdo de pólen (diário ou mensal) da atmosfera.

Discussões detalhadas dos vários tipos de representação por diagrama são apresentadas por Birks & Birks (1980), por Faegri e colaboradores (1989, cap. 6), entre outros. Os textos contêm muitas referências bibliográficas e exemplos gráficos de curvas e histogramas.

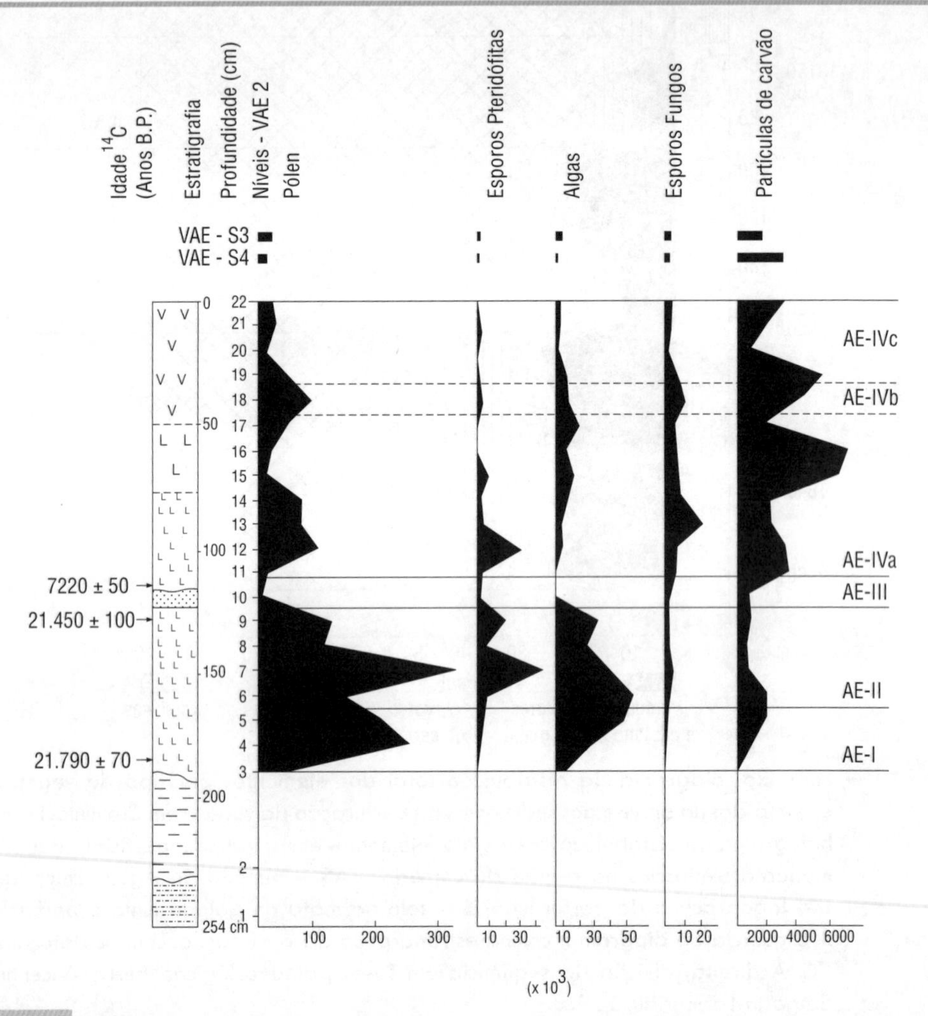

Figura 15.4 Diagrama geral com a concentração total de: pólen, esporos de pteridófitas, algas, esporos e conídios de fungos, e partículas de carvão, nos sedimentos de Águas Emendadas. À esquerda do diagrama: coluna estratigráfica da perfuração, com as datações de ^{14}C. À direita: subdivisão da seqüência em ecozonas. (Barberi et al. 2000).

2. ZONEAMENTO E DETECÇÃO DE FASES PALEOECOLÓGICAS

A divisão de um diagrama em unidades menores de tempo é muito conveniente e ajuda na descrição, discussão e interpretação dos resultados. A divisão é feita por linhas horizontais que separam grupos de níveis estratigráficos com conjuntos de pólen semelhantes; veja por exemplo as Figs. 15.3 e 15.4. Muitos palinólogos denominam zonas de pólen a estas unidades. Uma **zona de pólen**, da mesma forma que uma zona de diatomáceas, de foraminíferos ou de outro grupo de microfósseis, é uma unidade bioestratigráfica (Cushing, 1967; Birks & Birks, 1980; Moore et al., 1991) e serve para comparação e correlação entre diagramas de localidades ou regiões diferentes. Nos períodos do Terciário, do Mesozóico e do Paleozóico, o início e a extinção de microfósseis marcam naturalmente os limites de uma zona bioestratigráfica. No caso específico de microfósseis marinhos, o zoneamento é extremamente útil em bioestratigrafia e em datação relativa de sedimentos. No Quaternário, que não houve extinções nem mudanças radicais de vegetação, o conceito de zona bioestratigráfica é mais complexo.

A zona de pólen no Quaternário é definida pelo conjunto de pólen e, por extensão, o conjunto de palinomorfos. Cushing (1967) foi o primeiro palinólogo a introduzir na Paleoecologia do Quaternário um conceito estrito de zona de pólen utilizando somente a bioestratigrafia. Depois disto vários autores tentaram definir melhor a zona de pólen, porém um diagrama de pólen contém tantas variáveis, que não há um conceito bem estabelecido e aceito por todos. Veja, por exemplo, a discussão sobre zoneamento em análise palinológica em Birks & Gordon (1985).

As zonas de pólen no Quaternário não são o objetivo da análise paleoecológica, mas sim um método de destacar mudanças na composição dos conjuntos de pólen dos diferentes níveis estratigráficos analisados para o estudo da dinâmica da vegetação e inferências climáticas. No Quaternário é preferível chamar estas divisões pelo termo **ecozona** porque são definidas por mudança no conjunto de pólen que não representam extinções mas sim ausência ou mudança significativa de freqüência dos principais tipos polínicos durante um determinado intervalo de tempo e que assinalam uma mudança na comunidade vegetal.

Alguns autores preferem chamar estas divisões de fase (Salgado-Labouriau, 1980; Kershaw, 1985; Barberi et al., 2000, entre outros) porque representam muito mais uma **fase ecológica** do que uma zona biostratigráfica. Uma das razões é que não tem sentido descrever uma zona úmida ou seca, uma zona com vegetação densa ou rala porque a palavra zona implica área e não, tempo. Outra razão é que estas divisões não servem para datar uma seqüência estratigráfica no Quaternário, pois as mudanças podem ocorrer mais cedo ou mais tarde em uma região, em relação à outra.

As ecozonas ou fases paleoecológicas de palinomorfos nas seqüências do Quaternário devem ser as mais homogêneas possíveis e devem reunir os conjuntos de pólen com a mesma composição de tipos. A divisão entre as ecozonas ou fases no diagrama é representada por uma linha horizontal que passa entre dois níveis, nunca através de um nível. As ecozonas não devem ser pequenas e devem conter três ou mais níveis. No caso de haver pequenas unidades elas devem passar para subecozonas e serem reunidas em grupos maiores. A melhor maneira de subdividir um diagrama é fazer a análise de agrupamento ("cluster analysis") que compara estatisticamente os graus de semelhança entre pares de conjuntos (assemblagens) de pólen e depois entre pares de pares e assim por diante.

Uma vez que uma ecozona ou fase está bem estabelecida e datada com radiocarbono ou outro método de datação, é possível fazer a descrição da vegetação local e regional e inferir o clima dentro de um intervalo de tempo. Daí por diante vão-se descrevendo as ecozonas em ordem cronológica e observando as mudanças que ocorrem de uma ecozona para a outra, ao longo do tempo.

A descrição destas ecozonas ou fases para as mais diversas regiões, mostrou que a composição das comunidades de plantas mudou ao longo do tempo. É comum observar-se que uma mata antiga não tem a mesma composição de uma mata no presente na mesma região.

3. CÁLCULO DO INFLUXO

O influxo de pólen é o número de grãos acumulado por unidade de área e por unidade de tempo, isto é, a concentração de palinomorfos por unidade de tempo. Ele mede portanto a velocidade de acumulação de pólen ou outro palinomorfo e é expresso por grãos. cm^{-2}. ano^{-1}.

Para calcular o influxo em sedimentos é necessário ter uma série de datações absolutas em diferentes profundidades ao longo do perfil. Não tem sentido calcular o influxo com duas ou três datações porque a velocidade de sedimentação não é constante ao longo de uma seqüência estratigráfica e as interpolações ficam muito imprecisas quando se tem poucos níveis datados.

Uma vez que se determinou a concentração de pólen (grãos. cm^{-3} ou grãos. mg^{-1}) obtida na fórmula anterior e se conhece a velocidade de sedimentação para cada nível analisado, facilmente se calcula o influxo no sedimento:

Influxo = Concentração de pólen x Velocidade de acumulação do sedimento,
ou seja,
$$= \text{grãos}/cm^3 \times cm/\text{ano} = \text{grãos}/cm^2/\text{ano (influxo)}.$$

Quando é possível calcular o influxo retira-se muito mais informação dos dados obtidos na análise de palinomorfos de uma seqüência estratigráfica (M. Davis et al. 1973). O influxo avalia a quantidade de grãos acumulada por unidade de tempo em uma área determinada. Isto permite estimar a área ocupada por um tipo ou conjunto de tipos muito melhor que nos diagramas de concentração. Também fornece informações sobre densidade e distribuição da vegetação no passado e também a migração de plantas e de comunidades vegetais.

Como o influxo em sedimentos de lagos, turfeiras e pântanos depende das datações com carbono-14, surgem alguns problemas inerentes às datações radiométricas. Muitas vezes é muito difícil datar amostras retiradas de um cilindro de sondagem, porque o diâmetro da sonda é pequeno e a quantidade de carbono não é suficiente para uma boa datação. O material a ser datado não deve exceder a um máximo de 10 cm de profundidade na seção estratigráfica, porque o desvio padrão da datação fica muito grande com intervalos maiores e o influxo passa a não ter rigor. Nesse caso, se possível, obtém-se a datação por AMS.

Algumas vezes o sedimento representa uma mistura de material depositado naturalmente e de material de outras áreas arrastado por enxurradas para o depósito. Esta situação é comum em lagos de regiões calcárias e também em regiões semi-áridas ou desmatadas, onde as chuvas torrenciais arrastam material mais antigo para dentro do lago. Nestes casos a datação não é real e o cálculo do influxo não tem sentido. Sempre se deve levar em conta o desvio padrão de uma datação, pois ele indica o grau de confiabilidade da idade do depósito.

No caso de sedimentos laminados (varvas e ritmitos) o cálculo do influxo é bem mais preciso quando se pode basear em datações radiométricas para calcular a velocidade de acumulação. Nos trópicos raramente são encontrados sedimentos laminados, eles são mais freqüentes em lagos tranqüilos das regiões frias onde ficam congelados no inverno.

4. COMPARAÇÃO ENTRE OS CONJUNTOS DE PALINOMORFOS ANTIGOS E MODERNOS

A eficiência da dispersão de um tipo de pólen e a produtividade da planta que o originou controlam a quantidade de pólen na atmosfera e sua precipitação e deposição. Assim, a relação entre a quantidade de pólen ou outro palinomorfo depositado nas bacias de deposição (lagos, pântanos, turfeiras, deltas e outros) e a quantidade de plantas da espécie dentro da vegetação da região não é direta.

Existem plantas que produzem uma grande quantidade de pólen, como foi mostrado no Capítulo 5. Entre elas se encontram a maioria das gramíneas e das coníferas. Se a dispersão do pólen é eficiente estas plantas estarão super-representadas nos depósitos, pois o seu pólen estará em proporção muito maior que a proporção da planta dentro da comunidade vegetal. Há plantas que produzem pouco pólen principalmente entre as aquáticas, como *Vallisneria* (Hydrocharitaceae) ou que seu pólen é muito grande e denso e não é transportado pelo vento, como na maioria das Cactáceas e estas plantas estarão sub-representadas nos depósitos. Há plantas cujo pólen é muito frágil e não se preserva em sedimentos, por exemplo, a maioria das Lauráceas e muitas plantas aquáticas. O pólen destas plantas não é encontrado em sedimentos, exceto em condições excepcionais e em muito pequena quantidade, e a representação da planta é praticamente inexistente. Os exemplos dados acima representam extremos. Na realidade, para os tipos de pólen existe todo um gradiente entre super-representados e sub-representados.

Do que foi exposto acima se deduz que o conjunto (assemblagem) de pólen e de esporos de pteridófitas preservados em sedimentos quaternários, é na realidade um reflexo da vegetação que o originou. Da mesma forma, o conjunto de algas microscópicas, planctônicas, bentônicas e palustres encontrado em sedimentos não representa a população algal do corpo de água ou pântano, porque muitas não se preservam. Portanto, a freqüência de aparecimento dos diferentes palinomorfos não pode ser tomada como representação direta da vegetação e é necessário interpretá-la.

A maneira mais simples de corrigir as distorções entre o conjunto (assemblagem) de palinomorfos depositado e a vegetação que o produziu consiste em estudar o pólen e outros palinomorfos que se encontram na superfície do solo e que estão sendo depositados pela vegetação atual. Eles representam em sua maioria os organismos que ficaram preservados nos depósitos e incluem não somente os que vieram por transporte aéreo ou fluvial, mas também os elementos locais. É importante, portanto, conhecer o conjunto de palinomorfos que é depositado por cada tipo de vegetação da região que se está analisando. Quando um conjunto antigo de pólen é semelhante ao que está sendo depositado atualmente por um tipo de vegetação moderna, admite-se, pelo princípio do atualismo, que o conjunto antigo pertencia a este tipo de vegetação.

A comparação direta entre deposição moderna e antiga funciona muito bem dentro do Holoceno, porém, à medida que os depósitos vão ficando mais antigos, a comparação não é direta porque a comunidade de espécies na vegetação antiga pode não ser perfeitamente equivalente à de uma vegetação atual. Em geral, dentro do Pleistoceno inferior esta comparação servirá apenas para identificar os grandes tipos de vegetação, como floresta, mata, savana, campo ou outra vegetação aberta, pântano, manguezal e outros. Porém, a comparação entre os conjuntos modernos e antigos é importante não somente para definir o tipo de vegetação, mas também para identificar, em cada bioma, se houve e quais foram as mudanças na comunidade vegetal ao longo do tempo.

5. INTERPRETAÇÃO DOS DADOS PARA A PALEOECOLOGIA

Nenhum método numérico ou programa de computador, nem novos equipamentos de observação e contagem, ainda que muito úteis, poderão substituir a experiência do pesquisador. A capacidade de identificar os organismos encontrados nos sedimentos e saber o que eles representam é fundamental.

Os métodos de estudo têm que ser bem avaliados para cada caso, a fim de se escolher quais são os procedimentos que darão melhores resultados.

O conhecimento da ecologia e da fisiologia dos organismos que são encontrados em sedimentos, sejam eles plantas ou animais, é essencial na interpretação paleoecológica. No Quaternário não houve extinção de plantas e muito pouca extinção de outros organismos. A maioria dos fósseis encontrados em sedimentos quaternários tem similares vivos que podem fornecer informações para a ecologia e para a interação entre os organismos na época em que foram depositados. Nos períodos pré-Quaternários a dificuldade de encontrar um organismo similar no presente aumenta com a idade. Entretanto, a maioria das grandes categorias taxonômicas (família, ordem ou classe) tem representantes no presente que podem dar alguma, talvez muitas, informações ecológicas e climáticas.

Na interpretação dos níveis estratigráficos com o mesmo tipo de assemblagem, não se pode restringir a algumas espécies que caracterizam uma situação, como no caso da bioestratigrafia. Para a reconstrução paleoecológica é necessário levar em consideração todo o conjunto de fósseis que ocorrem em um nível estratigráfico. Muitas vezes, o estudo desses organismos envolve técnicas ou conhecimento muito especializado. Nesses casos é melhor se associar a outros especialistas e fazer um projeto multidisciplinar.

Uma assemblagem de fósseis pode mudar, devido a mudanças climáticas no passado, mas existem outros fatores que agem ou interagem para haver uma mudança no conjunto de fósseis ao longo do tempo. Podem ser invasões de outras espécies, interação competitiva entre espécies, doenças e, nos últimos milênios, a interferência do homem e o uso do fogo, modificando o ambiente. Desta forma, tudo o que se puder lançar mão deve ser considerado. A colaboração com pesquisadores de outras áreas além da paleontologia é muito importante, como geoquímicos, geomorfólogos, sedimentólogos, para a reconstrução dos ambientes no passado.

Ainda há muito para se fazer sobre o Quaternário. Ainda são precisos mais trabalhos descritivos de organismos. Faltam ainda muitos dados sobre a fisiologia e a ecologia de muitos dos organismos que são encontrados em sedimentos e ainda há regiões inteiras nos continentes ou nos mares que ainda não foram estudadas. Mas com persistência e a colaboração de novos especialistas poderemos preencher estas lacunas e iremos completando o panorama do Quaternário em cada região.

Anexo: O laboratório de palinologia

O laboratório de preparação de sedimentos para análise de pólen e outros palinomorfos deve estar em uma sala separada da sala de microscopia e de computadores. A sala de preparação, de preferência, não deve ter janelas e sim exaustores que soprem o ar para fora (nunca para dentro da sala). Estas precauções são para evitar contaminação de pólen atmosférico nas preparações. A sala deve ser absolutamente limpa, as bancadas devem ser cuidadosamente limpas depois de se manusear qualquer tipo de sedimento. A contaminação de pólen e esporos em uma amostra pode levar a conclusões paleoecológicas e paleoclimáticas erradas.

Os equipamentos, reagentes e vidraria básicos utilizados normalmente para preparações são relacionados a seguir.

1. Equipamento permanente

- Microscópio óptico de pesquisa com ocular de 10x e objetivas Plan 10x, 20x, 40x e 100x (imersão).
- Computador com máquina de fotografia digital acoplado ao microscópio.
- Câmara clara para o microscópio
- Balança química de 0,1 a 500 g
- Balança analítica de 0,001 mg. Como este tipo de balança requer um quarto fechado e com ar condicionado e ela é utilizada somente para a introdução de um marcador interno (pólen exótico, esferas de plástico ou outros), este item pode ser suprimido e quando for necessário o seu uso, utiliza-se a balança de um laboratório de análise química.

- Centrífuga elétrica com no mínimo 8 caçambas com cabeçote intercambiável para utilização de tubos de centrífuga de 12, 15 e 50 ml.
- Placa aquecedora com termostato de controle de temperatura
- Aparelho de ultra-som para limpeza de vidraria.
- Estufa para secagem de vidraria, com controle de temperatura.
- Placa aquecedora para preparação de lâminas.
- Destilador de água
- Capela de extração de gases de madeira ou de plástico resistente a ácidos, principalmente ácido fluorídrico. O exaustor da capela deve ser resistente a ácidos também. A chaminé de exaustão deve ser alta e acima do último andar do edifício para evitar a inalação dos gases por pessoas que trabalhem nas redondezas.

2. Pequenos equipamentos e outros utensílios

- Placa de Malassé
- lamparina de álcool
- estantes de vários tamanhos, para tubos de centrífuga
- luvas grossas de borracha
- luvas finas de borracha do tipo cirúrgico
- parafilm
- papel indicador de pH
- picnômetro para densidade em torno de 2.0
- garrafões de plástico com torneira no fundo, para armazenagem de água destilada.
- conjunto de peneiras < 300 malhas (meshes)
- tela de náilon (nylon) tipo tule

3. Vidraria

A vidraria é a utilizada normalmente em um laboratório de química.

- béqueres de 5, 10, 50, 100 e 250 ml, pirex ou similar
- idem, de polietileno
- tubos de centrífuga de 12, 15 e 50 ml, pirex ou similar
- idem, de polietileno
- tubos de vidro com tampa de rosca, de 5 e 10 ml, fundo chato
- funis de vários tamanhos, de vidro
- idem, de polietileno

- cilindros graduados de vários tamanhos, entre 5 ml e 1.000 ml, pirex
- idem, de polietileno
- pissetas (jorradeiras) de 250 ml, de polietileno
- cápsulas de porcelana de fundo chato, 7,5 ou 8 cm de diâmetro interno
- almofariz de porcelana de 9 cm de diâmetro interno
- idem de nalgene ou similar
- agitadores de vidro, de 0,5 cm de diâmetro; 15 cm e 20 cm de comprimento
- pipetas de pirex de 10 e 20 ml
- idem, de polietileno

Além destes, é necessário ter um bom estoque de lâminas de microscopia finas (> 1,4 mm espessura) e lamínulas finas, de alta qualidade (24 x 24 e 24 x 36 mm).

4. Reagentes e outras substâncias químicas

Os reagentes marcados com asterisco (*) são pouco utilizados no material de Quaternário e basta ter 2 a 3 unidades (litro, pacotes, etc.).

- ácido acético glacial p.a.
- ácido clorídrico p.a., 32% a 36%
- ácido nítrico * concentrado p.a.
- ácido fluorídrico concentrado, 40% a 48%
- ácido sulfúrico p.a.
- anidrido acético p.a.
- bromofórmio *
- carbonato de potássio
- carbonato de sódio *
- clorato de potássio
- clorato de sódio *
- cloreto de zinco *
- entellan Merck
- etanol p.a.
- fenol, cristais *
- gelatina em pó ou em folha *
- glicerina anidra
- hidróxido de amônio *
- hidróxido de potássio
- óleo de silicone

Referências Bibliográficas

AASP Newsletter. 1994. Palynology in the News. Vol.27(2): 14-15.

Absy, M.L. 1975. Pólen e esporos do Quaternário de Santos (Brasil). Hoehnea, 5: 1-26.

Agnew, N. && Demas, M. 1998. Preserving the Laetoli foottprints. Sci. Am., 279 (3), September, p. 26-37.

Alexopoulos, C.J. 1962. Indroductory Mycology. John Wiley & Sons, New York, 613 pp.

Allit, U. 1979. The visual identification of airborne fungal spores. Proceedings of the First International Conference for Aerobiology, München, 1978. Editado por Federal Environmental Agency, 5: 139-143.

American Geological Institute. 1974. Glossary of Geology – veja Gary et al. 1974

Andersen, B.H. & Borns Jr., H.W. 1994. The Ice World. Scandinavian University Press, Oslo, 208 pp..

Andersen, S.T. 1960. Silicone Oil as a mounting medium for pollen grains. Danm. Geol. Unders. 4(4), 24 pp.

Andersen, S.T. 1974. The differential productivity of trees and its significance for the interpretation. Em: H.J.B. Birks & R.G. West (editores) "Quaternary Plant Ecology", Blackwell, p. 109-115.

Andersen, S.T., 1978. Identification of wild grass and cereal pollen. Danm. Geol. Unders. Arb., Year book 1978: 69-92.

Andersen, S.T. 1980. Influence of climatic variation on pollen season severity in wind-pollinated trees and herbs. Grana, 19: 47-52.

Anderson, E. 1984. Who's who in the Pleistocene: a mammalian bestiary. Em: P. Martin & R.G. Klein (eds.) "Quaternary Extintions", cap. 2: 40-89.

Andreo, C.S. & Vallejos, R.H. 1984. Fotosíntesis. Editado por Secretaria General de la Organización de los Estados Americanos, Programa Regional de Desarrollo Científico y Tecnológico, Washington, DC. 65 pp.

Arai, M. & Lana, C.C. (2004). Dinoflagelados. Em: I. S.C. Carvalho (editor) "Paleontologia", 2ª edição. Editora Interciência, Rio de Janeiro. Volume 1, Capítulo 22: 326-353.

Arnold, C., 1947. An Introduction to Paleobotany. McGraw-Hill, Londres, 433pp.

Ashworth, A.C. & Hoganson, J.W. 1984. Testing the Late Quaternary record of southern Chile with evidence from fossil Coleoptera. Em: J.C. Vogel (ed.) "Late Cainozoic Palaeoclimates of the South Hemisphere. Balkena, Rotterdam, p. 85-102

Ashworth, A.C., Markgraf, V. & Villagran, C. 1991. Late Quaternary history of the Chilean channels based on fossil pollen and beetle analysis, with an analysis of the modern vegetation and pollen rain. J. Quaternary Sci., 6(4): 279-291.

Baker, P.A., Seltzer, G.O., Fritz, S.C., Dunbar, R.B., Grove, M.J., Tapia, P.M., Cross, S.L., Rowe, H.D. & Broda, J.P. 2001. The history of South American tropical precipitation for the past 25,000 years. Science, 291: 640-643.

Barberi, M. 1994. Paleovegetação e paleoclima no Quaternário Tardio da Vereda de Águas Emendadas. Dissertação de Mestrado, Universidade de Brasília, 141 pp.

Barberi, M., Salgado-Labouriau M.L. & Suguio, K. 2000. Paleovegetation and Paleoclimate of "Vereda de Águas Emendadas", DF, Central Brazil. J. S. Am. Earth Sci., 13: 241-254.

Bard, E., Stiver, M. & Shackleton, N. 1993. How accurate are our chronologies of the past? Em: J.A. Eddy & H. Oeschger (eds.) "Global Changes in Perspective of the Past", John Wiley & Sons, p. 103-120.

Barnes, R.S.K. & Hughes, R.N. 1998. An Introduction to Marine Ecology. Blackwell Science, 2ª edição, Londres, 351 pp.

Barth, O.M. 1962. Catálogo Sistemático dos pólens das plantas arbóreas do Brasil meridional – parte complementar: Coniferales. Memórias do Instituto Oswaldo Cruz, 60 (2): 199-207 + 3 estampas.

Barth, O.M. 1989. O Pólen no Mel Brasileiro. Edição do Instituto Oswaldo Cruz, FIOCRUZ, Rio de Janeiro, 115 pp. + 18 pl.

Bartlett, A. S. & Barghoorn, 1973. Phytogeographic history of the Isthmus of Panamá during the past 12,000 years. Em: A. Graham (ed.) "Vegetation and Vegetational History of Northern Latin America. Elsevier, Amsterdam, p. 203-299.

Benninghoff, W.S. 1962. Calculation of pollen and spores density in sediments by addition of exotic pollen in known quantities. Pollen et Spores, 4(2): 332-333.

Benson, R..H., Berden, J.M., Bold, W..A. & 14 outros autores. 1961. Arthropoda 33: Crustaceaee, Ostracoda. Em: R.C. Moore & C.W. Pitrat (eds.) "Treatise on Invertebrte Paleontology" Parte Q. Geological Society of America & University. Kansas, 442 pp.

Benton, M.J. 1995. Vertebrate Paleontology. Chapman & Hall, Londres.

Benton, M. & Harper, D. 1997. Basic Paleontology. Longman, Hong Kong, Edinburgh, 342 pp.

Berglund, B. & Persson, T. 1988. Lycopodium spore tablets available. AASP Newsletterr, 21(4): 88-9.

Bertaux, J., Sontag, F., Santos, R., Soubiès, F., Cause, C. & outros. 2002. Paleoclimatic record of speleothems in a tropical region: study of laminated sequence from a Holocene stalagmite in Central Brazil. Quaternary International, 89: 3-16.

Binford, M.W. 1982 - Ecological history of Lake Valencia, Venezuela: interpretation of animal microfossils and some geological features. Ecological Monographs 52(3): 307-333.

Birks, H.J..B. & Birks, H.H., 1980. Quaternary Palaeoecology. Edward Arnold Publ., Londres, 289 pp.

Birks, H.J.B. & Gordon, A.D. 1985. Numerical Methods in Quaternary Pollen Analysis. Academic Press, London, 317 pp.

Bittencourt, A.C.S.P., Martin, l., Vilas-Boas, G.S. & Flexor, J.M. 1979 Quaternary marine formations of the coast of the State of Bahia, Brazil. Porceedings International Symposium on Coastal Evolution in the Quaternary. São Paulo, 1978. Instituto de Geociências/SBG, p.232-253.

Blackmore, S. 1992. Scanning electron microscopy in palynology. Em: Nilsson, S., & Praglowski, J. (editores) "Erdtman's Handbook of Palynology". Munksgaard, Copenhagen, p. 403-431.

Bloom, A.L. 1978. Geomorphology - a systematic analysis of Late Cenozoic landforms. Prentice-Hall, Englewood Cliffs, USA, 510 pp.

Boersma, A. 1984. Foraminifera. Em: Haq, B.U. e A. Boersma (eds) "Introduction to Marine Micropaleontology, p. 19-78.

Bolbochan, D. & Salgado-Labouriau, M.L., 1983. Estiramento de los granos de polen de *Sheelea macrolepis*. VII. Congreso Venezolano de Botánica, 1982, Caracas (resumo) p. 217.

Bold, H.G. 1967. Morphology of Plants. Harper International Ed., 2ª edição, New York, 541 pp.

Bonnefille, R. 1983. Evidence for a cooler and drier climate in the Ethiopian uplands towards 2.5 Myr. ago. Nature, 303 (5917): 487-491.

Bonnefille, R. 1984. Palynological research at Olduvai Gorge. National Geographic Soc., 17: 227-243.

Bonny, A.P. 1972. A method for determining absolute pollen frequencies in lake sediments. New Phytologist, 71: 393-405.

Boomer, I. 2002. Environmental applications of marine and freshwater Ostracoda. Em: S.K. Haslett "Quaternary Environmental Micropalaeontology". Arnold, Londres, p.115-138.

Borns jr., H.W. 1973. Late Wisconsin fluctuations of the Laurentide ice sheet in southern and eastern New England. Geological Society of America. Memoir, 136., p.1- 43.

Bradbury, J.P., Leyden, B., Salgado-Labouriau, M.L., Lewis jr., W.M., Schubert, C., Binford, M.W., Frey, D.G., Whitehead, D.R. & Weibezahn, F.H. 1981. Late Quaternary environmental history of Lake Valencia, Venezuela. Science, 214: 1299-1305.

Bradley, R.S. 1985. Quaternary Paleoclimatology. Allen & Unwin, Boston, 472 pp.

Bradley, R.G., Yuretich, R.F., Salgado-Labouriau, M.L. & Weingarten, B. 1985. Late Quaternary paleoenvironmental reconstruction using lake sediments from the Venezuelan Andes: preliminary results. Zetschrift für Gletscherkunde und Glazialgeologie, 21: 97-106.

Brasier, M.P., 1985. Microfossils. George Allen & Unwin, Boston, 192 pp.

Bretheric, L. (editor).1981. Hazards in Chemical Laboratory. 3ª edição. The Royal Society of Chemistry, London, 21 + 567 pp.

Briggs, D.E.G. & Crowther, P.R. 1997. Palaeobiology – A Synthesis. Blackwell Science, Oxford, 583 pp.

Broecker, W.S. & Denton, G.H. 1990. The role of ocean-atmospheric reorganizations in glacial cycles.Quatern. Sci. Revs. 9:305-342.

Brooks, J., Grant, P.R., Muir, M., van Gijzel, P. & Shaw, G. (editores) 1971. Sporopollenin: Proceedings of a Symposium, Department Geology, Imperial College, Londres. Academic Press, Londres, 718 pp.

Brooks, J. & Shaw, G. 1968. Chemical structure of the exine of pollen walls and a new function for carotenoids in nature. Nature, 219: 522-623.

Brooks, J. & Shaw, G., 1971. Recent developments in chemistry, biochemistry, geochemistry and tetrad ontogeny of sporopollenin derived from pollen and spore exine. Em: J. Heslop-Harrison (ed.) “Pollen: Development and Physiology. Butterworth, London, pp. 99-114.

Brooks, J. & Shaw, G., 1978. Sporopollenin: a review of its chemistry, palaeochemistry and geochemistry. Grana, 17: 91-97.

Buchsbaum, R. 1950. Animals Without Backbones. University of Chicago Press, Chicago, 405 pp.

Budavari, S., O’Neil, M.J., Smith, A. & Heckelman, P.E. 1989. The Merk Index. Publicado por Merk & Co., Rahway, New Jersey.

Burckle, L. H., 1984. Marine diatoms. Em: B.U. Haq e A. Boersma (eds.) “Introduction to Marine Microbiology, capítulo 10, p.245-266.

Bush, M.B. 1992. A simple yet efficient pollen trap for use in vegetation studies. Journal of Vegetation Science, 3: 275-276.

Bush, M.B. & Colinvaux, P.A. 1990. A pollen record of a complete glacial cycle from lowland Panamá. Journal Vegetation Science, 1: 105-118.

Bush, M.B., Piperno, D.R., Colinvaux, P.A., De Oliveira, P., Krisser, L.A., Miller, M.C. & Rowe, W.E. 1992. A 14,300-yr paleoecological profile of a lowland tropical lake in Panamá. Ecological Monographs, 62 (2): 251-275.

Campos, A.C. de. & Labouriau, L.G. 1969. Corpos silicosos de Gramíneas dos Cerrados – II. Pesq. Agropec. Brasil, Rio de Janeiro, n. 44: 143-151.

Campos, S.M. & Salgado-Labouriau, M.L., 1962. Pollen grains of plants of “Cerrado”. III. Grasses. An. Acad. brasil. Cien., 34(1): 101-110.

Caratini, C. 1980. Ultrasonic sieving to improve palynological processing of sediments: a new device. ICP News Letter, 3 (1).

Caratini, C., Blasco, F. & Thanikaimoni, G. 1973. Relation between the pollen spectra and the vegetation of a south Indian mangrove. Pollen et Spore, 15(2): 281-292

Caratini, C., Thanikaimoni, G. & Tissot, C. 1980. Mangroves of India: palynological study and recent history of the vegetation. Proceedings IV Intern. Palynological Conference, Lucknow, 3: 49-59.

Carbonel, P., Colin, J.-P., Danielopol, D.L., Loffler, H. & Neustrueva, I. 1988. Paleoecology of limnic ostracodes: a review of some major topics. Palaeoclimatology, Palaeogeography and Palaeoecology, 62, special issue, p.413-462.

Carreira, L.M. & Barth, O.M. 2003. Atlas de pólen da vegetação de Canga da Serra de Carajás.Editora Museu Emílio Goeldi, Belém, 112 pp.

Cartelle, C. 2000. Preguiças terrícolas, essas desconhecidas.Ciência Hoje, 26 (161): 18-25.

Carvalho, I.S. (editor) 2004. Paleontologia. Editora Interciência, Rio de Janeiro, 2ª edição, 2 volumes 861 pp. e 258 pp.

Chaloner, W.G. 1986. Electrostatic forces in insect pollination and their significance in exine ornamentation. **Em:** S. Blackmore & I.K. Ferguson (editores) "Pollen and Spores; Form and Function". Academic Press, Londres, p. 103-108.

Charles, C.D., Hunter, D.E. & Fairbanks, R.G. 1997. Interaction between ENSO and Asian monsoon in a coral record of tropical climate. Science, 277: 925-928.

Clapperton, C.M. 1993. Nature of environmental changes in South America at the Last Glacial Maximum. Palaeogeogr. Palaeoclim. Palaeoecol., 101: 189-208.

Clever, H.L. (ed.) 1979. Kripton, Xenon and Radon – Gas solubilities. Solubility Data Series 2. International Union of Pure and Applied Chemistry. Pergamon, Oxford.

CLIMAP Project Members. 1981. Geol. Soc. Am. Map Chart Ser. MC-36.

Cobb, K.M., Charles, C.D., Kastner, M., Edwards, R.L. & Cheng, H. 2001. The evolution of ENSO and tropical Pacific climate over the last millennium as recorded in modern and fossil corals from the center tropical Pacific. Proceedings First ARTS Open Sciences Meeting. Noumea, Nova Caledônia, nov. 2001: 13-16.

Cochran, W.G. 1954. Some methods for strengthening the common x^2 test. Biometrics, 10: 417.

Coimbra, J.C., Sanguinetti, Y.T. & Bittencourt-Calcagno, V.M. 1995. Taxonomy and distribution pattern of Recent species of *Callistocythere* Ruggiere, 1953 (Ostracoda) from the Brazilian continental shelf. Revista Española de Micropaleontologia, 27(3): 117-136.

Cole, J.E., Dunbar, R.B., McClanahan, T.R. & Mitiga, N.A. 2000. Tropical Pacific forcing of decadal SST variability in the western Indian Ocean over the past two centuries. Science, 287: 617-619.

Colinvaux, P.A. 1965. The first Americans: the evidence of mud. The Yale Review, 54: 397-410.

Colinvaux, P.A. 1989. Ice-age Amazon revisited. Nature, 340 (6231): 188-189.

Colinvaux, P.A. 1997. The Ice-Age Amazon and the problem of diversity. Lecture series, NWO/Huygenslezigen, Amsterdam, p. 8-30.

Colinvaux, P.A., De Oliveira, P.E. & Bush, M.B. 2000. Amazonian and neotropical communities on glacial time-scales: the failure of the aridity and refuge hypotheses. Quaternary Science Reviews, 19: 141-169.

Colinvaux, P.A., De Oliveira, P. & Moreno, J.E. 1999. Manual e Atlas Palinológico da Amazônia. Harwood Academic Publ., Austrália, 332 pp.

Colinvaux, P.A., Frost, M., Liu, K.-B. & Steinitz-Kannan, M. 1988. Three pollen diagrams of forest disturbance in the Western Amazon basin. Rev. Palaeobot. Palynol., 55: 73-81.

Colinvaux, P.A. & Schofield, E.K. 1976. Historical ecology in the Galápagos Islands I. A Holocene pollen record from El Junco Lake, Isla San Cristobal. J. Ecol., 64: 989-1012.

Colinvaux, P.A. & Vohnout 1993. Colinvaux-Vohnout Sediment Core Drilling System. Esta sonda pode ser adquirida em: Adaptive Machine Technologies, 1224 Kinnear Rd., Suite 130. Columbus, Ohio 43212, USA.

Coope, G.R. 1967. The value of Quaternary insect fauna in the interpretation of ancient ecology and climate. **Em:** E.J. Cushing e H.E. Wright Jr. (eds) "Quaternary Paleoecology". Yale University Press, New Haven, p.359-380.

Craig, A.J. 1972. Pollen influx to laminated sediments: a pollen diagram from northeastern Minnesotta. Ecology, 53: 46-57.

Cronquist, A. 1977. Introducción a la Botánica. Compania Editorial Continental, México. Tradução de "Introductory Botany" (1977), 848 pp.

Cruxent, J.M. 1967. El Paleo-Indio en Taima-Taima, Estado de Falcón, Venezuela. Acta Cient. Venezolana, suplemento,3: 3-17.

Cushing, E.J. 1961. Size increase in pollen grains mounted in thin slides. Pollen et Spores, 3 (2): 265-274.

Cushing, E.J. 1967. Evidence for differential pollen preservation in the Late Quaternary sediments in Minnesota. Rev. Palaeobot. Palynol., 4: 87-101.

Cushing, E.J. & Wright Jr., H.E. 1965. Hand-operated piston corers for lake sediments. Ecology, 46: 380-384.

Cutter, E.G. 1975. Plant Anatomy: Experiment and Interpretation. 1975. Part 2. Organs. Edward Arnold, Londres, 343 pp.

Cutter, E.G. 1978. Plant Anatomy: Experiment and Interpretation. Part 1. Cells and Tissues. Edward Arnold, Londres, 315 pp.

Damm, A. (editor). 1988. Danish Prehistory at Moesgaard. Publicação do Moesgaard Museum, Aarhus, 80 pp.

Damon, P.E. + 20 outros autores. 1989. Radiocarbon dating of the shroud of Turin. Nature, 337: 611-615.

Dansgaard, W. 1981. Ice core studies: dating the past to find the future. Nature, 290:360-361.

Dansgaard, W., Johnsen, S.J. & Moeller, J. 1969. One thousand centuries of climatic record from Camp Century on Greenland ice sheet. Science, 166: 377-381.

Da Silva, J.R.M., Suguio, K. & Salati, E. 1979. Composição isotópica de carbono de conchas de Pelecípodos do litoral brasileiro e seu significado ambiental. Boletim IG, Instituto de Geociências, USP, 10: 79-90.

Davies, G.L. 1969. The Earth in Decay: 1578-1878. Elsevier, New York.

Davis, M.B. 1965. A method for determination of absolute pollen frequency. Em: B. Kummel & D. Raup, "Handbook of Paleontological Techniques", W.H. Freeman & Company, p. 674-686.

Davis, M.B. 1966. Determination of absolute pollen frequency. Ecology, 47 (2): 310-311.

Davis, M.B. 1968. Pollen grains in lake sediments: redeposition caused by seasonal water circulation. Science, 162: 796-799.

Davis, M.B. 1983a. Holocene vegetational history of the eastern United States. Em: H.E. Wright (ed.) "Late Quaternary Environments of the United States", 2° volume, cap. 11, Univ. Minnesota Press, Minneapolis, p. 166-181.

Davis, M.B. 1983b. Quaternary History of deciduous forests of Eastern North America and Europe. Ann. Missouri Bot. Gard., 70: 550-563.

Davis, M.B. & Brubaker, L.B. 1973. Differential sedimentation of pollen grains in lakes. Limnology and Oceanography, 18(4): 635-646.

Davis, M.B., Brubaker, L.B. & Beiswenger, J.M. 1971. Pollen grains in lake sediments: pollen precentages in surface sediments from Southern Michigan. Quaternary Research, 1(4): 450-467.

Davis, M.B., Brubaker, L.B. & Webb III, T. 1973. Calibration of absolute pollen influx. Em: H.J.B. Birks & R.G. West (editores) "Quaternary Plant Ecology". Blackwell, Londres, p. 9-25.

Davis, M.B., Moeller, R.E., Likens, G.E., Ford, M.S., Sherman, J. & Goulden, C. 1985. Paleo-ecology of Miror Lake and its watershed. Em: G.E. Linkens (editor) "An Ecosystem Approach to Aquatic Ecology: Miror Lake and its Environment". Springer Verlag, New York, p. 410-429.

Davis, R.B. 1967. Pollen studies of near-surface sediments in Maine lakes. Em: E.J. Cushing & H.E. Wright Jr. (eds.) "Quaternary Paleoecology". Yale Univ. Press, New Haven, p.143-173.

Davis, R.B. & Doyle, R.W. 1969. A piston corer for upper sediment in lakes. Limnol. Ocean., 14: 643-648.

De Deckker, P. 1988. An account of the techniques using ostracodes in palaeolimnology in Australia. Palaeoclimatology, Palaeogeography and Palaeoecology, 62, special issue, p. 463-475.

Dejoux, C. & Iltis, A. (editores) 1992. El Lago Titicaca: síntesis del conocimiento limnológico actual. Publicações ORSTOM – HISBOL, 578 pp.

Denton, G.H. & Hughes, T.J. 1983. Milankovitch Theory of ice ages: Hypothesis of ice-sheet linkage between regional insolation and global climate. Quaternary Res., 20:125-144.

De Oliveira, P.E., 1992. A Palynological Record of Late Quaternary Vegetational and Climatic Change in the Southeastern Brazil. Thesis, Ohio State University, 242 pp.

Dickin, A. P. 1997. Radiogenic Isotope Geology. Cambridge University Press, Cambridge.

Dimbleby, G.W. 1957. Pollen analysis of terrestrial soils. New Phytologist, 56: 12-28.

Dimbleby, G.W. 1961. Soil pollen analysis. The Journal of Soil Science, 12(1): 1-11.

Do Carmo, D.A. & Sanguinetti, Y.T. 1995. *Krithe* occurence on the Brazilian continental margin – an ecological approach. Em: J. Ríha (ed.) "Ostracoda and Biostratigraphy". Balkema Publ., Rotterdam, p. 407-412.

Dop, P. & Gautié, A. 1909. Manuel de Technique Botanique. Imprimerie Langlois, Toulouse, 534 pp.

Drewry, D. 1996. Ice sheets, climate changes and sea level. Phisics World. January, p. 29-33.

Dutra, T.L. 2002. Técnicas e Procedimentos de Trabalho com Fósseis e formas modernas comparativas. Editora UNISINOS, São Leopoldo, RS, 56 pp.

Eames, A.J. & MacDaniels, L.H. 1953. An Introduction to Plant Anatomy. McGraw-Hill Book Co., International Student Edition,427.

Emiliani, C. 1955. Pleistocene temperatures. J. Geol., 63: 538-578.

Emiliani, C. 1966. Paleotemperature analysis of Caribbean cores P6304-8 and P6304-9, and generalized temperature curve for the past 425,000 years. J. Geol. 74: 109-280.

Erdtman, G. 1937. Pollen grains recovered from the atmosfere over the Atlantic. Meddelanden frän Göteborgs Botaniska, XII: 185-196.

Erdtman, G. 1947. Suggestions for the classification of fossil and recent pollen grains and spores. Svensk Bot. Tidskr., 41:104-114.

Erdtman, G., 1952. Pollen Morphology and Plant Taxonomy. An Introduction to Palynology I. Angiosperms. Almqvist & Wiksell, Stockholm, 539pp. Re-edição (1986) E.J. Brill, Leiden.

Erdtman, G., 1957. Pollen and Spore Morphology and Plant Taxonomy. An Introduction to Palynology II. Gymnospermae, Pteridophyta, Bryophyta. Almqvist & Wiksell, Stockholm, 151pp.

Erdtman, G. 1960a. Pollen walls and Angiosperm phylogeny. Bot. Notis., 113(1): 41-45.

Erdtman, G. 1960b. The acetolysis method: a revised description. Svensk Botanisk Tidskrift, bd.54 (4): 561-564.

Erdtman, G., 1965. Pollen and Spore Morphology and Plant Taxonomy. An Introduction to Palynology III. Gymnospermae, Bryophyta (Text). Almqvist & Wiksell, Stockholm, 191pp. + 23 pranchas.

Erdtman, G., 1971. Pollen and Spore Morphology and Plant Taxonomy. An Introduction to Palynology. IV. Pteridophyta. Almqvist & Wiksell, Stockholm, 151pp.

Erdtman, G. 1992. Pollen analysis and criminology. Re-edição em: S. Nilsson & J. Praglowsky "Erdtman's Handbook of Palynology", 2a. edição, Munksgaard, Copenhagen, p.326-328.

Erdtman, G. & Praglowski, R. 1959. Six notes on pollen morphology and pollenmorphological techniques. Botaniska Notiser, 112 (2): 175-184 + 6 pl.

Esau, K. 1953. Plant Anatomy. Wiley, New York, 735 pp., 2ª edição, 1965.

Evitt, W.R. 1985. Sporopollenin Dinoflagellate Cysts: their morphology and interpretation. Amer. Association of Stratigraphic Palynologists (AASP), Austin, 333pp.

Faegri, K. 1956. Recent trends in palynology. Bot. Rev., 22:639-664.

Faegri, K. 1966. Some problems of representativity in pollen analysis. The Palaeobotanist, 15(1-2): 135-140.

Faegri, K. & Deuse, P. 1960. Size variation in pollen grains with different treatments. Pollen et Spores 2(2): 293-298.

Faegri, K. & Iversen, J., 1950. Text-book of Modern Pollen Analysis. 1ª edição, Ejnar Munksgaard, Copenhagen, 168 pp.

Faegri, K. & Iversen, J., 1975. Textbook of Pollen Analysis. 3ª edição, Hafner, New York, 295 pp.

Faegri, K., Kaland, P.E. & Krzywinsk, K., 1989. Textbook of Pollen Analysis. John Wiley & Sons, Chichester, New York, 328 pp.

Faegri, K. & van der Pijl, L 1979. The Principles of Polination Ecology. Pergamon Press, 3ª edição, Oxford, 244 pp.

Fairbridge, R.W. 1983. The Pleistocene-Holocene boundary. Quaternary Science Review, 1: 215-244.

Fairbridge, R.W. & Joblonski, D., 1979. Encyclopedia of Paleontology. Dowden, Hutchigon & Ross, Stronburg, USA, 886 pp.

Faure, G. 1986. Principles of Isotope Geology. Wiley & Sons, N.York, 589pp.

Ferraz-Vicentini, K.R. & Salgado-Labouriau, M.L. 1996. Palynological analysis of a palm swamp in Central Brazil. J.S. Am. Earth Sci., 9: 209-219.

Flenley, J.R. 1971. Measurements of the specific gravity of the pollen exine. Pollen et Spores, 13: 170-186.

Flenley, J.R. 1979. The Equatorial Rain Forest: a Geological History. Butterworths, Londres, 162 pp.

Font Quer, P. 1970. Diccionário de Botánica. Editorial Labor, Barcelona, 1244 pp.

Frey, D.C. 1969. The rationale of Paleolimnology. Mitt. Internat. Verein. Limnol., 17: 7-18.

Frey, D.G. 1986. Cladocera analysis. **Em:** B.E. Berglund (ed.) "Handbook of Holocene Palaeoecology and Palaeohydrology", John Wiley & Sons, cap. 32, p.667-692.

Funkhouser, J.W. & Evitt, W.R. 1959. Preparation techniques for acid-insoluble microffosils. Micropaleontology, 5 (3): 369-365.

Gary, M., McAfee Jr., R. & Wolf, C.l. 1974. Glossary of Geology. American Geological Institute, Washington, 805 pp + 52 pp.

Geiger, R. 1973. The Climate Near the Ground. Havard University Press, Cambridge, Massachusetts, USA, 611 pp. Tradução portuguesa: "Manual de Microclimatologia – o clima da camada de ar junto ao solo", Edição Fundação Caluste Gulbenkian, Lisboa, (1980), 556 pp. + anexos.

Gibbs, R.D. 1950. Botany – An Evolutionary Approach. The Blakiston Co., Filadélfia, 554 pp.

Gilbert, B.M. & Martin, L.D. 1984. Late Pleistocene fossils of natural trap cave, Wyoming, and climatic model of extinction. **Em:** P. Martin & R.G. Klein (eds.) "Quaternary Extintions", cap. 6: 138-147.

Godwin, H. 1975. The History of the British Flora. Cambridge Univ. Press, 541 pp. (1ª edição 1956).

Godwin, H. 1978. Fenland: its ancient and uncertain future. Cambridge Univ. Press, Londres, 195 pp.

Graham, R.W. & Lundelius Jr., E.L. 1984. Coevolutionary disequilibrium and Pleistocene extinctions. **Em:** P. Martin & R.G. Klein (eds.) "Quaternary extintions", cap. 11, p.223-249.

Grant Smith, E. 1990. Sampling and Identificatying Allergenic Pollens and Moulds: an illustred identification manual for air samplers. Blewstone Press, San Antonio, Texas, 196 pp.

Gray, J. 1965a. Palynological techniques. **Em:** B.Kummel & D. Raup (eds.) "Handbook of Paleontological Techniques", W.H. Freeman & Co., 471-481.

Gray, J. 1965b. Extraction techniques. **Em:** B.Kummel & D. Raup (eds.) "Handbook of Paleontological Techniques", W.H. Freeman & Co., 530-587.

Gray, J. (editor) 1988a. Aspects of freshwater paleoecology and biogeography. Palaeoclimatology, Palaeogeography and Palaeoecology, 62, special issue, 697 pp.

Gray, J. 1988b. Evolution of the freshwater ecosystem: the fossil record. Palaeoclimatology, Palaeogeography and Palaeoecology, 62, special issue: 1-214.

Grayson, D.K. 1984. Nineteenth-century explanations of Pleistocene extintions: a review and analysis. **Em:** P. Martin & R.G. Klein (eds.) "Quaternary Extintions", cap. 1: 5-39.

Greco, J.B. 1944. Considerações em torno da polinose no Brasil: contagem de pólens aéreos em 11 cidades brasileiras. Revista Médico-Cirúrgica do Brasil, p.95-104.

Greco, J.B. 1945. Atmospheric pollen survey in Brazil. Annals of Allergy 3: 283-286.

Gregory, P. 1973. Microbiology of the atmosphere. Capítulo II. Spores: their properties and sedimentation in still air.. 2ª edição, Leon Hill, Aylesbury, Bucks., 377 pp; p.15-38.

Gribel, R. & Hay, J.D. 1993. Pollination ecology of *Caryocar brasiliensis* (Caryocaraceae) in Central Brazil cerrado vegetation. Journal of Tropical Ecology, 9: 199-211.

Griffiths, J.F. 1976. Applied Climatology, 2a. edição. Oxford University Press, 136 pp.

Grimm, E.C. 1987. CONISS: A Fortran 77 program for stratigraphically constrained cluster analysis by the method of the incremental sum of squares. Pergamon Journal, 13: 13-35.

Gross, M. 2003. Fishing for new materials. Chemistry in Britain, July, p.32-34.

Gruhn, R. & Bryan, A.L. 1984. The record of Pleistocene Megafaunal extinctions in Taima-Taima, northern Venezuela. **Em:** P.S. Martin e R.G. Klein (eds) "Quaternary Extinctions", capítulo 5, p.128-137.

Guilderson, T.P., Fairbanks, R.G. & Rubenstone, J.L. 1994. Tropical temperature variation since 20,000 years age: modulating interhemispheric climate change. Science, 263: 663-665.

Haas, J.N. 1996. Neorhabdocoela oocytes – palaeoecologic indicators found in pollen preparation from the Holocene freshwater lake sediments. Rev. Palaeobot. and Palynol., 91: 371-382.

Halzen, F. 1999. Antarctic dreams. The Science, march-april, 39(2): 19-24.

Hamblin, W.K. & Christiansen, E.H., 1998. Earth's Dynamic Systems. 8th edition. Prentice Hall, Upper Saddle River, N. Jersey, 740 pp.

Handbook of Chemistry and Physics. 1989-1990. 7ª edição. CRC Press, BocaRatón, USA

Haq, B.U. 1984a Calcareous Nannoplankton. **Em:** B.U. Haq & A. Boersma (eds), capítulo 3, p. 79-107.

Haq, B.U. & Boersma, A. (editores), 1984. Introduction to Marine Micropaleontology. Elsevier, New York, 376 pp.

Harrison, F.W. 1988. Utilization of freshwater sponges in paleolimnological studies. Palaeogeogr. Palaeoclim. Palaeoecol. 62: 387-397.

Haslett, S.K. (editor) 2002. Quaternary Environmental Micropalaeontology. Arnold, Londres, 340 pp.

Hawksworth, D.L., Sutton, B.C. & Ainsworth, G.C. 1983. Ainsworth and Bisby's Dictionary of the Fungi. 7ª edição. Commonwealth Mycological Institute, Kew, 445 pp.

Hayat, M.A. 1978. Introduction to Biological Scanning Electron Microscopy. University Park Press, Baltimore, 323 pp

Hedberg, O. 1954. A pollen-analytical reconnaissance in tropical East Africa. Oikos, 5: 137-166.

Hemsley, A.R., Barrie, P.J., Chaloner, W..G.. & Scott, A.C. 1993. The composition of sporopollenin and its use in living and fossil plant systematics. Grana, Supplement 1: 2-11.

Heslop-Harrison, J., 1968. Pollen wall development. Science 161: 230-237.

Heslop-Harrison, J. (editor). 1971. Pollen: Development and Physiology. Butterworth, Londres, 378 pp..

Heusser,C.J. 1971. Pollen and Spores of Chile – modern types of the Pteridophyta, Gimnospermae and Angiospermae. The University of Arizona Press, Tucson Arizona, 167 pp.

Heusser, L.E. & Balsam, W.L. 1977. Pollen distribution in the northeast Pacific Ocean. Quat. Res., 7: 45-62.

Holmes, A. 1965. Principles of Physical Geology. 2ª edição. The Ronald Press Co., New York, 1288 pp.

Hooghiemstra, H. 1984. Vegetational and Climatic History of the High Plain of Bogotá, Colombia: a continuous record of the last 3.5 million Years. Dissertationes Botanicae. J. Cramer, Valduz, 368 pp + 2 diagramas.

Houghton, J. 1994. Global Warming – the complete briefing. Lion Book Publ., Oxford, 192 pp.

Houghton, J.T., Meira Filho, L.G., Callander, B.A., Harris, N., Kattenberg, A. & Maskell, K. (editores). 1995. The Science of Climate Change: 1995. Intergovernmental Panel on Climate Change (IPCC). Cambridge University Press., 600 pp.

Hulshof, O.K.. & Manten, A.A. 1971. Bibliography of Actuopalynology: 1671 –1966. Rev. Palaeobot. Palynol., 12 (1-3), 243 pp.

Hyde, H.A. 1972. Atmospheric Pollen and Spores in Relation to Allergy. J. Clinical Allergy, 2: 153-179.

Hyde, H.A. & Williams, D.A., 1945. Palynology. Nature, 155: 264.

Imbrie, J. Berger, A., Boyle, E.A., Clemens, S.C. & mais 15 autores, 1993. On the structure and origin of major glaciation cycles. 2. The 100,000 year cycle. Paleoceanography, 8 (6): 699-735.

Index Merk, 1989. Veja: Budavari et al., 1989

Iversen, J. 1956. Forest clearance in the Stone Age. Scient. Amer., (march) 194: 36-41.

Iversen, J & Troels-Smith, J. 1950. Pollenmorphologische Definitionen Typen. Danm. Geol. Unders. Ser. 4,3(8): 1-54.

Joly, A.B. 1963. Gêneros de Algas de Água Doce da Cidade de São Paulo. Arquivos de Botânica do Estado de São Paulo, Rickia, Suplemento 1, 188 pp.

Jowsey, P.C. 1966. An improved peat sampler. New Phytol., 65: 245-248.

Karl, T.R., Nicholls, N. & Gregory, J. 1997. The coming climate. Scientific American, may, p. 54-59.

Kennett, J.P. 1982. Marine Geology. Prentice-Hall, Englewood Cliffs, USA.

Kennett, J. P. & Barron, J.A. (eds) 1992. The Antarctic Paleoenvironment: a Perspective on Global Change. Antarctic Research series, vol. 56.

Kershaw, A. P.1985. An extended late Quaternary vegetation record from north-eastern Queennsland and its implications for the seasonal tropics of Australia.Proc. Ecol. Soc. Aust., 13: 179-189.

Kremp, G.O.W., 1965. Morphologic Encyclopedia of Palynology. Univ. of Arizona Press, Tucson. 263 pp.

Kröger, N., Deutzmann, R & Sumper, M. 1999. Polycationic peptides from diatom biosilica that direct silica nanophere formation. Science, 286: 1129-1132.

Kröger, N., Lorenz, S. Brunner, Elke & Sumper, M. 2002. Self-assembly of highly phosphorylated silaffins and their function in Biosilica morphogenesis.Science, 298: 584-586.

Krzywinski, K. 1977. Different pollen deposition mechanisms in forest: a simple model. Grana, 16; 199-202.

Kuhry, P. 1988. Palaeobotanical-palaeoecological studies of tropical high Andean peat-bog sections (Cordillera Oriental, Colombia). Dissertationes Botanicae, vol. 116. J. Cramer, Berlin, 241 pp.

Kummel, B. & Raup, D. (editores) 1965. Handbook of Paleontological techniques. W.H. Freeman, San Francisco, 852 pp.

Kurkal. Z. 1990. The Rate of Geological Processes. Earth-Science Special Issue, 28 (1,2,3): 1-258

Labandeira, C.C. 1998. Early history of arthropod and vascular plant associations. Ann. Rev. Earth Planet Sci., 26: 329-377.

Labouriau, L.G. 1948. Estrutura da exina do pólen de *Gladiolus communis* Lin. An. Acad. brasil. Ci., 20(3): 285-286.

Labouriau, L.G. 1983. Phytolith work in Brazil, a minireview. Phytolitharien Newsletter, 2(2): 6-11.

Labouriau. L.G. & Cardoso, J.C., 1948. Sobre a estrutura do exospório de *Lycopodium clavatum Lin.* An. Acad. brasil. Ci., 20(3): 281-284.

Labouriau, L.G., Mosquim, P. & Morhy, L. 1973. Deposição foliar de sílica em *Casearia grandiflora* St. Hil. An. Acad. brasil. Cienc., 45(3/4): 545-563.

Labouriau, L.G. & Rabello, C. 1948a. Note sur la structure de l'exine du pollen de *Lilium longiflorum* L. Rodriguésia, 22/23: 87-93.

Labouriau, L.G. & Rabello, C. 1948b. Note sur la structure de l'exine du pollen de *Hybiscus tiliaceus* St. Hil. Rodriguésia, 22/23: 95-97.

Labouriau, L.G. & Rabello, C. 1948c. Note sur la structure de l'exospere de *Anemia collina* Rad. Rodriguésia, 22/23: 99-105.

Ladurie, Le Roi, 1971. Times of Feast, Times of Famine: a history of climate since the year 1000. Doubleday, New York, 426 pp.

Lamb, H.H. 1965. The early Medieval epoch and its sequel. Palaeogegr. Palaeoclim. Palaeoecol.. 1: 13-37.

Latrubesse, E..M. (editor) 1996. Conferência de Campo: Paleo e Neoclimas da Amazônia Sul-Ocidental. IGCP 341. Publicação da Universidade Fed. Acre., 89 pp.

Leakey, M.D. 1979. Footprints in the ashes of Time. National Geographic (April), 168(5): 446-457.

Leakey, M.D., Hay. R.L., Curtis, G.H., Drake, R.E., Jackes, M.K. & White, T.D. 1976. Fossil Hominids from the Laetoli Beds. Nature, 262: 460-466.

Leinz, V. & Amaral, S.E. 1998. Geologia Geral. 13ª edição. Editora Nacional, São Paulo, 399 pp.

Leipnitz, I.I. & Aguiar, E.S. 2002. Foramníferos recentes e fósseis. Em T.L. Dutra, "Técnicas e Procedimentos de Trabalho com Fósseis e formas modernas comparativas". Editora UNISINOS, São Leopoldo, RS, p. 8-10.

Leipnitz, I.I. & Silva, J.L.L. 2002. Diatomáceas. Em T.L. Dutra, "Técnicas e Procedimentos de Trabalho com Fósseis e formas modernas comparativas". Editora UNISINOS, São Leopoldo, RS, p. 15-16

Lessa, G.C., Meyer, S.R. & Marone, E. 1998. Holocene stratigraphy in the Paranaguá Bay estuary, southern Brazil. Journal of Sedimentary Research, 68: 1060-1076.

Lewis, D.M. & Ogden, E.C. 1965. Trapping methods for modern pollen rain studies. Em: B. Kummel & D. Raup "Handbook of Paleontological Techniques", W.H. Freeman, San Francisco, p. 613-626.

Lewis, W.H., Vinay, P. Zenger, V.E. 1983. Airborne and Allergenic Pollen in North America. John Hopkins Univers. Press, Baltimore, 254 pp.

Liem, A.S.N. 1980. Effects of light and temperature on anthesis of *Holcus lanatus*, *Festuca rubra* and *Poa annua*. Grana, 19: 2129.

Lima, M.R. 1989. Fósseis do Brasil. Editora Univ. São Paulo, São Paulo, 118 pp.

Livingstone, D.A. 1955. A light weight piston sampler for lake deposits. Ecology, 36: 137-139.

Livingstone, D.A. 1967. The use of filament tape in raising long cores from soft sediment. Limnology and Oceanography, 12 (2): 346-348.

Livingstone, D.A. 1968. Palaoelimnology. AAAS Symposium on Reconstruction of Past Biological Environments, p. 1-4.

Livingstone, D.A. 1975. Late Quaternary climatic changes in Africa. Ann. Rev. Ecol. Syst. 6: 249-280.

Lockwood, J.G. 1976. World Climatology: an environmental approach. E. Arnold, Londres, 330 pp.

Lorscheitter, M.L., Ashraf, A.R., Bueno, R.M. & Mosbrugger, V. 1998. Pteridophyte spores of Rio Grande do Sul flora, Brazil. Part I. Palaeontographica, Abt. B, vol. 246: 1-113, Stuttgard.

Lorscheitter, M.L., Ashraf, A.R., Windisch, P.G. & Mosbrugger, V. 1999. Pteridophyte spores of Rio Grande do Sul flora, Brazil. Part II. Abt. B, vol. 251: 71-235,Stuttgard.

Lund, P.W. 1950. Memórias sobre a Paleontologia Brasileira. Revistas e comentadas por C. de Paula Couto. Tradução para o português de memórias e papeis escritos entre 1836 e 1844. Publicação do Instituto Nacional do Livro, Ministério da Educação e Saúde, Rio de Janeiro,

Maher Jr., L.J. 1981. Statistics for microfossil concentration measurements employing samples spikled with marker grains. Rev. Palaeobot. Palynol., 32: 153-191.

Marcus, L.F. & Berger, R. 1984. The significance of radiocarbon dates for Rancho La Brea. **Em:** P.S. Martin e R.G. Kein (eds.) "Quaternary Extinctions", capítulo 8, p.159-183.

Mares, M.A., Willig, M.R. & Lacher, T.E. 1985. The Brazilian caatinga in South-American zoogeography: tropical mammals in a dry region. J. Biogeography 12: 57-60.

Markgraf, V.& D'Antoni, H.L. 1978. Pollen Flora of Argentina – modern spore and pollen types of Pteridophyta, Gimnospermae, and Angiospermae. The University of Arizona Press, Tucson, Arizona, 208 pp.

Martin, L. & Flexor, J.-M. 1989. Vibro-testemunhador leve: construção, utilização e possibilidades. Atas 2° Congresso da ABEQUA, Rio de Janeiro Publicação Especial número 1, 14 pp.

Martin, L., Flexor, J.-M. & Suguio, K. 1995. Vibro-testemunhador leve: construção, utilização e potencialidades. Rev. IG, USP, São Paulo, 16 (1-2): 59-66.

Martin, L., Suguio, K., Flexor, J.M., Bittencourt, A.C.S.P. & Vilas-Boas, G.S. 1980. Le Quaternary marin brésilien (littoral pauliste, sud-fluminense et bahianais). Cahiers ORSTOM, série Géologie, 9 (1): 96-124.

Martin, P.S. 1966. Overkill at Olduval Gorge. Nature, 215 (5097): 212-213..

Martin, P.S. 1984. Prehistoric overkil: the global model. Em: P.S. Martin & R.G. Klein (eds.) "Quaternary Extinctions, capítulo 17, p. 354-403.

Martin, P.S. & Klein, R.G. (editores) 1984. Quaternary extinctions - a prehistoric revolution. The University of Arizona Press, Tucson, 892 pp.

Marshall, L.G. 1984. Who killed Cock Robin? An investigation of extinction controversy. Em: P.S. Martin & R.G. Klein (eds.) "Quaternary Extinctions, capítulo 36, p.785-806.

Matthews, J. 1969. The assessment of a method for the determination of absolute pollen frequencies. New Phytol., 68: 161-166.

Maurette, M. 2002. L'origine cosmique de l'air et des oceans. Pour La Science, n.291: 36-43.

Maurizio, A. & Louveau, J. 1965. Pollens de Plantes Mellifères d'Europe. U.G.A.F., Paris, 148 pp.

McAndrews, J.H., Berti, A.A. & Nirris, G. 1973 – Key to the Quaternary pollen and spores of the Great Lakes Region. Royal Ontario Museum, Life Sciences, Miscellaneous Publ., 61 pp.

Mead, J.I. & Meltzer, D.J. 1984. North American Late Quaternary extinctions and radiocarbon record. **Em**: P.S. Martin e R.G. Klein (eds.) "Quaternary Extinctions", capítulo 19, p.440-450.

Medioli, F.S. & Scott, D..B. 1988. Lacustrine Thecamoebians (mainly Arcellaceans) as potential tools for paleolimnological interpretations. Palaeogeogr. Palaeoclim. Palaeoecol., 62: 361-386.

Medioli, F.S., Scott, D.B., Collins, E.S. & McCarthy, M.G. 1990. Fossil Thecamoebians: present status and prospects for the future. **Em**: C. Hamieben et al. (eds) "Paleoecology, Biostratigraphy, Paleogeography and Taxonomy of Agglutinated Foraminifera" Kluwer Acad. Publ., The Netherlands, p. 793-812.

Meeuse, B.J.D. 1961. The History of Pollination. Ronald Press, New York, 243 pp.

Meltzer, D.J. 1993. Search for the First Americans. Smithsonian Books, St. Remy Press, Montreal, 176 pp.

Mendes, E. & Lacaz, C.S. 1965. Alergia nas Regiões Tropicais. Editora Universidade São Paulo, São Paulo, 215 pp.

Mercer, J.H., 1984. Late Cainozoic glacial variations in South America south of the equator. **Em**: J.C. Vogel (ed.) "Late Cainozoic Palaeoclimates of the South Hemisphere". Balkena, Rotterdam, p. 45-58.

Merk Index – veja Budavari et al. 1989.

Moore, P.D. & Webb, J.A., 1978. An Illustred Guide to Pollen Analysis. Hodder & Stough, Londres, 133 pp.

Moore, P.D., Webb, J.A. & Collinson, M.E. 1991. Pollen Analysis. Blackwell Sci. Publ., Oxford, 216 pp.

Moreira-Filho, H. & Teixeira, C. 1963. Noções gerais sobre as Diatomáceas (Chrysophyta-Bacillariophyceae. Bol. Univ. Paraná, Bot., 11:2-26.

Moreira, L.E. 1 971. Os Gliptodontes do Nordeste do Brasil. Acad. brasil. Cienc., 433 (suplemento): 529-552.

Moreira, L.E., Baiocchi, M.N., Costa, M.A. & Barbosa, A.S. 1971. O jazimento fossilífero de Pau Furado. Publicação da Univers. Católica de Goiás, série B, n.11,18 pp.

Morgan, R. 1983. Shroud Guide. Runeiman Press, em: AASP Newsletter, 1994.

Morkhoven, F.P.C.M. 1962. Post-Palaeozoic Ostracoda – their morphology, taxonomy and Economic use. Elsevier Publ. Co. Amsterdam.

Mourguiart, P., Wirrmann, D., Fournier, M. & Servant, M. 1992. Reconstruction quantitative des niveaux du petit lac Titicaca au cours de l'Holocène. C.R. Acad. Sci. Paris, 315, Série II: 875-880.

Muller, J. 1959. Palynology of recent Orinoco delta and shelf sediments. Micropaleontology, 5: 1-32.

Muller, J. 1970. Palynological evidence on early differentiation in Angiosperms. Biological Reviews, 45: 417-450.

Murray,J.W. 2002. Introduction to benthic Foraminifera. **Em:** S.K. Haslett, "Quaternary Environmental Micropalaeontology. Arnold, Londres, p.5-13.

Neves, W.A. & Blum, M. 2001. "Luzia"is not alone: further evidence of a non-mongoloid settlement of the New World. Physical Anthropology.

Neves, W.A., Powell, J.F., Prous, A., Ozolinss, E.G. & Blum, M. 1999. Lapa Vermelha IV hominid 11: morphological affinities of the earliest known American.Genetics and Molecular Biology, 22(4): 1-9.

Nilsson, S., Praglowsky, J. & Nilsson, L. 1977. Atlas of Airborne Pollen Grains and Spores in Northern Europe.Ljungfoeretagen, Oerebro, Suecia, 159 pp.

Nilsson, S. (editor) 1983. Atlas of Airborne Fungal Spores in Europe. Springer-Verlag, Berlin, 139 pp.

Nilsson, S. 1992. Aeropalynology. **Em:** Nilsson,S. & Praglowski, J. (eds.)."Erdtman's Handbook of Palynology". Munksgaard, Copenhagen, p.526-564.

Nilsson, S. & Praglowski, J. (editores). 1992. Erdtman's Handbook of Palynology. Munksgaard, Copenhagen, 580 pp.

Nilsson, T. 1983. The Pleistocene: geology and live in the Quaternary Ice Age. D. Riedel Publ., Dordrech, Holanda, 651 pp.

Nimer, E. 1989. Climatologia do Brasil. Publicações IBEG, Rio de Janeiro, 421 pp.

Ogden, E.C., Raynor, G.S., Hayes, J.V., Lewis, D.M. & Haines, J.H. 1974. Manual for Sampling Airborne Pollen. Hafner Press, New York, Londres, 182 pp.

Ogden III, J.G. 1986. An alternative to exotic spore or pollen addition in quantitative microfossil studies. Canadian J. Earth Science, 23: 102-106.

Oliveira Lima, A.& Greco, J.B. 1941. Alergia polínica – um novo método de lâmina para contagem de polens da atmosfera. Brasil-Médico V (30): 1-6.

Oliveira Lima, A.& Greco, J.B. 1942. Alergia polínica. Brasil-Médico LVI (36-39): 3-40.

Palmer, P.G. 1976. Grass cuticles: a new paleoecological tool for East African lake sediments. Can. J. Bot. 54 (15): 1725-1734.

Parizzi, M.G., Salgado-Labouriau, M.L. & Kohler, H.C. 1998. Genesis and environmental history of Lagoa Santa, southeastern Brazil. The Holocene, 8 (3): 311-321.

Parker, T.J., Haswell, W.A. & Lowenstein, O. 1949. A Text-book of Zoology. Vol. I e II. MacMillan and Co., Londres, 770 pp + 758 pp.

Paula Couto, C. 1978. Mamíferos fósseis do Pleistoceno do Espírito Santo. An. Acad. brasil. Cienc. 50: 365-379.

Paula Couto, C. 1979. Tratado de Paleomastozoologia. Editora Academia Brasileira Ciências, Rio de Janeiro, 590 pp.

Peck, R.M. 1973. Pollen budget studies in a small Yorkshire catchment. **Em:** H.J.B. Birks & R.G. West (eds.) "Quaternary Plant Ecology", Blackwell,

Peck, R.M. 1974. A comparison of four absolute pollen preparation techniques. New Phytologist, 73: 567-587.

Peeters, L. 1970. Les relations entre l'évolution du Lac de Valencia (Vénézuela) et les paleoclimats du Quaternaire. Revue de Géographie Physique et de Géologie Dynamique, 12(2): 157-160.

Peeters, L. 1984. Late Quaternary climatic changes in the basin of Lake Valencia, Venezuela, and their significance for regional paleoclimates. Em: J.C. Vogel (ed.) "Late Cainozoic Palaeoclimates of the South Hemisphere". Balkena, Rotterdam, p.123-127.

Perkowitz, S. 1999. The rarest element. The Sciences, Jan./Feb., vol. 39(1), p.34-38.

Peteet, D.M., Daniels, R.A., Heusser, L.E., Vogel, J.S., Southon, J.R. & Nelson, D.E. 1993. Late-Glacial pollen, macrofossils and fish remains in notheastern U.S.A. – the Younger Dryas Oscillation. Quaternary Science Reviews, 12: 597-612.

Peteet, D.M.; Voguel, J.S., Helson, D.E., Southon, J.R., Nickmann, R.T., Heusser, L.E. 1990. Younger Dryas climatic reversal in Northeastern U.S.A.? AMS ages for an old problem. Quaternary Research, 33: 219-230.

Pharmacia, 1984. Allergenic Plants. Editado por Pharmacia AB, Uppsala, 168 pp

Phillips III, A.M. 1984. Shasta ground sloth extinction: fossil packrat midden evidence from the western Grand Canyon. Em: P.S. Martin e R.G. Klein (eds.) "Quaternary Extinctions", capítulo 7: 148-158.

Pielou, E.C. 1979. Biogeography. J. Willey & Sons, New York, 351 pp.

Pisias, N.G. & Imbrie, J. 1987. Orbital geometry, CO_2 and Pleistocene climate. Oceanus 29(4): 43-49.

Prescott, G.W. 1978. How to Know the Freshwater Algae. The Picture Key, Natural Science Series. Wm. C. Brownn Co. Publ., Dubuque, USA, 293 pp.

Proctor, M. & Yeo, P.1979. The Pollination of Flowers.Collins, Londres, 418 pp.

Prous, A. 1991. Arqueologia Brasileira.Editora UnB, Brasília, 605 pp.

Punt, W.; Blackmore, S.; Nilsson, S. & Le Thomas, A., 1994. Glossary of Pollen and Spore Terminology. LPP Foundation, Utrecht, LPP Contributions Series n.1, Utrecht, 71 pp.

Quel, J. A. (editor) 1984. Aerobiology in North America. Editado por American Acad. Allergy & Immunology, 201 pp.

Rancy, H. 1991. Pleistocene Mammals and Paleoecology of the Western Amazon. Tese, University of Florida, 151 pp.

Reineck, H.-E. & Singh, I.B. 1986. Depositional Sedimentary Environments. Springer-Verlag, Berlin, 551 pp.

Reitsma, T., 1969. Size modification of recent pollen grains under different treatments. Rev. Palaeobot. Palynol. 9: 175-202.

Reistma, T. 1970. Suggestions towards unification of descriptive terminology of Angiosperm pollen grains. Rev. Palaeobot. Palynol, 10: 39-40.

Riding, J.B. & Kyffin-Hughes, J.E. 2004. A review of the laboratory prepration of palynomorphs with a description of an effective non-acid thechnique. Revista Brasileira de Paleontologia, 7 (1): 13-44.

Rings, A., Lücke, A. & Schleser,G.H. 2004. A new method for the quantitative separation of diatom frustules from lake sediments. Limnol. Oceanogr.: Methods, 2: 25-34.

Romer, A.S. 1948. Man and Vertebrates. University Chicago Press, Chicago, 405 pp.

Roth, L & Lorscheitter, M.L. 1993. Palynology of a bog in the Parque Nacional de Aparados da Serra, East Plateau of Rio Grande do Sul. **Em:** J. Rabassa & M. Salemme (editores) "Quaternary of South America and Antarctic Peninsula, v. 8, p.39-69.

Roubik, D.W. e Moreno, J.E. 1991. Pollen and Spores of Barro Colorado Island. Monographs in Systematic Botany, vol. 36, Missouri Botanical Garden, 268 pp.

Rowley, J.R. 1978. The origin, ontogeny, and evolution of the exine. IV. International Palynological Conference, Lucknow (1976-1977) 1: 126-136.

Rowley, J.R.. & Dahl, A.O. 1956. Modifications in design and use of the Livingstone piston sampler. Ecology, 37 (4): 849-851.

Rowley, J.R.. Dahl, A.O., Sungupta, S. & Rowley, J.S. 1881. A model of exine substructure based on dissection of pollen and spore exines. Palynology, 5: 107-152.

Rowley, J.R. & Rowley, Joanne. 1956. Vertical migration of spherical and aspherical pollen in a Sphagnum bog. Proc. Minn. Acad. Sci., 24: 129-130.

Rowley, J.R. & Skvarla, J.J. 1975. The gycocalyx and initiation of exine spinules on microspores of *Canna*. Amer. J. Bot., 62(5): 479-485.

Ruppert, E.E. & Barnes, R.D. 1996. Zoologia dos Invertebrados.("Invertebrate Zoology"). Editora Roca, São Paulo, 6ª edição, 1029 pp.

Saarnisto, M. 1975. A freezing method for sampling soft lake sediments. Eripainos Geologi-Lehdesta 3:37-39. Artigo em finlandês com resumo extenso em inglês.

Salgado-Labouriau, M.L. 1962. Palinologia - fundamentos, técnicas e algumas perspectivas. Revista Brasileira Geografia, 4, ano XXIII: 107-129.

Salgado-Labouriau, M.L. 1967. Pollen grains of plants of the "Cerrado" XIX. Euphorbiaceae. An. Acad. Brasil. Cienc., 39(3/4): 471-490.

Salgado-Labouriau, M.L. 1973. Contribuição à Palinologia dos Cerrados. Editora Academia Brasileira de Ciências, Rio de Janeiro, 291 pp.

Salgado-Labouriau, M.L. 1979a. Modern pollen deposition in the Venezuelan Andes. Grana, 18: 53-68.

Salgado-Labouriau, M.L. 1979b. Pollen and spore rain in Central Brazil. Proceedings of the First International Conference for Aerobiology, München, 1978. Editado por Federal Environmental Agency, 5: 89-110.

Salgado-Labouriau, M.L. 1979c. Analisis de las secciones delgadas de alfareria de la zona de los campos drenados. **Em:** A. Zucchi & W.M. Denevan "Campos Elevados e Historia Cultural Prehispánica en los Llanos Occidentales de Venezuela". Ediciones Universidad Católica Andres Bello, Apéndice, p. 95-99.

Salgado-Labouriau, M.L. 1980. A pollen diagram of the Pleistocene-Holocene boundary of Lake Valencia, Venezuela. Rev. Palaeobot. Palynol. 30: 297-312.

Salgado-Labouriau, M.L. 1982. Pollen morphology of the Compositae of the Northern Andes. Pollen et Spores, 24 (3-4): 397-452.

Salgado-Labouriau, M.L. 1984a. Reconstrucción del ambiente a través de los granos de polen. Investigación y Ciencia, 96: 6-17.

Salgado-Labouriau, M.L. 1984b. Late Quaternary palynological studies in the Venezuelan Andes. Erdwissenschasliche Forschung, 18: 279-293.

Salgado-Labouriau, M.L. 1986a. Estudios paleoecológicos de la región de Rancho Grande, Venezuela. **Em**: O. Huber (ed.) "La Selva Nublada de Rancho Grande, Parque Nacional Henri Pittier". Fondo Editorial Acta Científica Venezolana, Caracas, p.109-130.

Salgado-Labouriau, M.L. 1986b. Late Quaternary Paleoecology of Venezuelan high mountains. **Em**: F. Vuilleumier & M. Monasterio (editores) "High Tropical Ecosystems. Oxford Univ. Press, capítulo 8, p.202-216.

Salgado-Labouriau, M.L. 1988. Sequence of colonization by plants in the Venezuelan Andes after the last Pleistocene glaciation. Journal of Palynology, 23-24: 189-204.

Salgado-Labouriau, M.L. 1991. Palynology of the Venezuelan Andes. Grana, 30: 342-349.

Salgado-Labouriau, M.L. 1997. Late Quaternary palaeoclimate in the savannas of South America. Journal of Quaternary Science, 12(5): 171-179.

Salgado-Labouriau, M.L. 2001a. História Ecológica da Terra. Editora Edgard Blücher, São Paulo, 2a. edição, 307 pp.

Salgado-Labouriau, M.L. 2001b. Reconstruindo as comunidades vegetais e o clima no passado. Humanidades, Universidade Brasília, n. 48 (1° semestre): 24-40.

Salgado-Labouriau, M.L., Barberi, M., Ferraz-Vicentini, K.R. & Parizzi, M.G. 1998. A dry climatic event during the late Quaternary of tropical Brazil. Review of Palaeobotany and Palynology, 99: 115-129.

Salgado-Labouriau, M.L., Bradley, R.S.; Yuretich, R. & Weingarten, B. 1992. Paleoecological analysis of the sediments of Lake Mucubaji, Venezuelan Andes. J. Biogeography, 19: 317-327.

Salgado-Labouriau, M.L., Nilsson, S. & Rinaldi, M. 1993. Exine sculpture in *Pariana* pollen (Gramineae). Grana, 32: 243-249.

Salgado-Labouriau, M.L. & Rinaldi, M. 1990a. Palynology of Gramineae of the Venezuelan mountains. Grana, 29: 119-128.

Salgado-Labouriau, M.L. & Rinaldi, m. 1990b. Measurements of Gramineae pollen of the Venezuelan mountains. Rev. brasil. Biol., 50: 115-122.

Salgado-Labouriau, M.L. & Rizzo, J.A. 1969. Nota preliminar sobre a coleta atmosférica no município de Aparecida (Goiás). Anais do XX Congresso Nacional de Botânica,.Editado por Soc. Brasil. Bot., p.60-70

Salgado-Labouriau, M.L. & Rull, V., 1986. A method of introducing exotic pollen for paleoecological analysis of sediments. Rev. Palaeobot. Palynol., 47: 97-103.

Salgado-Labouriau, M.L., Rull, V., Schubert, C & Valastro Jr., S. 1988. The establishment of vegetation after Late Pleistocene deglaciation in the Páramo de Miranda, Venezuerlan Andes. Rev. Palaeobot. Palynol., 55: 5-17.

Salgado-Labouriau, M.L. & Schubert, C. 1976. Palynology of Holocene peat bogs from the Venezuelan Andes. Palaeogeogr. Palaeoclim. Palaeoecol., 19: 147-156.

Salgado-Labouriau, M.L. & Schubert, C. 1977. Pollen analysis of a peat bog from Laguna Victoria (Venezuelan Andes). Acta Cient. Venez. 28: 328-332.

Salgado-Labouriau, M.L., Schubert, C & Valastro Jr. 1977. Paleoecologic analysis of a Late-Quaternary terrace from Mucubaji, Venezuelan Andes. J. Biogeography, 4: 313-325.

Salgado-Labouriau, M.L., Vanzolini, P.E. & Melhem, T.S. 1965. Variation of polar axes and equatorial diameters in pollen grains of two species of *Cassia*. Grana Palynol. 6(1): 166-176.

Santos, R.V., Sontag, F., Soubiès, F. & Bertaux, J. 2001. High resolution paleoclimatic record from Central Brazil based on speleothems. Proceedings First ARTS Open Sciences Meeting. Noumea, Nova Caledônia, nov. 2001: 66-70.

Schneider, D. 1997. The rising seas. Scientific American, march, 276(3): 96-101

Schubert, C. 1974. Late Pleistocene Mérida Glaciation, Venezuelan Andes. Boreas, 3: 147-152.

Schubert, C. 1978. Evolución del Lago de Valencia. Lineas, Caracas, n. 254: 8-13.

Schubert, C. & Clapperton, C.M. 1990. Quaternary glaciation in the northern Andes (Venezuela, Colombia, Ecuador). Quaternary Sci. Reviews, 9: 123-135.

Schubert, C., Fritz, P. & Aravena, R. 1994. Late Quaternary paleoenvironmental studies in the Gran Sabana (Venezuelan Guayana Shield). Quaternary International, 21: 81-90.

Schubert, C. & Laredo, M. 1979. Late Pleistocene and Holocene faulting in Lake Valencia basin, north-central Venezuela. Geology, 7: 289-292.

Schubert, C. & Salgado-Labouriau, M.L. 1987. Alluvial and palynological studies in the Venezuelan Guayana Shield. Current Research in the Pleistocene, 4: 162-164.

Schubert, C. & Valastro Jr., S. 1980. Quaternary Esnujaque Formation, Venezuelan Andes: preliminary chronology in a tropical mountain range. Z. Deut. Geol. Ges., 131: 927-947.

Schubert, C. & Vaz, J.E. 1987. Edad termoluminescente del complejo aluvial cuaternário de Timotes, Andes Venezolanos. Acta Cient. Venez., 38: 285-286.

Selling, O.H. 1946. Studies in Hawaiian Pollen Statistics. Part I – The spores of the Hawaiian Pteridophytes. Editado por Bernice P. Bishop Museum, Special Publication n. 37, Honolulu, Hawaii, 87 pp.+ 7 pl.

Selling, O.H. 1947. Studies in Hawaiian Pollen Statistics. Part II – The pollens of the Hawaiian Phanerogams. Editado por Bernice P. Bishop Museum, Special Publication n.38, Honolulu, Hawaii, 430 pp + 58 pl.

Sendulsky, T.S. & Labouriau, L.G. 1966. Corpos silicosos de gramíneas dos Cerrados – I. Em: Labouriau, L.G.(ed.) 2° Simpósio sobre os Cerrados. An. Acad. Brasil. Cienc., 388 (suplementos), p. 159-170.

Seyve, C. 1990. Introdução à Micropaleontologia. Universidade A. Neto. Editora ELF Aquitaine, Angola, Luanda, 231 pp.

Shackleton, N.J. 1967. Oxygen isotope analysis and Pleistocene temperature re-assessed. Nature, 215: 15-17.

Shackleton, N.J. 1987. Oxygen isotopes, ice volumes and sea level. Quatern. Science Rev. 6: 183-190.

Shapiro, J. 1958. The core-freezer: a new sampler for lake sediments. Ecology, 39: 758.

Shaw, G. & Yeadon, A. 1964. Chemical studies on the constitution of some pollen and spore membranes. Grana Palynol., 5(2): 247-252 + 1 tab.

Sherwood-Pike, M.A. 1988. Freshwater fungi: fossil record and paleoecological potential. Palaeogeogr. Palaeoclim. Palaeoecol., 62: 271-285.

Silva, S. da & Labouriau, L.G. 1970. Corpos silicosos de Gramíneas dos Cerrados – III. Pesq. Agropec. Brasil, Rio de Janeiro, n. 55: 167-182

Simon, C. e DeFries, R.S. 1992. Uma Terra, Um Futuro. National Academy of Science, USA. Makron Books, Rio de Janeiro, 189 pp.

Simpson, B.B. 1979. A revision of the genus ***Polylepis*** (Rosaceae: Sanguisorbeae). Smithsonian Contribution to Botany, n. 43, 62 pp.

Simpson, G.G. 1950. History of the fauna of Latin America. American Scientist, 38: 361-389.

Simpson, G.G. 1985. Fósiles e Historia de la Vida. Biblioteca Scientific American, Editorial Labor, Barcelona, 240 pp.

Smit, A., 1978. Pollen morphology of ***Polylepis boyacensis*** Cuatrecasas, ***Acaena cylindristachya*** Ruiz et Pavon and ***Acaena elongata*** L (Rosaseae) and its application to fossil material. Rev. Palaeobot. Palynol., 25: 393-398.

Soderstrom, T.R. & Calderon,C.E. 1971. Insect pollination in tropical rainforest grasses. Biotropica, 3(1): 1-16.

Sondahl, M.R.I. & Labouriau, L.G. 1970. Corpos silicosos de gramíneas dos Cerrados – IV. Pesq. Agropec. Brasil, Rio de Janeiro, n. 5: 183-207.

Stanley, A. S. 1993. Application of Palynology to establish the provenance and travel history of illicit drugs. Re-impressão em: AASP Newsletter, 26(1): 12-15.

Stanley, E.A. 1969. Marine palynology. Oceanogr. Mar. Biol. Ann. Ver., 7: 277-292.

Stanley, R.G. & Linskens, H.F. 1974. Pollen - Biology, Biochemistry, Management. Springer-Verlag, Berlin, 307 pp.

Stewart,W.N. & Rothwell, G.W. 1993. Paleobotany and the Evolution of Plants. Cambridge Univ. Press, Cambridge, 521 pp.

Stockmarr, J. 1971. Tablets with spores used in absolute pollen analysis. Pollen et Spores, 13(4): 615-621.

Stokes, W.L. 1982. Essentials of Earth History. Prentice-Hall, Englewood Cliffs, USA, 577 pp.

Stone, D.E. & Kress,W.J. 1992. The application of transmission electron microscopy and cytochemistry in palynology. **Em:** Nilsson, S., & Praglowski, J. (ed.) 1992. Erdtman's Handbook of Palynology. Munksgaard, Copenhagen, p. 432-467.

Stute, M., Forster, M., Frischkorn, H., Serejo, A., Clarck, J.F., Schlosser, P., Broecker, W.S. & Bonani, G. 1995. Cooling of tropical Brazil (5°C) during the last glacial maximum. Science, 269: 379-383.

Suguio, K. 1998, Dicionário de Geologia Sedimentar e Áreas Afins. Bertrand Brasil, 1218 pp.

Suguio, K. 2001. Geologia do Quaternário e Mudanças Ambientais. Paulo's Comunicação e Artes Gráficas, São Paulo, reimpresssão, 366 pp.

Sussman, R.W. & Raven, P.H. 1978. Pollination. Science 200: 731-736.

Swain, A.M. 1973. A history of fire and vegetation in northeastern Minnesota as record in lake sediments. Quatern. Res., 3: 383-396.

Tarbuck, E.J. & Lutgens, F.K. 1988. Earth Science. Merril Publ. Co., Columbus, 612 pp.

Tauber, H. 1967a. Investigations of the mode of pollen transfer in forested areas. Rev. Palaeobot. Palynol., 3: 277-286.

Tauber, H. 1967b. Differential pollen dispersion and filtration. **Em:** E.J. Cushing & H.E. Wright (eds.) "Quaternary Paleoecology", Yale Univ. Press, New Haven, p.131-141.

Tauber, H. 1974. A static non-overload pollen collector. New Phytol., 73: 359-369

Taylor, T.N. & Smoot, E.L. (editores) 1984. Paleobotany. Part I: Precambrian through Permian. Part II: Triassic through Pliocene. Van Nostrand Reinhold Co., SAE, New York, 409 pp + 364 pp.

Thomas, B. A. & Spicer, R.A. 1987. The Evolution and Palaeobiology of Land Plants. Crooms Helms, Londres, 309 pp.

Thompson, L.G. 1998. Climate of the last 2000 years in the tropical Andes of South America. Paleoclimate of the Americas, PEP 1, Mérida, Venezuela.

Traverse, A. 1988. Paleopalynology. Unwin Hyman, Londres, 600 pp.

Tschudy, R.H. 1969. Relationship of palynomorphs to sedimentation. **Em:** R.H. Tschudy & R.A. Scott (eds.). Wiley-Interscience, John Wiley, New York, p.79-96.

Tschudy, R.H. & Scott, R.A. (editores) 1969. Aspects of Palynology. Wiley-Interscience, New York, 510 pp.

Tricart, J. & Millies-Lacroix, A. 1962.Les terraces quaternaires des Andes vénézuelienes. Bull. Soc. Géol. France, 7: 201-218.

Tyson, R.V. 1995. Sedimentary Organic Matter.Chapman & Hall, Chapter 7. Origin and nature of the phytoclast group, p. 151-248.

Urey, H.C. 1948. Oxygen isotopes in nature and in the laboratory. Science, 108: 489-496.

Usher, G. 1979. A Dictionary of Botany. Constable, Londres, 408 pp.

van der Hammem, T. 1979. Historia y tolerancia de ecosistemas parameros. **Em:** M.L. Salgado-Labouriau (ed.) "El Médio Ambiente Páramo". Edición CEA/IVIC, Caracas, p. 55-66.

van der Hammen, T. & Gonzales, E. 1960. A pollen diagram from the Quaternary of the Sabana de Bogotá (Colombia). Leidse Geol. Meded., 25: 261-315.

van Devender, T.R. 1973. Late Pleistocene plants and animals of the Sonoran desert: a survey of ancient packrat middens in southwestern Arizona. PhD dissertation, Univ. Arizona, Tucson, 179 pp.

van Devender, T.R. 1977. Holocene woodlands in the Southwestern deserts. Science, 198: 189-192.

van Geel, B. 1976. A Paleoecological Study of Holocene Peat Sections based on the analysis of pollen, spores and macro and microscopic remains of fungi, algae, cormophytes and animals. Thesis University of Amsterdam, Hugo de Vries Laboratorium, 75 pp + 28 prs. + 6 pollen diagrams.

van Geel, B. & van der Hammen, T. 1978. Zygnemataceae in Quaternary Colombian sediments. Rev. Palaeobot. Palynol., 25: 377-392.

van Morkhoven, F.P.C.M., 1962. Post-Palaeozoic Ostracoda. Volume 1. Elsevier, Amsterdam, 204

Vanzolini, P.E. 1970. Zoologia, Sistemática, Geografia e a origem das Espécies. Série Teses e Monografias n.3, Instituto de Geografia, USP, São Paulo, 56 pp.

Vanzolini, P.E. 1981. A quasi-historical approach to the natural history of the differentiation of reptiles in tropical geographic isolates. Papéis Avulsos de Zoologia, São Paulo, 34(19): 189-204.

Vanzolini, P.E., Ramos-Costa, A.M.M. & Vitt, L.J. 1980 Répteis das Caatingas. Editora Academia Bras. Ciências, Rio de Janeiro, 161 pp.

Veloso, H.P. & Barth, O.M. 1962. Catálogo sistemático dos pólens das plantas arbóreas do Brasil meridional –I. Magnoliaceae, Annonaceae, Lauraceae e Myristicaceae. Memórias do Instituto Oswaldo Cruz, 60 (1): 59-89 + 2 estampas.

Vicalvi, M.A. 1997. Zoneamento bioestratigráfico e paleoclimático dos sedimentos do Quaternário Superior do talude da Bacia de Campos, RJ, Brasil. Boletim Geociências da Petrobrás, Rio de Janeiro, 11 (1/2): 132-165.

Vidal, G. 1988. A palynological preparation method. Palynology, 12: 215-220.

Vilela, C.G. 2000. Microfósseis – parte I: Foraminíferos, Radiolários e Diatomáceas. Em I.S. Carvalho “Paleontologia”. Editora Interciência, Rio de Janeiro, p. 157-199.

Villagrán, C. 1990. Glacial, Late Glacial and Post-Glacial climate and vegetation of the Isla Grande de Chiloé. Quaternary of South America and Antarctic Peninsula, J. Rabasa & M. Salemme (eds.), vol. 8: 1-15.

Volkmer-Ribeiro, C. & Motta, J.F.M., 1995. Esponjas formadoras de espongilitos em lagoas no Triângulo Mineiro e adjacências, com indicação de preservação de habitat. Biociências, Porto Alegre, vol. 3 (22): 145-169.

von Post, L. 1967. Forest tree pollen in South Swedish peat bog deposits. (Tradução por M.B. Davis e K. Faegri para o inglês do artigo de 1916). Pollen et Spores, 9(3): 375-401.

Walker, D., Milne, P., Guppy, J. & Williams, J. 1968. – The computer assisted storage and retrieval of pollen morphological data. Pollen et Spores, 10: 251-262.

Warrick, R.A., LeProvost, C., Meier, M.F., Oerlemans, J. & Woodworth, P.L. 1995. Changes in sea level. Em: J.A. Lakeman et al. (eds.) “Climate Change 1995”. Report of the Intergovenmental Panel on Climate Change, WGI, Cambridge University. Press., cap. 7, p. 359-405.

Weast, R.C. (editor) 1989-1990. Handbook of Chemistry and Physics. CRC Press, 7ª edição, Boca Raton, USA.

Webb, S.B. 1984. Ten million years of Mammal extinctions in North America. Em: P.S. Martin & R.G. Klein (eds.) “Quaternary Extinctions”, capítulo 9, p.189-210.

Weingarten, B., Yuretich, R.F., Bradley, R.S. & Salgado-Labouriau, M.L. 1990. Characteristics of sediments in an altitudinal sequence of lakes in the Venezuelan Andes: climatic implications. J. South American Earth Sci., 3 (2/3): 113-124.

West, R.G. 1980. Pleistocene forest history in East Anglia. New Phytol., 85: 571-622.

Wettstein, R. 1944. Tratado de Botanica Sistemática. Tradução espanhola de P. Font Quer. Editorial Labor, Barcelona, 1039 pp.

Whitehead, D.R. 1969. Wind pollination in the Angiosperms: evolutionary and environmental considerations. Evolution, 23: 28-35.

Whitehead, D.R. & Sheehan, M.C. 1971. Measurement as a means of identifying fossil maize pollen. II. The effect of slide thickness. Bull, Torrey Bot. Club, 98: 268-272.

Whiteside, M.C. & Swindoll, M.R. 1988. Guidelines and limitations to cladoceran paleoecological interpretations. Palaeogeogr. Palaeoclim. Palaeoecol., 62: 405-413.

Wilken-Jensen, K. & Gravesen, S. (editores)+1984. Atlas of Moulds in Europe causing respiratory allergy. Foundation for Allergy Research in Europe. ASK Publishing, Copenhagen, 110 pp.

Williams, G.L. 1984. Dinoflagellates, Acritarchs and Tasmanitids. **Em:** B.U. Haq & A. Boersma (eds.) "Introduction to Marine Micropaleontology", Elsevier, New York, capítulo 13, p. 293-326.

Willis, J.C. 1966. A Dictionary of the Flowering Plants and Ferns. 7ª edição Cambridge University Press, Cambridge,1214 pp + LIII pp.

Wingenroth, M. & Heusser, C.J. 1984. Polen en la Alta Cordillera – Quebrada Benjamin Matienzo. Edição Instituto Argentino de Nivologia y Glaciologia, Mendoza, Argentina, 195 pp.

Wirrmann, D. & Almeida, L.F.O. 1987. Low Holocene level (7700 to 3650 years ago) of Lake Titicaca, Bolivia. Palaeogeogr. Palaeoclim. Palaeoecol., 59:315-323.

Wodehouse, R.P. 1935. Pollen Grains - their structure, identification and significance in science and medicine. McGraw-Hill Publ., New York, 573 pp.

Wodehouse, R.P. 1971. Hayfever Plants. Hafner Publ. Co., New York, 2ª edição, 279 pp.

Woosley, A.I. 1978. Pollen extraction for arid-land sediments. Journal of Field Archeology, 5 (3): 499-355.

Wright, H., Cushing, E. & Livingstone, D.A. 1965. Coring devices for lake sediments. **Em:** B. Kummel & D. Raup (eds.) "Handbook of Paleontological Techniques", p.494-520.

Wright, J., Colling & outros. 1995. Seawater: Its Composition, Properties and Behavior. The Open University, Pergamon Press, Singapore, 168 pp.

Ybert, J.-P., Salgado-Labouriau, M.L., Barth, O.M., Lorscheiter, M.L., Barros, M.A., Chaves, S.A.M., Luz, C.F.P., Ribeiro, M.B., Scheel & Vicentini, K.F. 1992. Sugestões para a padronização da metodologia empregada em estudos palinológicos do Quaternário. Bol. IG-USP, 13(2): 47-49.

Yuretich, R. (editor). 1991. Late Quaternary Climatic Fluctuations of the Venezuelan Andes. Contribution Dept. of Geology and Geography, n. 65, University of Massachusetts, Amherst, 158 pp.

Zetzsche, F. 1932. Die Sporopollenine. **Em:** G. Klein (ed.) "Handbuch der Pflanzenanalyse, v. II, Springer-Verlag, Viena, p. 205-215.

Zucchi, A. & Denevan, W.M. 1979. Campos Elevados e Historia Cultural Prehispánica en los Llanos Occidentales de Venezuela. Ediciones Universidad Católica Andrés Bello, Caracas, 178 pp.

Índice de Assuntos

B

C

D

E

F

G

H

I

J

K

L

N

O

P

Q

R

S

T

U

V

Z

GRÁFICA PAYM
Tel. [11] 4392-3344
paym@graficapaym.com.br